系统电磁环境效应试验

Electromagnetic Environmental Effects Test for Systems

汤仕平　主编

王桂华　张　勇　副主编

国防工业出版社

·北京·

内容简介

电磁环境效应试验评估是装备研制和使用中急需解决的关键技术问题。GJB 8848—2016《系统电磁环境效应试验方法》是装备电磁环境效应标准体系的顶层标准，其颁布实施为装备研制、试验、定型提供了基本依据。本书以该标准为基础，以飞机、舰船、空间和地面等各种武器系统为对象，介绍了电磁环境效应的概念、组成要素和标准的基本内容，重点分析了系统电磁环境效应试验的基本要求，详细阐述了电磁环境效应各项要求试验验证的原理和实施方法，并结合各类装备工程的实际给出了应用示例。本书内容具体全面，突出系统性和实用性，具有较强的工程实践指导价值。

本书作为GJB 8848—2016的实施指南和宣贯教材，适合于从事武器装备电磁环境效应、电磁兼容相关领域工作的工程技术和管理人员使用，也可作为相关专业的参考书。

图书在版编目(CIP)数据

系统电磁环境效应试验 / 汤仕平主编. —北京：国防工业出版社，2020.9 重印
ISBN 978-7-118-11967-1

Ⅰ.①系… Ⅱ.①汤… Ⅲ.①电磁环境-环境效应-试验 Ⅳ.①X21-33

中国版本图书馆CIP数据核字(2019)第175078号

※

国防工业出版社 出版发行
(北京市海淀区紫竹院南路23号 邮政编码100048)
三河市腾飞印务有限公司印刷
新华书店经售

*

开本 787×1092 1/16 **印张** 23½ **字数** 535千字
2020年9月第1版第2次印刷 **印数** 1501—2500册 **定价** 88.00元

国防书店：(010)88540777 书店传真：(010)88540776
发行业务：(010)88540717 发行传真：(010)88540762

编委会成员

前　言

在新时期军事变革的推动下，电子信息技术广泛应用，武器装备发展已经明显呈现出信息化、智能化、网络化的趋势。与此同时，未来战争的作战形式也发生根本性变革，战争形态趋向于信息体系之间的对抗，电磁脉冲、高功率微波等新技术的发展，将造成电磁环境日趋复杂，电磁干扰、电磁易损性等问题愈发凸显，传统的电磁兼容性的内涵已拓展到电磁环境效应。电磁环境效应是武器装备在复杂电磁环境下能否具备生存力、战斗力和保障力的关键技术。加强电磁环境效应的研究，对提高装备尤其是信息化装备电磁兼容及电磁防护能力具有重要的现实意义。

当前，电磁环境效应及相关技术的研究已成为热点问题。研究电磁环境效应离不开标准，标准是统一概念和技术要求的基础，也是装备论证、设计、生产和使用的基本依据。近年来，在完善电磁兼容性军用标准体系的基础上，我国逐步开展了电磁环境效应标准建设。GJB 1389A—2005《系统电磁兼容性要求》是装备系统级电磁环境效应的总要求，该标准的贯彻实施和装备性能的验证考核，急需规定科学合理、实用有效的试验方法。从武器装备适应复杂电磁环境使用和大型复杂系统的研制需求来说，系统级电磁环境效应控制愈显重要，制定系统电磁环境效应试验方法标准得到了极大的关注。

在各级装备机关的关心和指导下，标准编制组充分总结了武器系统电磁环境效应的研究成果，通过技术攻关、自主创新，经过系统地技术研究和大量的试验验证，完成了标准编制。GJB 8848—2016《系统电磁环境效应试验方法》于 2016 年 5 月 3 日颁布。该标准从顶层统一和规范了系统电磁环境效应试验方法，为开展武器系统试验和定型考核提供了技术依据。该标准覆盖了各武器系统和平台、涵盖了电磁环境效应各要素，涉及面广、新技术多、专业性强，由于武器系统的复杂性、电磁环境和效应的复杂性，准确把握和使用难度大。为有效贯彻标准，机关下达了标准实施指南编写任务，主编单位及时组织有关单位和专家完成了指南的撰写，在此基础上形成了本书的研究成果。

本书紧密结合 GJB 8848—2016 标准编制情况，总结了编制单位和成员多年来从事装备电磁兼容和电磁环境效应的研究成果及大量的工程实践，并吸收了国内外电磁环境效应相关领域的先进经验和成果，详细阐述了系统电磁环境效应试验的要求、试验原理和实施方法，并给出了应用示例。本书内容具体全面，突出系统性和实用性，对标准的贯彻实施具有较强的指导价值。全书共计 17 章，内容安排上分为三个部分：

第一部分为基本概念和标准概述，包括第 1 章和第 2 章，介绍了电磁环境效应概念和内涵，分析了电磁环境效应要求和组成要素，概述了电磁环境效应标准体系和标准的基本情况，并重点介绍了 GJB 8848 的框架结构和基本内容。

第二部分为标准的主体内容解读，包括第 3 章至第 16 章。第 3 章，分析了系统电磁环境效应试验的基本要求，包括总则、试验方法分类、试验环境、试验场地、受试系统、试验设备、允差、试验程序、试验判据、试验结果评定、试验文件等。第4章至第16章，详细阐述了系统电磁环境效应，包括安全裕度、系统电磁兼容性、外部射频电磁环境敏感性、雷电、电磁脉冲、分系统和设备电磁干扰、静电放电、电磁辐射危害、电搭接和外部接地、防信息泄漏、发射控制、频谱兼容性、高功率微波等试验的原理和实施方法。在内容编排上，包括具体试验方法的适用范围、基本原理、实施要点和结果评估等。

第三部分为典型应用，包括第17章。结合舰船、飞机、地面、卫星和导弹等装备工程的实际，详细阐述了应用的具体问题，包括电磁环境的确定、试验项目的选择及要求的确定、试验组织与实施程序等，并给出了典型应用示例。

全书由汤仕平负责提出编著纲目和定稿，汤仕平、王桂华、张勇负责统稿。汤仕平、王桂华撰写了第1章～第3章、9.3节、11.1.5节和11.2.5节，周忠元撰写了3.4.4节和6.6节，成伟兰撰写了第4章，魏光辉撰写了4.1.5节和6.5节，张勇撰写了5.1节和17.1节，雷虹撰写了5.2节和17.2节，马蔚宇撰写了5.3节，张华撰写了5.3.7节和17.4节，赵晓凡撰写了5.4节和17.3节，李建轩撰写了第6章、第11章，石立华撰写了第7章，王伟科撰写了7.2节和第12章，孙蓓云撰写了第8章和17.5.6节，陈世钢撰写了第9章、第13章和第14章，戴飞撰写了第10章，崔凯撰写了第15章和17.3节，杨志强撰写了第16章，孙月刚撰写了17.5节。李超参加了第7章、第10章、第13章、第14章的撰写和统稿，赵炳秋参加了第3章的撰写和全书统稿。魏光辉、周忠元、戴飞、赵炳秋参加了全书校对。

本书的编撰工作得到了主编单位领导和同志们的大力支持，在撰写过程中得到了多位专家的关心和指导，以中国工程院刘尚合院士为组长的审查组对书稿进行了认真审查，提出了宝贵的意见，国防工业出版社也为本书的出版做了大量细致的工作，在此一并表示衷心的感谢。本书的研究和标准编制工作得到了各级机关以及有关单位和专家的帮助，朱占平、卢西义、潘小东、段艳涛、付尚琛、许小林、藏家左、孙红鹏、何纯全等同志为书稿的编写做出了贡献，在此深表谢意。

电磁环境效应是一个正在不断发展的新的综合性学科领域，涉及技术领域多、范围广，希望本书对武器装备电磁环境效应、电磁兼容试验和定型考核工作及从事相关领域工作的科研、工程技术和管理人员有所帮助。

限于作者的水平和经验，难免存在错误和不足之处，恳请广大读者批评指正。

编著者

2018年8月

目　录

第 1 章　电磁环境效应概念及要求

随着信息化技术的发展和对电磁环境认识的不断深入，作为装备重要性能指标的电磁兼容性的内涵已拓展到电磁环境效应。当前，电磁环境效应及其相关技术的研究已成为热点问题。本章介绍了电磁环境效应概念的由来和定义，以系统电磁环境效应要求和试验方法标准为基础，分析了电磁环境效应要求和组成要素，并对各要素进行了阐述，以便于对电磁环境效应的理解和概念的统一。

1.1　电磁环境效应概念

1.1.1　概念的由来

电磁环境效应（Electromagnetic Environmental Effects，E3）的研究是伴随着解决装备实际使用中出现的电磁问题而不断推进的，从射频干扰到电磁干扰，从电磁兼容再到电磁环境效应，可以说电磁环境效应是电磁兼容性技术领域的丰富和拓展。

国外电磁兼容的研究起源于电子电气设备受到的干扰。19 世纪末，无线电通信首次在军事上应用就产生了干扰问题。20 世纪 30 年代，欧美发达国家寻找克服噪声干扰的方法，开始用术语“射频干扰”（Radio Frequency Interference，RFI）来描述不希望的电磁发射现象。20 世纪 60 年代，“射频干扰”逐渐为更全面更准确的名词“电磁干扰”（Electromagnetic Interference，EMI）所代替。1960 年 7 月，美国国防部发布指令 DoDD 3222.3《国防部电磁兼容性大纲》，明确使用了电磁兼容性（Electromagnetic Compatibility，EMC）这一术语。1964 年，IEEE Transaction 的 RFI 分册更名为 EMC 分册。

电磁环境效应术语的出现大约是在 20 世纪 70 年代末。1977 年的美国国防报告 *Electromagnetic environment effects summary report*，明确提出了电磁环境效应问题，指出当前普遍采用的 EMC 术语实际上包含了电磁效应的许多方面，再用其作为描述这些电磁领域的专门术语在概念上已不够清晰，而采用电磁环境效应可以包括所有电磁学科，并采用了缩略语 E3。20 世纪 80 年代至 90 年代，在总结战争经验和技术发展的基础上，美军不断加深对电磁兼容及电磁防护技术的研究，并逐步拓展到武器系统电磁环境效应研究。自 1997 年颁布 MIL - STD - 464《系统电磁环境效应要求》以后，电磁环境效应的概念逐渐趋于统一，2004 年 DoDD 3222.3 也更名为《国防部电磁环境效应大纲》。且到今天，电磁环境效应概念和内涵还在不断发展变化。

我国开展电磁环境效应领域的研究始于 20 世纪 70 年代，源于解决电磁干扰和电磁兼容问题。1985 年颁布了 GJB 72—1985《电磁干扰和电磁兼容性名词术语》，对电磁干扰、电磁兼容性等给出了定义。2002 年颁布的 GJB 72A—2002《电磁干扰和电磁兼容性术语》，给出了电磁环境效应定义。2005 年颁布了 GJB 1389A—2005《系统电磁兼容性要求》，名称虽然仍使用“电磁兼容性”，但明确引入电磁环境效应的概念，指标要求涵盖了当时电磁环境效应领域的全部技术内容，实质上就是电磁环境效应。2016 年颁布了 GJB 8848—2016《系统电磁环境效应试验方法》，首次以电磁环境效应命名，统一了电磁环境效应的概念和内容。GJB 72A—2002 已完成了修订，根据技术的发展完善了电磁环境效应相关术语，补充了高功率微波和电磁脉冲相关术语、电磁环境测量中用到的与频谱仪测量模式相关的术语、频谱兼容性、设备频谱认证和频谱可支持性等与频谱管控相关的术语。

自 1986 年颁布实施 GJB 151、GJB 152 以来，电磁环境效应领域的标准得到了广泛贯彻实施，尤其是 GJB 151、GJB 152 和 GJB 1389 等标准，起到了主导和牵引作用。也正是从标准颁布实施开始，我国对电磁环境效应愈发关注，也掀起了电磁环境效应研究的热潮。

1.1.2 定义

随着研究内容的不断深入和技术的不断发展，电磁环境效应术语的定义也在不断补充和完善。早期，如 1978 年的美国国防报告 *In - service Support Plan for Electromagnetic Environment Effects* 中，将电磁环境效应定义为：在共存的作战系统中，与电磁辐射体和接受体有关的总体现象。对于舰队的作战目的来说，它包括电磁兼容性、电磁脉冲、电磁易损性和电磁安全性。

2010 年颁布的 MIL - STD - 464C《系统电磁环境效应要求》以及美国国家标准 ANSIC 63. 14—2014《包含电磁环境效应（E3）的电磁兼容性词典》中，对电磁环境效应给出如下定义：电磁环境对军事力量、设备、系统和平台的运行能力的影响。它涵盖与以下学科有关的电磁效应：电磁兼容性，电磁干扰，电磁易损性，电磁脉冲，电子防护，静电放电，电磁辐射对人员、军械和易挥发物质的危害。E3 包括射频系统、超宽带装置、高功率微波系统、雷电和沉积静电（P - static）等所有电磁环境来源所产生的电磁效应。

GJB 72A—2002 和 GJB 1389A—2005 对电磁环境效应的定义为：电磁环境对电气电子系统、设备、装置的运行能力的影响。它涵盖所有的电磁学科，包括电磁兼容性、电磁干扰、电磁易损性、电磁脉冲、电子对抗、电磁辐射对武器装备和易挥发物质的危害，以及雷电和沉积静电（P - static）等自然效应。

GJB 8848—2016 对电磁环境效应的定义为：电磁环境对人员、设备、系统和平台的工作能力的影响，包括电磁兼容性，电磁干扰，电磁敏感性，电磁脉冲，静电放电，电子防护，电磁辐射对人员、军械和易挥发物质（如燃油）的危害。电磁环境效应包括所有电磁环境来源如射频系统、超宽带装置、高功率微波系统、雷电和静电等产生的效应。

综合上述定义，电磁环境效应可以概括为电磁环境对军事行动和武器装备工作能力的影响。电磁环境效应所涉及的电磁环境既包括射频系统、高功率微波、核电磁脉冲等人为电磁环境，也包括雷电和静电等自然电磁环境。它涉及电磁兼容性、电磁易损性、电子防护、电磁辐射危害、泄密发射和频谱可支持性等。电磁环境效应的具体表现有电子设备、分系统、系统的扰乱、性能降级或损坏，电磁辐射对人员、军械、燃料的危害，有意的发射信号被探测或利用、无意的泄密发射被截获或分析等。为了保证系统的正常运行，针对电磁环境效应问题，一方面规定系统应适应的电磁环境要求，另一方面规定电磁环境效应控制目标要求和控制技术要求。

由相关概念的内涵可以看出：随着信息化技术的发展和电磁环境认识的不断深入，作为武器装备重要性能指标的电磁兼容性已扩展到电磁环境效应；电磁环境效应涵盖了各种电磁环境因素对武器装备的影响；从不同角度和考虑的重点提出的电磁兼容及电磁防护、复杂电磁环境适应性，其研究重点和研究目的与电磁环境效应是一致的。

1.1.3 研究的意义

电磁环境作用于装备，其作用机理复杂，形成的效应多种多样。电磁能量可通过辐射方式、传导方式、辐射与传导的复合方式作用于装备，不同作用方式对应的作用机理和防护手段又有所不同；可通过天线等"前门"耦合进入装备，也可通过导线、孔洞、缝隙等"后门"耦合进入装备；电磁能量可能造成设备或系统性能下降、误动作、短暂故障、永久故障等多种失效形式，过量的电磁辐射影响人体健康、造成电引爆武器意外发火或失效、燃油蒸汽由于电磁辐射能量诱导的电弧而意外点燃。

战场电磁环境复杂，武器装备不具备复杂电磁环境适应能力就谈不上战斗力和生存力。现代战争在"陆、海、空、天、电、网"等多维战场空间展开，电磁环境已成为战场环境的重要构成要素。装备面临的电磁环境既有自然的，又有人为的；既有外部的，又有内部的；既有有意的，又有无意的。复杂电磁环境下，武器系统中任何一个环节出现电磁不兼容现象，都将导致武器装备作战效能的大幅降低，使装备作战效能大打折扣，甚至产生严重后果。

一体化联合作战将是体系与体系、系统与系统之间的整体对抗，在有限的战场区域内，参战的各种电子系统越来越多，装备之间的交链关系越来越复杂，协调难度越来越大。如不能有效控制电磁环境效应，将导致装备出现严重的自扰、互扰，无法形成一体化作战能力。

现代武器装备日趋复杂、多样，特别是对于大型复杂系统，集平台、武器、电子电气设备于一体，多平台、多系统之间电磁适配性要求高，其电磁环境效应的复杂程度高。随着装备向综合化、隐身化、无人化的方向发展，大量新技术应用的同时也带来了新的挑战，如射频综合化带来电磁耦合新问题、隐身性与电磁防护性能综合问题等，对电磁兼容及防护能力提出了新的要求。

强电磁脉冲具有作用范围广、幅值高、频带宽、脉冲前沿陡等特点，对电子信息装备危害性更大。高技术条件下战争，遭受电磁脉冲、高功率微波武器打击成为现实可能，信息化装备，尤其是作战指挥系统面临瘫痪的危险，电磁防护问题迫在眉睫。

因此，开展电磁环境效应研究，认清复杂电磁环境的成因及其本质特征，掌握电磁环境效应机理，加强电磁环境效应控制，对于提高武器装备电磁兼容性和适应复杂电磁环境的能力，具有重要的军事价值和现实意义。

1.2 电磁环境效应要求

1.2.1 组成要素

电磁环境作用于系统产生电磁效应而影响系统的正常工作。电磁环境效应研究的本质，是通过提出合理的电磁环境效应要求，使作用于系统的电磁环境效应得到有效控制，从而实现系统正常运行。因此,实现电磁环境效应控制与电磁环境效应要求密切相关。

根据相关标准,系统电磁环境效应要求包括总要求和具体要求。在电磁环境效应要求标准的总则中规定:系统内所有分系统和设备之间应是电磁兼容的,系统与系统外部的电磁环境也应兼容。这是对装备提出的电磁环境效应总要求。实际上可以将总要求看成是装备的战术指标要求,该战术指标要求需要一系列的技术指标来表征。而 15 个要求要素就是具体的技术指标,其组成如图 1 – 1 所示。

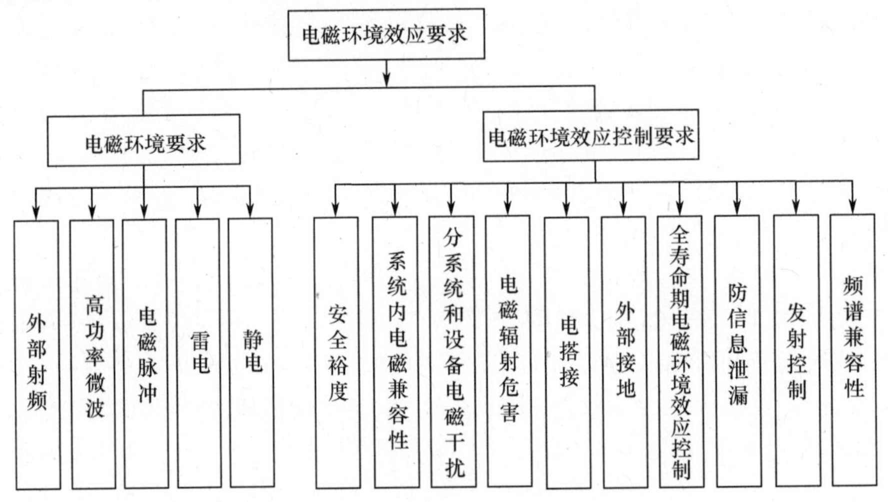

图 1 – 1　系统电磁环境效应要求的要素组成

从环境和控制的角度可以将要素分为两大类:一类是系统应适应的电磁环境要求,包括系统所处的外部射频、高功率微波、电磁脉冲、雷电、静电等电磁环境,其中外部射频、高功率微波、电磁脉冲为人为电磁环境,雷电、静电为自然电磁环境,系统在上述电磁环境中或承受上述电磁环境后,应满足工作性能要求;另一类是电磁环境效应控制要求,包括安全裕度、系统内电磁兼容性、分系统和设备电磁干扰、电磁辐射危害、电搭接、外部接地、全寿命期电磁环境效应控制、防信息泄漏、发射控制和频谱兼容性等,包括控制的目标和措施。

对装备 E3 要求也可以从不同角度细分为:①从控制层次来说,包括分系统和设备电磁干扰控制要求、系统内电磁兼容性要求、系统内无意电磁发射控制要求和系统间电磁兼容性要求;②从电磁安全性角度,包括安全裕度要求、电磁辐射危害控制要求、防信息泄漏要求、发射控制要求;③从电磁防护角度,包括对强射频电磁环境、高功率微波、电磁脉冲、雷电、静电防护要求;④从控制措施来说,包括全寿命期电磁环境效应控制、频谱兼容性、电搭接和外部接地控制要求。

1.2.2　安全裕度

对“安全裕度”的要求为:应根据系统工作性能的要求、系统硬件的不一致性以及验证系统设计要求时有关的不确定因素,确定安全裕度。

(1) 对于安全或者完成任务有关键性影响的功能,系统应具有至少 6dB 的安全裕度。

（2）对于需要确保系统安全的电起爆装置（EID），其最大不发火激励（MNFS）应具有至少16.5dB的安全裕度；对于其他电起爆装置的最大不发火激励（MNFS）应具有6dB的安全裕度。

系统硬件具有不确定性。由于各种因素的影响，如物理结构的尺寸误差、电缆束线路敷设和装配工艺的微小差别、屏蔽端口处理工艺的正确程度、系统中设备的性能与设计值的不一致及其个体间的差异等，使得系统完成研制后的电磁兼容性可能偏离设计目标值，并且同一型号各个系统的电磁兼容性能也不相同。因此，提出了系统电磁安全裕度指标要求。

根据GJB 72A—2002，安全裕度为敏感度阈值与环境中的实际干扰信号电平之间的对数值之差，用分贝表示。GJB 8848—2016等效采用该定义，如图1-2所示。

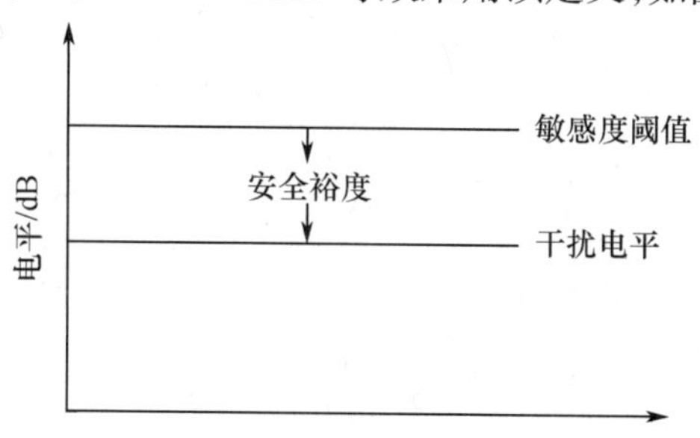

图1-2　安全裕度示意图

对电子设备、系统（含军械中的电子设备）而言，敏感度阈值是指其处于电磁敏感状态下的临界电磁环境电平，如辐射干扰电平（电场场强或磁场场强）、传导干扰电平（电流、电压、功率），与之对应，实际干扰信号电平是指受试设备在实际环境中工作时面临的电磁环境值。对EID而言，最大不发火激励是指其处于电磁环境下的临界发火吸收能量、感应电压、感应电流、吸收功率，与之对应，“EID响应”是指受试军械装备在实际电磁环境中工作时可能吸收的能量、功率或感应的电压、电流。

安全裕度是保证受试武器系统具备电磁环境适应性的评价指标，主要评价受试系统（SUT）与工作环境、受试系统与其他系统之间的兼容性，与设备级电磁兼容试验中的RS101磁场辐射敏感度、RS103电场辐射敏感度、RS105瞬变电磁场辐射敏感度等具有几乎同等的作用。所不同的是，设备级的试验结果仅对受试设备负责，不包括抽样的不一致性和测试结果的不确定性；而系统级的试验结果应将抽样的不一致性和测试结果的不确定性包含在内。此时，单纯的敏感度试验结果难以达到试验目的，必须根据受试系统硬件的不一致性和效应试验结果的不确定性来定量确定安全裕度，以保证试验结果评定的有效性。

根据经验，电子设备的辐射敏感度离散性在3dB左右，考虑到辐射敏感度试验结果的不确定度在3dB左右，标准规定对安全或完成任务有关键性影响的功能，系统应至少具有6dB的安全裕度。

需要特别说明的是，MIL-STD-464C中采用了“裕度”的概念。“裕度”定义为设备、分系统所能承受的最大信号电平与在系统级电磁环境中因电磁耦合在设备、分系统上产生的信号电平分贝值之差。

设备和分系统所能承受的最大信号电平是指其能正常工作并保持所需性能等级时所

能承受的临界电磁信号电平,可以是辐射敏感度要求电平(电场场强或磁场场强)、传导敏感度要求电平(电流、电压、功率),也可以是内部关键电路上的电压或者电流电平。与之对应,在系统级电磁环境中因电磁耦合在设备、分系统上产生的信号电平是指设备、分系统在实际环境中工作时面临的电磁环境值或内部关键电路上的电压或者电流电平。对于设计者而言,是根据设备、分系统上的预期干扰信号电平和裕度指标要求计算其应能承受的信号电平,或根据其能承受的信号电平和裕度指标要求对设备、分系统上的预期干扰信号电平进行限制,据此进行工程设计。对于裕度验证,其出发点是得到设备、分系统所能承受的最大信号电平和设备、分系统在模拟的系统级电磁环境因电磁耦合所产生的信号电平。如果因试验能力限制未能得到设备所能承受的最大信号电平,采用最大试验能力下设备所承受的信号电平计算得出的裕度结果小于其实际裕度。设备在系统级电磁环境因电磁耦合所产生的信号电平要考虑实际工作中可能面临的最恶劣电磁环境,不局限于设备的对外发射。此外,通过提高敏感度试验等级的方法进行裕度验证是不得已而为之的方法,并非"裕度"要求的本意。

1.2.3 系统内电磁兼容性

对"系统内电磁兼容性"的要求为:系统自身应是电磁兼容的,以满足系统工作性能要求。

武器系统通常由若干相互关联的设备和分系统组成,其系统内所有分系统和设备在预期工作的范围内应是相互兼容的,整体中的任何单体与其他单体间如果不能实现兼容,将无法完成系统预定的各项任务。

系统内电磁兼容性是指:武器系统中的设备和分系统在系统(或称平台)安装集成后自身应是电磁兼容的,在系统内,分系统和设备能够与要求共同工作的其他分系统和设备一起兼容工作,完成全部的系统功能。由分系统或设备产生的电磁发射必须不降低系统功能和效能。系统内电磁兼容性是武器装备电磁环境效应中最基本的要素,是实现系统电磁兼容最基本的要求。

系统内电磁兼容性要求一般包括电源线瞬变、船壳引起的互调干扰、舰船内部电磁环境、二次电子倍增、相互干扰等。

系统内电磁兼容性应考虑系统的所有寿命期方面,包括正常的服役、储藏、运输、操纵、加载、卸载、发射以及与每个方面相关的正常的操作过程。由于各武器平台自身特点,系统内电磁兼容性试验项目和方法差别较大,系统内电磁兼容性与特定平台在特定的任务中的工作要求有很大关系,各平台根据自身特点有各自的试验内容。系统内电磁兼容性通常包括干扰源、被干扰受体和耦合途径。干扰源包括所有对外产生电磁发射的电子电气设备、分系统;被干扰受体是指所有可能对电磁干扰敏感且包含电子部件的设备、分系统;耦合途径包括场场耦合、场路耦合、路路耦合等,干扰对之间包括天线到设备、天线到天线、天线到电缆等。

对于复杂系统来说,电子电气设备的种类、数量多,天线数量多,发射源功率大,接收机灵敏度高。干扰源和干扰信号的样式多种多样,有连续波、脉冲波,有宽带、窄带信号,有连续的、瞬变的,还有数字、模拟之分。以舰船为例,其人为干扰源主要包括:①舰船发射机系统产生的基波信号、非线性引起的谐波分量、非线性电路中产生的交调和互调信号、传输线路产生的宽带噪声信号等；②舰船机电和电气设备产生的宽带噪声干扰、辐射干扰和传导干扰；③多路径反射的电磁干扰；④岸基或其他舰船的发射机系统产生的信号；⑤船体产生的互调干扰等。被干扰受体包括接收机、计算机等对信号进行接收、传输、处理、显示的电子设备，灵敏或低工作电压（电流）的电气装置，控制系统和武器系统中的敏感、低电平设备等。

复杂系统干扰源类型多，易受干扰的接收器多，信号传输耦合途径多，形成电磁干扰的成因具有多样性。因此，相互干扰试验是系统内电磁兼容性试验的一个重要内容。

1.2.4 外部射频电磁环境

对“外部射频电磁环境”的要求为：系统应与规定的外部射频电磁环境兼容，以使系统的工作性能满足要求。

依据 GJB 72A—2002，电磁环境是存在于给定场所的所有电磁现象的总和，指在一定频率变化范围内电磁发射能量随时间的分布情况，即系统在既定工作环境中执行规定任务时可能遭遇到的各种传导型和辐射型电磁发射。从电磁环境的定义可以看出，电磁环境通常与时间、空间、频率和发射功率等因素相关。

通常所讨论的外部射频电磁环境主要由通信、导航、雷达、电子战等大功率发射设备在工作时产生，具有覆盖频带宽、场强幅值高等特点，包括来自于平台（如编队飞行的飞机、带有护卫舰编队航行的舰船和彼此相邻的地面指挥系统）以及外部发射机的电磁环境。对于大多数系统来说，来自平台的射频分系统产生的电磁环境是系统面临的主要电磁环境。从产生电磁环境的概率和系统暴露的概率来看，这些射频分系统起着关键的作用。但随着外部发射机的功率电平增加，外部发射机也影响了整个系统的电磁环境。现代系统的复杂性是使用了特殊的结构材料如复合材料，与传统金属材料相比，对电磁环境的屏蔽和电子电路的保护会有较大的差距，使得射频电磁环境更容易影响系统。对于飞机来说，可能面临的射频电磁环境包括机场环境、空对空环境、舰对空环境以及地面环境等。

射频电磁环境是装备面临的主要电磁环境，也是在装备研制和使用中进行电磁环境控制所要考虑的主要组成部分。

射频电磁环境包括系统外部平台的射频发射、系统内部的射频天线发射以及平台设备的辐射发射等。系统内部各种电子电气设备在工作时，都可以产生电磁发射，但通常量值比较小，一般在伏每米以下量级，在设备 EMI 控制中对辐射发射进行限制主要考虑是保护高灵敏度的接收机。

射频电磁环境通常以场强值与频率的对应关系给出，分为峰值和平均值两类，单位为 V/m。峰值场强基于发射机的最大允许功率和天线最大增益减去系统损耗（若损耗未知，则估为 3dB）。平均值场强基于平均输出功率，平均输出功率是发射机的最大峰值输出功率与最大占空比的乘积。占空比是脉冲宽度与脉冲重复频率的乘积。平均值场强只适用于脉冲信号系统。非脉冲信号的平均功率与峰值功率的有效值是相同的。影响发射机产生电磁场的特性，包括功率电平、调制方式、频率、带宽、天线增益（主瓣和旁瓣）和天线扫描等。

MIL - STD - 464 中给出的外部射频电磁环境数据，频率覆盖 10kHz ~ 45GHz，通常都在每米几十伏以上，最大峰值场强可高达27460V/m。包括：舰船甲板上工作的系统外部电磁环境，在舰船上发射机主波束下工作的系统外部电磁环境、空间和运载系统的外部电磁环境、地面系统的外部电磁环境、陆军旋翼飞机的外部电磁环境、固定翼飞机（不含舰载）的外部电磁环境。系统暴露于多个规定的电磁环境时，应采用适用的电磁环境最坏情况的组合。

外部射频电磁环境敏感性与电磁易损性（Electromagnetic Vulnerability，EMV）是密切相关的概念。EMV指的是因受电磁环境的影响，导致系统出现无法完成规定任务的性能降级的特性。而电磁敏感性是指设备、器件或系统因电磁干扰可能导致工作性能降级的特性。因此，电磁易损性可能导致系统严重故障，甚至毁损，不能完成预期任务，是电磁敏感性的一类特殊问题。实际上，电磁易损性针对的是系统可能遇到的使用电磁环境，也就是真实的电磁环境。它与单个设备或分系统的电磁敏感度不同的是，通常所说的电磁敏感度测试是施加一个标准场，其场强值是依据标准对系统指标要求的分解确定的。进行EMV试验验证或分析，就是要确定实验室观测到的电磁敏感度对实际使用性能的影响。

1.2.5 高功率微波

对“高功率微波”的要求为：系统应在窄带和宽带高功率微波环境中不影响其工作性能。

高功率微波（High Power Microwave，HPM）是指频率100MHz ~ 300GHz、峰值功率100MW以上（通常在吉瓦量级），或者平均功率大于1MW的强电磁辐射。HPM武器是利用微波强电磁脉冲干扰、扰乱、损伤电子系统，使其功能降级或失效的定向能武器。

根据瞬时频谱宽度不同，可将HPM分为“窄谱HPM”（Narrow Spectrum High Power Microwave，NS – HPM）、“宽谱HPM”（Wide Spectrum High Power Microwave，WS – HPM）和“超宽谱HPM”（Ultra – Wide Spectrum High Power Microwave，UWS – HPM）三类，较常用的一种分类方法如表1 – 1所列。

表1 – 1　高功率微波基于带宽的分类

HPM分类	百分比带宽（pbw）
窄谱HPM	pbw≤5%
宽谱HPM	5% < pbw≤100%
超宽谱HPM	pbw > 100%

百分比带宽pbw采用如下定义：

$$pbw = 200\frac{f_H - f_L}{f_H + f_L}(\%) \tag{1-1}$$

式中　f_H、f_L——微波频谱3dB宽度的频率上限和下限。

窄谱HPM是有载频的电磁脉冲，当前其工作频率主要集中在0.8 ~ 40GHz，波段处于UHF波段到Ka波段范围。窄谱HPM具有峰值功率高（一般在吉瓦量级）、脉冲短（一般十 ~ 百纳秒量级）、上升/下降时间快（一般在纳秒量级）、瞬时频谱宽（在数十兆赫量级）等特点，其典型时域波形和频谱分布如图1 – 3所示。

超宽谱HPM是无载频的电磁脉冲，它是一种脉宽极窄的瞬态电磁脉冲，脉冲宽度在纳秒量级，脉冲上升/下降时间在亚纳秒量级，其瞬时频谱宽度可达百兆赫到吉赫量级，其

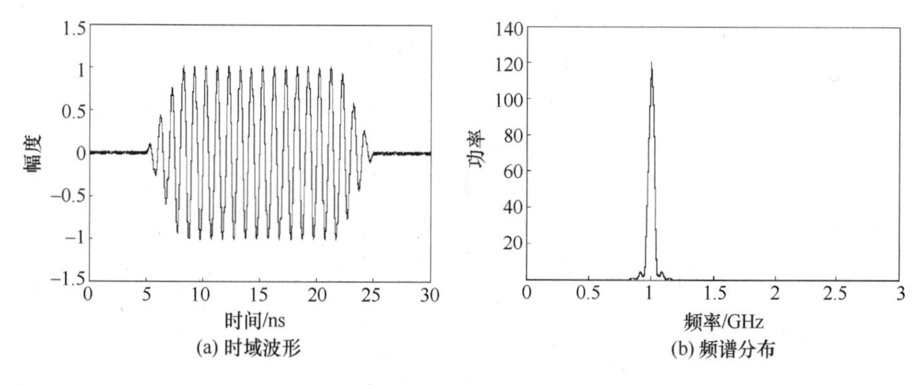

图 1－3　窄谱 HPM 脉冲时域波形及频谱分布

典型时域波形和频谱分布如图 1－4 所示。

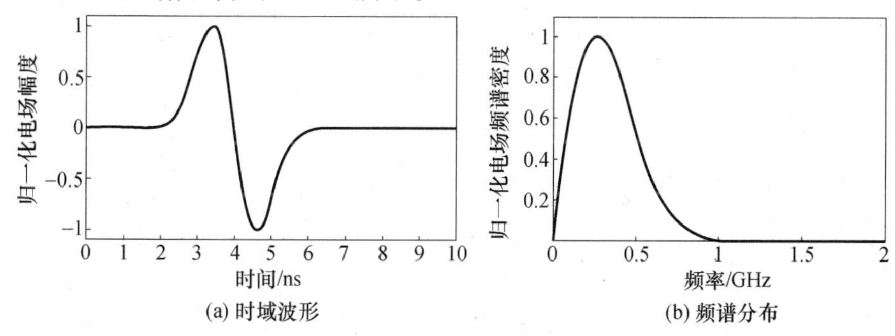

图 1－4　超宽谱 HPM 脉冲时域波形及频谱分布

HPM 与高空核电磁脉冲(HEMP)、雷电电磁脉冲(LEMP)等在频率范围、波形等参数方面有着显著不同,如表 1－2 所列。可以看出 HPM 环境最显著的特征是功率和脉宽明显不同于常规微波环境。在峰值功率方面,HPM 环境比常规电子战中雷达高 2～4 个数量级,比一般的机载干扰机高 5 个或 6 个数量级,从而目标普适性好,能在微波波束覆盖的纵深范围内从远到近对目标进行不同程度的破坏;在脉宽方面,HPM 为快信号,脉冲上升/下降沿为亚纳秒～纳秒量级,瞬时频谱较宽,可达数十兆赫到数吉赫数量级,比常规电子战环境的瞬时频谱高 1～3 个数量级,环境耦合途径、作用方式、机理复杂,并能同时作用多类目标。

表 1－2　几种强电磁环境特征比较

参数	HEMP	HPM	LEMP
典型频率范围	DC～300MHz	0.3～300GHz	DC～10MHz
瞬时频谱宽度	300MHz	数十兆赫到吉赫	10MHz
发射峰值功率	—	1～50GW 量级	100GW 量级
典型场强	50kV/m	36.5kV/m(10km 处)	53kV/m(1km 处)
脉冲前沿	纳秒量级	亚纳秒到纳秒量级	百纳秒到微秒量级
脉冲持续时间	100ns～1s	1ns～1μs	500ns～100μs
典型作用距离	数百千米	数百米到数百千米	数十千米

根据效应等级不同,HPM 破坏效应可分为非线性干扰(Nonlinear Interference)、扰乱(Upset)、降级(degrade)和损坏(Damage)。

非线性干扰是指 HPM 脉冲作用时,系统工作状态或参数偏离其正常容许范围,且在 HPM 作用完一定时间后其各项性能可自动恢复的一种瞬时效应现象(图 1-5)。HPM 非线性干扰与常规电子对抗干扰具有显著区别,HPM 非线性干扰使电子系统工作在非线性饱和区,系统性能指标远低于正常工作时的指标,而常规电子对抗干扰时电子系统一般工作在线性区,系统性能指标与正常工作时一致。

扰乱是指 HPM 使系统工作失常、工作混乱、工作中断,并且在高功率微波过后没有人为干预情况下设备或系统不能自动恢复正常工作的一种效应(图 1-6)。

降级是高功率微波作用下,系统性能下降,无法达到额定指标的一种永久性物理破坏现象。

损坏是高功率微波作用下,电子系统功能丧失、关键任务中止的一种永久性物理破坏现象(图 1-7、图 1-8)。

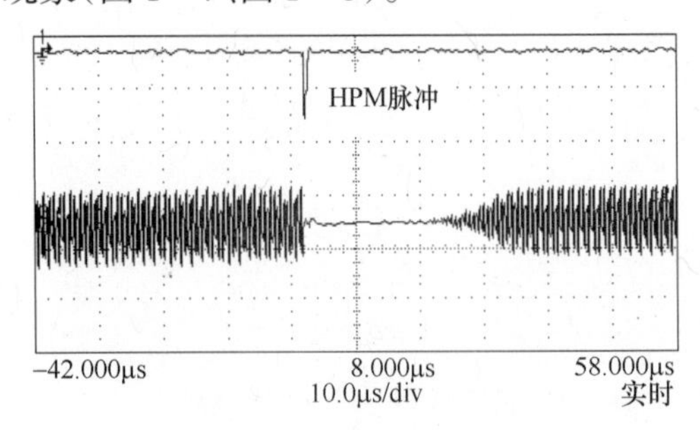

图 1-5 HPM 干扰波形

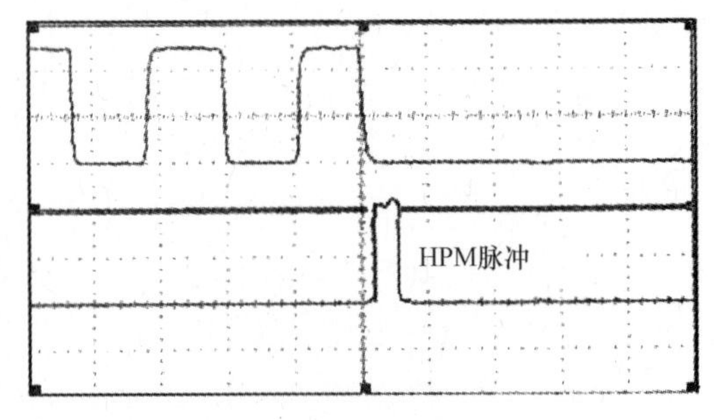

图 1-6 HPM 扰乱波形

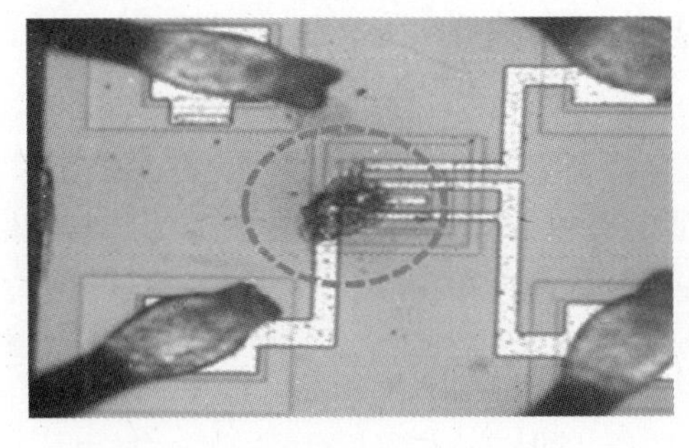

图 1-7 HPM 对芯片烧毁照片

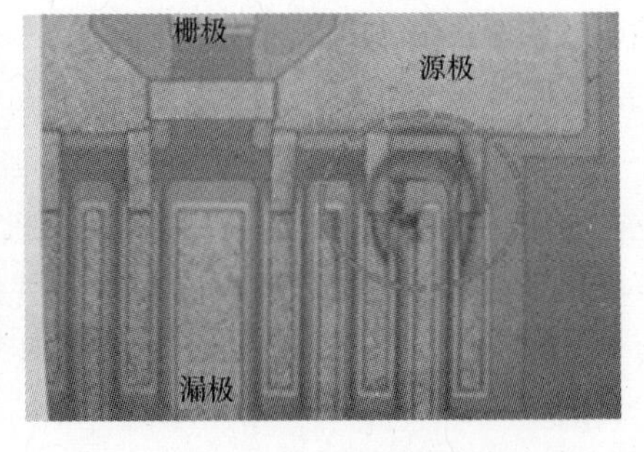

图 1-8 HPM 对管芯烧毁照片

1.2.6 电磁脉冲

对 EMP 环境要求是:在承受电磁脉冲环境波形以后,系统应满足其工作性能要求。该要求实际为系统 EMP 生存能力要求,也就是具有 EMP 防护措施的系统,在历经 EMP 以后,不应产生导致系统运行中断的扰乱和损坏现象。

EMP 通常指核爆产生的电磁场,高空核爆、中空核爆和地面核爆都可产生电磁场。由于高空核爆产生的 EMP 具有幅度大、频谱宽和覆盖范围广的特点,所有武器系统都可能面临这种电磁环境,因此,除非特别说明,EMP 指的是高空核爆产生的电磁场,又称为高空电磁脉冲(HEMP)。

MIL - STD - 464C 中给出的 HEMP 环境如图 1 - 9 所示，由三部分组成：早期 HEMP（E1 部分）、中期 HEMP（E2 部分）和晚期 HEMP（E3 部分）。早期 HEMP 由瞬发 γ 射线产生，中期 HEMP 由散射 γ 射线和高能中子与空气分子的非弹性碰撞产生的 γ 射线产生，晚期 HEMP 由核爆等离子体物理效应产生。GJB 1389A—2005 中默认的 EMP 环境为早期 HEMP，因此，GJB 8848 中的 EMP 试验方法只针对早期 HEMP 环境。

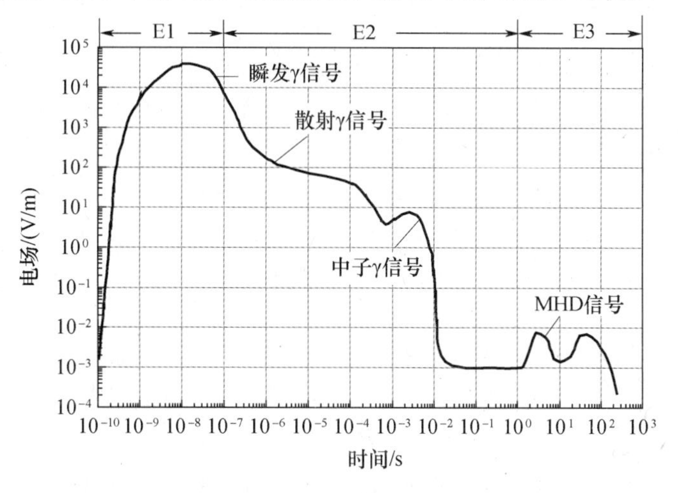

图 1 - 9　HEMP 环境

GJB 1389A—2005 中默认的 EMP 环境采用双指数数学表达式：

$$E_1(t) = k_1 \times E_{p1} \times (e^{-\alpha_1 t} - e^{-\beta_1 t}) \quad (t > 0) \tag{1-2}$$

式中　t——时间（s）；

$E_1(t)$——EMP 电场（kV/m）；

k_1——使电场达到峰值的常数，$k_1 = 1.3$；

E_{p1}——EMP 电场峰值，$E_{p1} = 50\text{kV/m}$；

α_1——半高宽常数，$\alpha_1 = 4 \times 10^7 \text{s}^{-1}$；

β_1——上升时间常数，$\beta_1 = 6 \times 10^8 \text{s}^{-1}$。

EMP 电场波形如图 1 - 10 所示，电场峰值为 50kV/m，10% 到 90% 的上升时间为 2.5ns，半高宽为 23ns，能流密度为 0.114J/m²。EMP 归一化累积能量分布如图 1 - 11 所示，

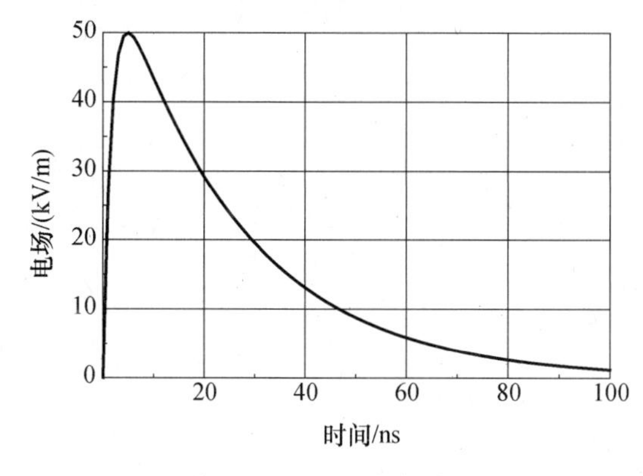

图 1 - 10　EMP 电场波形

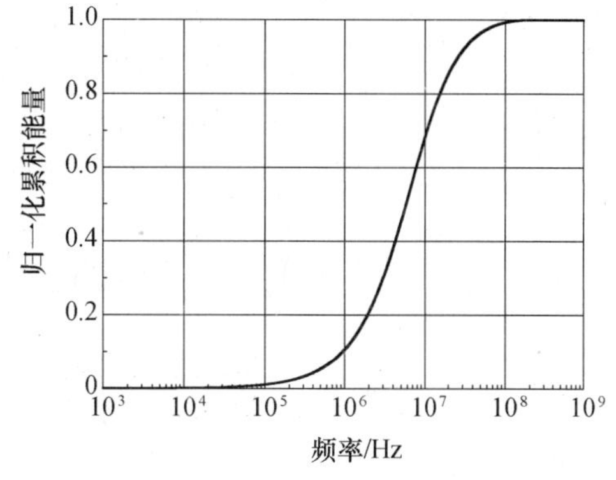

图 1 - 11　EMP 归一化累积能量分布

98% 的能量在 100kHz ~ 100MHz 之间。GJB 1389A 中默认的 EMP 环境与 IEC61000 - 2 - 9《HEMP 环境描述　辐射骚扰》中规定的早期 HEMP 环境相同。

1.2.7　雷电

对“雷电”的要求为:对于雷电的直接效应和间接效应,系统都应满足其工作性能的要求。

雷电是自然大气中的超强、超长放电现象。地闪的峰值电流一般为几万安,最大可达 200kA 以至 300kA,雷电通道的温度瞬间高达 $2 \times 10^4 \sim 3 \times 10^4$K;伴随放电过程,雷暴能量以热能、机械能及电磁能等方式释放,形成严重的破坏效应。雷电灾害是世界上十大自然灾害之一,在军事领域严重影响着作战行动和武器装备效能的发挥。

系统的雷电效应可以分为直接效应和间接效应。雷电直接效应包括与雷电电弧接触引起的燃烧、爆炸、腐蚀、变形和结构性破坏,大电流引起的磁力效应等。间接效应来自雷电产生的电磁场与系统设备的相互作用。当雷电不直接作用于系统结构时,仍然可以产生威胁级的效应,如邻近雷击。有时,直接效应与间接效应同时存在。例如,雷击天线时,可以对天线造成物理损伤,同时对天线附近的发射机/接收机电路造成干扰或器件损伤。

鉴于飞机雷电防护设计和认证中标准雷电环境的所需,美国汽车工程师协会(SAE) 1975 年通过综合自然界雷电数据综合形成了最初由 A、B、C、D 四种电流构成的雷电试验波形,其后又颁布了相应的试验方法。MIL - STD - 464 对雷电的直接效应和间接效应环境参数作了规定,其参数来源于 SAE ARP 5412《飞机雷电环境和相关试验波形》、SAE ARP 5414《飞机雷电区域》、SAE ARP 5416《飞机雷电试验方法》等标准。GJB 1389A—2005 采用了与 MIL - STD - 464 一致的雷电流的环境参数。其中,用于可能直接遭到雷击的空间飞行器和地面系统进行雷电试验的电流波形如图 1 - 12 所示。用于评估雷电间接效应的电流波形和参数如图 1 - 13 所示和表 1 - 3、表 1 - 4 所列。

在表 1 - 3 中,除了图 1 - 12 所示的 C 段以外,其余所有的间接效应环境均用双指数波形的参数来定义各段电流随时间的变化。

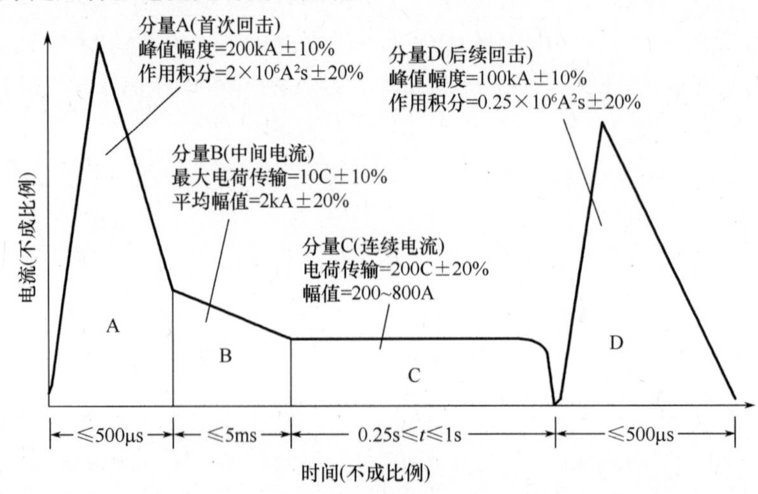

图 1 - 12　用于雷电直接效应试验的电流波形

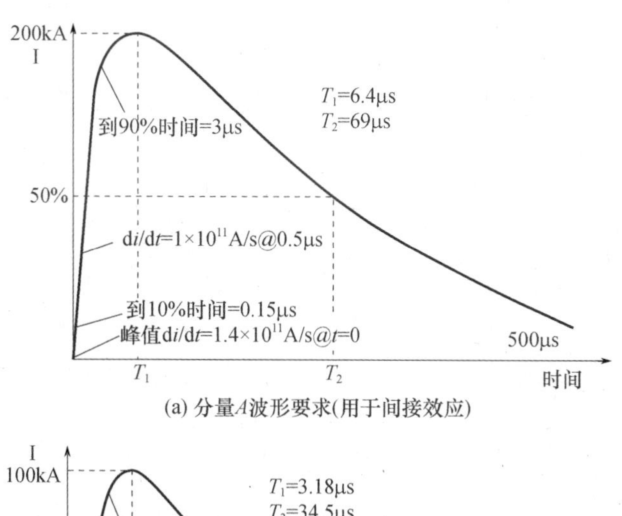

(a) 分量A波形要求(用于间接效应)

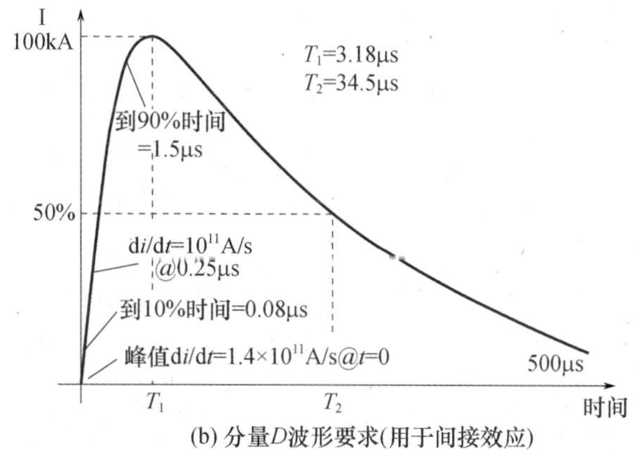

(b) 分量D波形要求(用于间接效应)

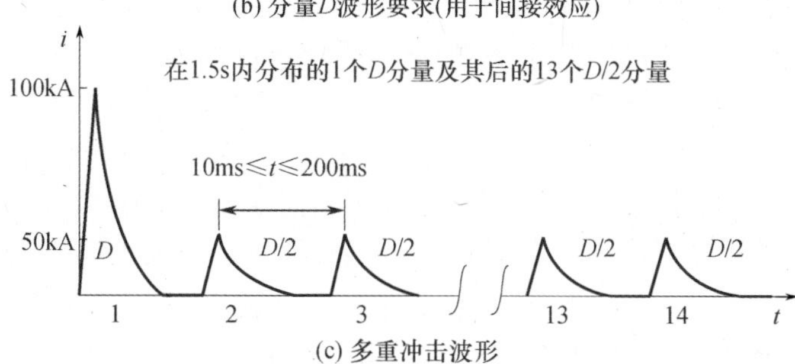

(c) 多重冲击波形

图 1-13　用于预测雷电间接效应的电流波形

表 1-3　雷电间接效应波形参数

电流分量	说　明	电流分量 $i(t)$ 的相关参数		
		I_0/A	α/s^{-1}	β/s^{-1}
A	严酷雷击	218810	11354	647265
B	中间电流	11300	700	2000
C	持续电流	400(持续0.5s)	不适用	不适用
D	后续回击电流	109405	22708	1294530
D/2	多重雷击	54703	22708	1294530
H	多重脉冲组	10572	187191	19105100
注:电流分量 $i(t)=I_0(e^{-\alpha t}-e^{-\beta t})$,$i$—电流(A);$t$—时间(s)				

表 1-4　雷电间接效应波形特征

电流分量	峰值电流 /kA	衰减 50% 时间 /μs	10% 时间 /μs	90% 时间 /μs	峰值时间 /μs	峰值上升率 $t=0+$ (A/s)
A	200	69	0.15	3.0	6.4	1.4×10^{11}
B	产生持续时间超过 5ms，平均值为 2kA 的连续电流					
C	定义为幅度等于 400A，持续 500ms 的方波					
D	100	34.5	0.08	1.5	3.18	1.4×10^{11}
D/2	50	34.5	0.08	1.5	3.18	0.7×10^{11}
H	10	4.0	0.0053	0.11	0.24	2.0×10^{11}

GJB 1389A—2005 同时给出了邻近雷电冲击环境，如表 1-5 所列。表 1-5 是特殊的例子，描述了系统遭受邻近雷击的环境，而表 1-3 和图 1-13 给出的雷电间接效应环境指的是由雷电直接附着引起的。

表 1-5　来自邻近雷击(云对地)的电磁场

参数	10m 处的取值
磁场变化率	2.2×10^9 A/(m·s)
电场变化率	6.8×10^{11} V/(m·s)

出于安全考虑，邻近雷击假设系统距离放电通道的最小距离为 10m，小于此距离则认定为直接效应。电场变化率的确定则比较复杂。MIL-STD-464C 指出，它基于地闪下行先导模型，先导假设为距离地面一定高度的垂直线电荷，详细情况可以查阅该标准的相关参考文献。在 SAE ARP 5416 标准中也有相应计算模型的描述。

邻近雷击电磁环境也可以采用仿真计算的方法获得，其关键技术涉及两个方面：一是地闪回击模型；二是计算方法。环境计算可以分为三个步骤：首先是建立雷电通道模型，描述雷电回击过程，解决辐射源的问题；其次是在建立雷电回击模型的基础上，选择合适的仿真计算方法；最后是根据具体要求或实际情况，建立计算模型，通过仿真得到电磁辐射的环境计算结果。

地闪放电包括预击穿、梯级先导、首次回击、直窜先导、后续回击、回击间的过程等几个子过程。在首次回击过程中雷暴云通过雷电放电通道向地面输送的电荷量最多，故首次回击放电电流产生的电磁辐射最强。对地闪回击辐射场的研究，主要是研究首次回击电流(GJB 1389A—2005 中的电流 A 波形)产生的辐射场。研究回击辐射场，第一步需要确切地描述回击过程中通道电流随时间和空间变化的规律，即建立回击模型。雷电回击模型是为了在理论上研究地闪回击电流及其产生的雷电电磁脉冲(LEMP)而建立的数学模型。V. A. Rakov 和 M. A. Uman 于 1998 年在综述前人工作的基础上，将地闪回击模型归纳为气体动力学模型、电磁模型、分布电路模型和工程模型 4 类。对 LEMP 的分析而言，目前在工程上应用最广泛的是工程模型，例如常用的 MTLL 模型，它假设通道电流表达式为

$$I(z',t)=(1-z'/H)I(0,t-z'/v) \tag{1-3}$$

式中　$I(z',t)$——任意高度 z' 和任意时间 t 的通道电流；

$I(0,t)$——通道基电流函数；

v——电流传输速度，$v=v_f$且为常数，v_f 为回击速度，通道高度 H 为常数，$t \geqslant z'/v_f$。

回击辐射场分析的第二步是以上述回击模型为电磁场激励源，根据 Maxwell 方程求解整个计算空间的电磁场，具体方法可以采用时域有限差分方法（FDTD）等。这类数值分析方法非常适合计算含有目标物的 LEMP 环境，例如建筑物外部或内部的 LEMP 环境，如图 1-14 所示。采用这类分析方法获得的 LEMP 环境可作为系统加固时更为准确的指标依据。

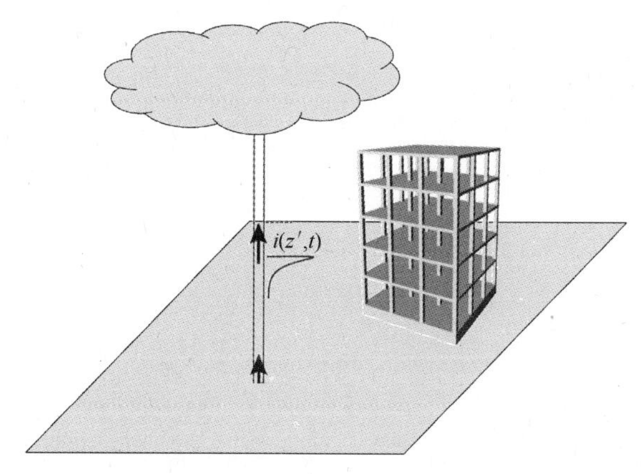

图 1-14 LEMP 环境的分析模型

1.2.8 静电

装备可能遭遇到的静电充电过程主要有以下几种：第一种是由于两种不同材料相互摩擦或者重复接触后分离而发生的电荷转移，就会出现摩擦带电的情况，这可以导致人体带电或者车辆、飞行器结构上带电；第二种是沉积静电，由于灰尘、雨、雪和冰撞击在运动的飞行器（如飞机、航天器）结构上形成静电荷积累；第三种是系统中任何液体或气体（如油、冷却液和空气）的流动可能造成电荷积累。当装备累积静电势与周围的电位差达到临界时，周围空气便会被击穿，产生电晕、流光、火花等静电放电现象。

（1）电晕放电。当装备电位达到 100kV 左右时，装备尖端处的电场强度已相当高，足以使空气击穿，这种击穿称为电晕放电。电晕放电的击穿电流是不连续的，呈现脉冲串形态，可以产生宽谱电磁噪声辐射。脉冲电流幅度约 10mA，上升沿约 10ms，持续时间 200ms。

（2）流光放电。装备非导电表面的电荷积累可能产生介质表面放电，即流光放电。在绝缘或介质表面被微粒击打时，它在介电表面上传导电荷。电荷被牢牢地拴在绝缘表面不能自由逃走，这是电荷沉积在表面的原因。当介电表面上的电荷累积到一定阈值时，会击穿空气或者向周围导体放电，形成流光放电。表面流光就是电荷快速传输相当距离至大气中而产生的严重电磁噪声。

（3）火花放电。装备因各种原因被充电后，相互绝缘结构体之间达到足够的电势差，击穿空气产生电火花的激烈放电，就是火花放电。

静电可能导致电子元器件发生不可逆的损坏；即使单次静电放电造成的故障可恢复，

多次的静电冲击也会使器件发生疲劳降级，降低产品预期寿命。静电放电会在局部释放大量热量，遇见燃油蒸气或粉末与空气的混合物，在比例合适时，将引起燃烧或燃爆的严重事故。静电放电对外产生电磁辐射，频带宽、强度高，将对电子设备产生严重干扰。静电还可能吸附粉尘和颗粒，导致管道堵塞、电搭接失效等隐患。武器装备静电电荷控制及防护主要关注以下 4 类静电危害现象：

1. 垂直起吊静电

抵抗垂直起吊静电放电干扰（Helicopter Electrostatic Discharge，HESD，又称直升机静电），原本是对执行吊装作业的直升机或需要进行空中加油的飞机提出的特殊要求，美国 ADS－37A 标准将垂直起吊静电的环境适应性要求从直升机扩展到了所有军用飞机。

垂直起吊条件下，在直升机挂提货物期间累积的电荷，可能在挂钩和货物之间产生电弧，也可能导致运送悬吊的货物与地面之间产生电弧。由于进行垂直吊装作业的飞机和吊挂物之间经常会发生若干次放电，为了保护地面上人员不受电冲击，对于旋翼飞机，在它连接货物之前，首先用吊钩接触地面；当货物被吊起以后，整个系统（飞机和货物）将再次充电，因此当货物降低到地面时，必须在人员接触前再次进行放电。上述有意为之的放电过程可能对机载电子系统和吊挂物产生电磁干扰或损伤。

2. 空中加油静电

任何类型的飞机都能够在其机身产生静电荷，在空中加油的情况下，加油机和受油机之间存在明显电势差，当两架飞机连接时可能产生电弧。空中加油时遭受静电放电的飞机可能会出现导航系统受扰和燃油危害等电磁敏感现象。据美军记录：在执行空中加油作业时，飞行员曾经报告，观察到油枪与受油机之间产生了明显的、肉眼可观察的放电电弧，同时飞机的导航系统遭受了干扰。该要求适用于飞机在空中加油期间应保持正常功能的设备和分系统，重点是安装在加油区域附近的设备，同时还对静电导致的对燃油蒸气的潜在危险进行了考核。

3. 沉积静电

运动中的飞行器遇到灰尘、雨、雪和冰时，静电荷在其结构上积累的结果为沉积静电效应（Precipitation Electrostatic Discharge，PESD）。这种静电的积累能够产生明显的电压，可能造成对设备的干扰和对人员的危害。美国报道了大量沉积静电的危害案例，包括：战斗机在穿越云层飞行时，沉积静电干扰导致飞机 UHF 通信严重受扰；落地的飞机由于积累的沉积静电未充分释放，导致靠近的机务人员遭受严重电击；执行任务的作战飞机，飞机座舱盖产生的沉积静电放电击中飞行员头盔等。因此，必须对军用飞机进行验证，确保飞机及其分系统和设备具备抵抗沉积静电危害的能力。

沉积静电放电主要表现为电晕放电和流光放电，但不理想的机体结构设计也可能引起火花放电。一般情况下，飞机电场最高点（通常是飞机外部尖锐结构处）处周围的空气被周期性地击穿，沉积静电以脉冲的形式进行放电。该脉冲能够产生宽带辐射干扰，经天线和电缆耦合后，可能降低带有天线的接收机性能，特别对于工作频率较低的接收机，这种干扰更为明显。图 1－15 是火花、流光和电晕放电产生的电磁噪声的频谱图，放电的频谱可从 0.1～3000MHz，覆盖短波通信、超短波通信、VOR 导航、仪表着陆（航向道、下滑道、指点信标）、ADF 导航、GPS 导航、测距器、应答机、TCAS 系统等无线电系统的工作频段。静电放电噪声通过天线耦合到系统中，可使通信系统产生明显的噪声甚至无法收听，造成探测设备的灵敏度降级,显著降低导航距离或导航精度,使 VOR 导航和仪表着陆系统产生可观的指示误差。有试验证明,沉积静电放电噪声可使 VOR 航向误差可达 10°左右。

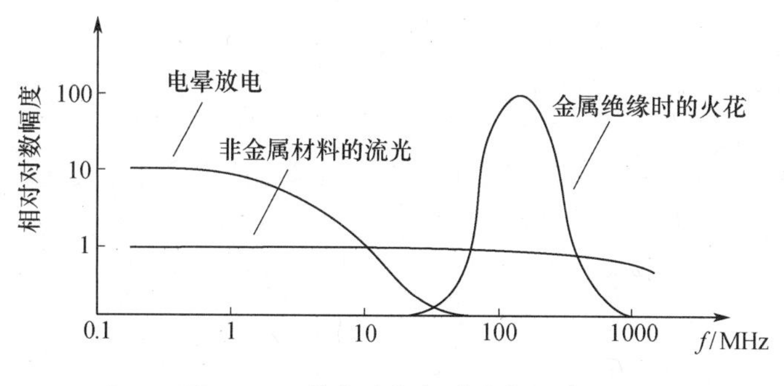

图 1-15 静电放电电磁噪声频谱图

飞机在飞行过程中缺少把沉积静电引向地面的直接通道,必须采取一定控制措施使沉积静电能够低强度有效释放,以降低对飞机的不利影响。沉积静电放电装置通常用来控制这种影响:将飞机积累的电荷释放电压门限降低,减弱静电放电时的干扰,保护接收机正常工作。

4. 人体静电

人体静电是最常见的静电累积和放电现象。其主要充电本质仍然是接触分离起电,人体的各种活动导致与周围的物体发生电荷分离,在加上感应充电、吸附空间电荷,在宏观上体现出人体对地电荷不为零。人体在低温、干燥的大气环境下脱穿外衣、往返走动、鞋与地板摩擦分离、人体与其他物品接触分离时,都可能产生数万伏静电。当带有静电的人体与军械接触时,就会形成静电放电,引起敏感军械的爆炸。人体静电放电形成的高功率强电流注入或电磁脉冲效应也可能会使某些电子设备发生误动作,甚至造成硬件损坏。因此,需对裸露军械在人员操作时的静电放电安全性与作用可靠性进行评定。对于军械分系统或安全性关键设备,其静电放电的电压等级为 25kV。通常采用 500pF 的电容充电到 25kV,通过 500Ω 的电阻、电感不大于 5μH 的电路向军械分系统放电,来模拟这样的 ESD 环境。

1.2.9 分系统和设备电磁干扰

对“分系统和设备电磁干扰”的要求为:为了使整个系统满足所有相应的要求,每一个分系统和设备应满足电磁干扰控制要求。

分系统和设备电磁干扰主要是指其工作时通过传导和辐射途径对外产生干扰,或受到干扰。设备和分系统的 EMI 特性(包括电磁发射和电磁敏感度)必须得到控制,以保证它们在预期的安装条件下不会与其他的设备、分系统或外部环境之间出现无意的电磁影响。进行这类控制的主要原因在于存在连接天线的灵敏接收机(它们对在调谐范围内产生的干扰,以及对平台内外发射机、雷电和电磁脉冲产生的环境产生响应)。系统内的电磁环境是复杂多变的,其程度取决于平台上设备的工作状态和频率。由于新设备和系统的不断升级和修改,系统的结构一直处于不断的变化当中。为一个平台研制的设备既可能用于其他平台上,也可能引起电磁兼容性问题。

对设备的EMI特定要求需基于系统设计的概念而提出，应考虑从平台外到安装位置之间的传输函数、相对同平台上其他设备之间的隔离度以及其他设备的工作特性等因素。过去的经验表明，设备符合EMI的要求对确保系统级兼容将起到很大的作用。不满足EMI要求通常会导致系统级问题。越不符合限值的要求，产生问题的概率越大。既然EMI要求能主动降低风险，所以遵守EMI要求将使系统集成后在系统和相关分系统之间更好地实现自兼容。

分系统和设备的电磁干扰控制通常采用的标准是GJB 151B—2013。该标准适用于电子、电气及机电等设备和分系统，不适用于火工品。GJB 151B—2013中的EMI要求包括发射和敏感度（民用标准常称为抗扰度）两部分。大部分发射要求与频域相关（CE107电源线尖峰（时域）传导发射除外），测量数据常用频谱分析设备（接收机或频谱仪）、电流探头和天线获得。而对敏感度，常用电压和电流表示评定电源和信号端口的瞬态和调制正弦波；用场强大小表示辐射电磁场信号。对于敏感度测量，需要用到不同的信号源、功放、注入装置和天线。

对某些特定应用，EMI要求也可能来自其他军用或民用标准，例如航天系统还要满足GJB 3590—1999《航天系统电磁兼容性要求》的EMI要求。这些标准包含了不同的限值，供选用。对任何EMI标准，应注意使用合适的限值，需要时，可规定特定的要求。例如，对使用复合材料结构系统的雷电防护或频谱兼容性，需补充要求。GJB 151B—2013中没有提出雷电间接效应要求，尤其是没有关于使用复合结构材料安装的内容。

对“舰船直流磁场环境”的要求为：当分系统和设备在直流磁场环境中工作时，其性能不应降低。需要特别说明的是舰船消磁时有意产生的高电平直流磁场，钢铁建造的舰船受到地球磁场的作用被磁化，形成了舰船磁场，为了防止水中磁性武器攻击，舰船应进行消磁。舰船磁场由固定磁性磁场和感应磁性磁场两部分组成。通常采用临时线圈消磁法（磁性处理）消除舰船固定磁性磁场，采用固定绕组消磁法（消磁绕组）补偿舰船感应磁性磁场。由于消磁系统和磁性处理的使用，消磁过程中消磁电缆中通过很大的直流电流，产生高静磁场。同时，舰船电力电缆、发电机、电动机、焊接电路、配电板和大功率控制设备、变压器等设备也会产生杂散磁场。这就意味着对于舰船（包括水面舰船和潜艇）存在有直流磁场影响的突出问题。直流磁场可能对磁场敏感的设备或系统造成干扰，诸如带阴极射线管的显示器图像和颜色失真，敏感音频电路、敏感磁存储介质出现问题。因此，直流磁场环境主要考虑对象是舰船。一般认为直流磁场对地面车辆和飞机影响不明显，且历史上也未出现问题，因此对其没有提出明确要求。

1.2.10 电磁辐射危害

对“电磁辐射危害”的要求为：系统设计应保护人员、燃油和军械免受电磁辐射的危害影响。

电磁辐射危害（Electromagnetic Radiation Hazard，EMRADHAZ）是指人体、设备、军械或燃料暴露于危险程度的电磁环境中时，电磁能量密度足以导致打火、挥发性易燃品的燃烧、有害的人体生物效应、电引爆装置的误触发、安全关键电路的故障或逐步降级等种种危险。主要包括电磁辐射对人体的危害（HERP）、电磁辐射对燃油的危害（HERF）、电磁辐射对军械的危害（HERO）。

（1）电磁辐射对人体的危害指电磁辐射对人体产生有害生物效应的潜在危害。有关研究表明，过量的电磁辐射会对人体健康造成不良影响。若长期暴露在过量的电磁辐射环境下，人体健康会受到不良影响，严重的过度暴露甚至可能使人员失明、昏迷。主要分为中短波电磁场辐射的危害和微波电磁场辐射的危害。

（2）电磁辐射对燃油的危害是指电磁辐射引起火花而点燃易燃、易挥发物品（如飞机燃油）的潜在危险。其本质是由于大功率电磁场辐射，使得金属间隙发生火花打火，形成电弧放电。在一定的温度、压力及浓度条件下，可能点燃燃油与空气形成的混合气体，使得燃油发生燃烧或爆炸。与一般燃油燃烧的区别在于，点火源是电磁辐射引起的放电火花，燃油燃烧的其他条件并无区别。靠近大功率发射天线附近的燃油加注作业出现事故的可能性最大，因此燃油区与发射天线之间必须有足够的安全距离，射频功率密度必须满足安全电平要求，以消除射频电弧或火花。

（3）电磁辐射对军械的危害是指电磁辐射对弹药或对电引爆装置产生有害影响的潜在危害。主要是由于电磁能量作用于电点火系统引起军械的意外点火或者性能降低。电磁辐射对军械的危害可分为两种情况：第一种情况是电磁辐射对电爆装置的直接作用；第二种情况是电磁辐射作用于电点火电路从而影响到电爆装置或引起其他电气故障。而电爆装置是军械的敏感部件，军械受电磁辐射的影响最终也可归结为安装在军械内部的电爆装置受电磁辐射的影响。

电磁辐射危害的测量与评定是基于足够强的电磁辐射能够伤害人体、点燃燃油和点着电起爆器件（EID）的情况下提出的。因此电磁辐射危害的评测主要是场强和电磁辐射敏感度测试，测试原理对于各武器平台基本相同。

1.2.11 全寿命期电磁环境效应控制

对“全寿命期电磁环境效应控制”的要求为：在设计规定的寿命期内，系统应满足系统工作性能和规定的电磁环境效应要求。该寿命期包括但不限于维护、修理、监测和腐蚀控制。

如果系统 E3 防护方案因为过量的部件、强制性维护或昂贵的修理要求而影响寿命期成本，就必然极大地削弱因采用先进电子技术和新型结构而带来的系统性能提高的优势。因此，在权衡 E3 防护方案时必需包括寿命期需要考虑的问题。腐蚀控制就是在系统寿命期中持续保持 EMC 的一个重要因素。

通常用于 E3 防护的方法有多种。选择具体方法必须充分考虑寿命周期的各个方面，包括维护和修理的需要。E3 防护措施应具有可达性和可维护，或者是在系统的设计寿命期内不需要强制的维护和检查。对于需要维护的防护措施应在不降低原有防护水平的情况下是可维修或可更换的，也就是维护活动不应降低防护措施的性能。电搭接、屏蔽、滤波等防护措施，在维护期间可能被断开、拔出或以其他方式失去了防护能力，因此系统维护应考虑恢复防护措施性能的要求。

随着系统使用时间的延续，腐蚀、电应力、松动的连接、磨损、灰尘等因素都会降低防护措施的效能。例如，对于屏蔽门来说，通常采用的是簧片，应保持接触面清洁，没有损坏和排列整齐。门框和门、插刀和簧片之间的良好接触是维持屏蔽完整性的关键。检查搭接的地方，以保证搭接效果不会由于灰尘、腐蚀、密封胶和油漆、损坏或未对准而下降。电子电气设备的屏蔽壳体与系统结构良好的电搭接是系统在各种电磁环境中正常工作的基础。壳体和结构的表面必须保持清洁以保持良好的搭接。

在系统寿命期中实现持续的电磁环境效应控制,防护加固措施的设计必须易于维修,需要规定防护措施和装置维护程序,将其维护纳入到正常的系统维护和维修周期中。

1.2.12 电搭接和外部接地

对“电搭接”的要求为:系统、分系统和设备应进行必要的电搭接,以满足电磁环境效应要求。

良好的电搭接是系统电磁性能设计成功的关键因素。电搭接是指在两金属物体之间建立一条供电流流动的低阻抗通路,通过机械或化学方法使不同金属物体、不同装备具有相等的参考电位。一般采用搭接电阻来评价搭接的质量。搭接建立的通路必须在长期使用中保持很低的电阻,常采用直流电阻来表征。良好的搭接能使干扰的各种抑制措施得以发挥作用。

对“外部接地”的要求为:为了防止人员受电击,防止军械、燃油和易燃的蒸汽意外引爆,防止硬件受到损害,系统和相应的分系统应设有外部接地措施,以控制电流的流向和静电充电。

装备使用中若出现意外电气故障,可能产生很大的故障电流,操作人员可能会因遭受电击而受到伤害。装备和服务设备之间的电压差能够产生足以点燃燃油蒸汽的火花。外部接地可以通过提供故障电流路径保护人员免受电击危害,通过消除静电累积防止静电危害到人员、易燃气体、军械和电子设备硬件。也可系统在工作或维护时需要采取接大地措施。

外部接地的工艺实现形式主要依靠搭接,而接大地属于另一种技术。GJB 8848—2016 标准中提供了这两种措施的性能测量方法。

1.2.13 防信息泄漏

对“防信息泄漏”的要求为:保密信息处理设备不应产生泄密发射。

保密信息处理系统或设备在处理信息时会产生含有信息的电磁发射,造成信息泄漏。电磁信息泄漏的途径主要有两种:辐射发射泄漏和传导发射泄漏。辐射发射泄漏指信号电磁能量以电磁波的形式通过设备壳体、缝隙、开孔向空间辐射;传导发射泄漏指通过信号线和电源线、不良接地线、金属管道等传导出去。被截获后能够复现出有用信息的信号称为红信号,而不能够复现出有用信息的信号称为黑信号。

这类系统或设备包括并不限于:即计算机、显示器、笔记本电脑、打印机、扫描仪、绘图仪、投影机、键盘、外部硬盘、移动光驱、U 盘、路由器、视频会议系统、交换机、集线器、网络装置、传真机、电话、移动通信设备、卫星通信设备、各类平台上的通信系统等。

用专门的接收系统,例如接收机、天线、预放、专门的软件等能获取红信号。设备 EMI 发射控制要求和防信息泄漏要求密切相关。良好的 EMC 设计可以明显降低电磁信息泄漏的风险。防信息泄漏应根据易损性和威胁因素以确定信息泄漏的残留风险,然后确定是否需要采取反措施,以将风险降至可接受范围,并确定实现要求的最经济有效的方法。

过去的经验教训有以下三种:对系统提出的要求不合适;要求合理,但执行不好,以致出现潜在的信息泄漏；对系统提出了不必要的过严要求，以致花费过高。为了解决上述三种问题，可通过执行风险管理过程，确保风险和费用的平衡。有关管理部门在通过分析、检查并认可其符合相关要求前，应考虑风险（如位置、被处理信号电平的大小、处理的业务量等）大小，并根据相关的费用做出权衡。

1.2.14 发射控制

对“发射控制”的要求为：在 500kHz ~ 40GHz 的频率范围内，在距离 1.852km（1n mile）的任何方向上的无意电磁发射不应超过 -110dBm/m^2（如距离为 1000m，则不应超过 -105dBm/m^2）。

发射控制（EMCON）是指有选择性地控制所发射的电磁能量，使敌方对发射信号的探测以及对已获取信息的利用程度减小至最小。通常用于防止敌方通过频谱监测发现自己。这些“无意的”发射可能来自本振等的乱真信号，这些信号通过天线或平台电缆向外发射。为了使系统满足 EMCON 的要求，必须控制本振等的发射。几乎所有系统都有许多孔隙，它们会成为无意发射源。当孔隙的尺寸和发射频率满足一定的关系时，例如当孔隙的长边尺寸等于信号频率的半波长时，该孔隙成为发射效率很高的发射天线。由于这些孔隙大多是无意出现的，需要通过试验发现其产生的发射。

EMCON 以前被称为无线电静默，第二次世界大战期间有关国家海军曾利用这一战术，使对方无法察觉舰船的位置；第二次世界大战后，美国海军在一些区域战役中也曾利用 EMCON 战术在战区前沿完成了飞机部署。这些战术至今仍为世界各国所用。

海军舰船上的电磁静默通常是最严格的 EMCON，禁止舰船上的系统（如飞机、牵引器、火控雷达和通信系统）在 500kHz ~ 40GHz 频率范围内发射信号。为此，要求系统能控制舰船上正在工作的发射机，通过快速切换，将发射状态改为接收、待机或关机状态，并控制所有的无意发射，使其难以被敌方发现。上述 EMCON 状态为舰船上最高的 EMCON 状态，即完全的 RF 静默；但舰船上还存在着其他的 EMCON 状态。基于可能受到的威胁和工作的需要，在选择的频率范围允许正常的主动发射。例如，将获准进行的正常 UHF 通信，称为 EMCON 阿尔法。说得更具体一些，就是允许哪一台发射机在哪一个频率范围内发射。某些子系统通常处于非发射状态，不处于 EMCON 功能控制之下。例如，UHF 通信系统总是处于接收状态，除非操作人员按下“通话”键。因此，它已经处于非发射状态，如果被授权 EMCON 阿尔法，则电台可以在没有解除 EMCON 功能的情况下发射。没有超过规定电平的来自带有天线的源或无意源（如电缆和设备）的发射是允许的。

现在，各种无线设备在海军的舰船、潜艇和飞机上大量使用。这些设备通常为在内舱内使用的货架产品，工作人员即使在无线电静默时也还想使用它们。在美军舰船上至今的平台级 EMCON 测量表明，EMCON 限值可以被明显超过，这取决于无线设备在平台内的位置和其他的因素（例如门或舱口是打开的还是关上的）。如果由于货架无线设备的使用而导致 EMCON 限值超标，相关人员应保证已进行了敏感度评价，以确定对平台的风险，并采取减小风险的措施。这个评价至少要将工作地理区域（例如在大都市海岸附近，在港口的防波堤，或在离开海上交通线的公开水域）和相关的背景电磁环境考虑在内。

当飞机从舰船上起飞后，通常也利用 EMCON 战术来避免飞机被敌方发觉。所以空军认为 EMCON 是加强平台“隐身”特性的一个方面。

MIL－STD－464C 标准中，将“发射控制”拓展为“系统辐射发射”。系统辐射发射包含两方面的内容：发射控制和共场地辐射控制。系统在满足其工作要求的情况下，应控制其辐射发射，以降低系统被探测和跟踪的威胁，并保证共场地内其他系统的正常工作。共场地辐射控制的要求是针对地面车辆装备，应对地面车辆装备的无意辐射发射进行控制，以使其附近的指挥中心、车队及其他系统上带天线的接收机满足其工作性能要求。

1.2.15 频谱兼容性

对“频谱兼容性管理”的要求为系统、分系统和设备应遵守国家和全军的电磁频谱管理相关规定。

从定义上来看，频谱兼容性是指用频系统按照军队、国家电磁频谱管理法规和要求，在所处的电磁环境中正常工作时，不因从射频通路耦合的电磁干扰而发生性能降级，不会对环境产生电磁干扰。频谱兼容性管理最初的立足点是制定无线电频率划分，科学地进行频率规划、组织制定无线电通信系统及设备参数标准、频率台站管理（包括发放执照）、无线电监测等。而在频谱资源日益紧张的今天，不同的无线电业务或相同的无线电业务不同体制共用频谱都离不开频谱兼容性管理，需要结合科学的分配和使用频谱资源，合理部署用频台站，对电磁环境实施有效管控，多种手段并行共同确保所有使用频谱的系统和设备能正常工作。

实际上，在频谱管理活动中还存在一个概念称为频谱可支持性，美军很早便提出了频谱可支持性的概念，是指用频活动和用频系统在电磁环境中规划推演、组织实施、开发试验和实际运用的整个活动周期或生命周期中，其所需频谱资源的有效性、可用性和安全性。

频谱可支持性实际包含三个层面：一是规章层面，符合国际、国家和军队电磁频谱管理条例；二是技术层面，电磁频谱特性技术符合相关相关标准规定；三是使用层面，开展电磁环境效应分析，给出装备兼容共用的频率和距离间隔。也就是说，频谱可支持性也包含了部署后的电磁环境效应分析。

传统频谱兼容性管理方法主要集中在用频系统的频谱规划和重大任务执行前的频谱规划，没有体现全寿命期内的管理，在信息作战和信息社会越来越依赖电磁频谱的条件下，面临的问题是如何将单个用频系统的频谱兼容性能力扩展到重大活动乃至全寿命期中的频谱可支持性，优化频谱资源、频谱规划、频谱安全、频谱高效利用、系统电磁兼容、重大活动频谱协调和国际频谱协调等一系列问题，以完善新形势下重大活动频谱管理。因此，可以认为，频谱可支持性是频谱兼容性的拓展。

第 2 章　电磁环境效应标准分析

电磁环境效应标准是开展装备电磁环境效应论证、设计、试验验收和使用的主要依据，是实现工程电磁环境效应控制目标的基础。对于大型复杂系统工程，涉及设备多、电磁环境要素多，跨平台同步研制、同时使用，电磁环境效应标准起着不可替代的作用。

本章概述了国内外电磁环境效应标准的发展演变以及标准的基本情况，列出了美国和我国现行电磁环境效应军用标准目录，并重点介绍了 GJB 8848—2016 的框架结构和基本内容，以便于对当前电磁环境效应标准有一个整体的了解和认识。

2.1　电磁环境效应标准的发展演变

2.1.1　国外 E3 军用标准演变过程

国外电磁环境效应军用标准主要包括美军标、北约标准、英国等欧洲国家的军用标准等，其中美国电磁环境效应标准影响广泛。最具有代表性的是设备级的 MIL - STD - 461《设备和分系统电磁干扰特性控制要求》和系统级的 MIL - STD - 464《系统电磁环境效应要求》。

1. MIL - STD - 461

美军标 MIL - STD - 461 是美国最基础的军用电磁兼容（EMC）标准规范。MIL - STD - 461 在世界范围得到广泛应用，已被许多国家采纳作为其制定 EMI 标准的基础，该标准的贯彻执行成为电磁兼容研究领域标准化历史上的一个重要标志。2015 年，美国国防部发布了其最新版本（G 版本），至此美军标 MIL - STD - 461 从第一版颁布以来已经走过了近 50 年历程。

实际上，美国电磁兼容方面的军用标准和规范的发展史要追溯到 1945 年，一些标准化文件自 1945 年提出以来得到了不断的充实和修正。在 MIL - STD - 461 系列标准颁布以前，美军标中属于该领域的设备级标准是非常复杂和多样的。美国各军兵种为满足各自的需要，制定了各自的电磁兼容性要求标准（表 2 - 1），这种多种标准共存的体制给实际使用带来了许多难以克服的困难。首先，这些标准规定的限值差别很大，当按某一标准设计一个设备时，如要同时满足另一个标准的要求常常要重新设计和测试，否则，不是达不到要求，就是造成不必要的浪费，很难两全；其次，每个标准规定的频率范围不同，测试方法不同，使用的测试设备也不同，要完成所有的测试，装备起所有的测试设备，费用就相当大。因此，这就给标准的制定者和使用者提出了一个非常现实而又迫切的问题，即制定一些新标准来统一名目繁多的标准，把标准数目减至最少，以供三军共同使用。

1965 年，美国国防部组织各军种的工程技术人员和标准化研究人员制定了一个研究电磁干扰专门术语、测试范围、测试方法及设备要求的计划，于是便产生了 461 系列电磁兼容性标准。这一系列标准包括 MIL－STD－461“设备电磁干扰特性要求”、MIL－STD－462“电磁干扰特性测量”、MIL－STD－463“电磁干扰技术定义和单位制”。其中 MIL－STD－461、MIL－STD－462 标准于 1967 年 7 月正式发布，MIL－STD－463 标准于 1966 年 6 月正式发布，从而进入了使用 461 标准的时代。

表 2－1　MIL－STD－461 标准之前的 EMI 标准

标准编号	标准名称	制定单位	发布日期	原始发布日期
MIL－I－11748B	电子设备干扰抑制	陆军	1958 年 11 月 4 日	1952 年 2 月 14 日
MIL－I－16190C	电磁干扰测量方法和限值	海军	1967 年 11 月 6 日	1954 年 8 月 30 日
MIL－I－6181D	机载设备干扰控制要求	空军	1959 年 11 月 25 日	1950 年 6 月 14 日
MIL－I－26600	航空设备干扰控制要求	空军	1958 年 6 月 2 日	1958 年 6 月 2 日

MIL－STD－461 标准从第一次发布到现在，先后共颁布了 8 个版本，平均 6 年多改版一次，其演变过程如表 2－2 所列。由于 MIL－STD－461 标准中要求的变化，MIL－STD－462 作为方法标准共发布了两个版本，其演变过程如表 2－3 所列，其中在 MIL－STD－461D 发布之前，主要以通告形式进行了一些更新，随着 MIL－STD－461D 发布，测试限值和测试方法都发生了重大变化，因此与 MIL－STD－461D 一起同期发布了 MIL－STD－462D。当 MIL－STD－461E 版本发布以后，MIL－STD－462 合并到 MIL－STD－461，要求和方法标准合二为一，至此 MIL－STD－462 废止。20 世纪 90 年代后，MIL－STD－463 标准被废止，技术定义参照美国国家标准协会（ANSI）标准 C63.14－1998《电磁兼容（EMC）、电磁脉冲（EMP）和静电放电（ESD）技术词典》。

表 2－2　MIL－STD－461 标准的历次发布版本

标准代号及版本	标准名称	发布日期
MIL－STD－461	设备电磁干扰特性要求	1967 年 7 月 31 日
MIL－STD－461A 通告 1 通告 2 通告 3 通告 4 通告 5 通告 6	设备电磁干扰特性要求	1968 年 8 月 1 日 1969 年 2 月 7 日 1969 年 3 月 20 日 1970 年 5 月 1 日 1971 年 2 月 9 日 1973 年 3 月 6 日 1973 年 7 月 3 日
MIL－STD－461B	控制电磁干扰的电磁发射和敏感度要求	1980 年 4 月 1 日
MIL－STD－461C 通告 1 通告 2	控制电磁干扰的电磁发射和敏感度要求	1986 年 8 月 1 日 1987 年 4 月 1 日 1987 年 10 月 15 日
MIL－STD－461D	电磁干扰发射和敏感度控制要求	1993 年 1 月 11 日
MIL－STD－461E	设备和分系统电磁干扰特性控制要求	1999 年 8 月 20 日
MIL－STD－461F	设备和分系统电磁干扰特性控制要求	2007 年 12 月 10 日
MIL－STD－461G	设备和分系统电磁干扰特性控制要求	2015 年 12 月 11 日

表 2－3　MIL－STD－462 标准的历次发布版本

标准代号及版本	标准名称	发布日期
MIL－STD－462 通告 1 通告 2 通告 3 通告 4 通告 5 通告 6	设备电磁干扰测试	1967 年 7 月 31 日 1968 年 8 月 1 日 1970 年 5 月 1 日 1971 年 2 月 9 日 1980 年 4 月 1 日 1983 年 1 月 5 日 1987 年 10 月 15 日
MIL－STD－462D	设备电磁干扰测试	1993 年 1 月 11 日

从 MIL－STD－461 标准的演变过程来看，它一直处于既想使标准统一，又不得不照顾各军种和各种不同用途设备的特点这一矛盾之中。MIL－STD－461 标准的出现，虽然使国防部统一名目繁多的军用标准的想法得以实现，但统一的规定和统一的限值要求又使得标准的许多条款难以满足各军种装备的个性化需要。该标准并没有充分考虑到不同设备预定用途和安装平台将导致一些要求上的差异，于是为了满足特定的需求，一些军种又以通告的形式发布了各自的要求。这些通告虽然在 MIL－STD－461A 这一统一的标准号之下，但从内容看，实际上是产生了一些新的标准，此时的三军通用标准 MIL－STD－461A 已名存实亡。在此情况下，美国国防部经过多年征求意见，对 MIL－STD－461A 进行了全面的修改，于 20 世纪 80 年代正式颁布了 MIL－STD－461B。MIL－STD－461B 在编制思想上有了重大转变，它在保持一个标准号的前提下，根据不同的用途和安装平台，用 10 个分标准的形式对设备和分系统的电磁干扰和电磁敏感度要求分别做出了规定。这无疑是正式宣布高度统一的要求不能满足三军的需要，对安装环境和用途不同的设备必须区别对待。

MIL－STD－461C 的编写思想是对 MIL－STD－461B 的延续，它仅在一些具体条款上做了一些改动。但是 MIL－STD－461D 的颁布使该标准又“回到”了只有一个标准的编写模式上。不过，这次不是简单的回归，而是通过各种方式考虑了不同设备在要求上的差异之后的“统一”，是一次里程碑式的全新变革。由于在测试要求和测试方法上发生了重大变化，MIL－STD－461 和 MIL－STD－462 同时发布了 D 版本。MIL－STD－461E 最大的变化是并入了 MIL－STD－462，在具体要求和方法上与 MIL－STD－461D 和 MIL－STD－462D 变化不大，也仅在一些具体条款上做了一些改动。MIL－STD－461F 是对 MIL－STD－461E 的延续，增加了 CS106 项目、可更换模块类设备等要求，对 RE101 测试方法、敏感度测试方法、输入电源线的屏蔽要求等进行了修改。MIL－STD－461G 在 MIL－STD－461F 的基础上，针对机身构造中大量使用的复合材料的情况，对间接雷击测试内容进行了修改。

2. MIL－STD－464

美军最早的系统级电磁兼容性标准出现在 1950 年，颁布了 MIL－I－6051《航空武器系统及其分系统　电气电子系统电磁兼容性和干扰控制要求》，从此美军武器装备研制有了顶层的电磁兼容性要求，在历史上起到了非常重要的作用，他先后经过了 4 次改版，

1967 年 9 月 7 日颁布了 D 版本,至 1997 年作废,使用了 47 年。

美军第一个系统级电磁环境效应要求标准出现在 1992 年。1992 年 5 月 8 日,美军颁布了 MIL - STD - 1818《系统电磁环境效应要求》,当时名义上是代替了 MIL - E - 6051D,但 MIL - E - 6051D 没有宣布作废,所以现在来看实际上 MIL - STD - 1818 是一个过渡性的标准。1997 年 3 月 18 日,美军颁布了 MIL - STD - 464《系统电磁环境效应要求》,并通告 MIL - STD - 1818 和 MIL - E - 6051 作废。MIL - STD - 464 标准从真正意义上统一和规范了电磁环境效应所涉及的内容和要求,应该说它是电磁环境效应研究领域标准化上的一个重要的里程碑,被世界上许多国家所采用。随后这一标准也经历了 3 次修订,2010 年 12 月 1 日颁布了其最新版本 MIL - STD - 464C《系统电磁环境效应要求》。从这里也可以看出,电磁环境效应实际上是从系统级角度提出的。美军系统级电磁环境效应标准演变过程如表 2 - 4 所列。

表 2 - 4　美军系统级电磁环境效应标准的演变过程

标准代号	标准名称	更改版次	发布日期
MIL - I - 6051	航空武器系统及其分系统电气电子系统电磁兼容性和干扰控制要求	原版	1950 年 3 月 28 日
		A 版	1953 年 1 月 23 日
		B 版	1959 年 1 月 23 日
MIL - E - 6051	系统电磁兼容性要求	C 版	1960 年 6 月 17 日
		D 版	1967 年 9 月 7 日
MIL - STD - 1818	系统电磁环境效应要求	原版	1992 年 5 月 8 日
		A 版	1993 年 10 月 4 日
MIL - STD - 464	系统电磁环境效应要求	原版	1997 年 3 月 18 日
MIL - STD - 464A	系统电磁环境效应要求	A 版	2002 年 12 月 19 日
MIL - STD - 464B	系统电磁环境效应要求	B 版	2010 年 10 月 1 日
MIL - STD - 464C	系统电磁环境效应要求	C 版	2010 年 12 月 1 日

2.1.2　我国 E3 军用标准演变过程

20 世纪 80 年代初开始,我国结合装备实际,开展了电磁兼容军用标准的制定工作,并逐渐将电磁兼容扩展到电磁环境效应。目前,标准体系和核心标准逐渐形成。其中代表性的为设备级 GJB 151B—2013《军用设备和分系统电磁发射和敏感度要求与测量》、系统级的 GJB 1389A—2005《系统电磁兼容性要求》和 GJB 8848—2016《系统电磁环境效应试验方法》。

1. GJB 151

1986 年颁布了 GJB 151—1986《军用设备和分系统电磁发射和敏感度要求》、GJB 152—1986《军用设备和分系统电磁发射和敏感度测量》,这套标准也就是通常所说的 151 系列标准,成为我国电磁兼容标准化历史上的一个重要标志。这套标准在装备研制中得到了广泛应用,从某种意义上说,装备电磁兼容性工作的全面开展,正是这套标准推动的结果。随后,这套标准经过修订,1997 年颁布了 A 版本 GJB 151A/152A,与原标准相比有了很大变化,主要体现在取消了受试设备分类、宽窄带鉴别、扩宽试验频率、增加敏感度测试项目、规范测试方法等。

2013 年颁布了 B 版本 GJB 151B《军用设备和分系统电磁发射和敏感度要求与测量》。该标准将 GJB 151A 与 GJB 152A 合二为一，替代了 GJB 151A 和 GJB 152A。GJB 151B 与 GJB 151A/GJB 152A 相比有了很大变化，其差异主要体现在总体结构、项目的适用性、限值、测试设备、测试方法、测试配置和测试步骤等。结合国内装备实际情况增加了部分技术内容（如 CS112 静电放电、CE107 电源线尖峰信号传导发射等）。

2. GJB 1389

1992 年 7 月颁布了第一个系统级电磁兼容性标准 GJB 1389《系统电磁兼容性要求》，其要求与 MIL – E – 6051《系统电磁兼容性要求》相当。为适应复杂电磁环境对装备的新要求，该标准进行了修订，2005 年 10 月颁布了 GJB 1389A《系统电磁兼容性要求》，其要求与美军标 MIL – STD – 464A 相当，其实质内容是电磁环境效应。

2.1.3 电磁环境效应标准发展趋势

欧美国家一贯重视电磁环境效应标准的建设，并根据使用需求和技术发展不断完善。美军电磁环境效应核心标准 MIL – STD – 464 正在进行 C 版本的修订，即将发布 D 版本。随着电子信息技术的变革，电磁辐射源特性不断变化，新型电磁辐射源不断涌现，电磁环境效应内涵不断丰富和扩展，电磁环境效应标准在以下几个方面值得关注：

（1）针对新体制辐射源、电磁脉冲、高功率微波源等，电磁环境类标准不断丰富和细化，相应指标将不断增加。

（2）针对脉冲波以及多种电磁场共同作用等情况，电磁环境模拟和测量技术研究的深入，试验与评估方法标准还将不断完善，更加科学合理。

（3）新型电磁防护技术、材料、工艺的不断涌现，电磁防护手段将出现很大突破，电磁防护类标准推陈出新。

（4）从系统级和分系统级电磁兼容向战场复杂电磁环境和体系兼容转变，突出电磁环境效应控制和电磁频谱保障，管理类标准将从装备使用实际出发，更加注重顶层规划和管理。

（5）军用标准与民用标准的融合呈现深度发展的趋势。如 IEC 标准虽然称为电磁兼容，但有相当数量标准涉及高功率电磁（HPEM）环境。

2.2 电磁环境效应标准现状

2.2.1 国外 E3 军用标准

1. 美军标基本情况

美国电磁环境效应标准化文件涉及美国军用标准、军用规范、军用手册、指令指示、图样、技术手册和出版物等，其标准要求主要通过指令指示形式贯彻实施。美军电磁环境效应标准大致分为环境标准、要求标准、试验方法标准、防护与设计标准、管理标准五类。现有标准的基本情况如表 2 – 5 所列。

（1）核心要求标准为系统级的 MIL – STD – 464C《系统电磁环境效应要求》和设备级

的 MIL－STD－461G《设备和分系统电磁干扰特性控制要求》。MIL－STD－464C 标准提出了 15 个方面的电磁环境效应要求，为三军武器平台在研制和采购过程中确定和实施有效的电磁环境效应控制提出了接口要求和检验准则。该标准引用了大量军用标准规范、民用标准、政府出版物和国际标准。MIL－STD－461G 标准规定了军用分系统和设备电磁干扰控制要求和测量方法，用于考核、评价设备和分系统电磁发射和敏感度性能，适用于安装在地面坦克、舰船、飞机、固定设施等各种平台以及不同应用环境（如舰船甲板上、甲板下）的所有军用电子电气设备。

（2）主要环境标准有 MIL－HDBK－235C《军用平台使用中电磁环境》，该标准给出了装备使用中电磁环境数据，包括通用要求和各平台电磁环境参数，为装备采购中实施电磁环境效应控制提供依据。

（3）主要管理标准有 MIL－HDBK－237D《采办过程中电磁环境效应和频谱保障性指南》，该手册为在国防部平台、系统、分系统或设备的设计、研制和采购中确定和实施有效的电磁环境效应控制和频谱保障性提供指导。

（4）主要防护标准有 MIL－HDBK－419A《电子设备和设施的接地、搭接和屏蔽》、MIL－STD－188－125《执行关键、紧急任务的地面 C^4I 设施的高空电磁脉冲（HEMP）防护》等，另外，还有各军兵种针对平台自身要求制定的防护手册等标准化文件。

表 2－5　美军主要电磁环境效应标准

序号	标准号	标准名称	类型
1	MIL－HDBK－235－1C	军用电磁环境通用指南	环境标准
2	MIL－HDBK－235－2C	美国海军水面舰船工作的外部电磁环境电平	
3	MIL－HDBK－235－3C	空间和运载系统的外部电磁环境电平	
4	MIL－HDBK－235－4C	地面系统的外部电磁环境电平	
5	MIL－HDBK－235－5C	旋翼式飞机（包括无人航行器，不包括舰船上工作）的外部电磁环境电平	
6	MIL－HDBK－235－6	固定翼飞机（包括无人航行器，不包括舰船上工作）的外部电磁环境电平	
7	MIL－HDBK－235－7	军械的外部电磁环境电平	
8	MIL－HDBK－235－8	高功率微波系统的外部电磁环境电平	
9	MIL－HDBK－235－9	美国其他舰船（海岸警卫队、军事海运司令部和陆军舰船）的外部电磁环境电平	
10	MIL－HDBK－235－10	潜艇工作的外部电磁环境电平	
11	MIL－STD－2169B	高空电磁脉冲环境	
12	MIL－STD－461G	设备和分系统电磁干扰特性控制要求	要求标准
13	MIL－STD－464C	系统电磁环境效应要求	
14	MIL－STD－469B	雷达电磁兼容性工程设计要求	
15	MIL－STD－1541A	航天系统的电磁兼容性要求	
16	MIL－STD－1542B	航天系统地面设施电磁兼容性和接地要求	
17	MIL－STD－1576	航天系统电爆分系统安全要求和试验方法	

（续）

序号	标准号	标准名称	类型
18	MIL - STD - 461G	设备和分系统电磁干扰特性控制要求	试验方法标准
19	MIL - STD - 220C	（滤波器）插入损耗测量方法	
20	MIL - STD - 331	引信及其部件的环境和性能试验	
21	MIL - STD - 449D	无线电频谱特性测量	
22	MIL - STD - 1512	电启动的电引爆分系统设计规范和测试方法	
23	MIL - STD - 1576	航天系统电爆分系统安全要求和试验方法	
24	MIL - STD - 1605A	舰船电磁干扰（EMI）检查程序（水面舰船）	
25	MIL - HDBK - 240A	电磁辐射对军械危害的试验指南	
26	MIL - STD - 188 - 124	地面通信设施和设备的长距离/战术通信系统的接地、搭接和屏蔽	防护与设计标准
27	MIL - STD - 188 - 125 - 1	执行关键、紧急任务的地面 C^4I 设施的 HEMP 防护/固定设施	
28	MIL - STD - 188 - 125 - 2	执行关键、紧急任务的地面 C^4I 设施的 HEMP 防护/移动系统	
29	MIL - STD - 469B	雷达电磁兼容性工程设计要求	
30	MIL - STD - 1310H	用于电磁兼容性、电磁脉冲（EMP）减缓和安全性的舰船搭接、接地和其他技术	
31	MIL - STD - 1512	电启动的电引爆分系统设计规范和测试方法	
32	MIL - STD - 3023	军用飞机高空电磁脉冲防护	
33	MIL - HDBK - 274A	飞机安全电接地	
34	MIL - HDBK - 335	空中发射军械系统电磁辐射加固管理和设计指南	
35	MIL - HDBK - 419A	电子设备和设施的接地、搭接和屏蔽	
36	MIL - HDBK - 423	固定和可移动的地面设施 HEMP 防护	
37	MIL - HDBK - 237D	采办过程中电磁环境效应和频谱保障性指南	管理标准

2. 北约标准的基本情况

北约代表性的电磁环境效应标准主要有 AECTP 250 系列《电和电磁环境条件》和 AECTP 500 系列《电磁环境效应试验与验证》。

AECTP 250 用于描述环境，该标准现行有效版本为第 3 版，2014 年发布，适用于北约成员国。该标准描述了电、电磁环境条件的特性，这些特性影响武器装备设计和使用，标准中提供了大量电、电磁环境数据，可供工程项目定义电和电磁环境。该标准包括 9 个部分，每部分均包括目的、适用范围、定义、环境描述等内容。

AECTP 500 适用于武器装备（包括设备、分系统、系统、平台、军械等）电磁环境效应试验验证。该标准现行有效版本为第 5 版，2016 年发布。AECTP 500 规定了国防装备电磁环境效应试验与验证的一系列标准，包括 10 个部分。

3. 英军标准的基本情况

欧洲国家军用标准，如英国军标代表性的电磁环境效应标准主要有 DEF STAN 59 - 411 系列《电磁兼容性》，该标准第 1 版于 2007 年发布，包括 5 个部分：第 1 部分《电磁兼容性管理与规划》、第 2 部分《电、磁和电磁环境》、第 3 部分《设备和分系统电磁兼容性测试方法和限值》、第 4 部分《平台和系统电磁兼容性测试与试验》、第 5 部分《三军装备电磁兼容性设计和安装操作规程》。现行有效版本为 2014 年发布的第 2 版。

2.2.2 我国 E3 军用标准

我国现行有效的电磁环境效应军用标准从标准体系角度大致可分为要求标准、试验与评估标准、防护与设计标准、管理标准 4 类。其主要标准情况如表 2－6 所列。其中要求标准包括电磁干扰、电磁兼容性、电磁环境效应要求标准和电磁环境标准；防护与设计标准包括电磁兼容性、电磁脉冲防护与设计方法标准；也有部分标准包含了多种类型。

表 2－6 主要电磁环境效应国家军用标准

序号	标准号	标准名称	类型
1	GJB 72A—2002	电磁干扰和电磁兼容性术语	术语标准
2	GJB 151B—2013	军用设备和分系统电磁发射和敏感度要求与测量	要求及环境标准
3	GJB 1389A—2005	系统电磁兼容性要求	
4	GJB 786—1989	预防电磁场对军械危害的一般要求	
5	GJB 1446.40—1992	舰船系统界面要求　电磁环境　电磁辐射对人员和燃油的危害	
6	GJB 1446.41—1992	舰船系统界面要求　电磁环境　直流磁场环境	
7	GJB1446.42—1993	舰船系统界面要求　电磁环境　电磁辐射对军械的危害	
8	GJB 1696—1993	航天系统地面设施电磁兼容性和接地要求	
9	GJB 3590—1999	航天系统电磁兼容性要求	
10	GJB 3909—1999	指挥中心（所）电磁兼容性要求	
11	GJB 5313—2004	电磁辐射暴露限值和测量方法	
12	GJB/Z 36—1993	舰船总体天线电磁兼容性要求	
13	GJB 2926—1997	电磁兼容性测试实验室认可要求	
15	GJB 151B—2013	军用设备和分系统电磁发射和敏感度要求与测量	试验与评估标准
16	GJB 8848—2016	系统电磁环境效应试验方法	
17	GJB 573A—1998	引信环境与性能试验方法	
18	GJB 911—1990	电磁脉冲防护器件测试方法	
19	GJB 1143—1991	无线电频谱特性的测量	
20	GJB 1450—1992	舰船总体射频危害电磁场强测量方法	
21	GJB 3039—1997	舰船屏蔽舱室要求和屏蔽效能测试方法	
22	GJB 3567—1999	军用飞机雷电防护鉴定试验方法	
23	GJB 5240—2004	军用电子装备通用机箱机柜屏蔽效能要求和测试方法	
24	GJB 5292—2004	引信电磁辐射危害试验方法	
25	GJB 5309.14—2004	火工品试验方法　第 14 部分　静电放电试验	
26	GJB 5313—2004	电磁辐射暴露限值和测量方法	
27	GJB 6785—2009	军用电子设备方舱屏蔽效能测试方法	
28	GJB 7073—2010	引信电子安全与解除保险装置电磁环境与性能试验方法	
29	GJB 7052—2010	窄脉冲高功率微波频率和频谱特性测量方法	

（续）

序号	标准号	标准名称	类型
30	GJB 7504—2012	电磁辐射对军械危害试验方法	试验与评估标准
31	GJB/Z 54—1994	系统预防电磁能量效应的设计和试验指南	
32	GJB/Z 124—1999	电磁干扰诊断指南	
33	GJB/Z 25—1991	电子设备和设施的接地、搭接和屏蔽设计指南	防护与设计标准（包括要求、方法和器件）
34	GJB 1046—1990	舰船搭接、接地、屏蔽、滤波及电缆的电磁兼容性要求和方法	
35	GJB 1804—1993	运载火箭雷电防护	
36	GJB 2639—1996	军用飞机雷电防护	
37	GJB 5080—2004	军用通信设施雷电防护设计与使用要求	
38	GJB 6784—2009	军用地面电子设施防雷通用要求	
39	GJB 2527—1995	弹药防静电要求	
40	GJB 1649—1993	电子产品防静电放电控制大纲	
41	GJB/Z 86—1997	防静电包装手册	
42	GJB/Z 105—1998	电子产品防静电放电控制手册	
43	GJB 3622—1999	通信和指挥自动化地面设施对高空核电磁脉冲的防护要求	
44	GJB 358—1987	军用飞机电搭接技术要求	
45	GJB 1446. 13—1992	舰船系统界面要求　电子信息　数字计算机接地	
46	GJB/Z 100—1997	飞机安全电接地	
47	GJB/Z 54—1994	系统预防电磁能量效应的设计和试验指南	
48	GJB/Z 132—2002	军用电磁干扰滤波器选用和安装指南	
49	GJB/Z 158—2011	军用装备电磁材料电磁屏蔽性能数据手册	
50	GJB/Z 17—1991	军用装备电磁兼容性管理指南	管理标准

2.3　系统电磁环境效应试验方法标准简介

GJB 8848—2016《系统电磁环境效应试验方法》已于 2016 年 5 月 3 日正式发布，并于 2016 年 8 月 1 日起施行。该标准充分总结了武器系统电磁环境效应的研究成果，立足自主创新，经过系统地技术研究和大量的试验验证编制而成。该标准是武器装备电磁环境效应标准体系的顶层标准，涵盖了电磁环境效应全要素，从顶层统一和规范了系统电磁环境效应试验方法，为武器装备检验验收、试验定型和使用保障提供了科学合理、实用有效的试验方法，对检验武器装备适应复杂电磁环境能力，提高武器装备作战效能将发挥重要作用，对电磁环境效应标准体系和技术体系发展具有重要意义。

2.3.1　编制背景

电子信息技术广泛应用于各类武器装备，电磁环境效应是直接影响武器装备作战能力的重要因素，对电磁环境效应的控制是武器装备研制和使用中的关键技术之一。

近年来，电磁环境效应军用标准在武器装备的研制、生产和使用等过程中发挥了重要作用。GJB 1389A—2005《系统电磁兼容性要求》提出了系统电磁环境效应的总要求，具有广泛的适用性，规范和指导了舰船、飞机、导弹、航天和地面装备等大型复杂系统的电磁兼容性工作，但在执行过程中还存在部分要求缺少相应的试验方法、部分要求的试验方法不够完善、部分试验方法标准不统一等问题，很大程度上制约了该标准的贯彻实施，急需规范、统一系统电磁环境效应试验方法，确保试验的科学性、有效性和合理性，为武器装备研制、定型考核、性能评估提供技术依据。

2.3.2 特点

该标准具有以下技术特点：

（1）引领性。GJB 8848—2016 是电磁环境效应领域的顶层标准，规定了军用平台电磁环境效应各要素的试验方法，是武器装备进行系统电磁环境效应考核的基本依据。该标准统一和规范了系统电磁环境效应的概念内涵，与 GJB 1389A—2005 相配套，引领了电磁环境效应标准体系的建设，在电磁环境效应领域具有主导地位。

（2）系统性。该标准按要素为主、平台为辅的原则编制。依据系统电磁环境效应要素以及舰船、飞机、空间、地面等平台分类分解，在顶层框架设计中突出了系统性又兼顾了全面性，形成了一套完整的电磁环境效应试验方法体系。

（3）完整性。标准以 GJB 1389A—2005 中提出的 14 项要素为基本依据，并充分考虑了当前技术的发展，结合不同平台自身的特点，制定的试验方法覆盖电磁环境效应全要素，涵盖了各武器系统和平台，内容完整，总体结构完备。

（4）操作性。标准规定的试验方法结合各平台多年工程实践和技术研究提出，大多是目前武器装备电磁兼容工程实践开展较多、技术相对成熟的内容，其他试验方法也进行了验证试验，使标准具有很强的适用性和可操作性。

（5）复杂性。标准涉及舰船、飞机、空间和地面系统等各种平台，包括了各种电磁环境因素，涵盖了装备与电磁环境的所有关联关系，各平台及其武器系统差异大，试验考核要素和要求也各不相同，装备复杂、效应复杂，体现了技术的复杂性。

2.3.3 结构

GJB 8848—2016 标准的总体结构如图 2－1 所示，正文包括范围、引用文件、术语和定义、一般要求和试验方法 5 部分，其中第 5 部分包括 13 个系列共 22 个具体试验方法，各方法以独立成章的形式编排，附录中包含标准涉及的通用试验方法或参考资料，标准全文共 26 章、9 个附录。

2.3.4 基本内容

1. 范围

GJB 8848—2016 标准的第 1 章规定了本标准的主题内容和适用范围。明确了本标准规定了系统电磁环境效应试验方法，包括安全裕度试验与评估方法、系统内电磁兼容性试验方法、外部射频电磁环境敏感性试验方法、雷电试验方法、电磁脉冲试验方法、分系统和设备电磁干扰试验方法、静电试验方法、电磁辐射危害试验方法、电搭接和外部接地试验方法、防信息泄漏试验方法、发射控制试验方法、频谱兼容性试验方法和高功率微波试

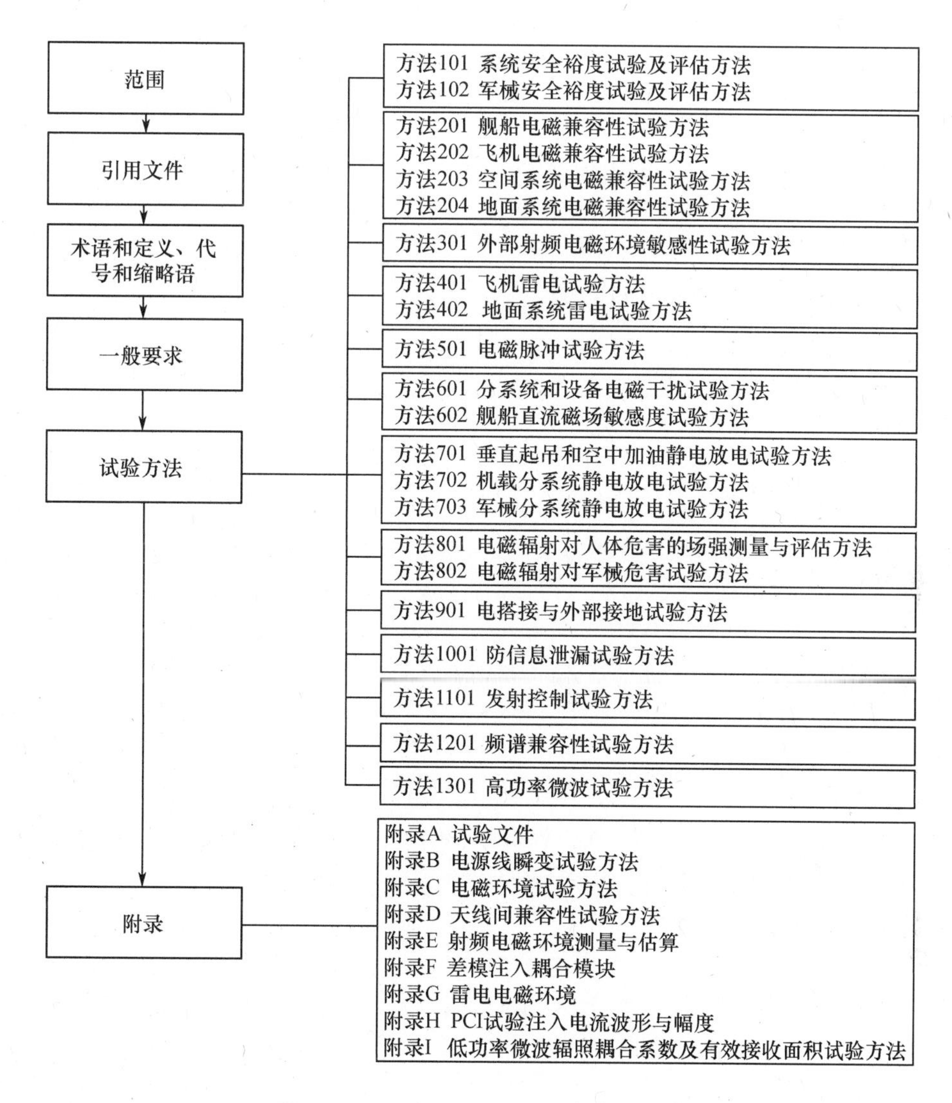

图 2－1　GJB 8848—2016 标准总体结构

验方法。明确了标准适用范围为包括飞机、舰船、空间和地面系统及其相关军械在内的各种武器系统。

本标准所指系统为执行或保障某项工作任务的若干设备、分系统、专职人员及技术的组合。完整的系统包括有关设施、设备、分系统、器材和辅助设备，以及保障该系统在规定的环境中正常运行的操作人员。平台指移动或固定装置，如舰船、飞机、地面运载工具和防护体、发射的空间运载工具、岸基或地面台站等。本标准中平台认定为系统。

2. 引用文件

GJB 8848—2016 标准的第 2 章列出了本标准所引用的文件，包括国家标准 4 项、国家军用标准 12 项。引用标准及其引用的具体情况如表 2－7 所列。

3. 术语和定义、代号和缩略语

GJB 8848—2016 标准的第 3 章规定了本标准中的术语和定义、代号和缩略语。本标准对电磁环境效应相关概念术语进行了定义与统一，主要包括：

表 2-7 引用标准及引用内容

序号	引用标准文件	引用内容
1	GB/T 6113.101 无线电骚扰和抗扰度测量设备和测量方法规范 第1-1部分:无线电骚扰和抗扰度测量设备 测量设备	4.6.1 试验设备特性要求
2	GB/T 6113.104 无线电骚扰和抗扰度测量设备和测量方法规范 第1-4部分:无线电骚扰和抗扰度测量设备 辅助设备 辐射骚扰	4.4.4.1 开阔试验场基本要求
3	GB/T 17626.21 电磁兼容 试验和测量技术 混波室试验方法	4.4.5 混响室的性能要求
4	GB 18871 电离辐射防护与辐射源安全基本标准	26.2.2 高功率微波试验安全要求中对电离辐射环境的规定
5	GJB 72A—2002 电磁干扰和电磁兼容性术语	3.1 术语和定义
6	GJB 151B—2013 军用设备和分系统电磁发射和敏感度要求与测量	4.4.2 射频吸波材料的敷设和性能要求 7.3.3 试验区电磁环境试验方法 9.3.3 电磁环境试验方法 10.3.7 系统内传导敏感度试验方法 11.6 混响室法 15 方法 601 分系统和设备电磁干扰试验方法 16.3 舰船直流磁场敏感度试验方法试验配置
7	GJB 376—1987 火工品可靠性评估方法	6.2.1 电起爆装置最大不发火激励的确定
8	GJB 573A—1998 引信环境与性能试验方法	17.3 静电放电测试要求
9	GJB 1143 无线电频谱特性的测量	25.4 设备级频谱特性试验方法
10	GJB 1389A—2005 系统电磁兼容性要求	本标准与之配套的要求标准,本标准在术语定义、试验项目、相关试验要求均有引用
11	GJB 3567 军用飞机雷电防护鉴定试验方法	12 飞机雷电直接效应和雷电间接效应试验方法
12	GJB 5313 电磁辐射暴露限值和测量方法	本标准各试验方法对试验人员所处区域的电磁环境限值要求
13	GJB 7504—2012 电磁辐射对军械危害试验方法	4.6.4.2 离散测量频率选取 6.3 军械安全裕度试验及评估方法 21 电磁辐射对军械危害试验方法以及等
14	GJB 8815 电磁兼容测量天线的天线系数校准规程	4.6.6.2 天线校准
15	GJB/Z 170 军工产品设计定型文件编制指南	4.11 定型试验对试验文件的要求
16	GJB/Z 377A—1994 感度试验用数理统计方法	6.2.1 电起爆装置最大不发火激励的确定

(1) 完善了电磁环境效应概念内涵。在参考 MIL-STD-464C 的基础上,考虑到与本标准范围的对应关系,修改完善了电磁环境效应的作用对象、包含要素与效应作用源。

(2) 进一步明确了安全裕度的概念,在 GJB 72A—2002 的基础上,进行了完善,明确是相对数值,用分贝表示时,为分贝值之差。

（3）对电磁脉冲和高功率微波中通常提到的威胁级辐照进行了定义，指用符合规定的电磁脉冲或高功率微波环境对系统、分系统或设备进行的辐照。

（4）结合电磁频谱管理和电磁环境效应要求，给出了频谱兼容性的定义。

（5）对高功率微波进行了定义。从频率、功率这两个主要参数对高功率微波进行了界定，统一了高功率微波的概念。

4. 一般要求

GJB 8848—2016 标准的第 4 章为一般要求，规定了开展系统电磁环境效应试验应满足的试验条件和各项试验的共性要求，包括总则、试验项目、试验环境、试验场地、受试系统、试验设备、允差、试验程序、试验判据、试验结果评定、试验文件 11 项要求。其中总则包含试验内容选择与确定、试验基本原则、验证准则及全寿命期电磁环境效应控制相关要求。

5. 试验方法

本部分规定了具体试验方法，包括 22 章，从第 5 章至第 26 章。

（1）安全裕度试验与评估方法（100 系列），包括第 5 章系统安全裕度试验及评估方法（方法 101）和第 6 章军械安全裕度试验及评估方法（方法 102）。前者主要规定各武器系统整体安全裕度的验证评估方法，后者规定含有灼热桥丝式电起爆装置的军械（以下简称军械）安全裕度的验证评估方法。

（2）系统内电磁兼容性试验方法（200 系列），包括第 7 章舰船电磁兼容性试验方法（方法 201）、第 8 章飞机电磁兼容性试验方法（方法 202）、第 9 章空间系统电磁兼容性试验方法（方法 203）和第 10 章地面系统电磁兼容性试验方法（方法 204），分别规定了各平台的系统内电磁兼容性试验方法。

（3）外部射频电磁环境敏感性试验方法（方法 301），为第 11 章，规定了各武器系统在规定的外部射频电磁环境下的电磁敏感性测试与验证方法，该试验项目提供了全电平辐照法、低电平法（含低电平扫描场法和低电平扫描电流法）、差模注入法及混响室法等试验方法。

（4）雷电试验方法（400 系列），包括第 12 章飞机雷电试验方法（方法 401）和第 13 章地面系统雷电试验方法（方法 402）。飞机雷电试验方法规定了军用飞机及直升机系统雷电直接效应和雷电间接效应防护要求验证方法，按 GJB 3567 规定的试验方法执行；地面系统雷电试验方法方法规定了具有雷电防护要求的地面系统、军械、舰船局部结构及舰载设备和分系统、空间系统的地面设备雷电直接效应和雷电间接效应防护试验方法。

（5）电磁脉冲试验方法（方法 501），为第 14 章，规定了各武器平台电磁脉冲效应及加固性能验证方法，提供了威胁级辐照试验方法，PCI 试验方法和 CW 辐照试验方法三种系统 EMP 试验方法。

（6）分系统和设备电磁干扰试验方法（600 系列），包括第 15 章分系统和设备电磁干扰试验方法（方法 601）和第 16 章直流磁场敏感度试验方法（方法 602）。分系统和设备电磁干扰试验应满足 GJB 1389A 的相关要求，按照 GJB 151B 或系统研制总要求中规定的标准执行；直流磁场敏感度试验方法规定了对磁场有潜在敏感性部件的设备和分系统在舰船直流磁场环境中工作时敏感度考核试验方法。

（7）静电放电试验方法（700 系列），包括第 17 章垂直起吊和空中加油静电放电试验方法(方法 701)、第 18 章机载系统静电放电试验方法(方法 702)和第 19 章军械分系统静电放电试验方法(方法 703)。垂直起吊和空中加油静电放电试验方法规定了直升机、任何飞行中加油的飞机和由直升机外部吊挂或运输的系统经受 300kV 静电放电时的安全性考核方法,以及军械的空中补给静电放电试验方法。机载系统静电放电试验方法规定了飞机局部沉积静电放电对电子设备性能影响的试验方法。军械分系统静电放电试验方法规定了静电放电对包含电子电气设备或 EID 的军械安全性和功能影响的验证方法。

(8) 电磁辐射危害试验方法(800 系列),包括第 20 章电磁辐射对人体危害的场强测量与评估方法(方法 801)和第 21 章电磁辐射对军械危害试验方法(方法 802)。电磁辐射对人体危害的场强测量与评估方法规定了 10kHz ~ 45GHz 频率范围内军用电磁辐射源产生的可能危害人员安全和健康的场强测量以及电磁辐射暴露限值的符合性评估方法,并给出了连续波、脉冲调制辐射源场强测试评估方法。电磁辐射对军械危害试验方法直接引用 GJB 7504—2012《电磁辐射对军械危害试验方法》。

(9) 电搭接和外部接地试验方法(方法 901),为第 22 章,规定了飞机、舰船、空间和地面系统等电搭接和采用电搭接实现接地的接地电阻与接大地电阻测试方法。

(10) 防信息泄漏试验方法(方法 1001),为第 23 章,规定了保密信息处理设备的防信息泄漏试验方法参照相关国家军用标准要求执行。

(11) 发射控制试验方法(方法 1101),为第 24 章,规定了舰船、飞机和地面系统无意电磁辐射符合性的试验评定方法。

(12) 频谱兼容性试验方法(方法 1201),为第 25 章,规定了安装在平台上的用频系统频谱兼容性的验证方法,其中设备级频谱特性试验方法按照 GJB 1143 规定的测试方法执行,系统级频谱特性试验提供了发射频谱特性、辐射方向特性、发射互调抑制特性、邻信号抑制特性等试验方法。

(13) 高功率微波试验方法(方法 1301),为第 26 章,规定了空中、水面和地面武器系统及其相关军械系统暴露于特定高功率微波环境下的生存及防护能力试验方法,提供了威胁级辐照试验方法和等效试验方法,其中等效试验方法包括辐照等效试验方法和注入等效试验方法。

6. 附录

标准提供了 9 个附录,其中规范性附录 3 个、资料性附录 6 个。

附录 A 试验文件(资料性附录),给出了试验大纲、试验实施细则和试验报告等试验文件的基本内容和要素,为试验文件的编制提供参考。

附录 B 电源线瞬变试验方法(规范性附录),规定了电压法和电流法两种试验方法,明确了两种方法的适用范围、试验设备、试验配置、试验步骤与试验数据提供等,为系统内电磁兼容性的电源线瞬变试验提供方法依据。

附录 C 电磁环境试验方法(规范性附录),规定了 10kHz ~ 45GHz 频率范围电磁环境试验方法,给出了天线法与传感器法的实施步骤,为系统内电磁兼容性的电磁环境试验提供方法依据。

附录 D 天线间兼容性试验方法(规范性附录),规定了天线间隔离度试验方法、接收机输入端耦合信号试验方法、发发和收发频率最小间隔试验方法和天线端口干扰电压试验及评估方法,为系统内电磁兼容性中天线间兼容性相关试验提供方法依据。

附录 E 射频电磁环境测量与估算(资料性附录),给出了射频电磁环境主要测量参数,包括频域分布的场强值或功率密度值、发射源的发射功率以及时域上的占空比、脉冲重复周期等参数的测量估算方法,为外部射频电磁环境敏感性试验中电磁场的测量和计算、电磁辐射对人体危害的场强测量与评估提供参考。

附录 F 差模注入耦合模块(资料性附录),给出了外部射频电磁环境敏感性试验中的差模注入法所用到的差模注入耦合模块,为差模注入法应用及模块研制提供参考。

附录 G 雷电电磁环境(资料性附录),给出 10m 外的雷电间接效应电磁场环境以及系统内与系统间的感应电压与电流指标与参数,为雷电试验所要求的信号波形提供参考。

附录 H 为 PCI 试验注入电流波形与幅度(资料性附录),给出了电磁脉冲试验中 PCI 试验方法中注入波形与幅度等参数指标,为 PCI 试验所要求的注入波形提供参考。

附录 I 低功率微波辐照耦合系数及有效接收面积试验方法(资料性附录),给出了该方法的试验设备、试验配置、测量区域及测点以及试验步骤等,为高功率微波试验的辐照等效法提供参考。

第3章　系统电磁环境效应试验基本要求

开展电磁环境效应试验必须满足一定的条件。按照试验流程需要，首先根据受试系统具体情况，确定试验的内容和项目，选取相应的试验方法；其次要明确试验场地、试验环境要求，需要的试验仪器设备及其性能要求，受试系统的状态和试验判据等；最后制订试验程序，按照试验大纲进行试验，根据试验数据进行试验结果的评定。

本章内容对应 GJB 8848—2016 第4章"一般要求"，分析了系统电磁环境效应试验的基本要求和各具体方法的共性要求，包括总则、试验方法分类、试验环境、试验场地、受试系统、试验设备、允差、试验程序、试验判据、试验结果评定、试验文件等。

3.1　总　　则

对于系统级电磁环境效应试验来说，如何选择确定试验项目、系统应该以什么样的状态进行试验、系统电磁环境效应要求的各要素有哪些验证方式以及系统全寿命期电磁环境效应控制效果如何评价等，是基本的问题。因此，GJB 8848—2016 标准总则中明确了原则与要求。

3.1.1　试验内容选择和确定

开展系统电磁环境效应试验与设备和分系统比较来说更为复杂，因此试验项目的选择与确定尤其重要。本标准给出的试验方法针对各武器平台，对具体系统或平台到底试验哪些项目，应根据系统的战技指标、研制总要求来确定，并据此制订试验大纲，作为试验的基本依据。本书第17章针对不同系统和平台给出了示例。

本条款主要明确两个问题：①试验的依据和输入。对于一个特定的系统来说，确定试验内容是试验工作的前提，标准中提出了试验的输入要求，根据是研制总要求或合同规定的系统电磁环境效应要求，虽然是试验方法标准必然与要求密切相关。②要求转化为具体试验实施。标准规定的要求是明确试验内容和项目后，但如何开展试验，需要制定试验大纲，以保证试验工作的合理性、规范性和可操作性，尤其对于系统进行 E3 试验是非常重要的。

3.1.2　试验基本原则

系统电磁环境效应的验证应在能反映电磁环境效应整体水平的典型系统上进行。对安全性关键功能，应证明在系统内是电磁兼容的，并在使用之前确保其与外部环境的电磁兼容性。考虑到状态对试验结果的重大影响，试验还应考虑到系统全寿命期的所有状态或阶段，包括正常工作、检查、储存、运输、搬运、包装、维护、加载、卸载和发射等，还要考虑实现上述各种状态(或阶段)相应的正常操作程序。

本条款主要明确三个问题:①在什么样的系统上做试验? 这是对系统的要求,能反映整体水平的系统实际上就是完整的系统,是技术状态固化的系统,是硬件和软件均具有代表性的系统,具体见本章 3.5 受试系统。②试验的目标是什么? 包括两个层次,一是证明系统内兼容;二是证明系统与外部环境兼容,特别是安全性关键功能必须验证到。③要考虑系统哪些状态? 这里强调的是系统全寿命期所有可能的状态,根据这些状态再确定每一具体试验项目的工作状态。

3.1.3 验证准则

试验是验证系统电磁环境效应要求符合性的基本方法。根据第 1 章介绍,相关标准对系统电磁环境效应提出了 15 项要求要素,进一步细化的要求要素 18 项,共计 33 项,如表 3-1 所列。可以看出,各要素均以试验作为验证的主要手段。但受系统全寿命期各阶段试验的可行性以及方法的经济性、适用性等因素影响,也可选择试验、分析、检查或其组合的方法,对系统电磁环境效应要求进行符合性验证。验证方法的选择一般取决于方法的结果可信度、技术的适当性、涉及的费用和资源的可用性。标准规定了验证准则目的就是说明系统电磁环境效应验证的复杂性,不同于设备和分系统通过测试直接判断其合格与否,而要针对不同要素,通过试验加以分析,如安全裕度,主要通过试验结果再加以分析评估得出。

表 3-1 各要素可采用的验证方式

序号	要　素	试验	分析	检查
1	安全裕度	Y	Y	
2	系统内电磁兼容性	Y	Y	
2.1	船壳引起的互调干扰	Y	Y	
2.2	舰船内部电磁环境	Y		
2.3	电源线瞬变	Y		
2.4	二次电子倍增	Y	Y	
3	外部射频电磁环境	Y	Y	
4	雷电	Y	Y	
5	电磁脉冲	Y	Y	
6	分系统和设备电磁干扰	Y		
6.1	非研制项目和商业项目	Y	Y	
6.2	舰船直流磁场环境	Y		
7	静电电荷控制	Y	Y	Y
7.1	垂直起吊和空中加油	Y	Y	Y
7.2	沉积静电	Y	Y	Y
7.3	军械分系统	Y		
8	电磁辐射危害	Y	Y	Y
8.1	电磁辐射对人体的危害	Y	Y	

（续）

序号	要　素	试验	分析	检查
8.2	电磁辐射对燃油的危害	Y	Y	
8.3	电磁辐射对军械的危害	Y	Y	
9	全寿命期电磁环境效应控制	Y	Y	Y
10	电搭接	Y	Y	Y
10.1	电源电流回路	Y	Y	
10.2	天线安装	Y	Y	Y
10.3	搭接面	Y	Y	Y
10.4	电击、故障和可燃气体的保护	Y	Y	
11	外部接地	Y		Y
11.1	飞机接地插座	Y		Y
11.2	服务和维护设备接地	Y		Y
12	防信息泄漏	Y	Y	Y
13	发射控制	Y		Y
14	频谱兼容性管理	Y	Y	
15	高功率微波	Y	Y	
注:Y 表示可采用的验证形式				

本条款明确三个问题:①试验是验证系统 E3 要求的基本方法。由于武器系统的复杂性、电磁环境分布的不可见性、系统硬件的不确定性,分析评估系统电磁环境效应,必须依靠大量的试验和实际测量。例如,分系统和设备级电磁干扰要求规定必须用试验来验证。②验证系统 E3 要求也可采用分析等手段。正由于武器系统是复杂的,尤其对于大型复杂系统,其验证还需要分析等手段。分析和试验通常相互支撑。在系统的研制过程中,E3 要求的符合性验证实际上是一个递进的过程。在硬件可用之前,分析和模型是可以采用的主要工具;当硬件可用时,可以用试验的方法来证实所使用的分析模型的准确性和适用性;最终对于完整的系统,试验是必需的。③验证的方法选取的原则。对于试验、分析、检查等多种方法的选择,取决于方法所获得结果的可信度、可采用的方法和技术的可行性、效费比等因素。

3.1.4 全寿命期电磁环境效应控制

对于"全寿命期电磁环境效应控制"要素,1.2.11 节进行了阐述。这个要素主要包含了以下含义:一方面,系统设计中要考虑全寿命期,必须关注修理和使用阶段,电磁环境效应防护措施的可达性、可测试性和可维修性;另一方面,系统交付使用后,面临复杂环境,温度、湿度、盐雾等物理环境变化,同时维护和修理活动,都会导致工艺结构或器件性能发生变化,从而影响系统电磁兼容性能,因此必须使系统持续保持电磁兼容性技术状态。

在系统全寿命期,对 E3 控制措施,如电搭接、外部接地、电磁屏蔽等应进行必要的测试验证及分析。由于一些性能的检查和测试已包含在其他要素(如电搭接和接地试验方法）中，有些性能（如屏蔽效能）有相应试验方法标准，因此本标准在总则中规定其定期测试和检查采用 GJB 8848 或相关标准中相应的试验方法。

3.2 试验方法分类

3.2.1 分类原则

为便于对试验方法的使用和理解，GJB 8848—2016《系统电磁环境效应试验方法》按照安全裕度、系统内电磁兼容性、外部射频电磁环境、雷电、电磁脉冲、分系统和设备电磁干扰、静电、电磁辐射危害、电搭接和外部接地、防信息泄漏、发射控制、频谱兼容性、高功率微波等 15 个系列对试验项目进行了分类。其中全寿命期电磁环境效应控制验证要求包含在一般要求中，电搭接和外部接地合并，共包括 13 个系列 22 个试验方法。对试验项目进行了分类，试验项目采用中文和数字的组合及方法×××或方法××××表示，×××或××××为表示项目序号的三位或四位阿拉伯数字。表 3－2 列出了各试验项目的代号、名称及其与要求的要素对应关系。

在确定试验项目和试验方法类别时，遵循了“要素为主、平台为辅”的原则，基本上按要素进行统一编排，若各武器平台差异较大，再按武器平台划分。除系统内电磁兼容性以舰船、飞机、空间和地面系统分类，雷电按飞机、地面系统分类外，其他未划分平台，对平台稍有差别的在具体方法中进行了说明。

表 3－2 试验方法与要素对应关系

项目代号	试验项目名称	对应的要素
101	系统安全裕度试验及评估方法	安全裕度
102	军械安全裕度试验及评估方法	
201	舰船电磁兼容性试验方法	系统内电磁兼容性
202	飞机电磁兼容性试验方法	
203	空间系统电磁兼容性试验方法	
204	地面系统电磁兼容性试验方法	
301	外部射频电磁环境敏感性试验方法	外部射频电磁环境
401	飞机雷电试验方法	雷电
402	地面系统雷电试验方法	
501	电磁脉冲试验方法	电磁脉冲
601	分系统和设备电磁干扰试验方法	分系统和设备电磁干扰
602	直流磁场敏感度试验方法	
701	垂直起吊和空中加油静电放电试验方法	静电
702	机载分系统静电放电试验方法	
703	军械分系统静电放电试验方法	
801	电磁辐射对人体危害的场强测量与评估方法	电磁辐射危害
802	电磁辐射对军械危害试验方法	

（续）

项目代号	试验项目名称	对应的要素
901	电搭接与外部接地试验方法	电搭接
		外部接地
1001	防信息泄漏试验方法	防信息泄漏
1101	发射控制试验方法	发射控制
1201	频谱兼容性试验方法	频谱兼容性管理
1301	高功率微波试验方法	高功率微波

3.2.2 适用性

本标准所确定的试验方法适用于新研制和改进的各种武器系统，例如舰船、飞机、空间和地面系统及其相关军械等。系统或平台的定义见 2.3.4 节介绍。

考虑到试验对象是具体平台或系统，根据平台给出试验方法适用性。特别强调的是，这里适用性是指本标准规定的试验方法是否适用于某平台，并不规定是否此要素适用于此平台。对于要素的适用性应根据 GJB 1389A—2005 或研制总要求判别，再根据《系统电磁环境效应试验方法》选择相应的试验方法。按照 GJB 8848—2016，试验方法与平台的对应关系如表 3 - 3 所列。

表 3 - 3　GJB 8848—2016 试验方法与平台的对应关系

序号	项目代号	试验方法	舰船	飞机	空间	地面
1	101	系统安全裕度试验及评估方法	Y	Y	Y	Y
2	102	军械安全裕度试验及评估方法	Y	Y	Y	Y
3	201	舰船电磁兼容性试验方法	Y			
4	202	飞机电磁兼容性试验方法		Y		
5	203	空间系统电磁兼容性试验方法			Y	
6	204	地面系统电磁兼容性试验方法	L			Y
7	301	外部射频电磁环境敏感性试验方法	Y	Y	Y	Y
8	401	飞机雷电试验方法		Y		
9	402	地面系统雷电试验方法				Y
10	501	电磁脉冲试验方法	Y	Y	Y	Y
11	601	分系统和设备电磁干扰试验方法	Y	Y	Y	Y
12	602	直流磁场敏感度试验方法	Y			
13	701	垂直起吊和空中加油静电放电试验方法	Y	Y		Y
14	702	机载分系统静电放电试验方法	Y	Y		Y
15	703	军械分系统静电放电试验方法	Y	Y	Y	Y
16	801	电磁辐射对人体危害的场强测量与评估方法	Y	Y	Y	Y
17	802	电磁辐射对军械危害试验方法	Y	Y	Y	Y
18	901	电搭接与外部接地试验方法	Y	Y	Y	Y
19	1001	防信息泄漏试验方法	L	L	L	L

（续）

序号	项目代号	试验方法	舰船	飞机	空间	地面
20	1101	发射控制试验方法	Y	Y		Y
21	1201	频谱兼容性试验方法	Y	Y	Y	Y
22	1301	高功率微波试验方法	Y	Y		Y
注：Y 表示适用；L 表示参照适用或参照相关标准。以上试验方法可根据要求的不同进行剪裁						

安全裕度试验与评估方法中，系统安全裕度试验及评估方法适用于各武器系统安全裕度的验证评估，通过定量考核系统中对安全或完成任务有关键性影响功能的设备和分系统在预定电磁环境下工作的安全裕度，以评估系统整体的安全裕度。军械安全裕度试验及评估方法适用于含有灼热桥丝式电起爆装置的军械（以下简称军械）在其寿命周期承受电磁环境时安全裕度的验证评估。因此，安全裕度试验方法适用于有相关要求的各武器系统和军械。

系统内电磁兼容性试验方法适用于平台总体电磁兼容性试验，以考核验证平台自身的电磁兼容性。由于各武器平台电磁兼容性试验项目和方法差别较大，同时通过多年的工程实践，积累了相关成熟经验和方法，该类试验方法按适用平台进行编排，并在各类平台的试验方法中规定了具体试验项目和方法。

外部射频电磁环境敏感性试验方法适用于各武器系统在规定的外部射频电磁环境下的电磁敏感性测试与验证。

雷电试验方法中，飞机雷电试验方法适用于军用飞机及直升机系统雷电直接效应和雷电间接效应防护要求验证。而地面系统雷电试验方法适用于具有雷电防护要求的地面系统和军械，验证其是否满足雷电直接效应和雷电间接效应防护要求，具有雷电防护要求的舰船局部结构及舰载设备和分系统、空间系统的地面设备可参照执行。

电磁脉冲试验方法用于电磁脉冲效应及加固性能验证，适用于各武器系统。

分系统和设备电磁干扰试验方法，对于在各平台系统上配备的分系统和设备，一般通过分系统和设备电磁发射和敏感度试验项目验证，这是评估分系统和设备电磁干扰特性的通用基础方法。直流磁场敏感度试验方法适用于所有包含对磁场有潜在敏感性部件的设备和分系统在舰船直流磁场环境中工作时敏感度考核。

静电放电试验方法用于考核静电环境对系统的安全性及生存能力的影响，其中垂直起吊和空中加油静电放电试验方法适用于直升机、任何飞行中加油的飞机和由直升机外部吊挂或运输的系统经受 300kV 静电放电时的安全性考核，也适用于军械的空中补给静电放电试验。机载系统静电放电试验方法适用于所有安装于飞机的带天线的电子设备，以及其他重要电子设备，用于考核飞机局部沉积静电放电环境对 SUT 的工作性能影响。军械分系统静电放电试验方法适用于静电放电对包含电子电气设备或 EID 的军械安全性和功能影响的验证。

电磁辐射危害试验方法中，电磁辐射对人体危害的场强测量与评估方法适用各种军用电磁辐射源产生的危害场强测量以及电磁辐射暴露限值的符合性评估；电磁辐射对军械危害试验方法适用于武器平台上的各种军械。

电搭接和外部接地试验方法中，搭接电阻试验方法适用于飞机、舰船、空间和地面系统等电搭接和采用电搭接实现接地的接地电阻测试，用于验证系统电搭接和接地要求的符合性;接大地电阻试验方法适用于飞机、舰船、导弹和地面系统等外部接大地电阻的测试。

防信息泄漏试验方法规定的对象是保密信息处理设备,参照相关国家军用标准要求执行。

发射控制试验方法用于舰船、飞机和地面系统无意电磁辐射是否符合规定要求的评定。平台整体测试方法适用于飞机、车辆等系统。对于舰船平台,无法在屏蔽室内测试,背景电磁环境的影响也很难剔除,直接进行整体的测试非常困难,因此制定了预测试、模型验证及实船验证等多个试验验证步骤。

频谱兼容性试验方法用于安装在平台上的用频系统频谱兼容性的验证。

高功率微波试验方法适用于空中、水面和地面武器系统及其相关军械,用于检验在HPM环境中执行任务使命的各类武器系统暴露于特定高功率微波环境下的生存能力及防护能力。

3.3 试验环境

3.3.1 气象条件

气象条件可能会对试验的结果造成影响,如静电放电试验对湿度条件比较敏感,需对试验现场的温度、湿度条件进行控制并监测记录。所以本标准要求试验时的环境温度、湿度及大气压等条件应不超出试验仪器及SUT在正常工作时允许承受的范围,气象条件应在试验记录中注明。

3.3.2 电磁环境电平

电磁环境对系统电磁环境效应试验结果有重要影响,过高的环境电平将导致难以对SUT发射与环境电平进行区分,甚至已知某特定环境信号时,其电平也可能掩盖高于标准限值的SUT发射信号。

考虑到系统E3试验,除分系统和设备电磁干扰试验外,还有防信息泄漏、发射控制等试验,需要准确测量SUT发射值,必须对背景噪声提出要求。本标准采用了GJB 151B—2013中的电磁环境电平要求,为确保电磁环境电平不影响试验结果,进行电磁发射试验项目(这里是指需要准确判别SUT发射值是否超出规定限值的项目)测试时,电磁环境电平应至少低于规定的限值6dB,以保证受试系统的发射与环境合成后不会过分地影响发射的指示值。因为,当实际发射电平刚好等于极限值时,环境电平低于极限值6dB,则指示值电平将高于极限值1dB。以指示值代替实际发射值是可行的,误差控制在1dB,实际测量中是可以接受的。

对于大型复杂系统,受到试验场地尺寸的限制或试验项目的要求,通常需要在外场进行试验。当电磁环境电平不满足低于规定限值6dB的情况,应在电磁环境电平处于最低点的时间和条件下进行,识别并记录环境中存在的电磁干扰背景信号,并评估其对试验结果的影响。试验期间,应监测试验场区的电磁环境,并在试验报告中记录电磁环境电平。

当电磁环境电平不满足上述条件时,可采用其他技术消除环境电平影响。但在背景噪声中获得准确测量值难度很大。目前,标准还没有规定可被普遍接受的方法。有关文献中,介绍了消除背景噪声的方法,如采用虚拟暗室技术来完成试验。虚拟暗室测试技术通过双通道的方式克服单通道测试时带来的时间差问题,从而滤除试验现场的电磁背景噪声,创建一个虚拟暗室的环境,以实现对测量值的评估。若采用背景噪声消除技术进行试验,处理后的背景电平也应低于规定的限值 6dB。

3.4 试验场地

系统电磁环境效应试验包括屏蔽室、电波暗室、开阔试验场、混响室或现场试验场地等试验场地。应根据试验项目的需要、SUT 的实际尺寸和具备的场地条件等因素选择试验场地。如为防止 SUT 与外部环境相互影响,通常选择在屏蔽室或电波暗室内进行试验;对于舰船或大型结构平台、产生有毒/有害物质等无法在屏蔽室或电波暗室内进行试验时,可选择在开阔试验场或现场试验场地进行试验。试验场地的试验环境应满足试验所需的环境要求,并提供满足 SUT、试验设备正常工作所需的电源、液压、通风、消防、安全及其他必需的支持或保障设备设施。

3.4.1 屏蔽室

为了防止 SUT 和外部环境互相影响,试验通常在屏蔽室内进行。屏蔽室是一个用金属材料制成的大型封闭体,它的侧壁和天花板、地板均采用金属材料(如铜网、钢板等)建造。在 E3 试验中,具有足够的屏蔽效能和尺寸的屏蔽室,能提供电磁环境电平低且平稳的试验空间。但是由于屏蔽室会产生空腔谐振和墙面反射,增加了试验的不确定性。当在屏蔽室内进行辐射发射和辐射敏感度测试时,为减小电磁波的反射和抑制空腔谐振,提高试验准确度和重复性,屏蔽室内壁需敷设射频吸波材料。射频吸波材料的敷设和性能在 GJB 151B—2013 中做出了规定。使用屏蔽室的目的有三个:第一防止屏蔽室外部的电磁环境电平影响测试的准确性;第二防止与被测设备一起工作的辅助设备、负载、模拟设备影响测试结果;第三防止试验时施加的信号干扰电磁环境。

屏蔽室应具有足够的屏蔽效能,其尺寸应足够大,以满足有关测试方法的要求。值得注意的是,对于在屏蔽室内试验,出现发射超标或敏感的情况,特别是与限值相比处于临界状态,应确认是否是由于屏蔽室的谐振或反射所造成的。

进行电磁发射试验项目测试时,电磁环境电平应至少低于规定的限值 6dB。具有下列特性的屏蔽室一般能提供所要求的隔离:

(1) 根据 GB/T 12190—2006《高性能屏蔽室屏蔽效能的测量方法》进行测量,对于 10kHz ~ 30MHz 频率的磁场,屏蔽效能不小于 70dB,30MHz 以上频率的电场和平面波场,屏蔽效能不小于 80dB。

(2) 根据 GB/T 7343—2017《无源 EMC 滤波器件抑制特性的测量方法》进行测量,在 10kHz 以上频率,电源线路滤波衰减不小于 80dB。

应当注意,上述屏蔽效能指标只是一个推荐的指标,选择、确定屏蔽效能必须根据该屏蔽室的实际使用需求。首先,应了解屏蔽室所处位置的电磁环境,尤其是要掌握附近是否存在强电磁信号;其次,要了解屏蔽室预定发射的最高辐射场强,若为 200V/m,为保证周围10m外的无线电设备不受干扰,其最小屏蔽效能为80dB,这样在屏蔽室内进行试验时,屏蔽室外10m处产生的辐射场强最大不会超过66dBμV/m。

3.4.2 电波暗室

电波暗室(Anechoic Chamber)包括全电波暗室和半电波暗室。在屏蔽室的基础上,内部(内壁、天花板、地板上)都装有吸波材料,称为全电波暗室。在进行EMI测量时,屏蔽暗室的地板上不装吸收材料,称为半电波暗室。

电波暗室较好地解决了屏蔽室存在的问题。目前,电波暗室为国内外标准采用作为电磁兼容性试验的适用场地,代替了原有的屏蔽室。通常在1GHz以下的辐射发射采用半电波暗室,其性能要求是:具有足够的屏蔽效能;在1GHz以下归一化场地衰减(NSA)测试值与标准值的偏差在±4dB以内;辐射敏感度测试场强均匀性在0~+6dB范围内。1GHz以上的辐射发射通常采用全电波暗室,场地电压驻波比应在0~+6dB范围内,也可在半电波暗室的地面上敷设一定的吸波材料以减少地面发射,使其场地电压驻波比满足0~+6dB的要求。当电波暗室的空间足够大,能容纳SUT和测试配置时,其是系统E3试验的首选场地。图3-1为电波暗室及试验设备的典型布置示意图。图3-2为某电波暗室示例。

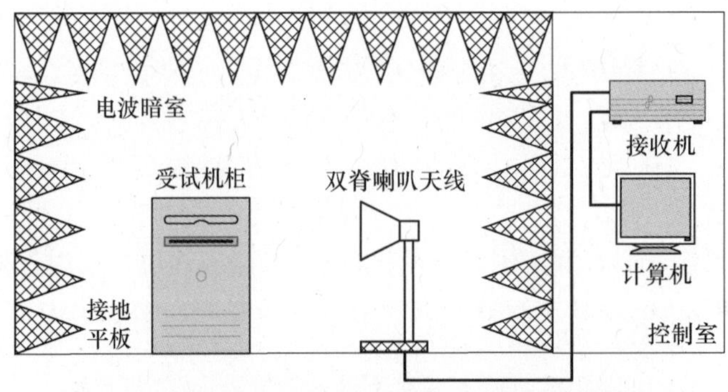

图3-1 电波暗室及试验设备布置示意图

图3-2 电波暗室示例

3.4.3 开阔试验场

电磁环境效应试验采用的开阔试验场(OATS)是一个平坦区域,无架空电力线,附近无反射物体。开阔试验场的尺寸,可以满足在规定距离安置天线,保证在天线与 SUT 以及反射物体之间有足够的隔离空间;所有与 SUT 无关的金属件和电缆应移至系统测试配置边界至少 10m 处。其平坦性要求在 GB/T 6113.104 标准中有规定。开阔试验场铺设接地平板。接地平板通常采用具有高导电率的金属材料,其尺寸可以满足测试配置边界与接地平板边界距离大于 SUT 与天线距离的 1.5 倍,发射天线对 SUT 的照射处于远场条件。开阔试验场受环境噪声和天气的影响,其使用受到越来越多的限制,已很难满足要求的电磁环境电平。当缺少足以容纳 SUT 或平台的电波暗室或屏蔽室,可使用开阔试验场进行测试。对于在开阔试验场进行辐射敏感度测试,应遵守频谱管理的相关规定。

3.4.4 混响室

混响室(Reverberation Chamber)是进行辐射敏感度试验的一个可选场地。混响室实际上就是电大、工作于过模状态,通过模式搅拌提供统计均匀、各向同性电磁场环境的非吸收型屏蔽室。模式搅拌方式包括搅拌器搅拌、壁面搅拌、频率搅拌、随机多天线搅拌和源位置搅拌等。目前应用最多的是通过搅拌器实现模式搅拌,搅拌器的尺寸应与混响室最低使用频率的波长相当。搅拌器搅拌混响室的照片和典型试验布置图分别如图 3-3 和图 3-4 所示。其中,发射天线指向搅拌器或混响室的某一个角落。

图 3-3 混响室实物图

混响室工作空间的电磁场由各个壁面和搅拌器的反射场构成,如图 3-5 所示。当工作频率远高于第一谐振频率时,工作频率会处于多个模式的 3dB 带宽范围,即在工作频率混响室内会同时存在多个模式,混响室内的场由多个模式的场叠加而成。随搅拌器转动,边界发生变化,混响室内各模式的场分布也改变,进而导致混响室内的场分布随之变化,在混响室形成在时间和空间上随机极化、各向同性、统计均匀的电磁场。搅拌器搅拌混响室有两种工作模式:一种是搅拌器步进转动,称为调谐模式;另一种是搅拌器连续转动,称为搅拌模式。

评价混响室的性能指标主要包括模式数和模式密度、最低可用频率(LUF)、品质因数、场均匀性、独立样本数等。混响室的有关性能要求可参考本书 6.6.2 节及 GB/T 17626.21—2014。

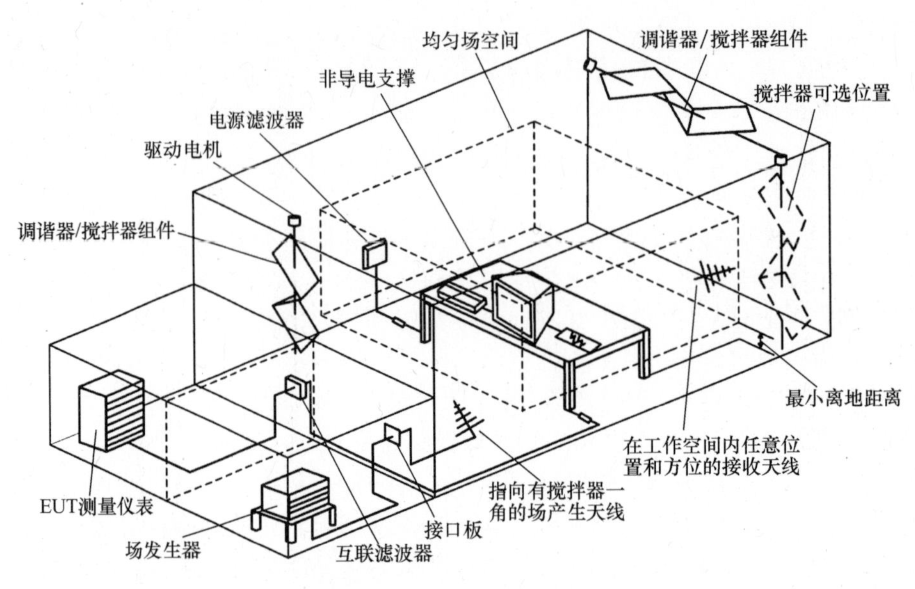

图 3-4　混响室试验布置图

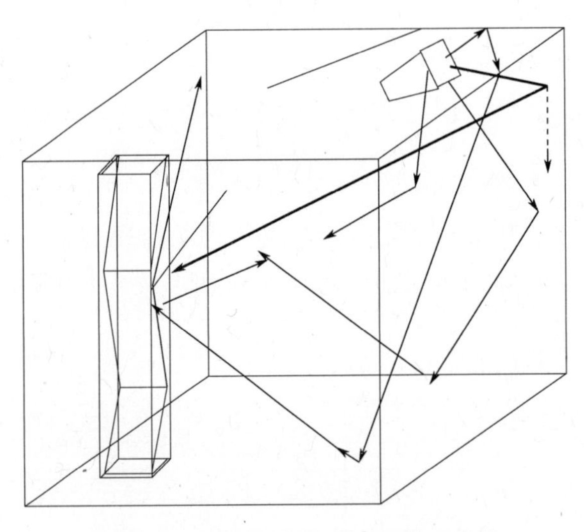

图 3-5　混响室内的电磁场环境示意图

3.4.5　现场试验场

现场试验场是 SUT 实际工作环境或安装环境，如舰船、飞机、车辆等陆基系统安装场地，受试系统或设备在现场以其实际安装结构进行试验。一般尽可能选择周围开阔的现场试验场地，SUT 周围不应有高大建筑物或其他物体，系统或系统上需要进行测试的部位附近没有临时设施、无关的金属物品、管线材料等物品。在现场试验场进行测试时，必须考虑环境电平影响测试数据的问题。当现场试验场地的电磁环境电平不满足要求时，可采用相关的技术措施消除环境电平的影响，或对环境电平超出标准限值的频段进行分析评估以确定对试验结果的影响。对于在现场试验场进行辐射敏感度测试，也应遵守频谱管理的相关规定。

3.5 受试系统

3.5.1 基本要求

受试系统的完整性对试验结果有重要影响。为了准确验证系统电磁环境效应,标准提出的试验方法是基于武器系统成品考虑的,试验对象通常要求是完整系统。E3 大部分要求都在系统级检验,但也有某些要求的符合性检验要在分系统、设备或部件级进行,如分系统和设备的电磁干扰控制、飞机结构部件的雷电鉴定试验等。

标准还特别强调了受试系统的技术状态应固化。要求 SUT 与试验有关的分系统与设备应完成全部安装调试,并且单机性能与系统性能符合设计要求。分系统和设备完成了电磁干扰鉴定试验。随着装备信息化技术发展,软件成为系统的重要组成部分,因此也提出了软件状态固化的要求。同时要求受试系统的硬件和软件应具有代表性,并处于典型功能的工作状态。可以为软件补充辅助程序以便使其具有性能评估的能力。试验时针对 SUT 采取的任何临时措施(如增加滤波器、机壳外部贴铜箔、电缆采用防波套或磁环等)都应记录在试验报告中。

另外,为防止外部电源影响受试系统,要求 SUT 运行的外部电源满足系统电源品质的要求。出于安全裕度评估的需要,受试系统还应给出其安全裕度适用性信息。

3.5.2 试验配置

SUT 的配置应符合实际状态,确保设备、电缆等安装正确,试验不得破坏系统上所有设备和器件的结构和质量,因试验工作需要而对系统进行的任何更改都应确认其实施后的效果,不应影响系统的正常工作。试验过程中,除系统或平台上应配置的设备之外,其他临时性检测仪表、设备以及相应的信号连接线和电源线均应停止加电工作并应拆除,系统上需要进行测试的部位附近所有临时设施、无关金属物品、管线材料等物品应清除干净。

3.5.3 工作状态

试验期间,系统上所有与试验有关的分系统和设备均应在试验大纲规定的状态下工作(试验大纲中无明确要求的按常用状态工作)。分系统和设备应处在由系统的工作特性要求所组成的最可能出现干扰和敏感的工作模式中。对发射测试,SUT 应在易产生最大发射的状态下工作;对敏感度测试,SUT 应在其最敏感的状态下工作。对具有几种不同状态(包括用软件控制的状态),应对发射和敏感度进行足够的多种状态测试,以便对 SUT 的全状态进行评估。

对于包含可调谐射频设备的 SUT,在每个调谐频段、可调谐单元或固定频道范围之内,可调谐射频设备都应工作在不少于 3 个频率上进行试验,即频带中心频率 f_0、所测频带内比最低端高 5% 和比最高端低 5% 的两个端点频率。

对于包含扩频设备 SUT 的情况,若扩频设备为跳频模式,其测试应至少在扩频设备整个可用频率组 30% 的跳频模式下进行,并将扩频设备的工作频率范围内等分成低、中和高三段。若扩频设备为直接序列模式，其测试应在扩频设备以可能的最高数据传输速率处理数据条件下进行。

进行敏感度试验时，应监测 SUT 是否性能降低或误动作。通常采用 BIT、图像和字符显示、声音输出以及其他信号输出和接口测试来监测 SUT 的性能，也可在 SUT 中安装专门电路来监测，但这些措施均不应影响测试结果。

3.6 试验设备

3.6.1 基本要求

试验设备的技术性能和指标应满足相应试验方法所规定的要求，试验中使用的测量接收机，包括 EMI 接收机、频谱分析仪和基于 FFT 的接收机，其性能（如灵敏度、带宽、检波器、动态范围和工作频率等）应满足标准试验项目的要求，典型仪器特性可参考 GB/T 6113.101；示波器及其探头应具有足够的带宽、取样速率、动态范围；信号源能够覆盖所需的频率范围，并能用 1kHz、50% 占空比的脉冲进行调制（开/关比 ≥40dB），或具有试验大纲规定的调制方式；信号源及用来放大信号（已调制和未调制的）和驱动天线以输出所需场强电平的射频功率放大器，其谐波应尽量小，产生的各次谐波频率下的场强应比基波场强至少低 6dB。

试验过程中，试验设备不应改变 SUT 的电磁特性。

对于自动测试来说，测试软件是影响测试结果的重要部分，必须确保测试软件的正确性，因此对软件的技术状态和版本应进行控制，并且应在测试报告中提供测试软件的制造商、型号和版本号等标识信息。

3.6.2 检波器

为了检测到接收机通带内调制包络的峰值，在频域进行的发射和敏感度测试都应使用峰值检波器。峰值检波器接收机使用能产生相同峰值指示的正弦波的均方根值定标。当具有其他检波方式的测量仪器（如示波器、非选频电压表或宽带场强仪等）用于敏感度测试时，需对测量值加以修正，以便将读数修正为调制包络峰值的等效均方根值。修正系数可通过比较检波器对有、无调制情况下具有相等峰值电平信号的响应来确定。

3.6.3 发射测量参数设置

1. 带宽

除非试验大纲或试验项目另有规定，发射测量采用表 3-4 中列出的测量接收机带宽。该带宽是测量接收机总选择性曲线 6dB 带宽。不应使视频滤波器限制接收机响应，如果测量接收机有可控的视频带宽，则应将它调到最大值。

2. 频率扫描

发射测量试验应在整个频率范围内进行扫描。模拟式测量接收机的最小测量时间应符合表 3-4 规定。步进式 EMI 接收机和频谱分析仪的扫频步长应不大于半个带宽，且驻留时间应符合表 3-4 规定。若表 3-4 规定不足以捕捉 SUT 最大发射幅度和满足频率分辨率要求，则应采用更长的测试时间和更低的扫描速率。步进式 EMI 接收机完成整个所需频段的扫描需要花费很长时间，随着快速数字电路和高速模数转换器技术在 EMI 接收机中的应用，系统通过使用频率抽样和时间抽样的快速傅里叶变换（FFT）的方法在上千个频率上并行计算频谱，可以显著减少扫描时间。这样的仪器称为基于 FFT 的接收机。通常，EMI 信号包括周期性信号、瞬态信号和噪声信号，为了对 EMI 接收机特性进行准确建模，基于 FFT 的接收机使用短时 FFT（STFFT）计算频谱图。

表 3－4　带宽及测量时间

频率范围	6dB 带宽/kHz	驻留时间①~③/s	最小测量时间（模拟式测量接收机）
25Hz ~ 1kHz	0.01	0.15	0.015s/Hz
1 ~ 10kHz	0.1	0.02	0.2s/kHz
10 ~ 150kHz	1	0.02	0.02s/kHz
150kHz ~ 30MHz	10	0.02	2s/MHz
30MHz ~ 1GHz	100	0.02	0.2s/MHz
1GHz 以上	1000	0.02	20s/GHz

① 驻留时间的规定仅适用于步进式 EMI 接收机和频谱分析仪；
② 可选的扫描技术：对于步进式 EMI 接收机和频谱分析仪，在使用最大值保持功能且总扫描时间不小于以上规定的最小测量时间时，可以用扫描速度更快的多次扫描替代；
③ 对于基于 FFT 的接收机，驻留时间应大于脉冲干扰信号的重复周期

3. 离散测量频率选取

若需采用手动选频测量，在规定的频段内，每 10 倍频程应选择不少于 7 个频点（频率选择时应包括所测频带内比最低端高 5% 和比最高端低 5% 的两个端点频率，其余频率可根据实际要求确定），同时应覆盖 SUT 各关键性频率（如电源频率、谐波频率、本振频率、中频频率、设备工作频率、时钟频率、晶振频率等）。

4. 发射数据记录

试验应记录发射数据的幅度、频率以及试验带宽和步进。发射数据的幅度—频率曲线应在测试时连续、自动地生成并显示，并应计入所有的修正系数（传感器、衰减器、线缆损耗及类似的系数）和相应的限值。绘制的发射测试曲线应具有被测频率 1% 或 2 倍于测量接收机带宽的频率分辨率（取大者），最小幅度分辨率为 1dB。

3.6.4　敏感度测试参数设置

1. 频率扫描

为观察到可靠的响应，敏感度扫描测试中的信号源扫频速率和频率步长不应大于表 3－5所列的值。速率和步长用信号源调谐频率（f_0）的倍乘因子表示。模拟式扫描指连续调谐的扫描，步进式扫描指依次调谐在离散频率点上的扫描。对步进式扫描，在每一调谐频率上至少驻留 3s 或 SUT 的响应时间。必要时应降低扫描速率和步长。

表 3-5 敏感度扫描参数

频率范围	模拟式扫描最大扫描速率/s	步进式扫描最大步长/s
25Hz ~ 1MHz	0.0333f_0	0.05f_0
1 ~ 30MHz	0.00667f_0	0.01f_0
30MHz ~ 1GHz	0.00333f_0	0.005f_0
1GHz 以上	0.00167f_0	0.0025f_0

2. 离散测量频率选取

若需进行手动选频测量,信号源应在选定的离散频率驻留。离散频率应根据 SUT 实际工作状态和要求的频率范围选取,并覆盖 SUT 固有的频率。HERO 测试应不少于 100 个离散频率点,其频率选取参考 GJB 7504—2012 中 5.2.1 的要求。外部射频电磁环境测试应推荐不少于 275 个离散频率(包括前述选定的 100 个 HERO 频率)。

3. 敏感度信号的调制

调制样式一般包括调幅(AM)、调频(FM)和脉冲调制,以及电磁辐照试验中使用峰值脉冲以复现可能遇到的调制。若试验大纲或具体试验方法中未规定,一般采用 1 kHz、50% 占空比的脉冲调制方式。

4. 辐照方式选择

优先选择在规定测试等级下对 SUT 进行整体均匀辐照。受试验设备等条件限制而无法实现时,可采用局部均匀辐照。

5. 替代试验方法

受试验设备和条件限制不能进行全电平辐照时,可使用成束电缆电流注入等替代方法。替代试验方法的适用性在具体试验方法中进行了详细说明。

6. 敏感阈值电平

出于评估的需要,测试中 SUT 出现敏感现象时,应对 SUT 的敏感阈值电平进行确定,其方法如下:

(1) 当敏感现象出现时,降低干扰信号电平直到 SUT 恢复正常。

(2) 继续降低干扰信号电平 6dB。

(3) 逐渐增加干扰信号电平直到敏感现象刚好重复出现,此时干扰信号电平即为敏感阈值电平。

7. 敏感度数据记录

应记录敏感度数据的幅度、频率和波形,并记录测试过程中出现的所有敏感和异常现象、敏感阈值电平、频率范围、最敏感的频率及其电平、其他适用的测试参数。

3.6.5 极化方式设置

在辐射发射和辐射敏感度试验中,都存在发射天线或接收天线的极化方式的选择。通常在没有特别说明的情况下,当频率高于 30 MHz 时,采用垂直极化和水平极化;当频率低于 30 MHz 时,可只采用垂直极化。

3.6.6 试验设备的校准

试验设备及附件应按相关标准进行计量检定、校准或测试,并保证工作性能准确有效。测试天线的天线系数按 GJB 8815—2015 校准，但使用非 GJB 8815—2015 规定的其他距离时，天线系数应采用相应方法进行校准。

在进行系统电磁环境效应试验之前，应根据需要对测试系统按照各项测试方法的规定进行校验，以确认系统工作正常。

3.7 允　　差

仪器允差是指调试和检定仪器设备时，测量仪器在技术标准、计量检定规程等技术规范上所规定的允许误差的极限值。仪器设备的允差是导致测量不确定度的一个重要因素，为保证测量结果的一致性，需合理控制仪器设备的允差。

与 GJB 151B—2013 标准要求一致，GJB 8848—2016 标准对仪器设备的允差规定如下：

（1）距离：±5%。

（2）频率：±2%。

（3）幅度：测量接收机，±2dB。

（4）幅度：测试系统（包括测量接收机、传感器、电缆等），±3dB。

（5）时间（波形）：±5%。

（6）电阻：±5%。

（7）电容：±20%。

（8）电感：±20%。

3.8 试 验 程 序

根据实际试验的经验，将试验分为准备阶段和实施阶段。试验准备阶段包括试验文件的准备、试验实施准备以及 SUT 分析等，试验实施阶段包括必要的预测试、实施以及试验数据记录等。试验的一般流程如图 3-6 所示。

试验过程中，还需注意以下问题：

（1）试验中使用的辅助设备不应影响测试结果。

（2）测试区内应没有无关的人员、设备、电缆架和桌子等。按系统实际工作要求配备现场操作人员，只有必须参与试验工作的人员才允许进入试验区内，只有试验必须使用的设备才能放到试验区内。

（3）使用前置放大器、无预选器的接收机或有源传感器等设备时要预防过载。为消除过载，可改变测试仪器的状态或更换测试仪器，例如关掉前置放大器、增大衰减量或更换量程更大的仪器等。

（4）本标准中某些试验的电磁场对人体有潜在危害。在人员存在的区域里不应有超过 GJB 5313 中容许的暴露电平。应采取安全措施和使用安全装置以防止人员意外遭受射频危害的照射。

（5）对有潜在危险电压的测试项目，参试人员应遵守相关的安全防护要求。

（6）试验中产生的高电平信号，应满足频谱管理的相关规定。

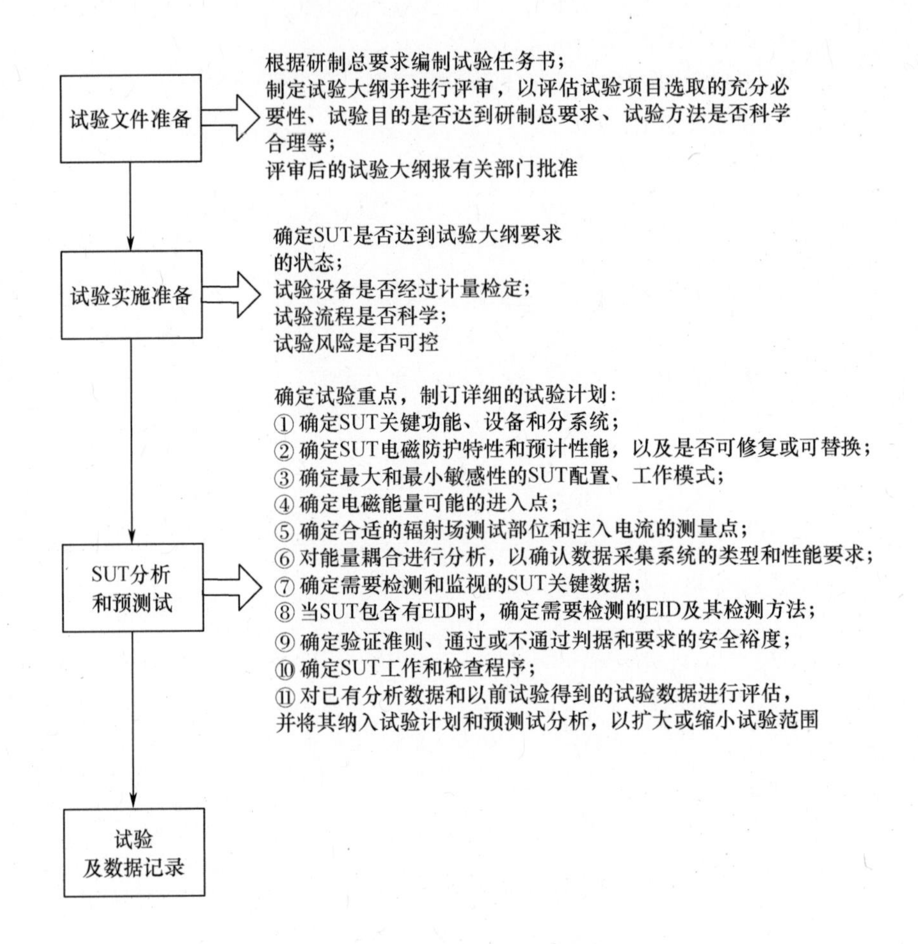

图 3 - 6　试验一般流程

3.9　试验判据

试验判据是判断试验有效性和结果符合性的准则。一般由受试系统的系统电磁环境效应设计文件或试验大纲规定,试验报告中应记录试验判据。试验的判据应包括检验的方法(包括对监测设备的要求),监测的对象,干扰、扰乱、降级或损坏等失效现象的描述以及失效程度的确认等内容。

这里以 EMP 为例分析试验判据。EMP 耦合途径如图 3 - 7 所示。屏蔽体通常会有门、窗、通风口等有意或无意开孔存在,EMP 可穿过这些开孔进入到屏蔽体内部。发射或接收特定频段电磁波的天线、传递信号或供电用的线缆和各种用途的金属管道都能够产生 HEMP 感应电压和感应电流。屏蔽体透射的电磁场和屏蔽体孔缝泄漏的电磁场属于辐射干扰,天线、线缆或金属管道的感应电压和感应电流属于传导干扰。这些干扰信号会使屏蔽体内部的电子设备产生临时性的扰乱或永久性的损坏。按对电子系统或设备功能的危害程度划分,EMP 效应可分为 4 类,如表 3 - 6 所列。

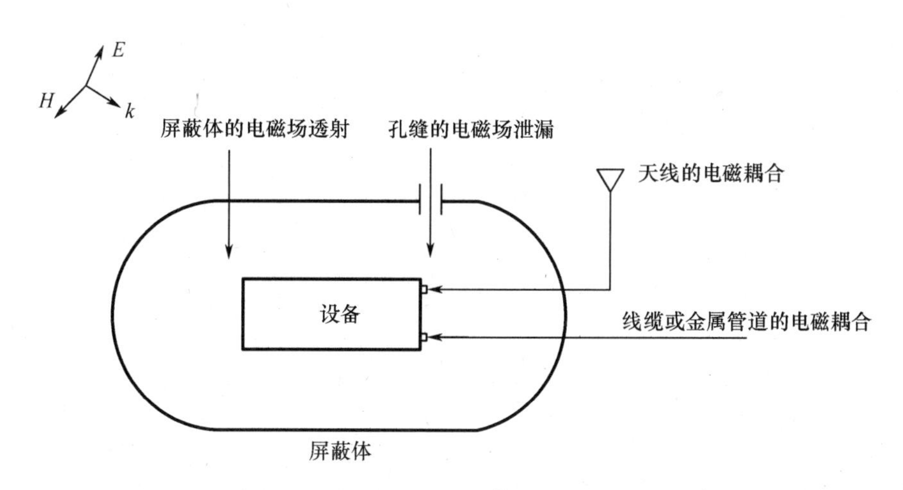

图 3－7　HEMP 耦合途径

表 3－6　EMP 效应分类

类别	效应	定　　义
1	无效应(No Effect)	没有出现电磁干扰,系统或设备的功能正常或能完成规定的任务
2	扰动(Interference)	出现的电磁干扰不影响系统或设备的功能或完成规定任务的能力
3	扰乱(Upset)	出现的电磁干扰影响了系统或设备的功能或完成规定任务的能力,但无须更换系统硬件或重装系统软件,只需复位或重新启动,系统或设备功能可恢复正常
4	损坏(Damage)	出现的电磁干扰使系统或设备丧失功能或完成规定任务的能力,通过更换硬件或重装软件,系统或设备可恢复正常

3.10　试验结果评定

试验结果判别分三种类型:通过试验设备或监测装置实时监测 SUT 相应指标的变化情况,并记录相应数据;通过视觉观察,检查 SUT 是否能正常工作,若出现敏感现象应及时进行确认记录;对于破坏性试验项目,在施加相应的环境信号电平后,对损伤效果或功能是否正常进行检验。

将试验结果与 GJB 1389A—2005 或试验大纲中规定的要求进行对比和评估,来确定 SUT 是否符合,对不符合和出现的敏感现象进行识别和分析。发现的任何异常情况都应评估,以确定是 E3 引起的 SUT 故障,还是其他类型的故障或响应。主要评定原则有:

(1) 对于包含多个设备或分系统的系统,其各个设备和分系统试验结果均满足该试验项目要求时,判定为系统该试验项目合格,否则为不合格。

(2) 对于有多种工作状态的系统,试验应在其各个状态下进行,并分别对试验结果进行判定。

(3) 对于需要得出阈值的试验,在系统含有多个设备、分系统或有多种工作状态时,其阈值应取其中最严苛部分或工作状态的值。

(4) 对需要通过计算分析或后续操作来分析试验结果的试验项目,按其规定的计算方法进行计算或操作步骤进行操作，以确定试验结果。

（5）针对与实装有差异的试验布置可能出现的被干扰现象，在实装情况下复查时未出现，则应判定试验结果合格。

（6）对于无法通过测试的情况，应分析敏感现象对系统的危害及影响，并给出使用和改进建议。

3.11 试验文件

3.11.1 试验大纲

系统电磁环境效应试验大纲是开展具体试验的依据，应在系统研制总要求所规定的相关技术要求的基础上编写制订，经评审通过并报系统订购方批复后执行。系统电磁环境效应大纲应对试验目的、试验项目和内容、受试系统组成及工作状态（包括所有 POE 的位置、各种 HEMP 防护措施的描述等），试验方法与配置，数据记录要求（包括数据质量控制过程、数据可接受性准则、数据记录的注释和保存等），试验结果评价准则，安全要求（包括电磁辐射及电气危害）进行规定和说明。试验大纲的基本内容和要素参考 GJB 8848—2016 附录 A 中 A.1。

3.11.2 试验实施细则

考虑到系统电磁环境效应试验的复杂性，为便于试验的具体实施操作，根据需要可编制试验实施细则。试验实施细则的编制以试验大纲为依据，是对试验大纲进行的具体细化与试验实施的部署安排，便于试验的科学高效完成。试验实施细则一般应对试验目的、引用文件、试验人员、试验配置、工作状态、试验判据、试验要求、日程安排、试验设备及设施、试验程序与安全措施进行说明和规定。试验实施细则的基本内容和要素参考 GJB 8848—2016 附录 A 中 A.2。

3.11.3 试验报告

试验报告是对试验过程和试验结果的文字记录，是试验工作的最终产物，反映了受试系统的电磁环境效应符合性。试验报告具有极其重要的作用，因此对其规范性与客观科学性应进行严格严格要求。一般试验报告应包括封面（包括文件编号、密级，SUT 名称、型号、编号，检测机构和编制日期等主要内容）、试验概况（包括试验目的、背景情况，委托单位、试验单位，以及参试人员清单，SUT 名称、型号、编号、系统组成及全貌，试验地点及日期）、试验依据文件（包括系统电磁环境效应试验大纲、试验实施细则、SUT 有关技术文件及电磁环境效应技术要求、试验方法参照文件、SUT 电磁环境效应指标要求参照文件等）、试验项目列表、试验设备（包括名称、型号、生产厂家及检定合格有效期等）、试验方法与试验数据（包括试验配置、测试部位、SUT 工作状态、试验条件、测量仪器、试验步骤、试验数据）、试验结论（包括各项目试验结论与适用规定极限值的比较结果、必要的超标原因分析和技术改进意见）等内容。试验报告的基本内容和要素参考 GJB 8848—2016 附录 A 中 A.3。

第4章　安全裕度试验及评估

本章内容对应 GJB 8848—2016 中方法 101“系统安全裕度试验及评估方法”和方法 102“军械安全裕度试验及评估方法”。针对系统安全裕度,主要阐述了关键设备和分系统安全裕度评估的原理和方法,以及如何根据关键设备和分系统安全裕度评估系统整体的安全裕度,提出了设备和分系统电磁环境敏感阈值和实际干扰电平、要求电磁环境下内部电路响应值等评估参数获取的途径和方式。对于军械安全裕度,主要对用于安全裕度评估的参数进行了解释和阐述,介绍了军械安全裕度评估的原理和方法,指出了关注重点。

根据表 3-1,安全裕度可以通过试验、分析以及它们的组合来验证,本章侧重于阐述系统和军械安全裕度的分析评估方法,试验方法根据适用的电磁环境要素采用本标准中相应的方法,参见相关章节内容。

对于系统安全裕度,按照 GJB 1389A—2005 要求,需要对武器装备系统整体进行安全裕度评估。通常武器装备系统非常复杂,如舰船、飞机,对它们整体进行试验的难度非常大,为此标准指出通过定量考核关键设备和分系统来评估系统整体的安全裕度,并且给出了对关键设备和分系统进行安全裕度分析评估的方法。

进行系统安全裕度评估,需要解决识别对安全和任务完成有影响的关键功能,从而明确关键设备和分系统。由于系统和工作模式不同,关键设备和分系统也不同,需根据具体特定系统的实际情况来确定。

4.1　系统安全裕度试验及评估

4.1.1　适用范围

本部分适用于各类武器系统中对于安全性或完成任务有关键影响的系统或功能模块。适用的电磁环境要素主要有射频电磁环境、雷电、电磁脉冲、静电和高功率微波等。系统在满足这些要素相应的要求的同时,还应满足安全裕度要求。

4.1.2　基本原理

1. 已知电磁环境敏感阈值

当关键设备和分系统电磁环境敏感阈值已知或可设法得到时,可以根据定义进行安全裕度评估,见式(4-1)。此处“要求电磁环境”指关键设备和分系统所在武器系统实际使用中面临的电磁环境,其幅度相当于安全裕度定义中的“实际干扰电平”,类型由电磁环境要素决定。对于射频电磁环境,“要求电磁环境”指关键设备和分系统所在武器系统在不同使用情况下面临的射频电磁环境;对于雷电、静电、电磁脉冲和高功率微波,“要求电磁环境”指关键设备和分系统所在武器系统遭受雷击和静电放电、受到的电磁脉冲和高功率微波打击时承受的电磁环境。

根据定义，安全裕度计算式如下：

$$M = 20\lg(S/V) \tag{4-1}$$

式中 M——安全裕度(dB)；

S——EUT 的电磁环境敏感阈值（辐射采用场强表示，传导采用电压或电流表示）；

V——要求电磁环境下 EUT 处辐射和传导电平（辐射采用场强表示，传导采用电压或电流表示）。

2. 已知电磁环境允许响应值

有些系统或设备没有给出电磁环境敏感阈值，若按照定义评估需要试验得到电磁环境敏感阈值，实际工程中对设备敏感阈值进行测试的要求可能难以满足。例如：对设备的辐射敏感度试验需要产生远高于 200V/m 的场强，这可能超出了试验能力；许多设备受到高强度电磁能量损伤后性能不可恢复；有些武器系统进行系统内电磁兼容性试验考核，传导发射、辐射发射、传导敏感度等测试，不宜施加高于要求电平的电磁环境进行试验。因此，GJB 8848—2016 标准中提供了按照响应参数进行试验评估的方法。

通常电磁环境对装备的作用产生两种效应：干扰效应和损伤效应。干扰效应导致装备功能退化、技术指标下降；损伤效应导致装备毁伤，不能工作。一般而言，EUT 的干扰效应决定于感应电压或感应电流峰值，而损伤效应则决定于吸收的最大能量或平均功率。

对于干扰效应，给定具体的设备和分系统后，可以按照电磁效应建立技术指标与电磁环境的函数关系。在试验时施加电磁环境要求电平，测量设备和分系统的技术指标。在电磁环境要求电平上增加安全裕度后，按照函数关系计算技术指标，若技术指标处于允许范围，则安全裕度满足要求。也可根据最低允许技术指标和函数关系计算得到电磁环境阈值，继而评估出安全裕度。

然而，通常武器系统的各设备和分系统的功能繁多，相应地，有着各种各样的技术指标，难以一一列出。另外，之所以发生干扰效应，是由于在电磁环境中武器系统内部产生感应电压、感应电流所致。为了统一评估方法，兼顾可操作性，标准把电磁环境下 EUT 内部产生的感应电压、感应电流作为响应参数进行评估。通过建立 EUT 性能指标与感应电压、感应电流的函数关系，根据 EUT 性能指标最大允许下降程度来确定 EUT 内部允许最大感应电压、感应电流。

对于损伤效应，通常设备元器件会给出允许接受的最大输入电平，因此标准也把电磁环境下 EUT 内部吸收功率作为响应参数进行评估。

综上所述，在已知电磁环境下 EUT 的允许响应值（如 EUT 内部允许最大感应电压、感应电流、吸收功率等），并且响应值与施加信号电平间符合线性关系时，应选择与允许响应值相同的参数形式计算安全裕度。

（1）对于外部射频电磁环境，对应的计算方法如下：

以电流形式计算 EUT 的安全裕度采用下式：

$$M = 20\lg(I_R/I_c) \tag{4-2}$$

式中　M——安全裕度(dB)；

I_R——EUT 的允许电流响应值(A)；

I_c——要求电磁环境下 EUT 电流响应值(A)。

以电压形式计算 EUT 的安全裕度采用下式：

$$M = 20\lg(V_R/V_c) \tag{4-3}$$

式中　M——安全裕度(dB)；

V_R——EUT 的允许电压响应值(V)；

V_c——要求电磁环境下 EUT 电压响应值(V)。

以功率形式计算 EUT 的安全裕度采用下式：

$$M = 10\lg(P_R/P_c) \tag{4-4}$$

式中　M——安全裕度(dB)；

P_R——EUT 的允许功率响应值(W)；

P_c——要求电磁环境下 EUT 功率响应值(W)。

(2) 对于雷电、电磁脉冲、静电、高功率微波等瞬态电磁环境，根据吸收能量大小、按下式计算得出安全裕度：

$$M = 10\lg\left(J_{max}\Big/\int_0^{\tau} I_c V_c \mathrm{d}t\right) \tag{4-5}$$

式中　M——安全裕度(dB)；

τ——瞬态脉冲的脉宽(s)；

J_{max}——设备和分系统能够承受的最大允许输入能量(J)；

I_c——要求电磁环境下设备和分系统内部电路响应电流(A)；

V_c——要求电磁环境下设备和分系统内部电路响应电压(V)。

3. 无法获取电磁环境允许响应值和电磁环境敏感阈值

有些系统或设备可能无法定量测量对电磁环境的响应及电磁环境敏感阈值，或其响应值与施加信号电平间不符合线性关系，应对被试系统施加要求信号电平，监测施加信号经空间到达 EUT 外壳处的辐射场强值，同时监测经外部连接电缆到达 EUT 连接端口处的电压或电流值(对于低电平扫描场法和低电平扫描电流法，按 GJB 8848—2016 中 11.4.1.2、11.4.2.2 确定电平)，以测得的电平值增加要求的安全裕度值后获得的辐射和传导电平，对 EUT 进行试验。

4.1.3　实施要点

在装备研制和使用的不同阶段，可以根据掌握信息的深入、详细程度，采取相应的评估方法。

1. 已知电磁环境敏感阈值

1) 射频电磁环境

如果可以设法获取关键装备的射频电磁环境敏感阈值，可采用式(4-1)计算其安全裕度。

射频电磁环境敏感阈值“已知”有两种情况：一是关键装备给出了射频电磁环境敏感

阈值;二是采用近似值。关键装备实际研制过程中按照标准要求进行了电磁兼容性试验,考核内容包括传导敏感度、辐射敏感度等特性,关键装备在试验过程中不敏感才能通过试验,因此关键装备的敏感阈值不小于试验过程中施加的干扰电平,可以采用该施加的干扰电平或考核的敏感度极限值来近似其敏感阈值。

不同的任务剖面,关键装备面临的射频电磁环境是不同的,即“要求电磁环境”幅度或“实际干扰信号电平”与任务剖面有关。需要指出的是研制总要求或合同要求中给出的射频电磁环境是武器系统或关键设备在所有任务剖面中可能遭遇的最严酷电磁环境,发生在某一任务剖面中,并不是所有任务剖面中面临的射频电磁环境。

对于“实际干扰信号电平”,在研制阶段和使用阶段有不同的获取途径。在装备研制阶段,应该采用各个任务剖面下的射频电磁环境值作为“实际干扰信号电平”,射频电磁环境值可以通过预测评估获得,也可通过试验获得。验收阶段的考核评估可以采用研制总要求或合同要求中给出的射频电磁环境。使用阶段应该采用各个任务剖面下的射频电磁环境实际值,一般通过现场试验、测量获得。

在装备研制阶段,通过试验获取“实际干扰信号电平”时,可采用 GJB 8848 中 11.3 的方法对武器系统施加各种任务剖面中面临的射频电磁环境,监测关键设备外壳处的辐射场电平,同时监测关键设备外部连接电缆端口处的传导电压或传导电流值。也可采用 GJB 8848—2016 中 11.4.1.2、11.4.2.2 的方法计算关键设备外壳处的辐射场电平、外部连接电缆端口处的传导电压或传导电流值。使用阶段测量关键装备“实际干扰信号电平”时也可借鉴这些方法。

例如,在使用阶段可以采用下列方法评估舰船装备的射频电磁环境安全裕度。

采用系泊、航行试验和设备级的电源线低频传导敏感度试验结果,评估分电箱及其关键用电设备能承受的传导干扰电压即抗扰值,近似作为其电源线传导敏感阈值。根据电网传导干扰试验项目,评估它们实际使用中可能遇到的电网传导干扰电压,获得实际使用中电网传导干扰电平。结合式(4-1)求得电网传导安全裕度。

根据系泊、航行试验和设备级的电源线尖峰信号敏感度测试,评估分电箱以及关键用电设备能承受的尖峰干扰,近似作为其电网尖峰敏感阈值。根据系泊、航行试验,获得它们实际使用中可能遇到的电网尖峰干扰。结合式(4-1)求得电网尖峰安全裕度。

根据系泊、航行试验和设备级的低频磁场辐射敏感度试验,评估关键设备能承受的磁场辐射干扰,获得其磁场敏感阈值。根据系泊或航行试验中的舱室内磁感应强度试验项目,估算它们实际使用中可能遇到的磁场辐射干扰电平,从而根据式(4-1)求得磁场辐射安全裕度。

由系泊、航行试验和设备级的电场辐射敏感度试验,分析关键设备承受电场辐射干扰的能力或抗扰值,得到其电场敏感阈值。根据系泊或航行试验中的关键部位和舱室的场强测量试验,估算出它们实际使用中可能遇到的电场辐射干扰电平,获得电场辐射安全裕度。

2)雷电、电磁脉冲、静电、高功率微波等瞬态电磁环境

如果关键装备的雷电、电磁脉冲、静电、高功率微波等瞬态电磁环境敏感阈值可以得到,同样可采用式(4-1)计算其安全裕度。

电磁环境敏感阈值“已知”也有两种情况:一是关键装备给出了瞬态电磁环境敏感阈

值；二是采用近似值。如果关键装备实际研制过程中按照标准要求进行了设备和分系统级的雷电、电磁脉冲、静电、高功率微波效应试验，也可以采用该施加的干扰电平或考核的敏感度极限值来近似其敏感阈值。

对于雷电、电磁脉冲、静电、高功率微波等瞬态电磁环境，"要求电磁环境"指，当武器系统遭受雷击和静电放电、受到的电磁脉冲和高功率微波打击时关键设备和分系统承受的瞬态电磁环境，可以通过试验获取。

对于系统的雷电试验，采用 GJB 8848—2016 中 12.3 或 13.4、13.5 规定的方法对系统施加要求雷电波形，监测要求雷电电平经空间到达受试设备和分系统外壳处的辐射场电平，同时监测经电缆到达受试设备和分系统传导耦合端口处的电压值或电流值。

对于电磁脉冲，按 GJB 8848—2016 中 14.4 ~ 14.6 规定的方法对系统施加要求电磁脉冲波形，监测电磁脉冲经空间到达受试设备和分系统外壳处的辐射场电平，同时监测经外部连接电缆到达受试设备和分系统连接端口处的电压值或电流值。

对于静电，按 GJB 8848—2016 中 17 章、18 章规定的方法对系统施加要求的静电电压，监测经空间到达受试设备和分系统外壳处的辐射场电平，同时监测经外部连接电缆到达受试设备和分系统连接端口处的电压值或电流值受试。

对于高功率微波，按 GJB 8848—2016 中 26.4 规定的方法对系统施加要求的高功率微波脉冲，监测高功率微波经空间到达受试设备和分系统外壳处的功率密度，同时监测经外部连接电缆到达受试设备和分系统连接端口处的功率值。也可采用 GJB 8848—2016 中 26.5.3 d)、26.6.3 c)计算经空间到达受试设备和分系统外壳处的功率密度、经外部连接电缆到达受试设备和分系统连接端口处的功率值。

2. 已知电磁环境允许响应值

1) 射频电磁环境

电磁环境允许响应值指关键设备和分系统内部允许最大感应电压、感应电流、吸收功率等，通常由生产厂家给出。

"要求电磁环境"指特定任务剖面下，武器系统在实际使用中面临的射频电磁环境。因此，"要求电磁环境"下关键装备感应电压、感应电流、吸收功率指特定任务剖面下，武器系统在实际使用中面临射频电磁环境作用时，在关键装备内部感应的电压、电流或功率。任务剖面不同，武器系统面临的射频电磁环境不同，关键装备内部感应的电压、电流或功率也会不同。

在装备研制阶段，可通过预测仿真等方法设法获得关键设备不同任务剖面中面临的射频电磁环境，然后通过试验获得响应值。按照施加的电磁环境幅度不同，获取"设备和分系统内部电路响应"的方法有两类：一是采用 GJB 8848—2016 中 11.3 的全电平辐照方法，对武器系统施加各种任务剖面中面临的射频电磁环境，监测受试设备和分系统内部电路的感应电压、感应电流或吸收功率值，直接测量获得所需的感应电压、电流或吸收功率；二是采用低电平法，按 GJB 8848—2016 中 11.4 规定方法对受试设备和分系统进行敏感试验，外推得到要求电磁环境下关键设备电压、电流或功率响应值。

在使用阶段，在特定任务剖面下，可以现场测量关键设备和分系统内部电路的感应电压、感应电流或吸收功率值。

根据 EUT 的特性及说明选择合适的监测参数形式，确定适用的监测仪器和方法。若设备响应值与施加电平符合线性关系，则按式(4－2)以电流形式或按式(4－3)以电压形式或按式(4－4)以功率形式计算得出安全裕度。

2）雷电、电磁脉冲、静电、高功率微波等瞬态电磁环境

对于雷电、电磁脉冲、静电、高功率微波等瞬态电磁环境，生产厂家可能给出关键设备和分系统能够承受的最大允许输入能量，即电磁环境允许响应值。

"要求电磁环境下设备和分系统内部电路响应"指，当武器系统遭受雷击和静电放电、受到的电磁脉冲和高功率微波打击时在关键设备和分系统内部电路感应的电流、电压或吸收的功率，通常通过试验获取。

对于电磁脉冲，采用 GJB 8848—2016 中 14.4～14.6 规定的方法对系统或受试设备和分系统施加要求的电磁脉冲波形，同时监测受试设备和分系统内部电路在脉冲期间的电流响应值和电压响应值，按式(4－5)计算得出安全裕度。

对于静电，采用 GJB 8848—2016 中 17 章、18 章规定的方法对系统或受试设备和分系统施加要求的静电电压，同时监测受试设备和分系统内部电路在脉冲期间的电流响应值和电压响应值，按式(4－5)计算得出安全裕度。

对于高功率微波，采用 GJB 8848—2016 中 26.4 规定的方法对系统施加要求的高功率微波脉冲，或按 GJB 8848—2016 中 26.5、26.6 规定方法对受试设备和分系统进行试验，同时监测受试设备和分系统内部电路在脉冲期间的电流响应值和电压响应值，按式(4－5)计算得出安全裕度。

同样，EUT 内部电路的电流响应值和电压响应值的获取，可以通过施加要求的电磁环境直接测量得到，也可采用低电平法进行外推。

3. 无法获取电磁环境允许响应值和电磁环境敏感阈值

在装备研制阶段，当无法定量测量关键设备对电磁环境的响应及电磁环境敏感阈值，或其响应值与施加信号电平间不符合线性关系时，可以在设备的各个耦合端口施加增加安全裕度值后的干扰信号，进行敏感度验证。即在干扰电平测量值基础上增加要求的安全裕度值，获得辐射和传导电平，施加于 EUT，观察 EUT 是否敏感。

在使用阶段，可以在现场测量各个耦合端口的干扰电平，然后由信号源模拟产生该干扰信号，并增大幅度，加大值为规定的安全裕度，将干扰电平施加于 EUT 进行验证。

4.1.4 需要注意的问题

1. 关于 EUT 的确定

通常系统由许多设备和分系统组成，构成复杂，单元众多，且每一单元具备多种功能、承担多个任务。其中，标准规定对安全或完成任务有关键性影响功能必须满足安全裕度要求，因此在试验前，应依据武器系统承担的使命任务及状态，划分对安全或者完成任务有关键性影响的功能，在完成这些功能的设备和分系统中识别对该功能有关键性影响的设备和分系统，并将其确定为受试对象，即 EUT。EUT 划分应在试验大纲中明确。

2. 关于 EUT 的工作状态

对受试设备和分系统进行试验时，受试设备和分系统应处于完整系统中，即系统其他部分不采用模拟负载或设备代替，而应与正常工作时相同。系统工作状态的选择，应使受试设备和分系统处于对完成任务和安全性有关键性影响的功能的典型工作状态，工作频

点可选用典型频点。当武器系统典型工作状态不明确时,可在武器系统全状态下进行试验。

4.1.5 结果评估

根据上述获取安全裕度的三种情况,判断 EUT 是否满足安全裕度要求的方法分别为:

(1) 已知电磁环境允许值响应值时,按照上述方法得到安全裕度,将安全裕度评估值与要求值比较,若安全裕度评估值不小于要求值,则判定该 EUT 为满足安全裕度要求;否则为不满足安全裕度要求。

(2) 已知电磁环境敏感阈值时,按照上述方法得到安全裕度,将安全裕度评估值与要求值比较,若安全裕度评估值不小于要求值,则判定该 EUT 为满足安全裕度要求;否则为不满足安全裕度要求。对于辐射和传导方式均需进行判定。

(3) 对于在电磁环境要求值上加安全裕度要求值然后对受试 EUT 进行试验的情况,如 EUT 未出现敏感现象,即可认为该 EUT 满足安全裕度要求。

若武器系统具有多个对完成任务和安全性有关键性影响的受试设备 EUT,应分别测试确定每个 EUT 的安全裕度,并以全部 EUT 的最低安全裕度表示武器系统的安全裕度。实际上射频电磁环境的安全裕度是频率的函数,对于某个关键设备和分系统,不同频率下安全裕度不同。因此可根据频段,在每一频段或不同瞬态脉冲场中选择最小的安全裕度作为武器系统在该频段或瞬态脉冲场下的安全裕度。例如,若武器系统拥有三个对系统安全和完成任务具有关键性影响的设备和分系统 EUT1 ~ EUT3,其安全裕度随频率的变化曲线相互交叉,如图 4 - 1 所示,依据上述规则,武器系统的安全裕度在 f_1 ~ f_2 频段由 EUT2 决定,在 f_3 ~ f_4 频段由 EUT1 决定,在其余频段则由 EUT3 决定。

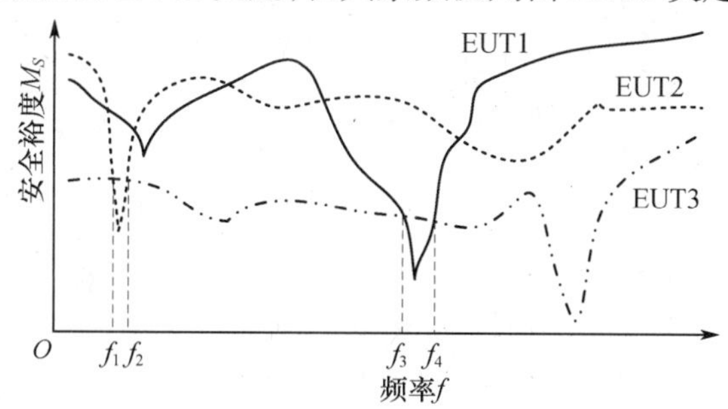

图 4 - 1 武器系统安全裕度的确定方法

4.2 军械安全裕度试验及评估方法

4.2.1 适用范围

本部分适用于含有灼热桥丝式电起爆装置的军械(以下简称军械)在其寿命周期内遭遇恶劣电磁环境时安全裕度的验证评估。适用的电磁环境要素主要有射频电磁环境、雷电、电磁脉冲、静电和高功率微波等。军械在满足这些要素相应的要求的同时,还应满足安全裕度要求。

4.2.2 基本原理

含有灼热桥丝式电起爆装置(EID)的军械(以下简称军械)的电磁环境效应表现形式是意外发火或爆炸,原因有两类:一是工作状态的军械装备,电磁环境导致发火电路出现意外动作或损伤,发火电路中储存的点火能量导致电起爆装置意外发火;二是技术处理状态的军械装备(未加电工作),在电磁辐射下桥丝产生感应电流,导致电起爆装置意外发火。

第一种情况是因发火电路受到干扰或损伤引起,可以按 GJB 8848—2016 的方法 101“系统安全裕度试验及评估方法”进行安全裕度评估。本节的方法主要针对第二种情况。

通常生产厂家会给出电起爆装置最大不发火激励,即最大允许响应,参数形式通常为最大不发火电流、最大不发火电压,最大不发火功率。若生产厂家未提供最大不发火激励参数,受试军械最大不发火激励参数按 GJB 376—1987 中第 6 章用起爆感度数据验证火工品发火(不发火)可靠度的方法及 GJB/Z 377A—1994 中规定的方法进行测定。

对于脉冲周期电磁环境,采用峰值功率这一参量进行评估,见式(4-6)。对于静电、近场雷击效应、雷电直接效应、电磁脉冲、高功率微波单脉冲等瞬态电磁环境,由于没有后续脉冲,采用脉冲宽度和电起爆装置最大不发火功率计算允许的吸收能量,与单脉冲内吸收的能量进行比较,完成评估,见式(4-7)。由于以脉冲宽度和最大不发火功率为基准,实质上与采用单脉冲内峰值功率、最大不发火功率进行评估的方法是等效的。

对于连续波,在一定条件下,最大不发火电流、最大不发火电压、最大不发火功率三种参量三者可以转化,分别对这三种参量提供了安全裕度计算方法,见式(4-8)~式(4-13)。

1. 瞬态或脉冲波电磁环境

对于周期脉冲波外部射频电磁环境(包含周期性的高功率微波),采用峰值功率来评估安全裕度,EID 的安全裕度采用下式计算:

$$M = 10\lg(P_{\mathrm{MNF}}/I^2R) \tag{4-6}$$

式中 M——安全裕度(dB);

P_{MNF}——EID 最大不发火功率(W);

I——EID 在要求电磁环境中脉冲期间的感应电流值(A);

R——EID 的电阻值(Ω)。

静电、近场雷击效应、雷电直接效应、电磁脉冲、高功率微波等属于单脉冲类瞬态电磁环境的,采用能量来评估安全裕度,EID 的安全裕度采用下式计算:

$$M = 10\lg\left(\tau P_{\mathrm{MNF}} \Big/ \int_0^{\tau} I^2R\mathrm{d}t\right) \tag{4-7}$$

式中 M——安全裕度(dB);

τ——脉冲波的脉宽(s);

P_{MNF}——EID 最大不发火功率(W);

I——EID 在要求电磁环境的脉冲期间的感应电流值(A);

R——EID 的电阻值(Ω)。

2. 连续波电磁环境

对于射频连续波电磁环境，根据 EID 最大不发火激励的物理量表达形式，安全裕度可采用电流、电压或功率三种参数计算得出，具体方法如下：

按下式以电流形式计算 EID 安全裕度：

$$M = 20\lg(I_{MNF}/I_c) \tag{4-8}$$

式中 M——EID 的安全裕度（dB）；

I_{MNF}——EID 的最大不发火电流（mA）；

I_c——要求电磁环境下 EID 感应电流值（mA）。

按下式以电压形式计算 EID 安全裕度：

$$M = 20\lg(V_{MNF}/V_c) \tag{4-9}$$

式中 M——EID 的安全裕度（dB）；

V_{MNF}——EID 的最大不发火电压（V）；

V_c——要求电磁环境下 EID 感应电压值（V）。

按下式以功率形式计算 EID 安全裕度：

$$M = 10\lg(P_{MNF}/P_c) \tag{4-10}$$

式中 M——EID 的安全裕度（dB）；

P_{MNF}——EID 的最大不发火功率（W）；

P_c——要求电磁环境下 EID 感应功率值（W）。

当满足外推条件时，按如下方法根据施加电磁环境电平下 EID 的响应求得要求电磁环境电平下 EID 的响应：

按下式以电流形式计算得出要求电磁环境电平下 EID 的响应：

$$I_c = E_c I_t / E_t \tag{4-11}$$

式中 I_c——要求电磁环境电平下 EID 感应电流值（mA）；

E_c——要求电磁环境电平（V/m）；

I_t——施加电磁环境电平下 EID 感应电流测量值（mA）；

E_t——施加的电磁环境电平（V/m）。

按下式以电压形式计算得出要求电磁环境电平下 EID 的响应：

$$V_c = E_c V_t / E_t \tag{4-12}$$

式中 V_c——要求电磁环境电平下 EID 感应电压值（V）；

V_t——施加电磁环境电平下 EID 感应电压测量值（V）。

按下式以功率形式计算得出要求电磁环境电平下 EID 的响应：

$$P_c = E_c^2 P_t / E_t^2 \tag{4-13}$$

式中 P_c——要求电磁环境电平下 EID 感应功率值（W）；

P_t——施加电磁环境电平下 EID 感应功率测量值（W）。

3. 不使用军械响应监测设备安全裕度试验

对于不使用军械响应监测设备的试验，或无法获得响应的电爆装置，或无法采用式

(4－6)～式(4－13)计算安全裕度的电爆装置,可在要求电磁环境电平上增加安全裕度值的基础上,对军械进行试验。

4.2.3 实施要点

1. 瞬态或脉冲波电磁环境

对于周期脉冲波外部射频电磁环境,按照式(4－6)计算电爆装置的安全裕度,为此需要获取 EID 在要求电磁环境中的感应电流值。周期脉冲波电磁环境下的感应电流可通过试验获取。施加要求的周期脉冲波电磁环境,按 GJB 7504—2012 规定的方法获得 EID 感应电流。“要求电磁环境”指军械在实际使用场合对应的任务剖面下必须面临的周期脉冲波射频电磁环境。“EID 在要求电磁环境中的感应电流值”指军械在特定任务剖面的相应周期脉冲波电磁环境下 EID 在脉冲宽度内的感应电流值,类似于峰值电流。研制总要求或合同要求中给出的射频电磁环境是军械在所有任务剖面中可能遭遇的最高电磁环境,发生在某一任务剖面中,并不是所有任务剖面中面临的射频电磁环境。

对于雷电、静电、电磁脉冲和高功率微波,“要求电磁环境”指军械遭受雷击和静电放电、受到的电磁脉冲和高功率微波打击时承受的电磁环境。

对于雷电,按 GJB 8848—2016 中 12.3 规定的方法或 13.5 规定的方法对系统施加要求电流,同时按 GJB 7504—2012 规定的方法监测电爆装置电流响应值,按式(4－7)计算得出安全裕度。

对于电磁脉冲,按 GJB 8848—2016 中 14.4～14.6 规定的方法对系统施加要求电磁脉冲波形,同时按 GJB 7504—2012 规定的方法监测电爆装置电流响应值,按式(4－7)计算得出安全裕度。

对于静电,按 GJB 8848—2016 中 17 章、18 章规定的方法对系统施加要求的静电电压,同时按 GJB 7504—2012 规定的方法监测电爆装置电流响应值,按式(4－7)计算得出安全裕度。

对于高功率微波,按 GJB 8848—2016 中 26.4 规定的方法对系统施加要求的高功率微波脉冲,或按 26.5、26.6 规定的方法进行试验,同时按 GJB 7504—2012 规定的方法监测电爆装置电流响应值,按式(4－7)计算得出安全裕度。

2. 连续波电磁环境

对于连续波电磁环境,根据 EID 最大不发火激励的物理量表达形式,采用电流、电压或功率三种参数,分别按照式(4－8)～式(4－10)计算电爆装置的安全裕度,为此需要获取 EID 在要求电磁环境中的感应电流、感应电压或吸收功率。连续波电磁环境下的感应电流可通过试验获取。施加要求的连续波电磁环境,按 GJB 7504—2012 规定的方法获得 EID 感应电流。和连续波外部射频电磁环境一样,“要求电磁环境”指军械在实际使用场合对应的任务剖面下必须面临的连续波射频电磁环境。EID 在要求电磁环境中的感应电流、感应电压或吸收功率,指军械在特定任务剖面的相应连续波电磁环境下 EID 感应的电流、电压或吸收的功率。研制总要求或合同要求中给出的射频电磁环境是军械在所有任务剖面中可能遭遇的最高电磁环境,发生在某一任务剖面中,并不是所有任务剖面中面临的射频电磁环境。

国内现有灼热桥丝式电起爆装置绝大部分采用 6J20 或 6J10 镍铬丝作为灼热桥丝,

其电阻温度系数在 10^{-5} 数量级范围，电发火过程中桥丝电阻值变化可以忽略，即灼热桥丝式电起爆装置在不同电磁环境下的感应电流（或电压）一般符合线性关系，因此，也可以利用低辐射场下测试的感应电流、电压值、吸收功率，进行外推获得高辐射场下的感应。具体试验方法按 GJB 7504—2012。计算方法按式（4－12）～式（4－14）。其中“施加电磁环境”电平指试验中利用试验仪器生成并施加到军械的电磁环境电平，通常小于“要求电磁环境”电平。

3. 不使用军械响应监测设备安全裕度试验

对于不使用军械响应监测设备的试验，或无法获得响应的电爆装置，或无法采用式（4－6）～式（4－13）计算安全裕度的电爆装置，可在要求电磁环境电平上增加安全裕度值的基础上，根据相应的电磁环境要素按照 4.2.2 节介绍的方法，对军械进行试验。

4.2.4 需要注意的问题

1. 关于最大不发火激励

由于趋肤效应的存在，灼热桥丝的射频电阻一般要大于其直流电阻，从灼热桥丝式电起爆装置的起爆机理分析，电起爆装置的射频最大不发火电流 I_{MNF} 一般要小于其直流最大不发火电流，而射频最大不发火电压 V_{MNF} 一般要高于其直流最大不发火电压，因此，不能用直流不发火激励电流、电压代替射频不发火激励电流、电压。

采用 GJB/Z 377A—1994 规定的升降法测试程序，能够准确测定受试电起爆装置的 50% 发火电流、50% 发火电压或 50% 发火能量，但确定发火参数分布的标准差就可能存在较大的误差，一般需要多组试验逐步逼近以降低测量误差。另外，受试灼热桥丝式电起爆装置的发火参数分布也不可能在很宽的概率范围内完全符合正态分布，单纯利用试验难以准确确定其最小（或最大不）发火电流、电压或能量。GJB 376—1987 规定，利用感度数据外推可靠度以 0.999 为限，因此利用升降法等测试程序也只能测定 0.1% 发火概率对应的发火电流、电压或能量，以此作为最大不发火电流、电压或能量存在一定的安全隐患。为可靠起见，在实际工程应用中，一般根据受试军械系统的重要性，可在上述测试结果的基础上再降低 1.2～2 倍。

2. 关于参数形式

试验中受试电起爆装置的感应电流、感应电压或吸收的电磁能量的准确测试主要受驻波分布的影响，感应电流的测试相对准确，但电流测试探头应尽量靠近受试电起爆装置的桥丝位置。在高频情况下，不仅电荷能够激发电场，变化的磁场同样能够激发电场，而磁场激发的电场是有旋的，电场不再是保守力场，一般不存在势能的概念，当然，电压的概念也失去了确切的意义，用电压探头测试的信号代表电压将对安全裕度评估带来难以控制的误差。为降低安全裕度测试评估误差，采用电压参量评估的适用频率上限不宜超过 1GHz。同理，采用能量参量评估时，应通过电流与电阻求解桥丝吸收的能量，R 为桥丝的射频电阻并非射频阻抗，不宜采用感应电流、感应电压的乘积积分进行能量求解。

3. 关于外推条件

当无法在所有要求频率范围内生成要求的电磁环境时，可在试验设备能产生的最大场强下测量电爆装置的响应，然后将试验数据进行外推以确定最大允许环境电平。为使外推有效，应同时满足以下要求：

测试设备应足够灵敏,保证其最低可测量值在乘以要求的电场强度与实际施加的电场强度之比后,仍小于电爆装置最大不发火激励减去规定安全裕度后的值;

必须能证明军械中电爆装置电路的电磁响应特性在施加的电磁环境电平与要外推的电磁环境电平之间是线性的。

4. 关于温升校准方法

灼热桥丝式电起爆装置能否发火取决于桥丝温度,利用测量桥丝温度的方法试验评估电起爆装置的电磁辐射安全裕度具有频率适用范围宽、准确度高等优点。但是,目前还不具备对电起爆装置进行无损测试桥丝温度的设备,一般需要把电起爆装置的发火药剂溶掉,将光纤测温探头与起爆装置的桥丝紧密接触进行测温,这样做将导致测温系统(桥丝、温度传感器)热容大幅度提高,而桥丝的散热条件改善,加之温度传感器的响应时间有限,温升测试结果要远低于实际温升水平,应探索温升校准方法,对温升测量结果进行校正。

4.2.5 结果评估

根据上述试验方法的描述,军械安全裕度试验有使用军械响应监测设备和不使用军械响应监测设备两种情况,其结果评定方法如下:

1. 使用军械响应监测设备的安全裕度结果判定

判定方法如下:

(1)当要求的电磁环境电平下电爆装置安全裕度不小于要求的安全裕度,认为电爆装置满足安全裕度的要求,否则认为不满足安全裕度要求。

(2)通过计算电爆装置在每个频段中所有频率的安全裕度,可确定电爆装置在该频段是否满足安全裕度的要求。对含有多个电爆装置的军械,每个频段中所有电爆装置都满足各自安全裕度的要求才可认为军械在该频段满足 HERO 要求;对含有多个电爆装置的军械,军械在该频段中安全裕度值取各电爆装置安全裕度值的最小者。

2. 不使用军械响应监测设备的安全裕度结果判定

对于不使用军械响应监测设备进行试验,试验结束后未检测到受试军械电爆装置引爆、哑火或性能降低,判断为军械满足 HERO 要求。

第 5 章　系统电磁兼容性试验

本章内容对应 GJB 8848—2016 中方法 201 “舰船电磁兼容性试验方法”、方法 202 “飞机电磁兼容性试验方法”、方法 203 “空间系统电磁兼容性试验方法”、方法 204 “地面系统电磁兼容性试验方法”。以舰船、飞机、空间和地面等大型复杂系统为对象，结合工程实际，介绍了系统或平台电磁兼容性试验项目，详细阐述了系统或平台电磁兼容性试验方法的适用范围、基本原理、实施要点及测试结果评估等。

本章介绍的试验方法用来验证系统内电磁兼容性要求，通过试验验证系统自身是电磁兼容的。该要求对各武器平台均适用。提出的项目和方法是针对完整系统或平台而进行的测试和检查。实践证明，尽管组成系统的各设备和分系统都满足设备级电磁兼容性要求，但并不能保证它们组成系统后能完全兼容，因此有必要对整个系统进行 EMC 试验。同时，系统电磁兼容性试验是使系统运行在预期工作方式下检验兼容性，能弥补设备及分系统试验时无法模拟的试验条件及工作状态，也能充分检验设备及分系统工作在实际系统内电磁环境条件下的兼容性。

由于各武器系统或平台自身特点，系统内电磁兼容性试验项目和方法差别较大。根据各武器平台工程实践，系统内电磁兼容性试验方法按照平台划分，名称上采用具体武器系统或平台，结合要求标准将其分为舰船、飞机、空间系统和地面系统 4 类。

5.1　舰船电磁兼容性试验

本节介绍了舰船电磁兼容性试验的目的和适用范围、标准中规定的试验项目及其选择，重点针对舰船电磁兼容性特点，详细阐述了舰船接地搭接性能、电源线瞬变、电磁环境、金属体感应电压、天线间兼容性、互调干扰、相互干扰等试验方法的基本要求、实施要点以及试验中需要重点关注的问题和注意事项。

5.1.1　适用范围

本部分对应 GJB 8848—2016 中方法 201 “舰船电磁兼容性试验方法”。该方法适用于舰船电磁兼容性验证试验，所指舰船包括各类战斗水面舰船、潜艇，也包括参加战斗编队的各类辅助船舶等。

目的是验证舰船自身的电磁兼容性是否满足舰船总体性能要求，主要是针对舰船平台系统安装集成后的电磁兼容性。测试方法适用于舰船论证、设计、建造、交付等各阶段的科研及验证试验，也包括正常的服役使用及维修保障过程中的电磁兼容问题排查、干扰分析、解决措施制订等。例如，当发生电磁干扰时，可通过本章所提到的天线隔离度、天线输入端电压等试验方法，确认电磁兼容性能下降来自干扰源、耦合途径、被干扰设备等电磁干扰三要素中哪一部分，以针对性地制定和采取电磁干扰控制措施。

5.1.2 试验项目

GJB 8848—2016 中给出了验证舰船系统电磁兼容性的试验项目及其方法，包括搭接和接地性能、电源线瞬变、电磁环境、金属体感应电压、天线间兼容性、互调干扰和相互干扰。具体试验项目类别及方法如表 5 - 1 所列。除 GJB 1389A—2005 中直接规定了要求的电源线瞬变、内部电磁环境及船壳引起的互调干扰等项目的方法外，还给出了搭接接地、金属体感应电压、露天区电磁环境、天线兼容性和相互干扰试验等项目及方法，供订购方选择。这些试验项目分别用于验证完工舰船的施工工艺、电磁干扰控制及电磁环境控制是否达到预定的要求。

表 5 - 1　舰船电磁兼容性试验项目及方法

序号	项目类别	试验方法
1	搭接和接地性能	搭接和接地电阻试验方法
2	电源线瞬变	电源线瞬变试验方法
3	电磁环境	试验区电磁环境试验方法
		磁场试验方法
		舰船内部电磁环境试验方法
		露天区电磁环境试验方法
4	金属体感应电压	金属体感应电压试验方法
5	天线间兼容性	天线间隔离度试验方法
		接收机输入端耦合信号试验方法
		发发和收发频率最小间隔试验方法
6	互调干扰	船壳引起的互调干扰试验方法
7	相互干扰	相互干扰试验方法

应按舰船装备研制总要求或合同中规定的舰船电磁兼容性要求，确定试验内容和具体试验项目。首制舰船及转厂生产首制舰船试验项目应包括搭接和接地性能、电源线瞬变、电磁环境、金属体感应电压、天线间兼容性、互调干扰和相互干扰试验；重大改装舰船的试验项目应按改装项目所涉及的频率范围和安装位置对原舰船所产生的影响来定；修理后舰船的试验项目应根据修理内容涉及的范围来选择。具体试验项目的适用性如表 5 - 2 所列。

表 5 - 2　舰船电磁兼容性试验项目的适用性

试验项目	新研舰船		加改装和修理舰船	
	首制舰	批生产后续舰	首制改装舰	后续改装舰
搭接和接地性能	√	√	√	√
电源线瞬变	√	/	√	/
试验区电磁环境	√	√	√	√
磁场	√	/	√	/
舰船内部电磁环境	√	√	√	√

（续）

试验项目	新研舰船		加改装和修理舰船	
	首制舰	批生产后续舰	首制改装舰	后续改装舰
露天区电磁环境	√	√	√	√
金属体感应电压	√	/	√	/
接收机信号输入端感应电压	√	/	√	/
天线间隔离度	√	/	√	/
发发和收发频率最小间隔	√	/	√	/
船壳引起的互调干扰	√	√	√	/
相互干扰	√	√	√	√
注："√"表示应选用，"/"表示不须选择				

1. 搭接和接地电阻

开展舰船电磁兼容性试验，首先开展舰船电磁兼容性安装质量检查、测试，按照总体电磁兼容技术要求和设计文件，检查和测试接地系统的配置及安装情况；检查和测试活动金属构件的连接、接地情况；跨接线、跨接片的完整状况；金属腐蚀状况。是否符合电磁兼容标准规范及设计施工文件要求。完成搭接和接地电阻安装质量测试，以确定舰船所有结构的连接、接地满足设计要求的前提下进行。测量舰船搭接电阻和设备、金属构件、电缆屏蔽层、屏蔽舱室、滤波器的接地电阻。

2. 电源线瞬变

舰船电源分电箱处的尖峰传导发射电压应不大于规定要求。测量与共用电网相连接的电源分电箱处和电网总配电箱处的交直流电源线上尖峰传导发射电压。

3. 试验区电磁环境

进行舰船总体电磁兼容性试验时，试验区环境必须满足一定的要求，试验的电磁环境条件，除进行互调干扰测试，其他试验的电磁环境电平应低于极限值6dB。在实船测试中发现，互调干扰试验的环境电平一般难以达到，其处理的方法是尽可能选择电磁环境相对较低的条件进行试验，若检测出有干扰，应仔细判别是否由于环境造成干扰的可能性，不至于因此环境的限制而使整个试验无法进行。在舰船露天甲板监测10kHz～18GHz频率范围内试验区电磁环境电平，验证舰船系泊或航行状态下背景电磁环境是否影响试验结果。

4. 磁场

舰船上消磁系统、大功率电源、用电设备及电网工作时会产生磁场发射，本项目测量由舰船消磁系统、大功率电源、用电设备及电网产生的磁场。

5. 舰船内部电磁环境

舰（船）载发射机的有意发射在甲板下产生的电场（峰值）不应超过规定电平，符合性应通过测量当所有正常工况工作天线（甲板上和甲板下）辐射时，在甲板下产生的电场来验证。采用接收机进行测量，测量舰载发射机的有意发射在甲板下产生的电场。

6. 露天区电磁环境

舰船上，尤其是露天区，发射机的工作产生电磁辐射可能会对人员、武备、燃油和敏感设备造成危害,露天区电磁环境测量是舰船电磁兼容性试验的重点。考虑到各自的特点,分别提出相应的试验配置和试验位置。各方法中对发射源的工作要求基本一致,但测量的配置和部位是不相同的,具体要求也不一样。对人员的危害,重点是人体的头、胸和下腹三个部位:对武备的危害,按导弹架与波长的关系选择测量位置。测量 10kHz ~ 45GHz 频率范围内露天区军械安装区、燃油作业区及敏感设备安装部位可能遭受电磁辐射危害场所的场强。

7. 金属体感应电压

测试大功率发射机发射时在其天线附近的金属体上感应的电压。以免人体触及时,发生意外的电击,影响正常操作或危及人员生命。因测试时大功率发射机处于发射状态,且测试点就在天线附近,所以测试时应注意人员的电磁辐射防护,必要时可穿屏蔽防护服。测量本舰大功率发射机发射时金属体对地感应电压。

8. 天线间隔离度

测量舰船发射和接收等天线间隔离度。

9. 接收机输入端耦合信号

测量工作频率在 10kHz ~ 18GHz 范围内接收机信号输入端由本舰辐射信号在 50 Ω 负载上产生的耦合信号电平。

10. 发发和收发频率最小间隔

测量本舰电台系统可同时工作的最小频率间隔,分为发发最小频率间隔和收发最小频率间隔,用以验证设计时的最近频率间隔指标。被测电台以在试验时能完成功能性任务为判据,允许部分性能降低。当改变施加频率向被测电台工作频率靠拢时,要注意被测电台的工作状态变化,并且最小频率间隔不小于设计时的间隔指标。测试本舰发信机和发信机之间、发信机和收信机之间可同时工作的最小频率间隔。

11. 船壳引起的互调干扰

对于水面舰船,当用舰上接通天线的接收机探测同船安装的高频发射机的互调干扰时,通过测量天线上接收到的电平并评估这些电平对降低接收机性能的可能性。测试舰船安装的高频发射机产生的互调产物是否对同船安装的接收机造成干扰。

12. 相互干扰

相互干扰试验的目的是确定船用电子和电气设备及系统在预定的电磁环境下工作时,不至于由于电磁辐射而造成设计性能和安全受到影响或降低。在给定的环境下,能够正常工作,但是,设备安装在船上与其他设备、系统同时工作时,它们的互相影响可造成性能的降低。电磁干扰是电磁能量的辐射、耦合、传导或感应对电子、电气设备和系统造成不希望结果的综合现象。所以通过综合干扰试验,检查全船电子和电气设备、系统的相互干扰情况,验证全船的综合干扰效应是非常关键的。测试舰船上电子和电气设备及系统在预定的电磁环境下工作时的电磁干扰情况。

5.1.3 搭接和接地性能

1. 一般要求

舰船上安装的设备、电缆和金属构件等应通过不同的搭接方式提供对地间的低阻抗来减小电磁干扰和电磁辐射危害。接地和搭接的要求对于人身安全、设备和设施的保护,以及电磁噪声的降低都有十分密切的关系,是基本的电磁干扰及电磁辐射安全性控制措施。经验表明,舰船上出现过的电磁干扰现象,有一大部分与搭接(含电缆屏蔽层搭接)接地工艺不到位或使用过程中的失效有关。

良好的电搭接与接地是舰船系统实现电磁兼容的基础,也是系统电磁兼容成功的关键因素。搭接是指在两金属物之间建立一个供电流流动的低阻抗通路,搭接方法是通过机械或化学方法把金属物体间进行结构固定。对于舰船而言,接地指将设备外壳或信号地端子通过搭接直接或间接连接到参考接地面上。对于金属舰船系统而言,舰船金属船体和与船体焊接在一起的金属结构均可认定为参考接地面。而对于非金属舰船,通常会配置一块足够大的金属铜板作为参考接地平面,金属板通过铜带接入海水。

开展舰船系统内电磁兼容工作其第一步一般要确认系统的搭接与接地性能是否良好。电搭接是在金属表面之间获得良好的电接触。而对于舰船系统由于使用环境变化较大,特别是在海上使用时,金属部分容易被锈蚀而采用了各种腐蚀控制措施,这些措施的采用不当会影响电连续性,所以在设计中必需兼顾电搭接性能与防腐蚀性能,并进行测试检查。

开展舰船电磁兼容性试验,首先开展舰船电磁兼容性安装质量检查、测试,按照总体电磁兼容设计文件和技术要求,检查和测试接地系统的配置及安装情况;检查和测试活动金属构件的连接、接地情况;跨接线、跨接片的完整状况;金属腐蚀状况。是否符合电磁兼容标准规范及设计施工文件要求。完成搭接和接地电阻安装质量测试,以确定舰船所有结构的连接、接地满足设计要求的前提下进行。

2. 实施要点

按照舰船总体电磁兼容技术要求和设计文件,检查舰船接地系统配置和天线布置、设备布局、电缆敷设、金属构件的安装等是否符合电磁兼容标准规范及设计施工文件要求。

1)测试前的检查

检查内容包括:

(1)接地系统配置及安装情况检查。

(2)天线布置及安装情况检查。

(3)舱室内及甲板面设备布置及安装情况检查。

(4)电缆敷设规范性及屏蔽措施采用检查。

(5)搭接接地措施实施及保护情况检查。

2)对每个待测接地与搭接点进行检查

(1)检查接地系统的配置及安装情况。

(2)检查设备、天线的安装情况。

(3)检查活动金属构件的连接、接地、绝缘情况;跨接线、跨接片的完整状况。

(4)金属腐蚀状况。

(5)检查电缆金属护套和电缆穿管的安装情况、电缆接地点的选择、电缆穿舱处理状况、电缆布置分类情况和布置间隔情况。

(6)检查电网中配置的电源滤波器的安装情况。

3)具体测试位置

对于搭接,在被搭接的两金属表面上、搭接点附近进行测量。

对于设备信号地，一端在设备信号地上，另一端在被连接的分支接地缆上进行测量，且两点应在连接点附近。

对于分支接地缆，一端在主接地缆上，另一端在分支接地缆上进行测量，且两点应在连接点附近。

对于主接地缆，一端在主接地缆上，另一端在船体或接地板上进行测量，且两点应在船体接地点附近。

对于设备机壳安全地，若设备信号地与机壳安全地公用，则在连接点附近，一端在接地桩（柱）或跨接片附近的壳体上，另一端在分支接地缆上进行测量；若设备信号地与机壳安全地绝缘，则在连接点附近，一端在接地桩（柱）跨接片附近的壳体上，另一端在连接点上进行测量。

对于非金属舰船的发射机主接地缆，在连接点附近，一端在发射机主接地缆上，另一端在接地板或贯穿螺栓上进行测量；对于非金属舰船的发射机机壳接地缆，在连接点附近，一端在发射机主接地缆上，另一端在发射机柜或壳体上进行测量。

对于非金属舰船的天线调谐器接地缆，在连接点附近，一端在天线调谐器接地缆上，另一端在接地板（或被连接的发射机接地缆，或屏蔽舱室）上进行测量。

对于非金属舰船的雷电防护接地，在连接点附近，一端在接地缆上，另一端在接地板或贯穿螺栓上进行测量。

对于金属构件，如活动金属件、金属管道、波导、金属索具、电缆槽及其盖板等，在金属构件和连接点之间进行测量。

对于一般屏蔽电缆，在接头附近，一端在电缆的屏蔽层上，另一端在接地处上进行测量。

对于敷设在桅杆电缆槽中的屏蔽电缆，在电缆的屏蔽层接地器与桅杆之间进行测量。

对于敷设在金属管内的屏蔽电缆，若电缆屏蔽层外露，在屏蔽层和金属管之间进行测量。

对于屏蔽舱室内，在屏蔽门、屏蔽舱壁、屏蔽窗中的任意两者的表面上任选两点进行测量。

对于进入屏蔽舱室的电缆、金属管道、波导管，在电缆屏蔽层、金属管道、波导管（法兰）和屏蔽舱室之间进行测量。对于屏蔽舱室，在屏蔽舱室的接地处，一端在屏蔽舱室上，另一端在接地的连接点（船体或主接地缆、接地贯穿螺栓）上进行测量。

对于多壳体信号地，一端在各设备信号地上，另一端在连接点附近、被连接的分支接地缆上进行测量。

对于主接地缆和接地系统的最远点与船体的接地电阻的测量，一端在船体接地点上，另一端在主接地缆和接地系统的最远点上进行测量。根据实际需要，可分段测量。

典型的测试接地点如图 5 - 1 ~ 图 5 - 4 所示。

4）测量步骤

采用微欧表或相关接地测量设备，在被试系统上选取接地、搭接点进行接地及搭接电阻测量。用数字式微欧表的探头分别跨接到设备壳体和对应的接地点上，调节选用不同的量程，读取测量值开展测试，典型的接地电阻测试配置如图 5 - 5 所示，具体测量步骤如下：

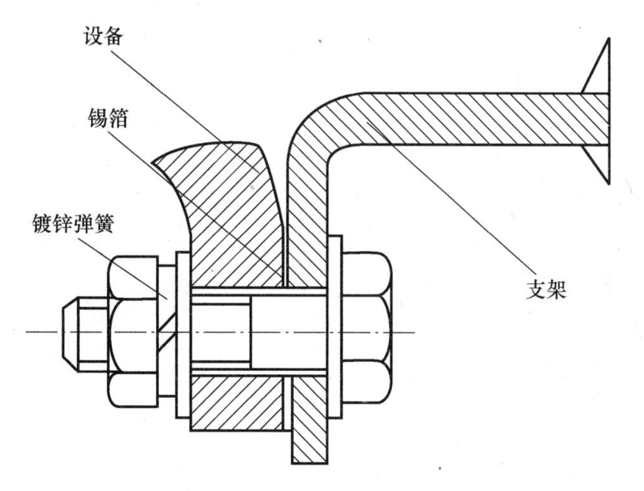

图 5－1　直接固定在支架上的设备的接地

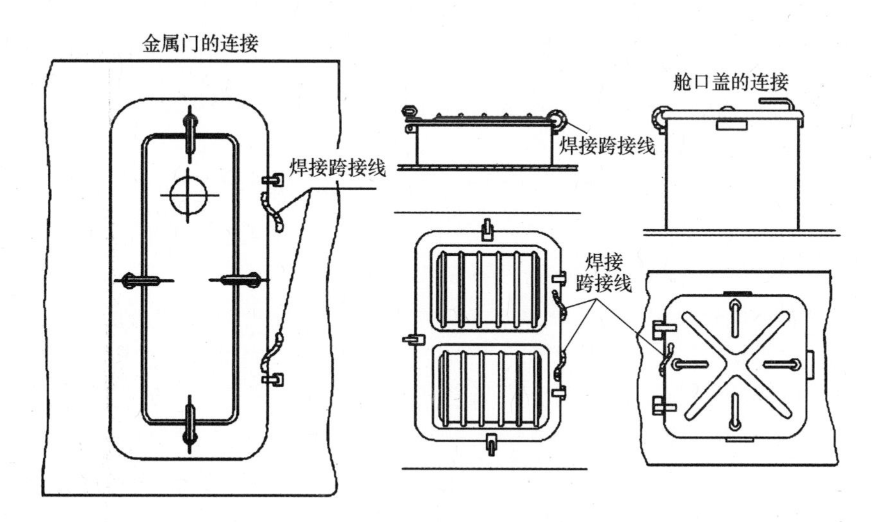

图 5－2　金属门、窗、盖的接地

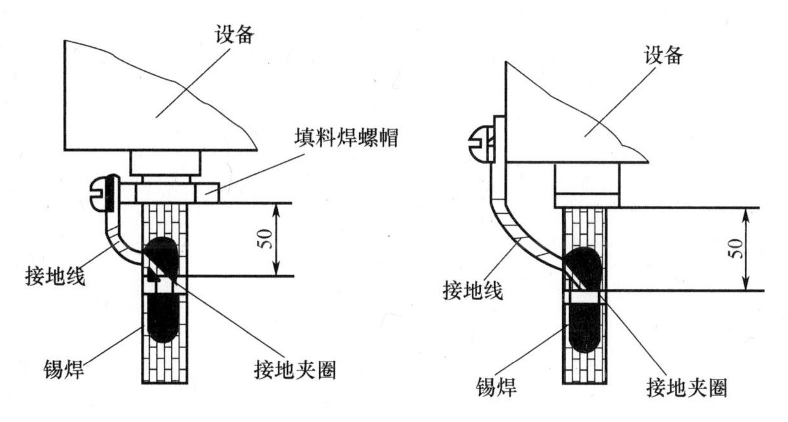

图 5－3　电缆屏蔽套的接地

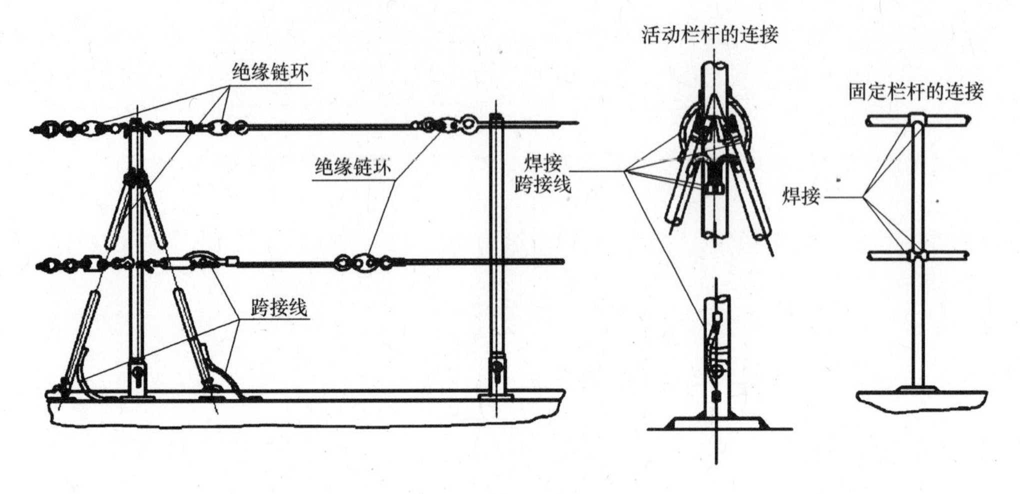

图 5-4　栏杆索具的接地

（1）选择要测量的部位。

（2）测量仪器通电预热，使其达到稳定的工作状态，按要求对仪器校准。

（3）将被测件的测点周围的污物及氧化层处理干净，直到露出金属光泽，使用微欧计测量连接点的直流电阻，读取稳定值。

GJB 8848—2016 中方法 21 所规定的搭接电阻测量方法适用于舰船搭接和接地电阻测量。但对于接地电阻测量而言，测试点的选择与搭接电阻有所不同，应选择在要求接地的对象与参考地平面之间，如图 5-5 所示。

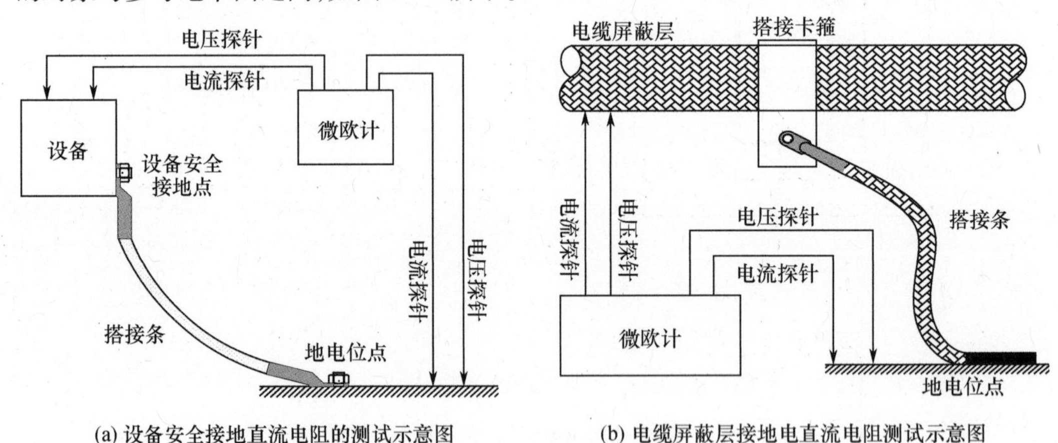

图 5-5　典型接地电阻测试配置

3. 注意事项

（1）由于水会影响接触点电阻，因此不宜在雨、雪、雾等天气进行测量，测量要求在无凝露、无霜、无冰雨状态下进行。

（2）舰船上需要进行测试的部位附近所有临时设施、无关的金属物品、管线材料等物品应清除干净。

（3）测量点的处理非常重要。测试前应彻底清理测试点上的油、水和油漆、锈迹；必要时打磨测试点直至露出光亮的金属底色。测试时，应施加足够的压力以进一步降低接触阻。

（4）微欧计电流和电压导线上传送的均为直流小信号，受到电磁干扰，因此测试时应严格控制本舰及邻近大功率发射机的发射。被测部位附近吊车、焊接机等强干扰源也应停止工作。测试时如发现读数跳变不稳定，或手触导线时读数有显著变化的情况，表明附近有强电磁干扰源工作，应停止测试进行排查。

（5）开展搭接和接地性能测量，应注意在被试系统上位置的选取，因为需要接地的设施、设备等类型和数量很多，一般在实际测量时，同类型的接地、搭接点选取典型的点进行接地及搭接电阻测量。

（6）应根据待测搭接电阻值的大小选用不同的电流及量程，同时确保测试探头与测试点的稳定良好连接，读取测量值并记录。

5.1.4 电源线瞬变

1. 一般要求

舰船的电源系统由发电系统、电网和配电设备构成。在开关通断瞬间或者负载切换状态下，会出现电源线瞬变现象。接在舰船电网上运行的大功率负载设备、大功率负载状切换及辅助电源设备的操作都会在电网上引起强瞬变信号干扰。电源线瞬变现象会引起连接在电网上的用电系统受到影响，需要控制瞬态发射，电磁干扰由开关操作产生，例如设备开关和断路开关。产生瞬变的振幅高达几百伏，上升时间很短，仅为几纳秒，周期为几微秒。需要在试验验证阶段对电源线瞬变电压进行测试与控制，保证连接在系统电网中的设备能够在现有瞬变电压干扰的情况下正常工作。

舰船电源分电箱处的尖峰传导发射电压应不大于 GJB 1389A—2005 中 5.2.4 c）规定。为保护有传导敏感度要求的电气、电子设备及分系统能正常工作，分电箱处测得的尖峰信号传导发射值应不大于 1.75 倍电源电压（有效值），且最高不超过 300V。

2. 实施要点

对于该项测试项目，应该采集舰船系统中各种工况工作过程中产生的电源瞬态信号。一般验收试验选择的测量位置为敏感或任务关键设备供电的分配电盘。对要求测量的电源线，船上共用电网的设备通电，所测分电箱的分系统或设备通电。依次通断容易引起电网瞬变的设备，通常为大功率用电设备，包括主电网并车、供电切换及负载切换等。记录每次通断时的电网尖峰信号传导发射时域波形。

在测试前，需要将系统工作中所有典型的开关瞬间工况进行明确，以便在测试中按照顺序进行试验。

1）测量仪器

（1）记忆示波器（带宽大于 100MHz）或瞬态记录仪。

（2）高通滤波器（低端截止频率 10kHz）。

（3）数据记录仪。

2）测量布置

测量布置如图 5－6 所示。

3）测试步骤

（1）测量所用记忆示波器带宽大于 100MHz，高通滤波器的低端截止频率应低于 10kHz。50kHz～50MHz 频率范围内插损平坦度不大于 3dB。

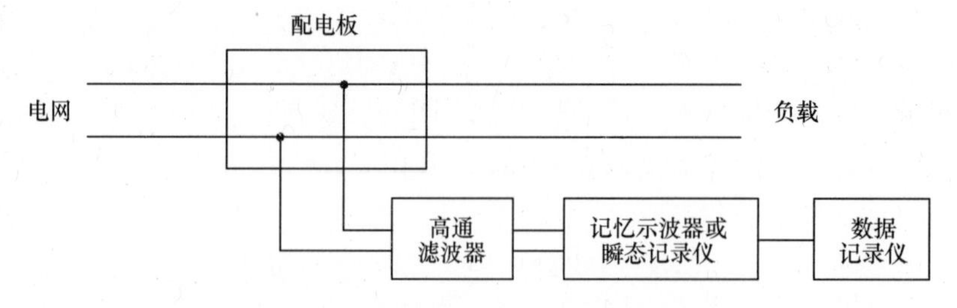

图 5-6 电网尖峰信号传导发射测量布置

(2) SUT 在典型工作状态下通断各种开关(包括状态切换开关和电源开关),每种操作至少重复 5 次,读取 SUT 在开关操作过程中产生的尖峰信号幅度最大值。

(3) 当可能同步时,SUT 开关的切换应设在电源电压峰值和零值处。

(4) 对要求测量的电源线,按图 5-6 布置连接后,船上共用电网的设备通电,所测分电箱的分系统或设备通电。

(5) 依次通断容易引起电网瞬变的设备,记录每次通断时的电网尖峰信号传导发射时域波形。

3. 注意事项

(1) 测量仪器接在电网上,而且示波器电源浮地,应特别注意人员安全电源影响采样的瞬变信号波形。

(2) 船用电网严格禁止中线接地。由于示波器必须从船上取电,示波器最好通过隔离变压器与船用电网连接。普通电压探头低电位端与示波器外壳是导通的,因此示波器应保持浮地以避免地通路带来的干扰。

(3) 采用高通滤波器,隔离电源频率。滤波器外壳最好非金属的以避免意外接地造成的短路。

5.1.5 电磁环境

1. 试验区的电磁环境

1) 一般要求

本测试掌握舰船系泊或航行状态下背景电磁环境,进行舰船总体电磁兼容性试验时,试验区环境必须满足一定的要求。舰船电磁兼容性要求标准中提出了试验的电磁环境条件,除进行互调干扰测试,其他试验的电磁环境电平应低于极限值 6dB。

2) 实施要点

在舰船露天甲板监测 10kHz ~ 18GHz 频率范围内试验区电磁环境电平,验证舰船系泊或航行状态下背景电磁环境是否影响试验结果。

(1) 测量仪器。测量仪器如下:

① 测量接收机(电磁干扰测量仪或频谱分析仪)。

② 数据记录仪。

③ 天线。

(a) 10kHz ~ 30MHz,具有阻抗匹配网络的 1040mm 的拉杆天线;当阻抗匹配网络包括前置放大器(有源拉杆天线)时,要特别注意过载保护;需要时使用正方形地网。

(b) 30 ~ 200MHz,双锥天线;也可采用其他合适的天线。

(c) 200MHz ~ 1GHz,双峰波导天线或对数周期天线;也可采用其他合适的天线。

(2) 测量位置。测试位置宜选择在甲板空阔的位置处。

(3) 测量布置。在四周无遮盖物的露天甲板上进行测量。测量仪器与人员应尽量远离测量用天线,以避免仪器和人员影响测量点的场分布。

(4) 测量步骤。

① 测量时间为上午、下午、晚上各一次,测试时间一般为上午 9:00 时、下午 14:00 时、晚上 19:00 时各一次。

② 测量仪器通电预热,使其达到稳定的工作状态;按仪器使用说明书操作仪器。

③ 按规定的带宽和测量时间要求,使测量接收机在整个适用的频率范围内扫描。

3) 注意事项

(1) 测试期间舰船上的电子设备和无关的电气设备都应关机,配合舰船电磁兼容性试验的并且在试验期间必须工作的辅助电气设备如发电机组等通电工作,其电磁辐射发射应计入环境电平。

(2) 在实船测试中发现,互调干扰试验的环境电平一般难以达到,其处理的方法是尽可能选择电磁环境相对较低的条件进行试验,若检测出有干扰,应仔细判别是否由于环境造成干扰的可能性,不因此环境的限制而使整个试验无法进行。

(3) 若超标,应识别并记录环境中存在的电磁干扰背景信号,并评估其对试验结果的影响。应在电磁环境电平处于最低点的时间和条件下进行,试验期间,应监测试验场区的电磁环境,并在试验报告中记录电磁环境电平。

2. 磁场

1) 一般要求

舰船上消磁系统、大功率电源、用电设备及电网工作时会产生磁场发射,要求安装有阴极射线管设备及其他有磁场敏感度要求的设备,其安装位置的磁通密度应不大于规定值。适用于 DC ~ 400Hz 频率范围的磁场测量。其基本原理是采用磁场测量仪测量有磁场敏感度要求安装处的磁场。

2) 实施要点

本方法规定了有磁场敏感度要求的安装处磁场的测量方法。

(1) 测量仪器。所使用的测量仪器为磁场测量仪,磁场测量仪:

① 分辨率优于 10μT。

② 测量范围大于 2mT。

(2) 测量布置。将磁场测量仪的探头置于被测设备外壳 5cm 处。

(3) 测量步骤。

① 测量仪器通电预热,使其达到稳定的工作状态;在每一位置测量时均应对仪器校零。

② 当电子、电气设备正常工作时,将磁场测量仪探头放置于距被测设备外壳 5cm 处,以搜索方式进行探测,直至找到最大值为止。记录磁感应强度值。

要求将磁场测量仪的探头置于被测设备外壳 5cm 处,在测量过程中,应以搜索方式进行探测,直至找到最大值为止。为避免磁场敏感设备本身磁场发射对测量结果的影响,被测设备应不开机。

3）注意事项

（1）当出现多个方向均有较大场指示时，应以距离被测对象外壳 5 cm 处平面范围内测量最大值为记录结果。

（2）测量时，在测量位置附近，应先在水平面内绕垂直轴线转动探头，寻找表头指示最大时探头的位置；然后在水平面内绕自身轴线转动探头，再寻找表头指示最大时探头的位置，直至找到最大值为止。读取并记录磁感应强度值。

（3）若超标，需采用控制发射源发射、调整布局、局部进行防护加固等更改措施，对试验中的不合格部位进行整改，并结合实际使用，判断是非能够正常兼容工作。

3. 舰船内部电磁环境

1）一般要求

舰船上大功率辐射源发射时，会在舰船舱室内产生较高场强的电场环境，会对安装在舱室内的有敏感度要求的电子电气设备产生影响。因此，舰（船）载发射机的有意发射在甲板下产生的电场（峰值）不应超过规定电平，符合性应通过测量当所有正常工况工作天线（甲板上和甲板下）辐射时，在甲板下产生的电场来验证。

2）实施要点

采用的方法是接收天线加测量接收机进行测量。在实船测量时，舱室空间有限，天线尺寸较大，影响测量结果，为达到统一，本标准专门规定了天线架设的高度（按有关标准要求舱室的净高度不得低于 1.9m 来考虑的）。

（1）测量仪器。测量仪器如下：

① 测量接收机（电磁干扰测量仪或频谱分析仪）。

② 数据记录仪。

③ 接收天线。

（2）测量布置。拉杆天线架设高度为地网距地板 60cm，双锥天线加设高度为天线顶部到顶部中心距地板 100cm，双峰波导天线或对数周期天线架设高度为天线中心线距地板 100cm。

测量仪器与人员应尽量远离测量用天线，以避免仪器和人员影响测量点的场分布。

（3）测量步骤。

① 选择安装有敏感度要求的设备舱室及其测量位置。一般情况下，对于舱室内无物体遮挡的最大水平尺寸小于 3m，选取一个测量位置；最大尺寸大于 3m，每隔 3m 选取一个测量位置。对于 30MHz 以上的频率，天线应取水平极化和垂直极化两个方向。

② 以发射源工作的频率范围内，至少应在超短波、短波和中波所包括的范围内各选取高、中、低频及常用频率各一个作为试验频率，同时还应选取干扰或危害较大的特殊频率，如接收设备的中频、视频等，在这些频率上工作的发射源必须以设计最大功率或额定功率发射。

③ 在需要时，微波辐射源对舱室电场的影响也应加以测量，在这种情况下，测量的频率范围上限应从 1GHz 扩展到 18GHz 乃至 40GHz。

④ 测量系统在调谐到当前发射机工作频后，应调整测量带宽以使信号幅值最大。

⑤ 记录发射机工作状态、发射天线编号、测得的舱室内电磁环境电平、所用测量带宽

及对应的测试部位。

3）注意事项

（1）特殊情况下，由于舱室高度限制，拉杆天线可以降低到一半高度开展测试，并以此高度校准的天线系数，计算场强值。

（2）选择测量位置。一般情况下，对于长、宽均不大于 3m 的舱室，选取一个测量位置；对于长或宽大于 3m 的舱室，每隔 3m 选取一个测量位置。

（3）测试时，优先选用天线测试法，在条件不具备时可以用场探头法测试，但在需要鉴别水平、垂直极化场时必须用天线测试法。当使用无方向性电场探头测试，应同时记录发射机的频率和对应场强值。

（4）若超标，需采用控制发射源发射、调整布局、对敏感设备进行防护加固等更改措施，对试验中的不合格部位进行整改，并结合实际使用，判断是非能够正常兼容工作。

4. 露天区电磁环境

1）一般要求

舰船上，尤其是露天甲板区，发射机的工作产生电磁辐射可能会对人员、武备、燃油和敏感设备的造成危害，露天区电磁环境测量是舰船电磁兼容性试验的重点。本标准中考虑到电磁辐射对人员、军械、燃油危害各自的特点，分别提出相应的试验配置和试验位置。各方法中采用的仪表是统一的，对发射源的工作要求也基本一致，但测量的配置和部位是不相同的，具体要求也不一样。

用场强测试设备对选定的位置进行测试，更换测试位置并重复上述过程直至完成所有测试位置的测试。测试位置选择 SUT 中产生的最强场强的部位，测试频率点一般应包括场源工作频率范围的高、中、低三点以及其他关键的频率点。

2）实施要点

测量 10kHz ~ 45GHz 频率范围内露天区人员活动区、军械安装区、燃油作业区及敏感设备安装部位可能遭受电磁辐射危害场所的场强。

在系统总图上设置被测射频场源天线及包括每个场源的全部测试点。在测量潜在危害电磁场之前，应分析被试区域的各种场源的性质及布置情况。

（1）场源特性。

① 场源类型及发射功率。

② 工作频率或频段。

③ 脉冲宽度、脉冲重复频率等。

④ 调制特性。

⑤ 扫描方式及速率。

⑥ 极化方式。

⑦ 谐波频率、寄生频率。

（2）测试部位。

① 露天区人员活动区。露天区人员活动区主要包括上层建筑及甲板人员作业区、人员过道等人员活动区、指挥塔台、驾驶室等指挥部位。人员电磁辐射危害场测量点选择应按照以下原则：

（a）在辐射源附近人员活动区域的水平面内一般应间距 1m 布点，此外应在人员战位布点。

(b) 对于大功率微波源工作相关舱室应进行微波漏能测试。

(c) 在垂直方向上应使用传感器在0.5~2m高度进行移动测量并取最大值。尤其应重点测量标准身高相对的头(眼)、胸、下腹部位所对应的高度;对于立姿人员,离站立点高度为1.6m、1.3m、1.0m;对于坐姿人员,高度为1.2m、1.0m、0.8m。

(d) 应在大功率电缆或高磁性设备等部位进行磁场测试。

② 露天区军械安装区。军械安装区:舰空导弹发射架、无源干扰弹发射装置、鱼雷防御武器发射装置、近程反导舰炮综合体等。试验点选取如下:

(a) 当$L<1/8\lambda$时,传感器置于被测军械体中部的上、下、左、右进行测量。

(b) 当$1/8\lambda \leqslant L \leqslant 1/4\lambda$时,传感器置于被测军械体首、尾部的上、下、左、右、前(后)进行测量。

(c) 当$L>1/4\lambda$时,传感器至少置于被测军械体首、中、尾部的上、下、左、右、前(后)进行测量。

(d) 传感器应置于距测量部位的金属体30cm处。

注:λ为发射信号波长;L为被测军械最大几何尺寸。

③ 燃油作业区。燃油作业区测试位置包括燃料舱通气口、加油站、注油口等部位。

(a) 应在燃油舱及燃油容器等的进出油口及通风口、孔等处布点测量。

(b) 采用场强探头对选定的位置进行测试,在发射源正常发射时开展测量,每个测量点观察时间大于3s以读取最大的辐射量值。

(c) 更换测试位置并重复上述过程直至完成所有测试位置的测试。

④ 舰载飞机和敏感设备安装部位。

(a) 舰载机部位包含起飞、着舰跑道。

(b) 起飞站位。

(c) 升降机平台。

(d) 典型机务站位。

(e) 直升机起降区。

(f) 露天区有敏感度要求的设备安装区域等。

3) 注意事项

(1) 试验期间,所有可能影响电磁兼容性试验结果的现场施工工作(如电焊、大型金属物体移动等)应全部停止。试验舰船周围不应有高大建筑物或船只。

(2) 大功率发射源发射频率的选取:

① 选取的大功率发射源试验频率应尽量含有其$1/4\lambda$等于或接近导弹体几何尺寸的频率。

② 短波段至少选取高、中、低三个发射频率。

③ 其他频段(如发射天线的主波束可能照射到导弹安装部位的情况下)每10倍频程选取两个频率,不足10倍频程则选取1个频率。

(3) 对人员的危害,重点是人体的三个部位,对武备的危害,按导弹架与波长的关系选择测量位置。

(4) 若超标,需采用控制发射源发射、调整布局、对敏感设备进行防护加固等更改措施,对试验中的不合格部位进行整改,并结合实际使用,判断是非能够正常兼容工作。

5.1.6 金属体感应电压

1. 一般要求

大功率发射机发射时,处于电磁辐射环境中密集布置的金属物体,有较强的天线效应,能拾取和截获电磁能量,于是在其表面形成电压和电流。当人体偶然接触被电磁辐射激励的金属物体时,射频电流流入人体,或人与被射频激励的金属物体足够接近时由电容耦合产生电火花从而造成射频灼伤。除了对人员的危害外,累积的感应电压的偶然放电(如与其他活动构件的偶然接触等)还会造成邻近带天线接收机的电磁干扰。产生的由于天线发射电场所引起的感应电压,当人员触及时,会发生意外的电击,影响正常操作或危及人员生命。因此,应控制金属体感应电压产生的危害。

2. 实施要点

1)测量仪器

金属体感应电压表,其频率范围:100kHz ~ 500MHz。

2)测量步骤

金属体感应电压测量表是带有前端探头的射频电压表,为避免长程传输导致的射频电压损耗,通常将检波器前置,与电压采样探头作成一体,固定在被测点上。检波后的直流信号通过传输线传至主仪器内进行数据处理和显示,具体步骤如下:

(1)测量仪器通电预热,使其达到稳定的工作状态。

(2)按仪器使用说明书操作仪器。

(3)相应的本舰发射机在工作频段的低、中、高各取三个频点,优先选用实际工作时常用频率。

(4)以额定功率发射。手持感应电压表,将其探针抵到被测金属物上,保证探针与被测金属体良好接触。选取人体易触及的部位,两测量点之间的距离为 1.5 ~ 2.0m,不足 1.5m 的选取一点。

3. 注意事项

(1)因测试时大功率发射机处于发射状态,且测试点就在天线附近,所以测试时应注意人员的电磁辐射防护,必要时可穿屏蔽防护服。

(2)若超标,需采用控制发射源发射、调整布局、局部进行防护加固等更改措施,对试验中的不合格部位进行整改,并结合实际使用,确保避免危害。

5.1.7 天线间兼容性

1. 天线间隔离度

1)一般要求

天线间隔离度是系统自兼容试验的重要内容,用来衡量天线间相互作用的程度。舰船上收发系统需进行多网通信和工作,在使用中,避免由于选用的收发系统同时工作时,天线间的隔离度不够,而产生相互间的电磁干扰。带天线的分系统的电磁兼容性是系统性能的基本要素。因此,应合理布局天线,以满足隔离度的要求从而达到兼容性。因为天线方向图都有一定的宽度,大部分天线都有旁瓣和后瓣;同时除了辐射主极化外,还会有交叉极化辐射等。因此必然导致安装在同一平台上的多天线间的耦合十分严重,各设备之间存在很强的电磁干扰。对通信效能影响最为严重的就是谐波干扰和阻塞干扰,为了更好地了解系统电磁兼容性的情况,需要对各天线间的隔离度进行测试,为天线的合理布局提供依据,以减小相互间的干扰。

2)实施要点

标准中规定方法是使用本舰发射机和接收机工作,并使发射机按额定功率发射,测试布置如图5-7所示。若不确定此时的发射功率,依据设备自身的指示值来计算隔离度,误差会相当大。因此本标准中使用通过式功率计来测试发射功率,将通过式功率计接入发射机(或信号源)和发射天线之间,并尽量靠近发射天线,以测量发射机的输出功率;在接收天线的输出端断开接收天线和接收机之间的连接电缆,将接收天线通过衰减器接到测量接收机。

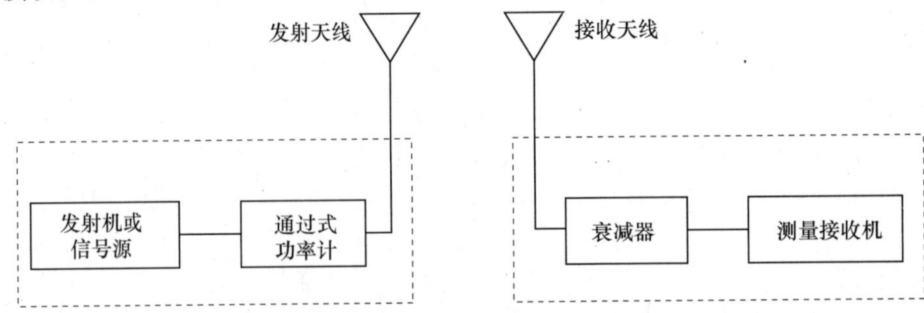

图5-7 天线间隔离度试验布置

3)注意事项

(1)在工作频段内,至少选取高、中、低及常用频率作为试验频率。

(2)若超标,需采用控制发射源发射、调整布局、滤波等更改措施,对试验中的不合格部位进行整改,并结合实际使用,判断是非能够正常兼容工作。

2. 接收机输入端耦合信号试验

1)一般要求

舰船系统内装备的电子电气设备发射时会在系统周围空间形成辐射干扰环境。如果发射系统的发射信号在接收机频段内的辐射干扰幅值较高,则干扰被接收后会对接收机造成性能降低的影响。如果无线电系统被干扰,将导致系统功能性能参数变化,最终会严重影响系统的使用,并且造成系统故障。

2)实施要点

本方法适用于在10kHz~18GHz频率范围内,由系统上辐射信号在接收机输入端耦合的信号电平的测量。

(1)测量布置。测量布置要求如下:

① 当测量单频信号天线端感应电压时,测量布置如图5-8所示。

② 当同时测量多频或宽带信号天线端感应电压时,测量布置如图5-9所示。

(2)测量步骤。

① 选取被测接收天线,确定发射源,列出所有被测接收天线和发射源工作频段。按图5-8和图5-9连接电磁干扰测量仪、频谱分析仪宽带电压表于信号输入端,并按要求

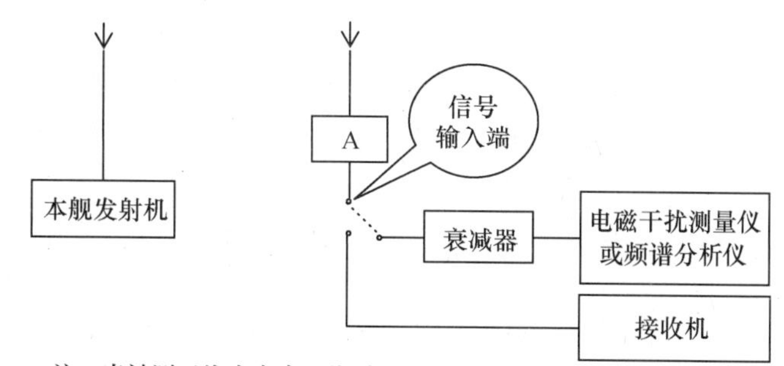

注：当被测天线为电台天线时，A为天线调谐器；
当被测天线为接收机时，A为天线耦合器或天线公用器

图 5－8　单频信号天线端感应电压测量布置

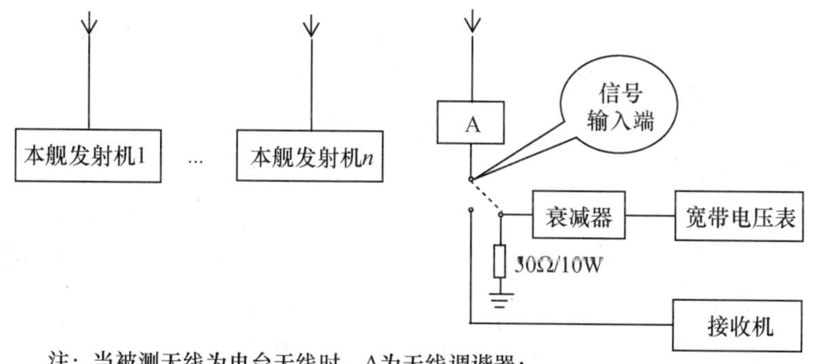

注：当被测天线为电台天线时，A为天线调谐器；
当被测天线为接收机时，A为天线耦合器或天线公用器

图 5－9　同时测量多频或宽带信号天线端感应电压测量布置

校准测量仪器。

② 启动本舰相应发射机，并使其工作于试验大纲规定的工作频率和额定功率状态。

③ 启动系统上相应发射源，并使其工作于试验大纲规定的工作频率和额定功率状态。读取测量仪器指示的感应电压值。

3）注意事项

（1）加载测试路径电缆衰减、预放、衰减器参数等，并按照设置测量接收机或频谱分析仪的带宽、扫描时间。在接收天线工作频带内扫频测试被测接收天线的耦合信号电平。

（2）若超标，需采用控制发射源发射、调整布局、滤波等更改措施，对试验中的不合格部位进行整改，根据被系统的使用条件，结合实际使用，判断是非能够正常兼容工作。

3. 发发和收发频率最小间隔

1）一般要求

测量本舰电台可同时工作的最小频率间隔，分为发发最小频率间隔和收发最小频率间隔。用以验证设计时的最近频率间隔指标。测试频率可选择工作频段的高、中、低三个频率点或常用工作频率。被测电台以在试验时能完成功能性任务为判据，允许部分性能降低。在短波频段用等幅报工作方式，在超短波频段用调频话或调幅话工作方式。当改变施加频率向被测电台工作频率靠拢时，要注意被测电台的工作状态变化，并且最小频率间隔不小于设计时的间隔指标。

2）实施要点

发发最小频率间隔测量时，确定频率最小间隔过程为：改变频率，使之逐渐向被测频率接近，当其中一个发信机工作异常时，改变频率缓慢离开被测频率，直至收信机收到配合发信机的信号不受本舰发信机影响，且信号清晰程度等级为合格，停止改变频率。考虑到此项试验可能对被测接收机的损坏，在频率靠近过程中，收信机信号清晰度未受影响，而此时频率间隔已满足要求的最小频率间隔，停止改变频率，也就不再继续下去（即上述两者取先达到者）。

3）注意事项

（1）接收信号清晰度等级应监听打分。

（2）通过测试结果评估系统发发和收发频率最小间隔对发射系统的影响程度，并结合实际使用，判断是非能够正常兼容工作。

5.1.8 船壳引起的互调干扰

1. 基本原理

锈蚀螺栓效应是舰船上一种严重的潜在干扰源，它是由于船上金属构件连接处的金属—氧化物—金属呈现非线性，两个以上的信号在这些非线性接头处混频产生新的频率即互调产物。此外，接收机内非线性器件也有相同的效应。当两个以上的信号进入接收机内部的混频器后，同样会因混频产生互调产物。互调干扰测量一般是在装有两台以上射频通信发射机的舰船上进行的，目的在于检验互调产物对接收机的影响。

互调产物（有时称为被动互调）由两个信号在非线性交叉点（如腐蚀结合物）通过混频产生，预计产生的互调频率为 $mf_1 \pm nf_2$，这里 m 和 n 是整数，f_1 和 f_2 是两个信号的频率。来自高频（HF）发射机的电磁场在船壳中感应电流，来自不同的发射机的各种电流在船壳内非线性混频，产生包括信号的基波和谐波频率的和频与差频的信号（$F_3 = \pm mF_1 \pm nF_2 \pm \cdots$；$m, n, \cdots$是整数），互调干扰的阶数（$Q$）是 m 项与 n 项的和如表 5－3 所列，例如：基波和四次谐波的混频产生第 5 阶互调干扰（IMI），即 5 阶互调产物。这些产物可以使调谐到互调频率的接有天线的接收机的性能下降。

表 5－3 互调产物阶数

频率	产物阶数 Q	频率	产物阶数 Q
$F_1 \pm F_2$	2	$3F_1 \pm F_2$	4
$2F_1 \pm F_2$	3	$F_1 \pm 3F_2$	4
$F_1 \pm 2F_2$	3	$3F_1 \pm 2F_2$	5
$2F_1 \pm 2F_2$	4	$2F_1 \pm 3F_2$	5

为了有效地在舰船上使用频谱，必须控制高阶互调产物。对舰船上产生的低阶互调产物的问题可以通过频率管理解决。

在舰船上往往安装有许多高频发射机。当高频发射机进行发射时，发射机产生的信号在船壳中产生感应电流，不同发射机产生的感应电流经过非线性结点时，就可能产生混频，即产生互调干扰信号。此原理称为“锈蚀螺栓效应”。

互调干扰通过各自的天线辐射出去，破坏电磁环境。它是舰船上一种严重的潜在干扰源,具有隐蔽性和顽固性,在短波大功率的情况下,可能使采取的 EMI 控制措施失效。许多类型的电子设备装备在舰船上,它们有可能未被设计在预期的高电平电磁环境中使用,特别是 NDI(非开发产品)和商用产品,因此必须控制电磁环境以提供一个能保证设备正常运行的环境。

舰船上难以控制高频发射机发射引起的互调干扰,阶数越低,互调干扰的幅度越大。互调干扰的阶数上升很快以致超过 19 阶,并产生大量的互调产物。即使通过严格控制,如通过搭接、接地等技术措施减少互调干扰的产生,也很难控制 19 阶以下的互调产物。为了有效利用频谱,可以抑制 19 阶以上的高阶互调产物。但对低阶互调产物只能进行频率管理。经验表明,控制第 19 阶和更高阶互调干扰(IMI)使频率管理人员足以更有效、灵活地管理频谱。

船壳产生的互调干扰取决于以下几个因素:

(1) 船上发射机的数量和发射功率电平。

(2) 船上接收机的数量和灵敏度电平。

(3) 船上天线的数量和布局。

(4) 在频谱范围内的船上可用频率的数量。

在舰船的结构组成中可允许的非线性元件和连接点的数量。

对于舰船来说,船壳产生的互调干扰以及舰船内部电磁环境都是必须考核的内容。当安装在舰船上并接有天线的接收机未能探测到同船安装的高频发射机的互调干扰信号的第 19 阶及 19 阶以上互调产物时,则认为满足系统内的电磁兼容性要求。

对于舰船,当用舰上接通天线的接收机探测同船安装的高频发射机的互调干扰时,通过测量天线上接收到的电平并评估这些电平对降低接收机性能的可能性。若测不到 19 阶及 19 阶以上互调产物,则认为满足系统内的电磁兼容性要求。

2. 实施要点

互调干扰的测量布置如图 5-10 所示。

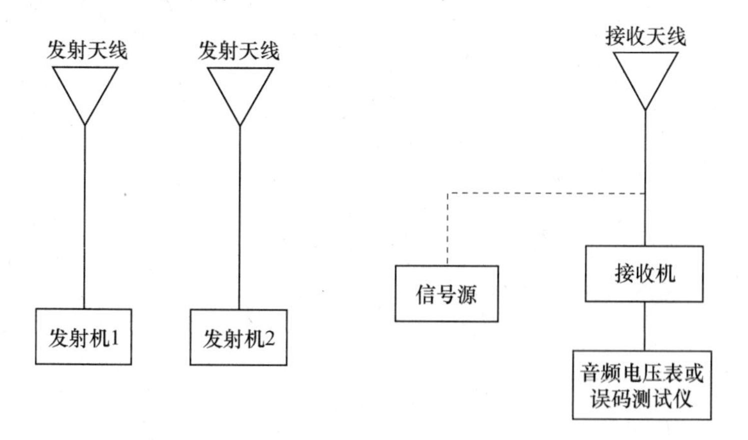

图 5-10　互调干扰测量布置

在舰船上的发射机与接收机中选择两台发射机与一台接收机。发射机工作在最大功率状态,并分别连接到两个能覆盖最大甲板面区域的天线上。接收机最好与一个设备在船体中部的天线连接。

设定两台发射机的工作频率分别是 f_1 和 f_2，接收机调谐在 19 阶互调频率（$mf_1 \pm nf_2$，$m+n=19$）。f_1 和 f_2 不成谐波关系，并且它们与 19 阶互调频率之间有适当的频率间隔，以防止收发耦合干扰造成接收机过载或不真实的试验结果。

如果接收机出现受干扰现象，应交替关闭两台发射机；如干扰现象均消失，则该干扰为互调干扰。

信号源设定在接收机调谐频率 f_3，输出接收机灵敏度量级模拟有用信号。音频监测仪测量输出信噪比，以确定是否有性能降级现象。

数据记录应包括以下数据：

（1）使用的发射机类型、功率、频率。

（2）使用的接收机类型与工作状态。

（3）使用的三副天线的形式与位置。

（4）信号源频率和电平，接收机性能降级的等级。

5.1.9 相互干扰试验

1. 一般要求

相互干扰试验的目的是确定船用电子和电气设备及系统在预定的电磁环境下工作时，相互之间是否存在电磁干扰，其性能和安全性是否受到影响。该测试方法适用于系统/分系统级设备，可用于评估地面系统/分系统的自兼容性，涉及了系统中所有的发射系统和敏感设备。

通过该项测试可对系统自身的电磁兼容情况有一个直观的了解，避免出现安装集成在同一平台内的设备或系统使用时导致另一个设备或系统受影响或失效，出现不兼容情况。

2. 实施要点

设备安装在舰船上与其他设备、系统同时工作时，它们的相互干扰可造成性能的降低。电磁干扰是电磁能量的辐射、耦合、传导或感应对电子、电气设备和系统造成不希望结果的综合现象。所以通过综合干扰试验，检查全船电子和电气设备、系统的相互干扰情况，验证全船的综合干扰效应是非常关键的。考虑到舰船研制过程的实际，没有将试验内容严格区分为系泊和航行阶段，可根据舰船的具体情况组织实施。

试验前，根据制定的试验细则，了解舰船的总体布置和设计的有关情况；并对受试舰船进行实地勘察，熟悉各设备安装位置和测试部位。结合舰船上安装的主要电子电气设备的特性，分析并确定干扰源和监测设备，制定相互干扰试验矩阵，如表 5－4 所列，并将分析得出可能会出现的干扰对作为试验重点。

表 5－4　相互干扰试验矩阵表

干扰源 / 监测设备		干扰源 1				干扰源 2				干扰源 n
		工况 1	工况 2	…	工况 n	工况 1	工况 2	…	工况 n	工况
监测设备 1	工况 1									
	工况 2									
	…									
	工况 n									

（续）

干扰源 监测设备		干扰源 1				干扰源 2				干扰源 n
		工况 1	工况 2	…	工况 n	工况 1	工况 2	…	工况 n	工况
监测设备 2	工况 1									
	工况 2									
	…									
	工况 n									
监测设备 n										

监测设备的选择及要求，监测设备应按表 5-5 选择和通电，选择时不仅应考虑到能够监测每一个规定的频段，而且也要考虑到在同频段内每种不同类型的监测设备至少使用一台，每台监测设备和每根接收天线至少应工作一次。

表 5-5　干扰源及监测接收设备的类别

类别	干扰源	监测设备类别
1	微波（1GHz 以上频段，含米波雷达及电子战干扰机）	雷达、遥控遥测设备、通信接收机、气象接收机、导航设备、警戒与指挥控制设备
2	射频（3MHz～1GHz，含无线电信标机）	雷达、遥控遥测设备、通信接收机、气象接收机、导航设备、舰船内通信及广播设备、警戒与指挥控制设备、自消磁设备
3	低频	水声接收设备、长波通信接收设备、舰船内通信及广播设备、自消磁设备
4	磁场（含消磁）	具有阴极射线管的设备、导航设备等
5	综合试验	全舰（船）电子、电气设备

5.1.10　结果评估

舰船电磁兼容性试验结果的评估方法如下：

（1）完成测试后，对获取的测试数据进行分析，将每个试验项目的试验结果与研制总要求、合同或试验大纲中规定的要求进行对比和判断，确定每个试验项目的试验结果是否符合要求。

（2）若超标，需对试验中的不合格部位进行整改。

（3）根据研制总要求或合同中规定的设备或系统的干扰和敏感度判别要求，结合测试结果数据，判定系统是否出现干扰和敏感；若出现干扰和敏感，并导致系统性能降级、失效或故障等，则系统不能满足自兼容要求，应对干扰或敏感现象进行识别、分析和整改。

（4）综合全部试验数据，通过结果分析对系统使用的影响，评定工作状态是否满足要求，判定系统是否达到自兼容。

（5）结合各测试部位的安装实际情况，结合系统全寿命周期中使用，分析可能存在的风险，进行分析并提出可靠的保持措施。

5.2　飞机电磁兼容性试验

本节阐述了飞机系统电磁兼容性试验的基本目的和内涵，各试验项目的适用性、基本原理和试验方法,重点针对飞机系统的特点,阐述了开展飞机系统电磁兼容性试验的具体实施要点、试验中需重点关注的问题,以及对试验结果产生影响的关键环节。

5.2.1 适用范围

本部分对应 GJB 8848—2016 中方法 202“飞机电磁兼容性试验方法”。该试验是评估飞机自身电磁兼容性的基础试验手段,适用于固定翼飞机和旋翼飞机,新研、加改装和大修飞机都应开展该项试验。对于新研飞机科研批、加改装飞机、大修飞机每架飞机都应该开展相互干扰检查试验和搭接电阻试验,相同配套技术状态选取一架飞机开展接收机输入端耦合信号试验、电磁环境试验和电源线瞬变试验。批产飞机每架都需要开展搭接电阻试验,相互干扰检查试验相同技术状态需要依据飞机的工艺一致性确定每批次抽检数量。

飞机电磁兼容性试验目的是考核验证飞机自身的电磁兼容性。其中:

(1) 搭接电阻试验用于评价飞机电搭接实施的完善程度和生产中的工艺控制情况,间接说明飞机设计中抗干扰设计的程度和水平。

(2) 接收机输入端耦合信号试验用于评价高灵敏度接收机,在周围其他发射机工作时,通过天线在带内和带外接收的环境信号电平,以准确评价接收机是否会受干扰或者受损害程度,同时也为机上相互干扰检查试验中对射频接收机的干扰检查提供频率选择输入。

(3) 电磁环境试验评估自身射频辐射泄漏程度,评价自身辐射对于高灵敏度接收机的干扰程度,评估飞机各个挂弹部位形成的场强对武器外挂物的影响,同时也为相互干扰检查试验提供参考的输入。

(4) 电源线瞬变试验用来定量的测量飞机上用电设备在正常操作的工作过程中(瞬态通断或状态切换),在主供电网络(汇流条)上产生的持续时间小于 50μs 的瞬变信号量值,以评估这些瞬态尖峰信号对同一供电网络上其他机载用电设备的影响。电源线瞬变试验是为机上相互干扰检查测试提供来自电源线瞬态干扰的输入依据。

(5) 相互干扰检查试验是从保证飞机自身电磁兼容性的角度出发,验证飞机电子电气设备和分系统之间是否存在干扰。

通过以上试验就可以较为全面地评估飞机整机系统内的电磁兼容性能。

5.2.2 试验项目

飞机电磁兼容性试验项目包括接收机输入端耦合信号试验、电磁环境试验、电源线瞬变试验、搭接电阻试验和相互干扰检查试验,详见表 5-6。

标准中所列项目是最终评估飞机电磁兼容性的考核项目,不包含研制过程中的验证项目,如屏蔽效能、天线间隔离度等项目,如科研阶段需要开展相关验证试验,试验方法可按照 GJB 8848 相关方法或其他标准进行。针对特定飞机的电磁兼容设计目标,可以增加专项试验项目,试验方法若无参照标准,需要开展评审后方可实施。

通常情况下,飞机均需开展接搭接电阻试验、收机输入端耦合信号试验、电磁环境试验、电源线瞬变试验和相互干扰检查试验,搭接电阻试验单独开展,其他试验按照接收机输入端耦合信号试验、电磁环境试验、电源线瞬变试验、相互干扰检查试验的顺序流程进行试验。

表 5-6　飞机电磁兼容性试验项目

序号	项目类别	试验项目
1	搭接性能	搭接电阻试验
2	天线间兼容性	接收机输入端耦合信号试验
3	电磁环境	电磁环境试验
4	电源线瞬变	电源线瞬变试验
5	相互干扰	地面电源供电情况下的相互干扰检查试验
		地面发动机开车情况下的相互干扰检查试验
		飞行情况下的相互干扰检查试验

5.2.3　搭接电阻试验

1. 基本原理

电搭接一方面提供电源电流返回通路，另一方面也是抑制电磁干扰的重要措施之一，是静电防护、雷电防护以及保证天线性能的必要措施。搭接的良好与否，直接影响到飞机的性能和安全。搭接应用分类如下：

（1）天线及滤波器搭接。

（2）电流回路搭接。

（3）防射频干扰搭接。

（4）防电击搭接。

（5）静电防护搭接。

（6）雷电防护搭接。

飞机总体设计部门在设计阶段要依据标准和分析结果，提出详细的飞机结构部件之间，以及结构件、设备、附件与基本结构之间搭接电阻值要求和搭接实施的技术要求，以保证在全寿命期飞机结构提供稳定的低阻抗通路。

搭接电阻试验是验证飞机电搭接是否满足要求的手段，测试的是直流阻抗，飞机设计总体单位应通过对搭接连接、搭接形式、搭接工艺等相关要求控制避免交流阻抗过大的搭接方式。

2. 实施要点

搭接电阻试验对于试验场地没有特殊要求，但设备的精度一定要满足要求。

测试开始前应明确所有测量目标及对应的额定目标电阻值。测试完成后，需提供包含测量对象及部位信息的数据。

1）天线的搭接与测量

通常天线的有效电搭接部位为其金属底板或金属安装边，所以在天线安装时应使天线底板或安装边与对接结构有良好的电接触，测量时也应尽可能对该位置进行测量。典型的天线搭接电阻测量示意图如图 5-11 所示。

在对天线安装后的搭接电阻进行测量时，若天线是直接安装在飞机复合材料蒙皮的金属覆层上时，测量点应选择一端在天线或测试底板上，另一端选择在金属覆层上，并保证仪器探针与金属覆层有良好电接触。

2）电流回路的搭接与测量

作为电源回路组成部分的结构件之间,应有能够传输回路电流的低阻抗通路,该通路应覆盖所有用电设备与基本结构的搭接位置及所有负线板的安装位置。

在对电源回路的搭接进行测量时,测量位置的选择应包含机体主要对接结构和工艺分离面,根据机载设备布局情况视情选择机体内部非铆接结构、金属蒙皮等位置。

镁合金件不作为电流回路的组成部分参与测试。

3）防射频干扰搭接与测量

飞机蒙皮装配后应形成均匀的低阻抗通路,作为蒙皮组成部分的口盖、舱盖等均应搭接到基本结构上,测量时测量点应选择蒙皮或口盖对接缝两端。具体位置如图 5 – 12 所示。

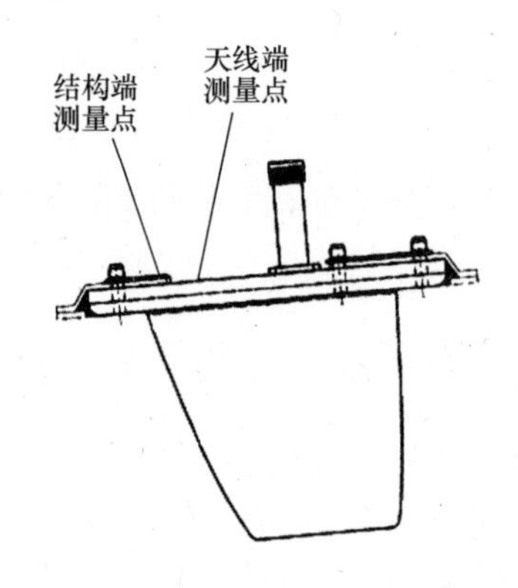

图 5 – 11　典型的天线搭接电阻测量示意图

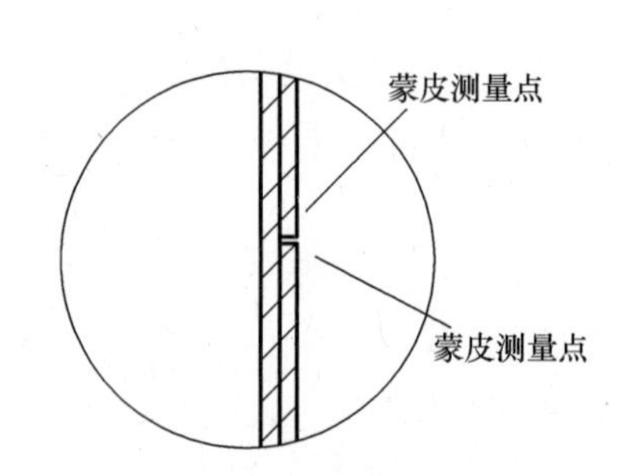

图 5 – 12　蒙皮之间的搭接电阻测量示意图

安装所有产生电磁能或对电磁场敏感的电气、电子设备或部件时,均应使设备外壳到基本结构有连续的低阻抗通路,需对搭接电阻进行检测。

机载设备或部件防射频干扰安装与搭接的分类测试方法由其搭接方式确定:

（1）采用如焊接等方式实现永久性固有搭接的,可以免于测量。

（2）采用紧固件与结构固定,通过安装板接触面与基本结构直接接触搭接的,应对设备安装面与基本结构之间的搭接电阻进行测量,设备端的测量点应选择靠近接触位置的设备壳体上,如图 5 – 13 所示。

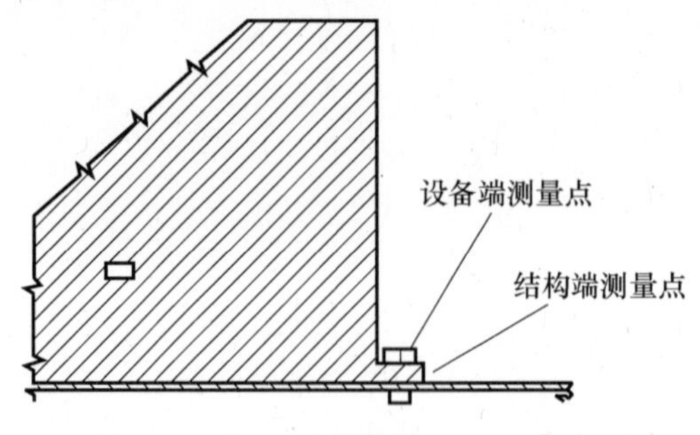

图 5 – 13　典型紧固件固定的设备搭接测试

（3）采用搭接线与基本结构搭接的设备或构件,应测量搭接线两端的搭接电阻,设备端测量点应选择搭接线安装柱或周围壳体,基本结构端测量点应选择搭接线固定点周围结构体，如图 5－14 所示。搭接线在结构端固定在负线板上时，应测量负线板周围结构与设备之间的电阻值。

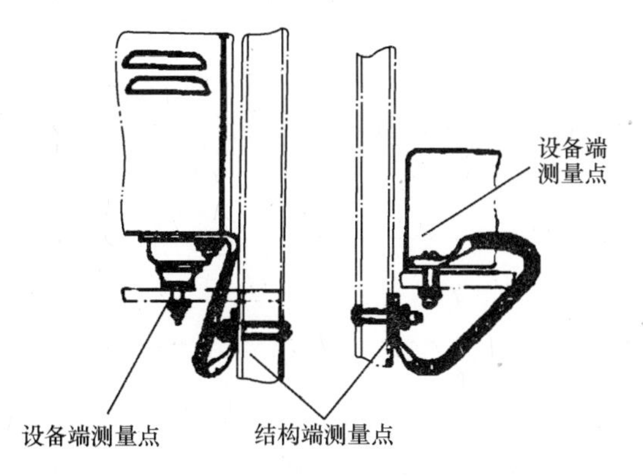

图 5－14　通过搭接线搭接的设备搭接电阻测试

4）防电击搭接与测量

为控制人员可能接触到的任意两点之间的电势差，使人员免于电击危害，测量位置包括：

（1）用于安装导线、电缆的金属导线管，其各端与基本结构的搭接。

（2）机载用电设备的金属安装架或组件与基本结构的搭接。

（3）机载用电设备如若未实现防射频干扰搭接，则需要通过接地端或接地线搭接到基本结构上，测试可采用图 5－14 所示的方法。

5）静电防护搭接与测量

所有机载部件，包括油箱、金属管路、活动部件及外挂物都应实现与飞机基本结构的低阻抗连接。

（1）对外挂搭接的测量应测量其与挂架之间的搭接电阻，测量点应选择靠近对接位置。

（2）油箱区内可能带静电的附件，均应在油箱封闭前对内部附件的搭接电阻进行测量，包括传感器、阀门等。

（3）金属管路的搭接方式包括法兰、搭接卡箍和搭接条带等形式，搭接电阻的测量位置选择应靠近这些位置以获取最小值，整条管路上的测量点不应少于 3 个。典型测量位置如图 5－15 所示。

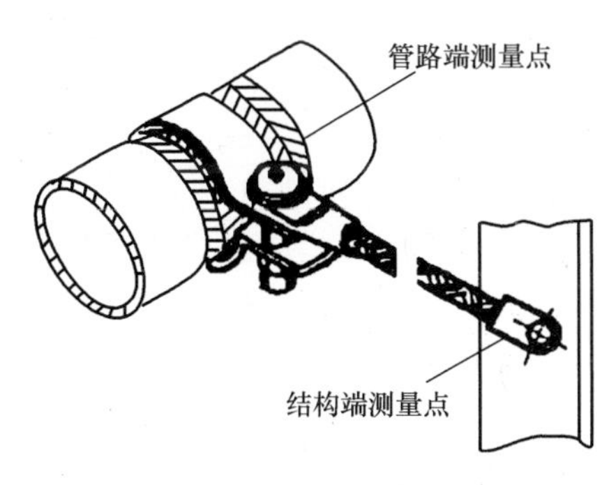

图 5－15　典型的管路搭接电阻测试

（4）静电放电器搭接电阻测量位置选择放电器底座与翼面结构之间，紧固件连接的安装形式机体端选择紧固结构件，胶粘连接的安装形式应按放电器制造方所规定的位置进行测量。

6）雷电防护搭接与测量

（1）操纵系统中升降舵、方向舵、副翼、襟翼、折叠翼等操纵面均应有搭接线跨接各个铰链，搭接电阻测量位置应靠近搭接线，跨测铰链两端，如图5－16所示。

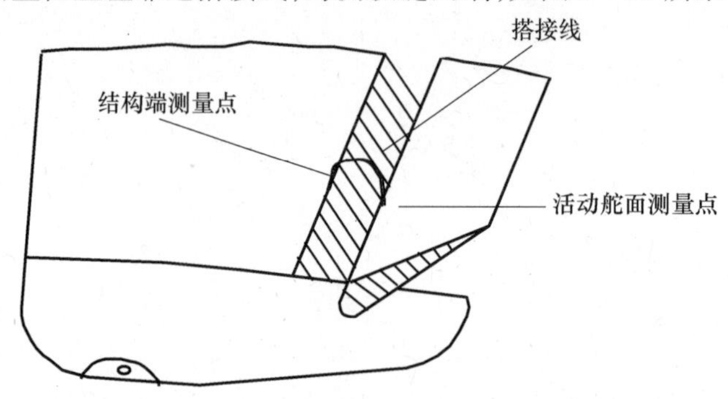

图5－16　典型操纵面的搭接电阻测试

（2）各段操纵钢索、拉杆、摇臂以及驾驶杆等轴连组件，应通过搭铁线连接为一个整体通路。搭接电阻测量位置如图5－17所示。

（3）非导电凸出物如垂直安定面、翼尖、座舱盖、天线罩等均应有连接到基本结构的雷电通路。

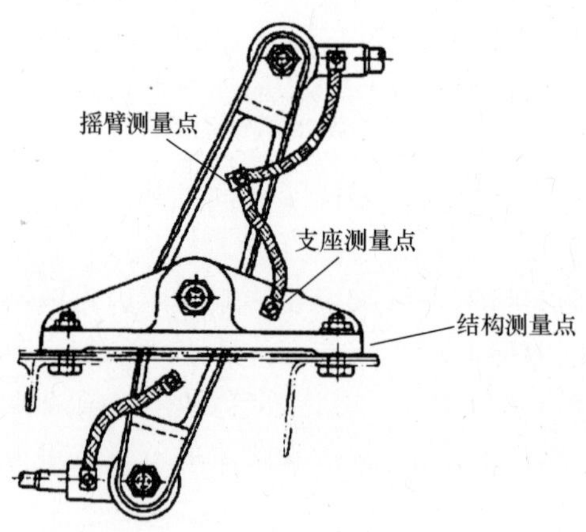

图5－17　典型的操纵组件搭接电阻测量

3. 注意事项

搭接分为结构部件之间的搭接，设备、附件与基本结构之间的搭接，蒙皮、活动部件与基本结构之间的搭接。由于部件、设备安装是分阶段、分层次进行的，设备完全安装后许多搭接电阻测试位置已经不可达，因此对于新制造飞机搭接电阻的测试是随着工序进行的，应分别在飞机部装和总装阶段开展。出于电磁干扰排查、全寿命期管理、定期检测等原因需要在制造完成的飞机上开展搭接电阻测试需注意保证测试点的导电特性，若不能保证需对测试表面进行处理，必要时测试点需要进行必要的打磨或清洗，去除全部非导电涂层及高阻面层，并注意如果搭接表面涂层经测试后有所破损，应在规定时间内采用原有涂料或与其等效的涂料采用原有工艺重新进行表面涂封。

5.2.4 接收机输入端耦合信号试验

1. 基本原理

接收机输入端耦合信号试验是指在机载设备正常工作(发射机处于发射状态)的情况下,测试飞机上具备接收功能的天线耦合信号的大小。测试频段应至少选择天线后端连接的接收机的接收频段和机载设备中发射信号的频段,以测试接收天线在实际装机状态下耦合的飞机机载设备的无意发射和有意发射。天线耦合信号的测试用于评价天线布局的合理性、验证接收天线最大耦合功率是否达到接收机的抗烧毁能力,为机上相互干扰检查试验中验证带内干扰提供输入。

2. 实施要点

依据飞机被测天线所连接的接收机的工作频率和机上发射机的工作频率选择电磁干扰接收机或者频谱分析仪,同时要求测试接收机的灵敏度满足机载接收机的灵敏度要求。

其他辅助设施包括衰减器、高频电缆等。

试验中,飞机上所有的发射设备都要求通过辐射天线处于正常发射状态,被测天线除外。根据设备的功能和使用流程定义试验时的工作状态,一般原则是选取发射功率最大状态,宽频段工作设备应至少选择低、中、高三个波道工作。

将被测接收天线与机载接收机断开,把被测接收天线的电缆连接到电磁干扰接收机,在发射频带内测试接收到的信号;然后再测试接收天线工作频带内接收到的信号。当测试发射频带信号时,应尽量采用机载接收机的工作带宽;而测试接收天线工作频带内信号时,应保证电磁干扰接收机与机载接收机的灵敏度相当。

根据设备的功能和使用流程定义试验时的工作状态。

5.2.5 电磁环境试验

1. 基本原理

电磁环境试验是用来测试机载电子电气设备在飞机平台上产生的稳态射频电磁环境,以确认机载平台上的电磁环境电平是否超过机载设备设计和考核能力,同时为相互干扰检查试验提供参数的输入。本方法中测试的电磁环境是指飞机自身机载设备工作时产生的电磁环境,不包括外部辐射源产生的电磁环境。

2. 实施要点

电磁环境主要关注军用飞机上外挂武器、敏感系统及燃油口等处的电磁环境、各种设备武器舱室内的电磁环境和关键电缆通路内电磁环境。

试验前,应确定需要测试的位置,一般选取位置主要包括:

(1) 电子设备舱电磁环境。

(2) 座舱电磁环境。

(3) 天线安装处电磁环境。

(4) 舱外外挂武器和关键设备安装处电磁环境。

(5) 燃油加注口电磁环境等。

(6) 其他位置可根据需要选取,测试方法相同。

测试舱内场强时,一般是基于敏感设备位置、屏蔽不完善的位置、人员活动的位置等可能使飞机功能受到影响或者人员受到辐射危害或者辐射可能超出机载设备的考核要求等。

试验前,应将任务模式下所有可以同时工作的被测机载设备设置到要求的工作状态,当无法使所有设备同时工作时,可以分工况测试。

列出所有需要测试的机载电子电气设备及其工作状态,如果是射频发射机还应列出其工作频率、占空比等参数,对于多频点工作的设备一般选覆盖工作频段的频点即可。

3. 注意事项

飞机外部电磁环境测试使用天线法,飞机内部电磁环境的测试优先选择天线法,但在需要鉴别水平垂直极化场时必须使用天线法。飞机内部电磁环境的测试当选择电场传感器法时,其场强监测仪和电场传感器灵敏度和量程应保证能够测试飞机辐射的场强。当使用无方向性电场探头测试时,应同时记录发射机的频率和对应场强值(可以用占空比换算为峰值场强)。

为飞机提供保障正常工作的地面设备的电磁环境发射应满足要求,不能影响测试,必要时可采取屏蔽措施,如采用小型屏蔽室等。

5.2.6 电源线瞬变试验

1. 基本原理

电源线瞬变试验用来定量的测量飞机上用电设备在正常操作的工作过程中(瞬态通断或状态切换),在主供电网络(汇流条)上产生的持续时间小于50μs 的瞬变信号量值,以评估这些瞬态尖峰信号对同一供电网络上其他机载用电设备的影响。

飞机电源汇流条上,挂载着诸多用电设备,当某一设备(尤其是大功率设备或较大感抗的设备)在通断或状态转换时可能会产生瞬态尖峰干扰电压,通过共用的汇流条对其他用电设备造成干扰,本项试验就是考核系统对于电源瞬态尖峰干扰电压的抑制能力。本方法适用于飞机上电源系统。

2. 实施要点

在电源线瞬变信号测试前,首先要确定被测设备。一般应选择随手动开关接通、关闭的设备,如含有继电器、电磁阀、电机和大电流负载等的设备。

试验前,建立飞机被测机载设备及分系统的开关和对应被测汇流条的清单,规定被测机载设备切换的工作状态和测试点。根据被测设备工作状态的可实施性,确定在地面电源供电情况下和机上备用电源或发动机开车情况下的测试项目。

根据飞机配电装置的连接器形式,准备转接电缆。

测试步骤如下:

(1) 首先将飞机置于测试位置,连接飞机接地线。在地面电源供电情况下测试时,连接飞机地面电源线、飞机通风装置、飞机地面液压装置等地面保障设备;在发动机开车情况下测试时,不需要连接地面辅助设施。

(2) 打开飞机配电装置及被测汇流条所在位置的口盖或蒙皮,将转接电缆(尽量短)串接到飞机电源配电装置与汇流条之间,将需要测试的电源线连接到示波器的探头芯线上,探头接地端连接到飞机壳体地上,如图 5-18 所示。对于双线供电飞机,探头接地端直接连接到负线上。为安全起见,示波器可以用隔离变压器供电(注意:进行此项测试时要特别小心,因为示波器的“安全接地线”被断开,可能存在电击危害)。

(3)设置示波器所用通道、耦合(高阻)、探头比例系数、触发类型、触发电平等测试参数。

(4)飞机加电,将被测设备设置在最大电气负载的工作条件下。

(5)操作对应的被测设备,作状态转换或电源开关通断,每种操作至少重复5次,读数取该状态的瞬变电压的最大值,并记录。

(6)对机上要求测试的所有被测设备的所有电源完成以上测试。

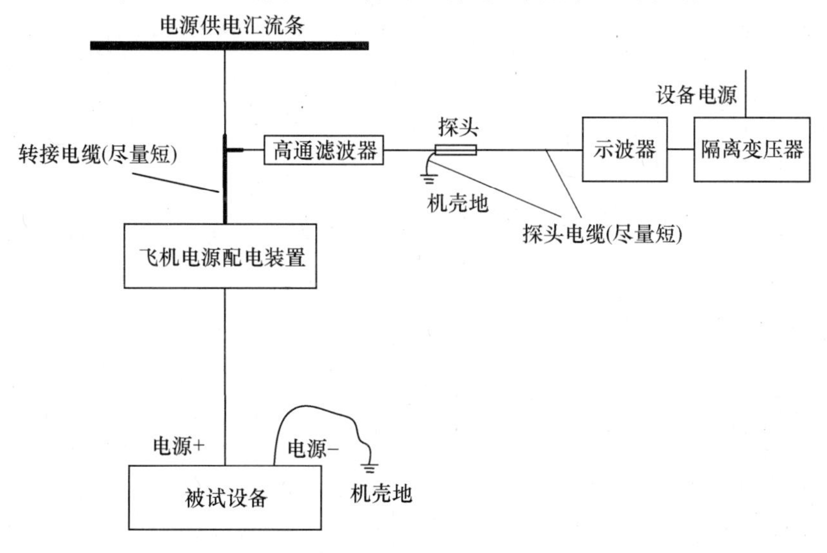

图5-18　电源线瞬变试验系统配置图

3. 注意事项

(1)电源线瞬变试验对试验场地和电磁环境没有特殊要求,本身不受口盖的影响。

(2)使用满足电源品质要求的地面电源供电。不允许在飞机上单独为机载设备供电。

(3)该项测试示波器的地线需要断开,注意防止触电。

(4)一般机上有多个汇流条,测试汇流条要与设备对应。

(5)要保证测试探头与被测点牢固良好解除,以消除打火短路等安全隐患,推荐使用试验转接电缆连接。

5.2.7　相互干扰检查试验

1. 基本原理

机上相互干扰检查试验是从保证飞机自身电磁兼容性的角度出发,验证飞机各设备和分系统之间是否存在干扰。主要通过建立电磁干扰检查矩阵,一一考核机载电子电气设备间是否能够兼容工作。考虑到发动机工作与地面电源供电投入工作的设备及状态存在不一致性,部分检查项目要在发动机开车状态下进行。考虑到地面反射以及外部环境的影响部分试验项目在飞行状态下进行。但飞行状态下开展的试验必须在确认飞行安全的前提下进行,否则应通过地面试验确认。机上相互干扰检查试验是唯一的飞机全系统同时工作状态下进行的试验，是在飞机研制阶段最重要的、保证飞行安全的试验之一。

2. 实施要点

在设计试验时，首先要确定飞机各系统中干扰源、被干扰设备、各系统的工作状态以及不同工作状态组合，只有在状态组合中进行的相互干扰检查才是准确和有意义的。

（1）确定主要干扰源，包括有意发射和无意发射干扰源。有意发射干扰源一般主要指有发射天线的射频辐射发射设备，如火控雷达、电台、数据链、卫星通信设备、电子对抗系统、干扰吊舱等射频辐射设备；无意发射干扰源种类比较多，包含有开关电源、时钟振荡电路或处理器的系统，如任务机、显示器、显控处理机、飞控计算机、光电雷达等设备；开关类设备，如起落架收放开关、襟副翼开关、各种上电开关、面板状态控制按钮等、大功率的电动机构等。

（2）确定被干扰设备，带接收机、传感器、放大器的机载设备由于自身的工作频带比较宽，是易受干扰的设备，如前面提到的火控雷达等射频设备，既是干扰源，也是被干扰设备。另外，罗盘、GPS、微波着陆设备、信标机、定向仪等以接收为主的设备，也是被干扰设备；分布式系统由于互连电缆的数量和长度方面的因素，也容易受到干扰，如大气数据系统、油量测量系统等；飞行控制系统、电传系统、进气道调节系统等影响飞机飞行安全的重要系统也应作为被干扰设备关注。

（3）发动机系统，发动机作为干扰源时，一般要在“慢车”“加力”两种状态检查。发动机系统综合调节控制系统要作为被干扰设备。

（4）飞机在发动机开车状态时，为保证安全，现阶段试验时建议起落架舱盖应保持开启状态，用起落架支起飞机，但这时如果出现干扰现象，应分析是否可能通过此处有耦合干扰的风险。如果飞机在开启舱盖和口盖的情况下，飞机相互干扰检查试验中没有出现干扰问题，则认为飞机满足要求。

（5）无人机系统包括无人机、地面系统和舰面系统（舰载），在进行相互干扰检查试验时应作为系统参试。无人机系统由于其显示控制的特殊性，相互干扰检查试验与有人机差异较大，应根据其特点设计干扰矩阵和系统性能监测手段。

3. 注意事项

（1）相互干扰检查试验分为地面电源供电状态、发动机开车状态和飞行状态三部分，三部分没有必要重复开展，出于易于操作和节约成本的考虑，大部分试验项目要在地面电源供电状态下开展，在地面电源供电时无法工作的设备和无法实现的状态才需要在发动机开车状态下进行。飞行状态下的相互干扰检查试验是最接近真实的使用状态和环境，主要选择在地面试验中结果无法确认或存在疑问的项目，以及对于环境的影响无法剔除的项目，在地面检查中发现的干扰现象在不影响飞行安全的前提下，原则上应通过飞行试验确认。

（2）在进行全面的系统内电磁兼容性相互干扰检查之前，一般飞机都要求进行设备功能通电检查。因此，在飞机上可能会有一些测试改装设备，或者缺少一些电子设备，或者一些电子设备工作不正常，这时飞机都不是完整的状态。为保证首飞和飞机做重大电子电气设备更改后的飞行安全，必须对所缺设备的对飞行安全可能的电磁兼容性影响进行详细的评估，并决定是否实施后续的电磁兼容性检查。

（3）对一些接有天线的接收机，需要给系统模拟输入信号。对于通过辐射发射电磁波并检测目标回波信号工作的设备,需要实际目标或模拟回波信号。

(4)对宽频段接收机进行检查时需要全频段内进行评估。过去的一般做法只抽样检查几个波道就认为整个频段都没有干扰。当外界干扰是宽带信号时,这种检查方法也不是没有道理的,特别是没有先期试验输入的情况下,也只能采取频率抽样。但是,各种干扰更多的时候是表现为窄带信号,如微处理器的时钟信号等,与接收机的个别调谐频率密切相关,频率抽样很难准确、全面反映飞机系统的电磁兼容性。为解决这个问题,更为实际的办法是借助设备级电磁兼容测试、接收机输入端耦合信号试验、电磁环境试验试验结果,有针对性地选择相互干扰检查试验频率,同时针对设备电磁特性建立完善不同型号飞机的检查频率档案,只要将一个型号飞机的电磁特性做细,其他型号飞机在配套技术状态变化不大的情况下,可以借鉴上一个型号检查频率,如若有新增设备,则只需将新增设备的电磁特性考虑即可。

(5)电磁兼容性相互干扰检查试验矩阵的设计并不是简单的排列组合,要充分考虑实际使用,避免不必要的试验组合和工作状态。

(6)机载软件的变化有可能影响电磁兼容性结果,以往经常在硬件没有变化时忽略了软件变化造成的影响,而装备在定型后由于使用的需求软件版本依然可能变化。因此在软件版本变更时应充分分析变化对于系统电磁兼容性造成的影响,必要时需要开展试验验证。

(7)当对首飞状态的飞机进行电磁兼容性试验时,可能有部分设备缺装或不开机。当用本方法进行试验时,应在试验大纲和报告中明确标示出与要求的配套技术状态的差异以及可能引起的风险。

5.2.8 结果评估

试验结果最终用于对飞机系统自兼容性的评估,对照研制总要求或合同中规定的要求一一评估其符合性。但并非所有试验结果都直接用于符合性评估,有些试验结果用于系统设计输入,有些结果作为相互干扰检查试验的输入。

接收机输入端耦合信号试验会得到两组数据:一组是被测天线所连机载接收机工作频段内的数据;另一组是机上其他发射机工作频段内的数据。对于第一组数据,应以机载接收机的灵敏度作为判定标准,如果小于灵敏度,则不会造成对机载接收机的干扰;如果大于灵敏度,则存在造成机载接收机受扰的风险,这些数据要作为系统兼容性设计的输入和机上相互干扰检查的输入。对于第二组数据,首先要确定接收信号的幅度是否大于机载接收机的功率处理能力(一般是带外功率处理能力);其次要根据机载接收机的带外抑制能力,确定接收的信号经过带通滤波器后是否大于机载接收机灵敏度,如果大于灵敏度,则这些数据作为机上相互干扰检查的输入。

内部电磁环境试验数据主要用于评估飞机对平台上的设备、天线、电缆辐射是否超过了机载设备级试验时的要求,如果超过,则被测位置的设备是相互干扰检查时的重点对象;如果内部电磁环境的频率在机载射频接收机的工作频段范围内,则该频率是该射频接收机的在相互干扰检查时应检查的频率;在座舱等人员活动的区域测量的电磁环境应该与国家军用标准中规定的人员防护要求进行比较,以判断是否会对人员产生危害。另外,飞机平台的电磁环境也用来评估飞机系统内射频辐射安全裕度。

飞机上随手动操作开关而产生的开关瞬态传导发射一般要求：对于交流电源线不应超过额定电压有效值的 ±50%；对于直流电源线不应超过额定电压有效值的 +50%，-150%。通常情况下，满足上述要求的设备很少在平台上产生干扰问题；对于不满足要求的设备，应记录设备名称、动作的开关或状态，作为机上相互干扰检查试验的输入。

飞机相互干扰检查试验的结果直接决定了飞机的功能指标是否满足设计要求，而且是最基本的要求。本项试验要求评估要全面，应涉及机上所有的电子电气设备。本试验结果可以作为飞机系统内自兼容性评估的基础。

5.3 空间系统电磁兼容性试验

本节是针对空间系统电磁兼容性试验方法的实施指南，对空间系统的系统内电磁兼容性试验项目应注意的问题和操作方法做了详细解读。鉴于空间系统包含几种不同类型的复杂系统，本部分首先对空间系统的内涵和各系统构成做了简要说明，并分别以航天器、火箭、导弹三类系统为对象，介绍系统内电磁兼容性试验的实施要点、测试布置、测量仪器、测试步骤及需要说明的问题。

5.3.1 适用范围

本部分对应 GJB 8848—2016 中方法 203“空间系统电磁兼容性试验方法”。该方法适用于空间系统内电磁兼容性试验，以考核验证空间系统自身的电磁兼容性。为便于试验方法的实施，首先确定空间系统的概念和系统特点。

1. 空间系统的定义

本标准中的“空间系统”是指以航天器（含卫星、空间站、飞船等）、运载火箭和导弹为对象的复杂电子系统。对于导弹系统，考虑任务、功能的完整性，还包括配套的地面、机载或舰面发射及控制系统。

飞行器一般分为 5 种类型，即航空器、航天器、火箭、导弹和制导武器。其中，航天器、火箭、导弹 3 类飞行器属于本标准定义的空间系统。仅在大气层内飞行的飞行器称为航空器，如气球、滑翔机、飞艇、飞机、直升机等，它们靠空气的静浮力或空气的相对运动产生的空气动力升空飞行。在大气层外空间飞行的飞行器称为航天器，如人造地球卫星、载人飞船、空间探测器、航天飞机等，它们在运载火箭的推动下获得必要的速度进入太空，然后在引力作用下完成轨道运动。而运载火箭和导弹则既可以在大气层内飞行，也可以在大气层外飞行。其中：

（1）火箭是以火箭发动机为动力的飞行器，可以在大气层内和大气层外飞行。

（2）导弹是装有战斗部的可控制的火箭，有主要在大气层外飞行的弹道导弹和装有翼面在大气层内飞行的地空导弹、巡航导弹等。

2. 各系统的简要构成

空间系统包含的航天器、运载火箭和导弹均为大型复杂电子系统。

1）航天器系统

航天器（含卫星和飞船等）系统的构成如下。

（1）卫星：主要分为有效载荷及卫星平台两大部分。

(2) 飞船:一般由多个舱段组成,如轨道舱、推进舱和返回舱等。轨道舱是航天员在空间飞行过程中生活和工作的地方,除结构外,它包含了环境控制与生命保障系统。推进舱又称仪器舱,用于安装推进、电源、轨道制动等设备,并为航天员提供氧气和水。

2) 运载火箭系统

运载火箭系统的主要组成部分包括结构系统(又称箭体结构)、动力装置系统(又称推进系统)和控制系统。

3) 导弹系统

导弹系统通常由战斗部(弹头)、弹体结构系统、动力装置推进系统和制导系统4部分组成。

通常,系统的概念有大有小,本标准所说的"系统"是指可以完成某一规定使命或任务的设备、分系统的集合体,如一架飞机、一辆机车、一枚导弹等。空间系统所包含的各类系统由于担负的使命或任务的不同,所包含的设备、分系统也不同,因此空间系统的系统内电磁兼容试验项目随系统的不同而存在一定差异,试验的实施方法也有各自需要注意的问题。

5.3.2 试验项目

系统内电磁兼容性是指系统内部的各个部分不会因本系统内其他电磁干扰源而产生明显降级的状态。主要关注被测系统内部所有的分系统、设备和部件之间的电磁兼容性。在通过设备、分系统级电磁兼容试验,完成了单一设备的电磁发射和电磁敏感度测试后,实践证明,尽管组成系统的各个设备、分系统都满足设备级的电磁兼容要求,但并不能保证它们组成系统后该系统能完全兼容,因此有必要对整个系统进行电磁兼容试验。一般在系统研制和鉴定阶段进行系统内电磁兼容试验,通过试验评估该系统是否具有自兼容性。

空间系统内电磁兼容性试验项目类别包括搭接和接地性能、电源线瞬变、电磁环境、天线间兼容性、二次电子倍增和相互干扰。具体试验项目及方法如表5-7所列。

表5-7 空间系统电磁兼容性试验项目及方法

序号	项目类别	试验方法
1	搭接和接地性能	搭接和接地电阻试验方法
2	电源线瞬变	电源线瞬变试验方法
3	电磁环境	电磁环境试验方法
4	天线间兼容性	天线间隔离度试验方法
		接收机输入端耦合信号试验方法
5	二次电子倍增	二次电子倍增(微放电)试验方法
6	相互干扰	相互干扰试验方法

鉴于空间系统中航天器、运载火箭及导弹等系统功能和构成的差异,有工作运行在大气层内的,如运载火箭、导弹;有工作运行在外太空的,如卫星、空间站、飞船等航天器,运载火箭和部分导弹也可以在外太空短暂运行。因此几种空间系统面临的电磁环境是不同的,其电磁兼容性要求也存在差异。例如,二次电子倍增主要适用于工作在外太空的卫星、空间站和飞船。电源线瞬变测试适用于存在级间分离的运载火箭、远程导弹等大型飞

行系统，航天器因其在轨时间长，更易出现电源线瞬变问题。而相互干扰试验对于有些导弹而言，因弹上设备密集紧凑很难在整弹状态实施，主要应用于弹上设备台面布置状态下的系统试验。因此，不同系统试验项目的选择主要依据相应系统的研制总要求或合同要求，对于不同的空间系统，试验方法的实施也不完全一样。

此外，表5-7中空间系统的系统内电磁兼容性要素与GJB 1389A—2005中5.2要求相对应的有4项：相互干扰、电磁环境、电源线瞬变、二次电子倍增。

其他两个试验项目中，天线间兼容性为GJB 1389A—2005修订后拟新增的项目，搭接和接地性能是GJB 1389A—2005原有项目，见条款5.10~5.11，鉴于搭接和接地是影响系统电磁兼容性实现的重要因素，在空间系统总装集成、设备安装、调试过程中，搭接和接地性能是实现设计要求的重要测试内容，因此，在空间系统的系统内电磁兼容测试方法中细化了系统搭接和接地测试方法。

对运载火箭、航天器和导弹而言，由于系统内天线数量较多，安装空间有限，受发射设备频谱不纯、天线带宽及天线布局等因素影响，天线之间极易产生相互干扰，因而天线隔离度是一项重要的电磁兼容性指标，因此在空间系统的系统内电磁兼容要素中增加了天线隔离度测试项目。此外，在MIL-STD-464C中，"5.2系统内电磁兼容性"部分增加了"5.2.4连接天线的接收机天线端口的感应电平"内容，该条款是对设备和分系统产生的无意射频发射在天线接收机端口形成的感应电平提出的要求。该要求在本标准中与天线隔离度统称为"天线间兼容性"，对应的试验方法是"接收机输入端耦合信号试验方法"，它与天线隔离度的区别是针对系统内所有设备和分系统的电磁发射在被测天线端口产生的效应进行测试，而不仅仅是考核由其他天线辐射的信号在被测天线端口产生的影响，因此试验的频段更宽，涉及的发射源更多。

5.3.3 搭接和接地性能试验

1. 实施要点

1）被测对象及实施阶段

（1）航天器。航天器电搭接要求的测试分别在装配阶段和验收阶段实现，详见本书17.4.6节的相关内容。

验收阶段因为测量搭接通路上的每个点工作量较大，一般通过采样测试进行验证，通常是测量搭接通路两端的电阻。如要求航天器结构上任意两点间的电阻小于1Ω等。

航天器表面有导电涂层的，应通过测试对符合性进行确认，确保航天器表面积聚的静电、摩擦生成的沉积静电不会危及发射或飞行任务。

（2）运载火箭。在搭接方面，根据运载火箭（导弹类似）的特点，舱门、口盖等需要搭接到箭体结构上，整流罩、非金属整流罩其保护装置需要搭接到箭体结构上，火箭内部的仪器需要搭接到箭体结构上，发动机也需要设置搭接点搭接到箭体结构上，火箭各级间段之间需要进行搭接。每个搭接面的搭接电阻指标要求由设计师提出，指标的保证由生产车间工艺及工人实现，搭接电阻阻值均需要进行测量。被测的运载火箭作为正式产品是不能进行任何损伤和破坏的，所以按照GJB 8848—2016第22章的22.1.3b）进行搭接电阻测量时不能对被测部分测量点周围的保护涂层、氧化层进行清理。搭接电阻的测量点由总装厂工人严格按照设计师给出的测试要求进行选择，根据工艺流程进行测量，保证测量数据准确又不破坏产品。

（3）导弹。导弹的搭接主要指设备之间、天线与底座之间、设备与金属弹体或弹体金属结构件之间的电搭接。搭接在两个导电表面之间提供低阻抗路径的电气连接，导弹搭接电阻要求如表5－8所列。

表5－8 导弹搭接电阻要求

搭接类型	搭接阻抗
等电位、屏蔽、接地	搭接直流电阻5mΩ～1Ω
天线安装	搭接直流电阻<1Ω

导弹搭接的指标要求可根据其任务特点和使用过程中可能面临的电磁干扰环境进行剪裁。搭接指标要求涉及：导弹壳体和导弹各舱段内部的金属结构之间和导弹各舱体结构之间的搭接电阻；天线底板与壳体之间的搭接电阻；弹上屏蔽电缆网屏蔽层与弹上设备壳体的搭接电阻；发射筒结构之间、发射筒天线与结构体之间、发射筒上电缆屏蔽层和结构体之间的搭接电阻。

导弹通常以弹体的金属结构体作为接地基准，将舱段结构和设备机壳的金属部分进行电连接以形成等电位面。因此，导弹应用中不需要接大地，而是将弹上设备、电源和电缆屏蔽层等搭接到共同的等电位面——弹体的金属结构体上。接地的测量方式与相关搭接方法类似。

导弹的搭接接地测量选择在设备组装、安装、系统总装等环节开展，搭接电阻测试应配合装配过程进行，确保覆盖所有的测量部位。如指标不满足要求应及时采取措施进行改进，满足要求后再进行下一步工作。

2）测量仪器

搭接测量仪器采用微欧表。接地电阻测量采用接地电阻测量仪。

3）测试布置

（1）航天器。如图5－19所示为航天器电子设备的搭接和接地测量布局示意。需要分别测量几个安装接地点的电阻。

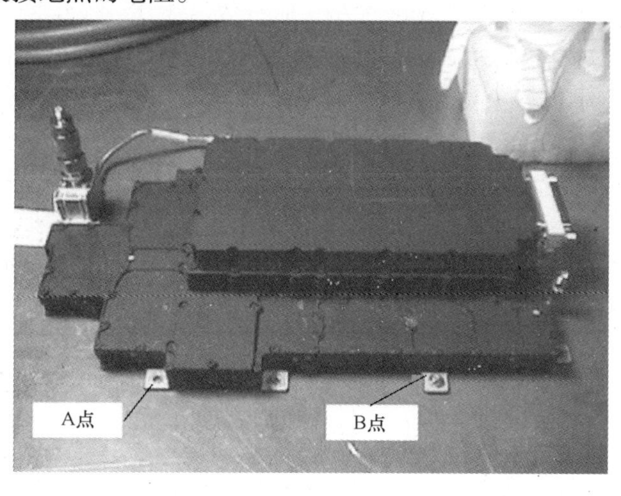

图5－19 航天器搭接和接地测量布局示意图

(2) 运载火箭。对于整个运载火箭(导弹情况类似)电阻的测量即从火箭的头部(包括整流罩)至火箭尾端的电阻值测量,可以参考 GJB 8848—2016 第 22 章的 22.1 进行,测量点的选择严格按照设计师给出的测试要求进行。

接地方面,运载火箭(导弹类似)的箭体各结构段在性能测试时与厂房、发射场坪等接地线柱进行连接,接地电阻测量不适用 GJB 8848—2016 第 22 章的 22.2.2 三端电压降测量法,可以采用两端电压降测量法进行接地电阻测量。

(3) 导弹。导弹搭接电阻测量位置根据搭接设计要求选择,以提出具体搭接指标的部分为主,充分考虑设备的整体结构和安装工艺,基本原则是尽量靠近零件、组合件或构件的结合部位选择测试位置点。如果搭接无具体位置要求,则测试是对整个泄放干扰电流通路的直流电阻进行测量,例如,作为基准地电位的导弹金属结构体上任意两点的搭接电阻测量。

2. 需要说明的问题

1) 航天器

图 5-19 中设备级搭接电阻的测量符合性要求,如表 5-9 所列。

2) 运载火箭

运载火箭的搭接电阻值见 GJB 1389A—2005 的 5.10。

表 5-9 设备级搭接电阻符合性要求

搭接点	测试结果/mΩ	要求/mΩ	符合性
接地板—A 点	<1	10	符合
接地板—B 点	<1	10	符合
接地板—C 点	<1	10	符合
接地板—D 点	<1	15	符合

3) 导弹

(1) 压力对搭接测量结果的影响。微欧表的工作原理是采用电流—电压降测试方式。恒流源输出一定的直流电流,流经被测电阻,形成一个电压降,并经前置放大器放大,再由 A/D 转换器转换成数字量由显示器显示。微欧表所测的电阻阻值为电压降与恒流源电流值的比值。电阻两端的电压包括电压降、热电势、接触电势和零电势。热电势、接触电势和零电势都属于定向干扰电势,因此,采用微欧表测量时电流流向对测量结果会带来影响,一般应在正反两个方向进行多次测试后取平均值。

图 5-20 是测量探头上施加压强与搭接电阻值之间的变化关系曲线,可以看出,当超过一定的压强后,搭接电阻的阻值便不再有显著的改善。由此可知,当在测量电极上施加的压力所产生的压强超过一定的数值后,在理论上,测量数值会趋于稳定。因此,测试人员进行测量时应保持相对恒定的压力以减小误差。

(2) 控制测量环境及测试工艺。搭接电阻测量时,测量环境及测试工艺对测量结果会产生影响,尤其是 2mΩ 以下的小电阻测量,灰尘、粉屑、油污及防腐剂等将严重影响测量结果。同时热电势及电池电势干扰均会附加在测量结果上,使得测量结果产生偏差。因此,测量记录中应包含测量环境(如温湿度)、测量工艺等文字性记录。

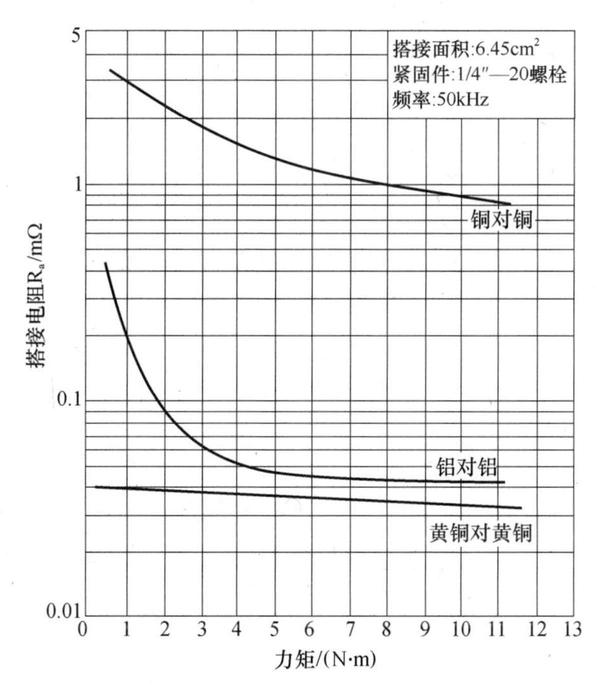

图 5-20 探头压强与测试结果的影响

5.3.4 电源线瞬变试验

1. 实施要点

1）被测对象及实施阶段

（1）航天器。针对航天器上功率较大的负载且开关动作、模式变化较多的设备，应实施瞬态电压或电流的测量。测量瞬态电流需要确定被测件的位置、接插件的编号和相应线缆的位置信息等，可以直接对电缆束测量，也可以串接电缆转接盒后对相应芯线进行测量；测量瞬变电压需要确定被测电缆的位置和状态，串接电缆转接盒后将电压探头串入对应被测通路的芯点中。详见本书 17.4.6 节相关内容。

（2）运载火箭。作为运载火箭（导弹类似）系统级试验，以获取最大的电源线瞬变信号为试验目的，所以电源线瞬变测量位置一般选取系统的总电源，或分系统的总电源处，具体测量位置按照系统设计师的要求和关注点进行选取。测量数据一般要涵盖整个系统运行的全过程，电源的负载应该要涵盖全部的负载量。为了便于操作，一般在运载火箭进行全系统桌面联试状态下进行该项试验。

（3）导弹。导弹系统使用的一次电源为蓄电池，一般为直流 28V 供电。对于导弹系统内设备，一次电源通过 DC/DC、DC/AC 等设备二次电源转换为设备所需电源。为避免系统内共用电源的设备之间产生相互干扰，根据供电负载以及可能产生的干扰情况会设置多个一次电源。因此对于独立供电设备可以不考虑该项试验，该试验主要适用于共用电源的设备。

当系统内设备开关切换、负载电性状态快速改变等工作时，会在电源线上产生单个或低重复频率的电压脉冲，这样的电压脉冲可能会对系统内共用一次电源的其他电子设备产生干扰。因此，为测量瞬态信号的信号特征，可以根据系统的不同工作状态，如电源转换、发射、分离等状态变换时分别进行测试。

2）测量仪器

瞬态电压的测量主要采用示波器和电压探头，瞬态电流测量使用存储示波器和电流探头。测试中示波器采用浮地或者隔离变压器隔离地线干扰，尤其对于运载火箭（导弹类似）上设备采用浮地系统，为避免无意接地对运载火箭带来故障或隐患，进行电源线瞬变测量时，测试用示波器必须使用电池供电的示波器。

瞬态信号上升时间一般不超过 $1\mu s$，为保证信号的测量精度，应选择带宽大于100MHz 的示波器。电压探头可采用示波器自带探头，探头需满足信号带宽、电压等参数要求。电流探头需在 10kHz ~ 50MHz 频率范围内，频率响应幅值均匀度在 ±0.5dB 以内，通过电压—电流转换系数将示波器测量的电压换算成电流值。

3）测试布置

试验实施时，应该首先在设备级先确认各个设备的瞬态发射情况，可根据 GJB 151B—2013 中 CE107 或者试验规范要求进行测量并控制；然后在系统级调试过程中对一次电源进行测量，测量整个系统的瞬态发射情况。

4）测试步骤

测试过程中主要需要确定工作状态，包括通断各种开关、负载状态变化等，每种操作至少 5 次，记录电源线瞬变电压波形。根据波形参数 $V(t)$，利用下式计算脉冲强度（脉冲电压对时间积分的面积）：

$$\mathrm{IS} = \int_{-\infty}^{+\infty} V(t)\,\mathrm{d}t \tag{5-1}$$

2. 需要说明的问题

（1）由于空间系统均为蓄电池供电，电压测量法可不用高通滤波器。

（2）由于系统试验时，系统线缆不可破坏，因此试验过程中不采用 LISN 进行阻抗匹配。

（3）测量瞬态电流建议对探头进行绝缘处理，避免使用接线盒时因电流探头外壳金属部分造成意外短路或使电缆受力造成损伤。

5.3.5 电磁环境试验

1. 实施要点

1）被测对象及实施阶段

（1）航天器。航天器系统内电磁兼容性相关的外部电磁环境主要航天器自身有意或无意的电磁发射与敏感设备或传感器间的兼容性。如同步轨道通信卫星常采用反射面天线形式，卫星对地面的馈源工作时会有信号在辐射到反射面的同时，也辐射到卫星的地球敏感器，可能使其处于 100V/m 左右的电磁环境中，需要进行相应的试验验证。

（2）运载火箭。运载火箭的空间系统内电磁环境试验，需要考虑两个方面：一个是作为大系统，运载火箭需要考虑与其载荷间的电磁环境、与发射场之间的电磁环境；另一个是运载火箭自己作为一个系统，应该考虑内部自身的电磁环境。测试贯穿于整个研制过程。测试分散态桌面联试电磁环境试验、总装状态舱内电磁环境试验、仪器舱界面电磁环境试验、无线系统间电磁环境试验。

（3）导弹。电磁环境测试的主要目的是积累电磁兼容性数据，检查系统的电磁兼容性。测试贯穿于系统研制过程，在初样阶段开展电磁环境的摸底测试，在试样阶段进行电磁环境的设计及更改验证测试，在定型阶段进行电磁环境的设计鉴定（定型）测试，作为电磁兼容性指标评定依据。电磁环境测试常结合系统的匹配试验和联调试验开展。被测对象分别为导弹散装状态下的设备、分系统和系统联调状态下的导弹发射车及地面设备。

2）测量仪器

（1）航天器。参考 GJB 151B—2013 中 RE102 测试的相关设备。

（2）运载火箭。散态桌面联试电磁环境试验、仪器舱界面电磁环境试验、无线系统间电磁环境试验，可采用附录 C 中 C.2 规定的设备和天线，也可采用 GJB 151B—2013 中的 RE102 测量设备。接收设备应注意避免输入过载现象的发生，在未知被测场强时应在接收设备输入端加载衰减器起到保护作用。

总装状态舱内电磁环境试验，测量使用的天线不是一般意义上的天线，是满足狭小空间测量的微小天线，可以是薄片状、电缆状等形状，性能满足运载火箭（导弹类似）内部电磁环境的测量，物理尺寸足够小以减小对电磁环境分布的影响。

对于运载火箭电磁环境的测量，测量仪器的选择根据系统设计师的需要确定，测试频段不限于 10kHz ~ 18GHz，必要时上限频率可以是 40GHz 或更高，下限频率可以小于 10kHz。

（3）导弹。导弹电磁环境测试时可采用 GJB 8848—2016 附录 C 中规定的设备和天线，也可采用 GJB 151B—2013 中的 RE102 测量设备。接收设备应注意避免输入过载现象的发生，在未知被测场强时应在接收设备输入端加载衰减器起到保护作用。

3）测试布置

（1）航天器。参考 GJB 151B—2013 中 RE102 的测试布置。

（2）运载火箭。对于运载火箭（导弹类似）舱内狭小空间电磁环境测量时天线或场强探头的布置原则是：一要满足系统设计师对电磁环境测量的目的，二要保证测量天线放置位置既能获取所要的电磁环境数据又不对电磁环境分布产生影响。引出舱外的电缆也要注意布置的位置、引出形式不对电磁环境分布产生影响。

对于运载火箭（导弹类似）舱口电磁环境测量时场强探头的布置原则是：一要满足系统设计师对电磁环境测量的目的，二要保证测量天线放置位置既能获取所要的电磁环境数据又不对电磁环境分布产生影响。

对于运载火箭（导弹类似）台面状态电磁环境测试时，有时根据需要在桌面铺设导电金属板以模拟运载火箭（导弹类似）的金属壳体。

（3）导弹。导弹系统内的设备或分系统处于桌面散装状态下电磁环境测试时，各分系统之间通过电缆网连接并按一定距离要求布置以实现相关功能。测量天线分别架设在被测设备或分系统前方规定距离处。尽量清空测量天线周围无关的物体。测试中应根据测试距离和天线的 3dB 波瓣宽度确定放置位置及数量，测试布置可参考 GJB 151B—2013 中 RE102 的测量布置。此外，为测得最大辐射场强值还需要在测试过程中适当调整天线角度以使天线对准被测设备、分系统的最大辐射方向。

系统联调状态下的电磁环境测试时，在导弹发射车各舱室外部规定距离处架设测量天线，并根据需要改变测量天线对准的部位或架设高度。

4）测试步骤

（1）运载火箭。对于运载火箭（导弹类似）系统间的电磁环境测量，需要各参试系统按照协调的口令顺序分别进行加电、待机、工作等状态的测量。

（2）导弹。电磁环境测试时，先在各系统不开机的情况下进行背景电磁环境测试，然后在模拟飞行状态下，分别在各设备、分系统附近以及导弹发射车各舱室附近进行电磁环境测试。

导弹运行模飞流程时，弹上设备根据运行程序的时序要求加电工作。因此，试验时需确认不同舱段设备的工作状态，根据各个设备的工作状态，合理设置测试位置和测试频段，以便更准确地评估系统辐射发射产生的电磁环境。

2. 需要说明的问题

（1）按 GJB 8848—2016 附录 C. 4 规定的试验步骤对导弹进行测试时，对于天线法测试，可能存在外部场强过大导致接收设备过载烧毁风险，故若不确定发射源及其工作状态，可先采用电场传感器法进行初测，根据需要再进行天线法测量。

（2）电场传感器法测量电磁环境时应注意电场传感器放置位置，当测试空间狭小且周围存在除 SUT 外的大面积金属物体时应在电场传感器背向 SUT 侧放置一定面积的吸波材料，减小金属物体反射带来的影响。

（3）需注意航天器有意电磁辐射对宽带测量接收机的影响。

（4）若测试现场环境存在有害电磁辐射，测试人员应做好人员防护和设备保护。

5.3.6 天线间兼容性试验

1. 实施要点

1）被测对象及实施阶段

（1）航天器。航天器天线间兼容性与天线间隔离度和收发设备的带通、带阻特性相关。天线间的隔离度试验一般在初样阶段电性星上实施，发射设备的带外抑制特性和接收设备的通带特性一般采用研制单位的测试数据。详见本书 17. 4. 6 节的相关内容。

（2）运载火箭。运载火箭天线间兼容性与发射设备的功率、带宽特性，接收设备的灵敏度，天线在舱上布局及天线间隔离度等特性相关。天线间隔离度，尤其是无线系统复杂的天线间隔离度，一般先进行仿真分析，再通过初样阶段舱段或模拟真实天线安装的试验舱段进行验证。

（3）导弹。弹上天线主要包括导引头天线、应答机天线、引信天线、遥测天线、高度表天线及 GPS 天线等。受导弹内部空间的限制，小型导弹一般不进行天线间兼容性试验，主要通过仿真分析及系统验证的方式进行评估。对于导弹地面分系统，主要针对通信车开展该项测试。

2）测量仪器

（1）航天器。测量仪器主要是相应频段的网络分析仪或信号发生器和频谱分析仪等。

（2）运载火箭。对于运载火箭（导弹类似）天线间隔离度的测量、接收机输入端耦合信号的测量，测量仪器的选择根据系统设计师的需要确定，测试频段不限于 10kHz ~ 18GHz，必要时上限频率可以是 40GHz 或更高。

（3）导弹。天线间隔离度测试设备需满足测量频段的要求，同时满足测量动态范围要求。

3）测试布置

（1）航天器。天线间隔离度测试一般在屏蔽暗室环境中，尽量避免周围环境的意外反射对测试结果的影响。示例如本书 17.4.6 节所示。

（2）运载火箭。对于运载火箭（导弹类似）天线间隔离度的测量、接收机输入端耦合信号的测量，一般在真实装箭（弹）状态下进行。对于需要进行转发的 GPS 信号，建议设置为接收机最灵敏接收状态的幅度。为避免周围环境产生的反射对测量结果的影响，建议在全电波暗室中进行，或在被测舱段周围布置吸波材料减少周围环境反射带来的影响。

（3）导弹。试验实施前，首先根据系统发射机和接收机的工作状态、工作频段，分析可能存在相互干扰的天线，制定两两天线之间的测量矩阵表。试验实施时，所有测试天线安装应该按照实际状态安装到位，系统内发射设备状态满足各项工作指标要求，系统外部结构符合最终系统状态要求。导弹天线间兼容性试验应在屏蔽暗室中进行。

4）测试步骤

（1）测量设备加电预热。

（2）收发电缆使用频段的损耗测量。

（3）信号源输出端连接到发射天线 1，信号接收端连接到收天线 1。

（4）设置信号源到发射天线 1 的输出频率和电平幅值，记录接收天线 1 工作频段内的频率和电平幅值。

（5）信号接收端依次连接到接收天线 2，3，…，N，重复步骤（4）。

（6）信号源输出端连接到发射天线 2，重复步骤（3）~（5）。

2. 需要说明的问题

（1）对于具有直流馈电的天线需额外提供直流馈电回路，需防止直流电压进入接收机，导致接收机损坏。

（2）计算过程中需将电缆、衰减器等射频通路的衰减折算到信号强度计算中。

5.3.7 二次电子倍增试验

1. 实施要点

1）被测对象及实施阶段

对于单载波情况，二次电子倍增效应（微放电）验证流程如图 5－21 所示。其中，进行分析的条件为：

（1）有过一个类似的经过验证的产品设计。

（2）器件的几何结构可以进行精确的电场计算。

（3）器件的微放电敏感区域和一个已知的设计相同，而且这个已知的设计的分析结果和试验结果之间的关系已经建立。

对于多载波情况，二次电子倍增效应（微放电性能）验证流程如图 5－22 所示。其中，进行二次电子倍增效应（微放电性能）分析的条件同单载波情况。

其中射频部件与设备的分类及其二次电子倍增要求，见本书 17.4.2 节相关内容。

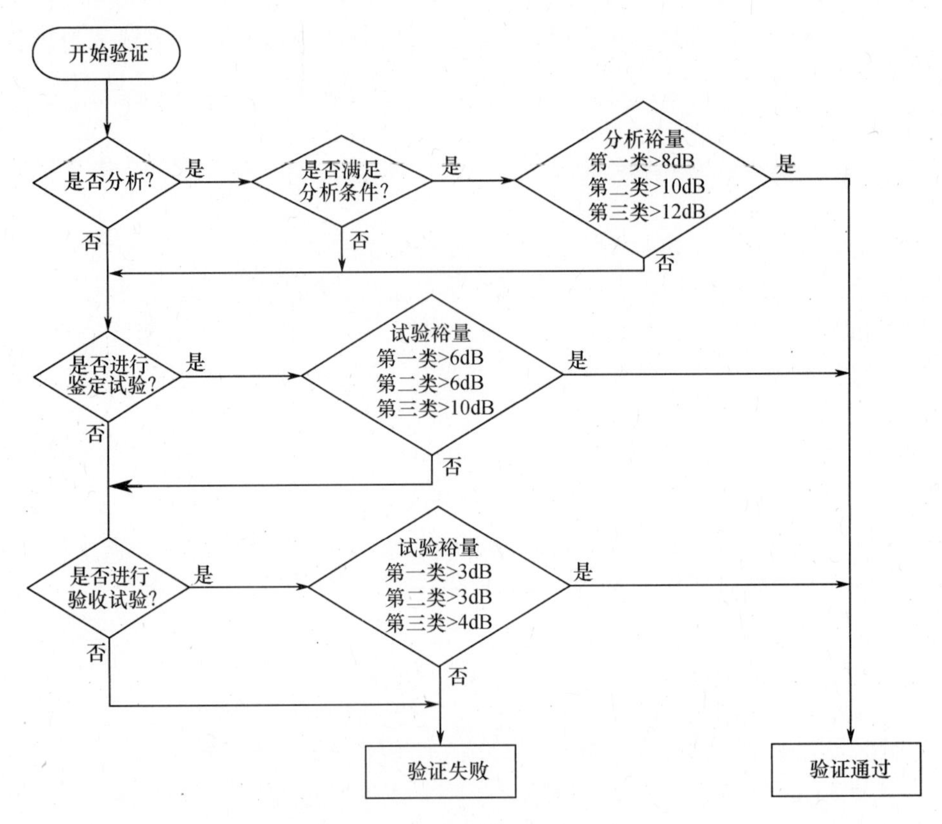

图 5－21　单载波情况的验证过程

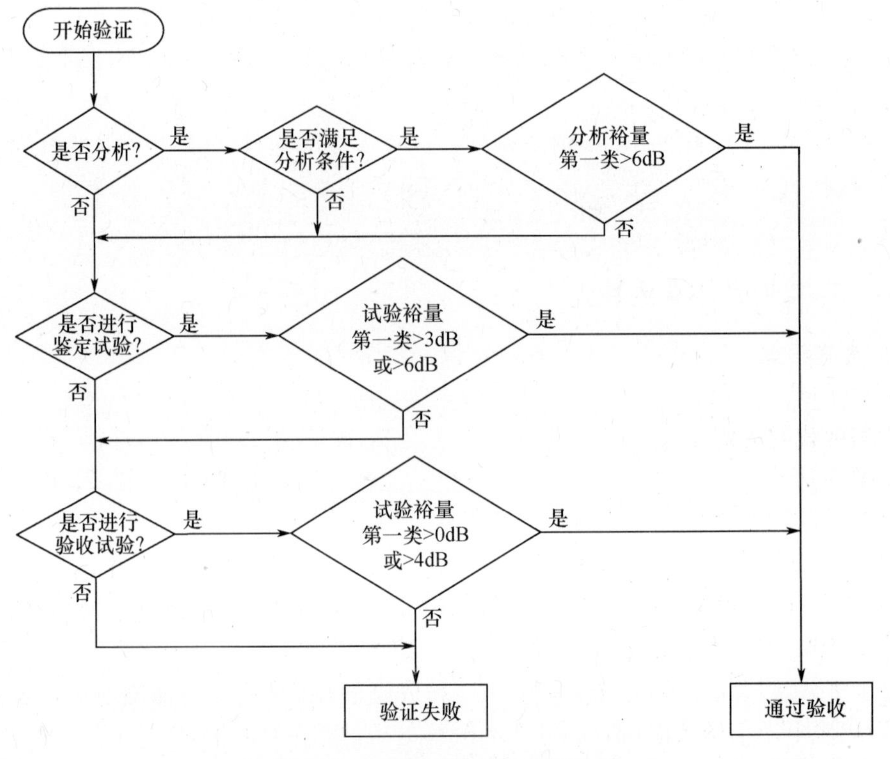

图 5－22　多载波情况的验证过程

2）测量仪器

测试系统如图 5－23 所示，详见本书 17.4.6 节相关内容。

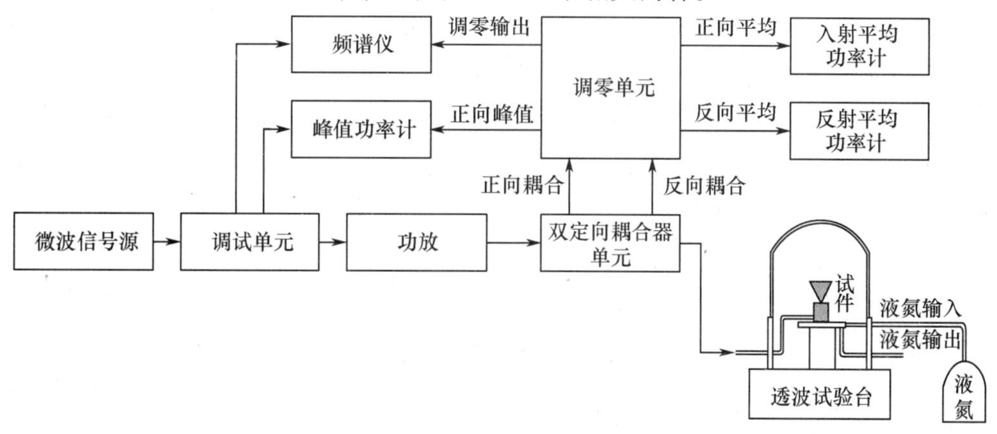

图 5－23　测试系统示意框图

3）测试布置

测试布置如图 5－24 和图 5－25 所示。

图 5－24　二次电子倍增试验现场测试布置

4）测试步骤

具体测试步骤详见本书 17.4.6 节相关内容。

2. 需要说明的问题

1）真空度

二次电子倍增（微放电）效应的验证试验需在真空条件下进行，真空条件是为了保证电子的自由程充分的大于产品间隙尺寸，以保证二次电子倍增（微放电）效应的形成条件，因此，在试验条件难以达到标准规定的真空度时，或者由于产品材料放气等原因导致真空度无法达到标准规定的真空度时，允许适当的降低真空度至 1.3×10^{-2} Pa，进行验证试验。

对于封闭试件，为避免试验中出现由于放气不充分导致的低气压放电现象，应设计通气孔，通气孔大小、形状和数量的设计，除考虑放气率的指标外，还需满足电磁泄漏和电磁

图 5-25　被测件安装和测温点布局

敏感度等 EMC 规范要求。

2）试验温度与试件温度

标准中规定了试验温度，是指试验起始温度，试验中试件的温度会继续上升，直至温度平衡。通常试验时间应足够满足试件达到温度平衡。由于真空试验环境条件下的散热条件差，为保证试件的安全，应尽可能地进行一些温升预算分析，以便试验中及在轨工作中都考虑一定的散热措施。

3）自由电子

自由电子在二次电子倍增（微放电）效应的验证试验中所起的作用，是诱发二次电子倍增（微放电）效应的发生，并不需要也不可能非常的精确计量。对于采用连续波试验的情况，ESA 标准允许不加自由电子进行试验。

4）试验信号的调制

二次电子倍增（微放电）效应的验证试验允许采用脉冲调制进行试验，但是脉冲调制的脉宽不应太窄，应大于 200μs，否则试验的有效性将存在质疑。

5）分析与试验试验的裕量

根据 ESA ECSS-E-20-01A Rev. 1 Multipaction Design and Test 标准，二次倍增（微放电）效应分析与试验验证的裕量要求规定如下：

对于单载波工作状态的产品，二次电子倍增效应（微放电）分析与试验验证裕量要求如表 5-10 所列。

对于多载波工作状态的产品，如前所述，限于目前研究水平，二次电子倍增效应（微放电）分析与试验验证裕量要求，仅针对第一类产品提出，如表 5-11 和表 5-12 所列。对第二类产品及第三类产品，需增加验证裕量要求。

表 5-10　单载波工作状态产品二次电子倍增效应(微放电)分析与试验验证裕量

序号	验证途径	验证裕量/dB		
		第一类	第二类	第三类
1	分析验证	8	10	12
2	鉴定级验证	6	6	10
3	验收级验证	3	3	4

表 5-11　多载波二次电子倍增效应(微放电)验证裕量(阈值高于峰包功率)

序号	验证途径	验证裕量(相对峰包功率)/dB
1	分析验证	6
2	鉴定级试验验证	3
3	验收级试验验证	0

表 5-12　多载波二次电子倍增效应(微放电)验证裕量(阈值低于峰包功率)

序号	验证方法	验证裕量(相对 P_{20} 功率或 P_V 中较高的功率值)/dB
1	分析验证	6
2	鉴定级试验验证	6
3	验收级试验验证	4

5.3.8　相互干扰试验

1. 实施要点

1）被测对象及实施阶段

（1）航天器。作为电磁相互干扰试验的准备工作,首先要建立相互影响检查矩阵。应根据航天器系统内频谱兼容性分析和设备单机 EMC 试验结果确定潜在的干扰源和敏感设备,也可以按照如下原则确定航天器系统内的干扰源和敏感设备。

潜在干扰源:

① 所有有意射频发射机,如测控发射机、数传发射机、载荷雷达等。

② 所有包含磁性操作部件的设备,如电动机、继电器等。

③ 所有包含频率源的设备,如包含有开关电源、时钟振荡电路或处理器的系统。

④ 所有启动、关闭产生电源线瞬变的大功率设备,如各种开关类设备。

⑤ 所有单机 EMC 试验中发射类项目超标的设备。

潜在敏感设备:

① 所有射频接收机,如测控接收机、载荷侦察接收机等。

② 所有低频磁场敏感的设备,如磁力矩器等。

③ 所有含有低电平信号传输的传感器,如星敏感器、红外地球敏感器等。

④ 所有含有低电压、低电流保护器件的设备,如行波管放大器等。

⑤ 所有单机 EMC 试验中敏感度类项目超标的设备。

⑥ 所有涉及航天器安全的关键设备。

按照如下原则确定干扰源的工作状态:

① 所有有意射频发射机干扰源应使其处于最大功率输出工作状态。

② 所有有意射频发射机干扰源的辐射频率应覆盖整个工作频段,并且包括机载设备电路使用频率,如机载设备中使用的各级中频、晶振频率、时钟频率、开关电源频率等。

③ 当干扰源设备有多个工作状态时,应在每个状态都要试验。但也要分析设备内部的工作原理,如果一个状态就能反映整个设备所有部分的电磁干扰特性,也可以只选一个状态检查。

④ 所有干扰源设备都应处于最大电气负载的状态,如电驱动装置应设置在指定载荷的状态下进行测试。

按照如下原则确定敏感设备的工作状态:

① 对于敏感设备,要选择其最敏感的工作状态,即传感器使用最多、接收机灵敏度最大、涉及设备内部信号最多等。

② 当被干扰设备有多个工作状态时,应在每个状态都要进行试验。但也要分析设备内部的工作原理,如果典型状态就能反映整个设备所有部分的电磁敏感特性,也可以只选一个或几个典型代表状态检查。

③ 所有射频接收机的频率选择应覆盖整个工作频段,同时还要考虑内部电磁环境测试和天线耦合信号测试中在接收机工作频段内的频点作为接收设备的检查频率。特殊目的的检查也可以根据某次试飞时选择的波道专门检查。

④ 射频接收机应设置在灵敏度电平上工作。

⑤ 对敏感设备应建立敏感度判据以表征星载设备正常工作的指标和参数及其变化范围。

在航天器不同工况的基础上确定应当进行相互干扰检查试验中的干扰源、被干扰设备,从而建立干扰检查矩阵。只有在航天器不同工况中同时工作的干扰源、敏感设备才能编入相互影响检查矩阵表。

实施过程:

① 根据电子设备单机 EMC 分析和测试的结果,确定需要在系统级进行验证的设备矩阵组合并明确测试工况。

② 根据检查矩阵表的要求,评定结果记录中是否对所有应检查项目全部实施检查。

③ 根据敏感设备的敏感度判别准则,评定结果记录中的测试数据或状态记录是否满足要求,并作为测试结果是否敏感的依据。

④ 对于使用地面电源供电情况下的相互影响检查试验中出现的干扰现象应在使用航天器上供电系统的情况下的进行复查,如果在复查中确认干扰确实存在,才能最终确定为实际存在的干扰现象。

(2) 运载火箭。对于运载火箭(导弹类似)内部相互干扰测量时,除干扰源与敏感设备进行相互干扰试验外,还需要使用电磁兼容性测量设备同时进行电磁环境监测,及时发现干扰并进行解决。

(3) 导弹。导弹系统相互干扰试验在全系统联调和试验阶段实施,也可在定型阶段作为系统定型试验考核。导弹在整弹状态下一般不进行相互干扰试验,需要时在弹上设备散装状态下进行;地面系统的相互干扰试验在各车载分系统之间进行,各车载分系统既作为干扰源,也作为敏感对象。

2）测量仪器

空间系统相互干扰试验时一般不需要电磁兼容测试设备。

对于运载火箭（导弹类似）内部相互干扰试验，因为需要复查干扰现象并进行电磁环境监测，针对可能出现的辐射干扰和传导干扰，测量仪器的选择根据系统设计师的需要确定，测试频段不限于10kHz~18GHz，必要时上限频率可以是40GHz或更高，下限频率可以小于10kHz。除需要使用测量天线外，还需要使用电流探头等试验设备。

3）测试布置

（1）卫星。某卫星通过频率分析得到可能存在潜在干扰的干扰对，如表5-13所列。

表5-13　某民用卫星频率兼容性分析结果

序号	干扰源	敏感设备	可能的干扰途径	干扰源和敏感设备同时工作的卫星工况
1	高度计本振	散射计	设备壳体泄漏	联合传输模式
2	高度计的中间频率	辐射计	设备壳体泄漏	联合传输模式
3	高度计C波段工作频率	辐射计	设备壳体泄漏	联合传输模式
4	USB发射机三次谐波	辐射计	天线干扰	联合传输模式
5	USB发射机	载荷接收机	天线干扰	激光通信模式

根据干扰对的情况建立相互干扰检查矩阵表，如表5-14所列。

表5-14　某民用卫星电磁相互干扰检查矩阵表

航天器工作模式	干扰源与敏感设备验证对
一对一检查矩阵（一个干扰源对一个敏感设备）	
联合传输模式	高度计→散射计
	高度计→辐射计
	USB发射机→辐射计
激光通信模式	USB发射机→载荷接收机
多对一检查矩阵（多个干扰源对一个敏感设备）	
联合传输模式	高度计、USB发射机→辐射计

（2）运载火箭。运载火箭相互间干扰分两种状态进行测试。一种是桌面散装状态，经分析可能产生相互干扰的设备尽量放置在一起以考察极限状态下的干扰情况，提前发现问题提前解决。一种是总装状态，所有设备、电缆、天线等按实际状态进行布置，如果需要进行干扰排查，所使用的EMC测量设备不应对测量结果产生影响或造成的影响降为最低。

（3）导弹。导弹桌面散装状态下进行相互干扰试验时，其系统电缆的安装和连接，含电缆屏蔽、搭接、接地等，应与最终使用状态一致。应避免在临近其他干扰源或存在电磁干扰的环境下进行测试，若无法消除或避开电磁干扰时，应在测试前对现场的电磁环境进行预测试，并记录相应的数据，以便在相互干扰试验时排除这些干扰的影响。地面系统进行相互干扰试验时，系统内各车载分系统按照典型状态部署。

4）测试步骤

（1）航天器。航天器系统内部电子设备相互干扰试验步骤如下：

① 将航天器系统置于 EMC 屏蔽暗室内并加电，按照预先确定的工况设置航天器状态。

② 在每个工况中，注意将干扰源特性的设备设置在最大发射状态，将敏感设备设置在易受干扰模式。

③ 如果出现敏感受扰情况，记录敏感工况、参数和干扰设备的相关数据，排查干扰源、传输途径和敏感设备并尝试解决措施。

④ 如果在这个工况中干扰源和敏感设备能兼容工作（包括改进后兼容），可以进行其他工况的试验验证。

（2）运载火箭。运载火箭系统内部电子设备相互干扰试验，主要是按照运载火箭各种工况运行相应的流程，检查全寿命期所运行各流程中是否存在相互干扰。每个流程中需要考核的发射机为该流程中的最大发射量值、接收机为该流程中的最灵敏接收状态。必要时可进行极限量级的考核。

（3）导弹。导弹相互干扰试验时，首先确定干扰源及极端工况工作时序。干扰源一般选择系统内的有意和无意干扰发射设备，如电机、电源、发射机、功放、含时钟电路设备等。干扰源的极端工况是工作在设计最大功率或满负荷功率状态下；对于敏感设备而言极端工况指处于灵敏度或工作阈值的上限，如接收机的最高灵敏度状态或微处理电路的工作频率上限等。确定干扰源与敏感设备工作时序时既要考虑不能遗漏也不能人为增加不存在的工况，如敏感设备为调谐式接收机时，须在全部调谐频率上进行测试，同样当敏感设备与干扰源不存在同时工作的状态时就无需考虑两者的兼容性。

地面系统相互干扰试验时，各车载分系统分别工作在极限工作状态，按照表 5 - 15 依次选定作为干扰源和敏感对象的一组车载分系统，在规定的工作状态按照正常工作流程加电，进行功能检查，观察作为敏感对象的分系统工作状态是否正常或判断系统功能是否正常。

表 5 - 15 导弹系统相互干扰检查表

干扰源 / 敏感对象	车载分系统 1	车载分系统 2	车载分系统 3	…	车载分系统 n
车载分系统 1	—				
车载分系统 2		—			
车载分系统 3			—		
…				—	
车载分系统 n					—

2. 需要说明的问题

（1）航天器。因为实验室或现场的试验验证会有地面设备和外界环境的影响，需要排除这些因素对试验结果的干扰。如采取地面电缆屏蔽包覆、有辐射干扰特性的设备远离被测系统等隔离措施。

注意航天器的测试工况与实际发射和在轨状态的差异，如太阳帆板在实验室没有展开、天线没有旋转角度等可能对静电放电和电磁发射等验证有不足，需要补充分析和完善。

（2）运载火箭。所有需要转发接收的信号，尽量模拟真实信号的强度。

必要时可以设置极限情况，如转发信号最大，以考核是否会产生互调；或转发信号最小，以考核接收机接收信号的阈值。

（3）导弹。在进行相互干扰试验时若必须要有其他设备参试或陪试，则应保证这些设备不会产生直接或间接影响测试结果的电磁干扰，常见的情况有引入外部动力输入、外部信号发射设备等。

5.3.9 结果评估

空间系统电磁兼容试验结果评估方法如下：

（1）相互干扰试验和二次电子倍增试验结果必须满足研制合同或设计要求。

（2）搭接和接地、电源线瞬变及天线间兼容性试验应满足研制合同或相关设计文件要求；如果出现不满足的情况，应结合敏感性阈值和安全裕度进行系统内电磁兼容性综合评估。

（3）如果 SUT 有电磁环境指标要求，则试验结果的评估见（2）；如果没有具体限值要求，试验结果作为摸底数据，不直接参与系统内电磁兼容性评估。

如果有系统级试验不满足总体提出的要求，需要进行故障排查，找出干扰源或敏感设备进行电磁兼容性加固处理，保证经过加固处理后的系统满足总体要求，并把加固措施落实到后续研制阶段的设计要求中。

5.4 地面系统电磁兼容性试验

地面平台系统在设备分系统集成安装后，其电磁特性会发生变化，即使设备都满足 GJB 151B—2013 的情况下，集成后仍然容易发生系统级电磁干扰问题。因此有必要进行系统集成安装后的电磁兼容性试验。本节描述了应用于地面平台和系统内的电磁兼容性试验项目和试验方法，可针对地面系统安装集成后进行兼容性试验，并且为全面的电磁环境效应测试和验证程序开发提供基础参数。

由于地面平台多样性特点，对于确定具体的受试系统所采用的试验项目、方法和限值的适应性，订购方和设计方应在试验前需首先讨论并确认以下几方面内容：

（1）依据受试平台系统功能适用的试验项目确认。

（2）详细的测试方案和特定的测试方法选取。

（3）适合的符合性等级和极限值。

（4）典型的操作模式选择及测试证实其符合性的判据定义。

在实际应用中，还应根据系统研制总要求或合同要求，结合具体系统组成、功能特性，选择试验项目和试验方法，制定详细系统试验要求和试验计划，验证规定的设备和分系统安装于系统平台中的电磁兼容性能，以确定地面平台系统内设备或分系统操作时，是否会对总体性能指标、安全性及通信能力产生影响，是否实现自身的电磁兼容性。

5.4.1 适用范围

本部分对应 GJB 8848—2016 中方法 204“地面系统电磁兼容性试验方法”，适用于试验验证地面平台系统内电磁兼容性，确保整车系统或大型装置对环境产生的电磁干扰满足约束条件（环境要求）。订购方应当根据地面平台功能特性，决定其他电磁环境要求是否适用，是否需要扩展，以使平台性能得到完全确认。

5.4.2 试验项目

地面系统内电磁兼容试验主要包括搭接和接地性能、电源线瞬变、电磁环境控制、通信兼容要求、平台内相互干扰和系统内电磁敏感性等类型。具体要求和试验项目如表 5－16 所列。

表 5－16 适用于地面系统内电磁兼容性要求和试验项目

序号	要求	试验项目
1	搭接和接地性能	搭接和接地电阻试验方法
2	电源线瞬变	电源线瞬变试验方法
3	电磁环境控制	电磁环境试验方法
4	通信兼容要求	天线间隔离度
		天线端口干扰电压试验及评估方法
5	平台内相互干扰	相互干扰试验方法
6	系统内电磁敏感性	系统内传导敏感度试验方法
		系统内辐射敏感度试验方法

当适用时，这些检验活动需要形成详细的文件，如试验大纲、检验程序和试验报告等。

5.4.3 搭接和接地性能试验

1. 测试理由

良好的搭接与接地措施很久以来被公认为是系统设计成功的关键因素。当陆军地面系统发生 EMC 问题时，首先要检查的内容常常是搭接与接地性能是否良好。接地是将设备外壳、机座或机箱与大地，或者物体或车辆结构搭接，确保等电势。其中接大地在是指地面系统的金属壳体和大地之间进行良好电气连接的过程，确保与大地等电势。搭接是指在两金属表面之间建立一条供电电流流动的低阻抗通路，搭接是两个导电物体之间的任何固定连接，实现物体间的导电性。工程上是靠机械（螺接、铆接）、化学（焊接、熔接）等方法使金属物体间实现结构固定。这种连接不同于物体导电表面之间的直接接触，也不同于物体之间增加的牢固电连接。

地面系统一般含有对电路形成等电位的接地平板。如果由于内部电路工作时电子设备壳体与接地平板之间出现电位差，那么壳体将产生辐射干扰。与此类似的情况是，电磁场将在不良的搭接外壳和接地平板之间感应出电位差。这些电位差将作为共模信号加到以此壳体作为接地参考点的所有电路上，对于不良搭接的屏蔽端接会出现同样的两种效果。在特殊环境下，如雷电环境中，没有良好的搭接，雷电与系统的相互作用能产生可以击伤人员、通过电弧和火花点燃燃油、引爆军械或使军械失效和干扰或危害电子设备的电压。

搭接是在金属表面之间获得良好的电接触。而对于地面系统由于使用环境变化较大，如应用于沿海地区的两栖车辆经常金属部分特别容易被锈蚀而采用了各种腐蚀控制措施，这些措施的采用不当会影响电连续性，所以在系统设计中必须有兼顾电搭接性能与防腐蚀性能的合理系统设计，并进行测试检查。

2. 实施要点

1）测试前的检查

首先对每个待测接地与搭接点进行检查。例如：重点检查遗漏的电搭接位置、多余重复的接地点、工艺质量、表面涂漆情况、未处理的表面、电搭接构件的机械运动方式、不适当电搭接构件的使用、接地母线装配、接地带的宽度等是否满足设计和安装要求。上述情况应使用照片作为记录。具体应包含三个方面：设备安装附座的检查、特定的接地编织物和接地带的检查、用于连接设备的线缆外屏蔽层的检查。

2）测试位置的确认

为保证试验的有效性与评估结果的全面性，对于陆军地面系统，应在测试准备阶段，在测试计划中对接地与搭接测试的测试位置进行前期的确认。在获取相关信息或系统连接图与接地方案后，按照图中电气设备的接地点和搭接点显示位置，确定具体的测试位置并列表。

3）测试方法的建立

利用高精度微欧表或接地测量设备，在试验对象上选取的接地、搭接点进行接地及搭接电阻测量。根据待测搭接电阻值的大小选用不同的电流及量程，读取测量值并记录。

测量使用精密电阻测量仪器，测量时两根表笔分别跨接到设备壳体和对应的接地点上（数字式微欧表配有电压和电流端子，连接时，电流引线夹的固定位置远离搭接点，而电压引线夹的位置要靠近搭接点），如图 5－26 所示。

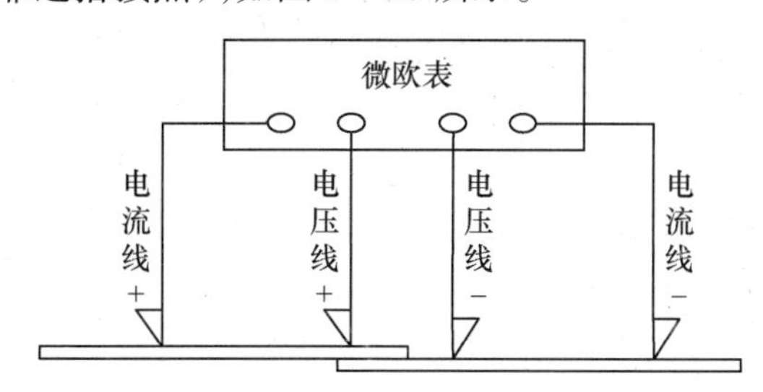

图 5－26　搭接电阻测量配置图

4）测试要求

测试中应根据测试计划中规定的测试点，对每个待测接地与搭接点进行检查。例如：重点检查电搭接位置、工艺质量、表面涂漆情况、电搭接构件的机械运动方式、不适当电搭接构件的使用、接地母线装配是否满足设计要求。尤其需要注意，测量时确保被测系统应处于全部断电状态。对于陆军地面系统，通常供电系统包含蓄电池，需要在测量前将系统的蓄电池供电断开。实际的接地搭接测试操作比较简单，重点在于所测量方法的确定和测量点的选取。

5）测试中接地的多样性和种类

通常情况下，一个复杂的被测系统和装置中存在不同类型的接地点，如设备之间，辅助设备、主要安装系统的硬件和平台之间。完成这些接地点验证可以用下列一种或几种方法。

（1）待测设备内物理结构的检查（安装附座的检查）。在金属连接处，保证金属与金属的全接触以保证低阻抗连接。此类结构的完好性可保证设备与主安装地之间的稳定性和低阻抗连接。

（2）特定的接地编织物和接地带的检查。这是当接地物需要方便拆装时最常用的方法。最好的方法是螺钉紧固。但在一些情况下由于设备集成安装位置的特殊性，导致无法与设备壳体良好搭接，由此造成难以保证搭接的良好紧固。

（3）用于连接设备的线缆外屏蔽层的检查。屏蔽完整性的检查应当延伸至放置接插件的盒子部分，如有必要使用360°屏蔽。规范中包括检查线缆屏蔽层与接插头后壳之间的搭接阻抗，以及接插头本身与其所安装盒体之间的搭接阻抗。

6）测试仪器及参数设置

通常对接地与搭接电阻的要求为精密毫欧级，需要使用具有4个探头的精密测试。通过在两个探头之间加入一个已知的电流，然后用另外两个探头测量搭接两端的电压降来确定搭接的电阻值。测试设备须满足测量精度 ±0.5mΩ，并应有方案避免热电动势的影响。设备要求使用的测量电压不大于100mV。

7）限值要求的设定

对陆军地面系统，通常要求接地与搭接电阻值在系统整个寿命期满足以下要求：

（1）设备壳体到系统结构之间（所有的接触面的累积效果）的搭接电阻不大于10mΩ。

（2）电缆屏蔽层到设备壳体之间（所有连接器和接触面）的搭接电阻不大于15mΩ。

（3）设备内部的单个接触面（如组件或部件之间）的搭接电阻不大于2.5mΩ。

实际工程中，通常针对受试系统的任务使命，对限值要求进行剪裁。例如，针对通信指挥类车辆，接地搭接质量较差会引起整车辐射发射的提升，致使通信中接收机灵敏度的降级，此时建议在制定要求限值时加严，如7.5mΩ；而对一些后勤类车辆，车内不安装电台类灵敏度非常高的设备，此时可适当放宽限值。

3. 注意事项

在进行测试时需要注意对测试使用的微欧表进行保护。主要是在测试前应确保被测系统处于全部断电状态，有些受试系统内部含有电池或大电容，尽管主电源已经断开，仍然有微弱电流存在，这种情况下，微欧表作为精密设备容易被烧毁。测试过程中，要保证测试探头与测试点的有效连接。如果测试探头为夹式，应确保夹子稳定的夹在测试点，以避免探头夹与保护良好的测试点接触不良的情况。

4. 测试结果的使用

完成试验，受试方应对比试验大纲要求对试验结果进行判定，对试验中的不合格部位进行整改。同时根据实际测试结果可对各测试部位的安装情况有了一定了解，进一步评估系统全寿命周期中可能存在的不合格风险进行分析并提出可靠的保持措施。通过测试，可对被试系统的接地与搭接性能有数据化的了解，可为改进设计提供数据支撑。

5.4.4 电源线瞬变试验

1. 测试理由

地面系统的电源分系统由发电设备、蓄电池和配电设备构成。在开关通断瞬间或者负载切换状态下,可能出现偏离受控稳态电压特性的振荡电压,即出现电源线瞬变现象。电源线瞬变现象会引起系统电源品质的下降,需要在试验验证阶段对电源线瞬变电压进行测试与控制,保证连接在系统电网中的设备能够在现有瞬变电压干扰的情况下正常工作。最强干扰由机械开关操作产生,例如设备开关和断路开关。产生瞬变的振幅高达几百伏,上升时间很短,仅为几纳秒,周期为几微秒。单次开关操作可能产生多个瞬变。

对于地面车辆,其发动机起动瞬间会产生启动浪涌瞬态干扰,典型电压波形特性如下图5-27所示。起动干扰是指电压不足,偏离通常的稳态水平,它是由发动机和起动电机在接合时使得发动机起动的过程中产生。这类起动干扰特性与车辆电气组成有关,起动过程会对车载控制系统产生影响。

根据平台功能性能的需求,一些车辆经常配备两套供电系统,其中一套用于车辆起动和电气系统,另一套专门用于平台上装系统,如无线电通信、导弹发射控制等。这些车辆经常配备独立的充电交流发电机。交流瞬态和谐波干扰会对上装任务系统产生干扰。

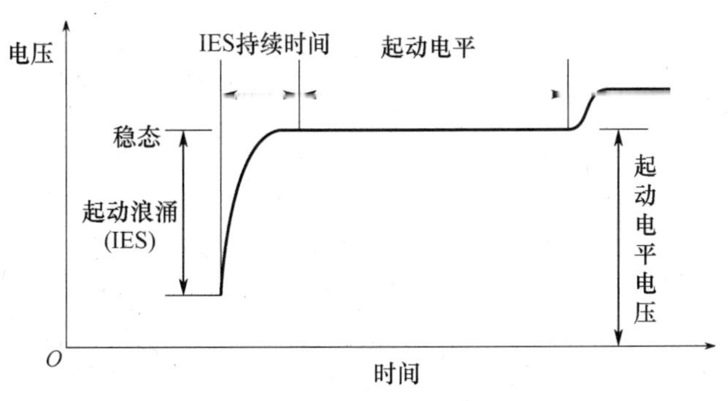

图5-27 起动干扰特征

对于地面平台来说浪涌瞬变是指持续时间超过5ms的偏离受控稳态电平的任何瞬变。浪涌的恢复时间是从电压偏离稳态极限到返回并归于极限之内的时间段如图5-28所示。浪涌通常是发电系统自行调节以及调节器校正作用的结果,始于所需电力的变化,或再生系统的电力反馈。当共用电源接通和断开相当大的负载电流时,就会产生浪涌。与主电源相关的大负载主要包括散热器风扇、空调、火炮或炮塔控制装置、起动电动机等。这类浪涌通常具有比一般瞬变干扰具备更高的能量等级。

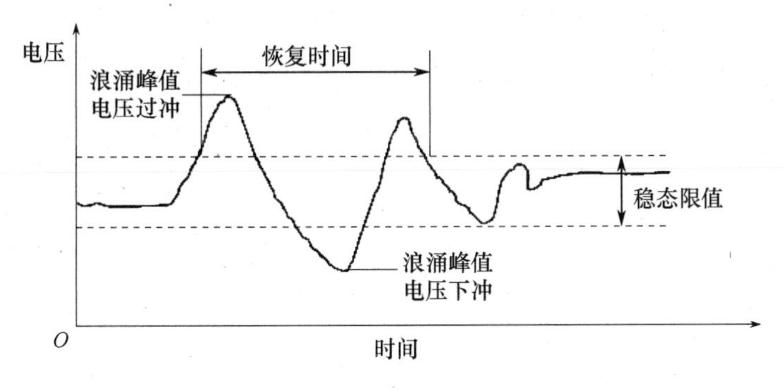

图5-28 车辆起动浪涌瞬变及延迟回复时间

下面几类瞬态干扰波形是车辆电气系统中常见的瞬变现象。

1）电源与感性负载断开时的瞬态现象

电源与感性负载断开连接时所产生的瞬态现象，典型脉冲波形如图 5－29 所示。

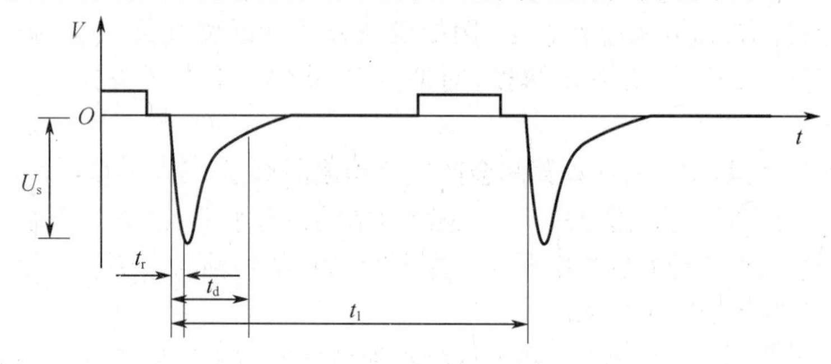

图 5－29 电源与感性负载断开时典型脉冲波形

2）点火开关断开时的瞬态现象

图 5－30（b）波形是由于线束电感的原因，使与 EUT 并联的装置内电流突然中断引起的瞬态现象。图 5.30（a）波形是直流电机充当发电机，点火开关断开时的瞬态现象。

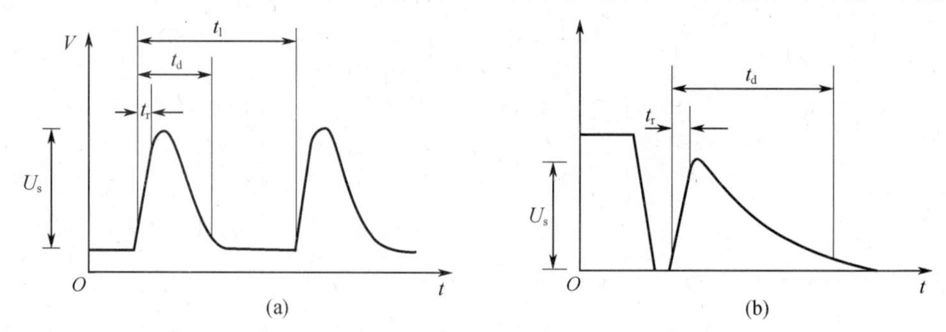

图 5－30 点火开关断开典型波形（$2a+2b$）

3）开关过程引起的瞬态特征

由开关过程引起的瞬态现象（正负波形）。这些瞬态现象的特性受线束的分布电容和分布电感的影响。典型脉冲波形如图 5－31 所示。

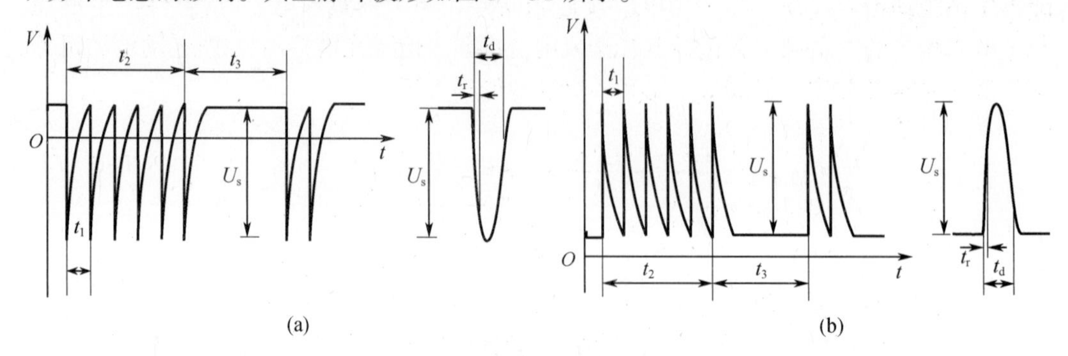

图 5－31 开关过程引起的典型脉冲波形

4）起动电机电路通电过程中电网的暂时降低

发动机、内燃机的起动电机电路通电时在电网上产生的电压的暂时降低，典型脉冲波形如图 5 - 32 所示。

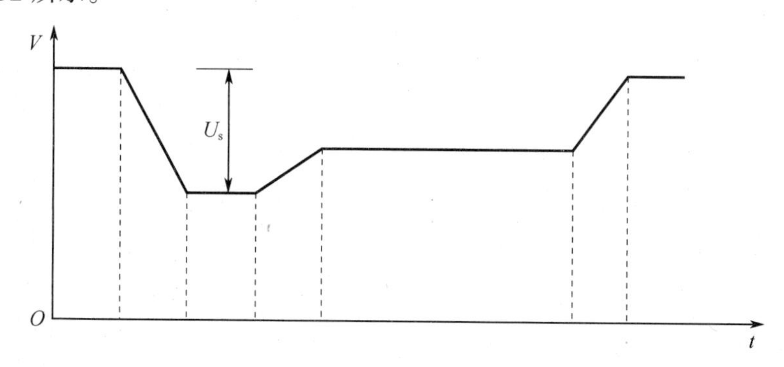

图 5 - 32　起动电机启动过程产生的暂时降低波形

注:图 5 - 29 ~ 图 5 - 32 中涉及的参数符号的含义:

U_s 为脉冲峰值电压,t_d 为脉冲宽度,t_r 为脉冲上升时间,t_f 为脉冲下降时间,t_1 为脉冲重复与时间,t_2 为猝发脉宽,t_3 为猝发间隔时间。

2. 实施要点

1）基本要求

对于该项测试项目,应该首先采集地面系统中各种工作过程中产生的电源瞬态信号,同时考虑一定安全裕度值,拟合出抗干扰测试曲线注入各分系统电源线中,观察设备是否出现敏感现象。该项测试的核心是能够对系统瞬态发射进行全面的测试,确保在系统瞬态发生时整车电网中连接的各设备分系统工作正常。

在测试前,需要将系统工作中所有典型的开关瞬间工况进行明确,整理成测试表,以便在测试中按照顺序进行试验。

2）电源尖峰瞬态信号测试

按图 5 - 33 进行 SUT 测试配置,将示波器电压探头连接到供电装置输出端的单根电源线及其地之间,并尽可能靠近供电装置。

SUT 在典型工作状态下通断各种开关(包括状态切换开关和电源开关),每种操作至少重复 5 次,读取 SUT 在开关操作过程中产生的尖峰信号幅度最大值。当可能同步时,SUT 开关的切换应设在电源电压峰值和零值处。

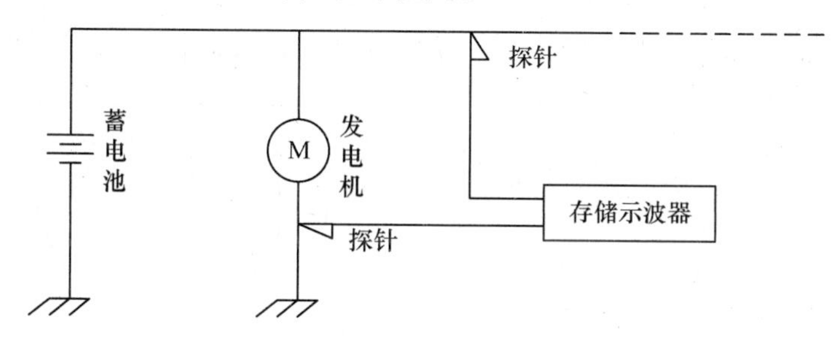

图 5 - 33　电源尖峰瞬态测试配置

3）交流电网电压波形畸变

按图 5 - 34 进行 SUT 测试配置,将谐波分析仪电压探头连接到供电装置交流输出电源线。

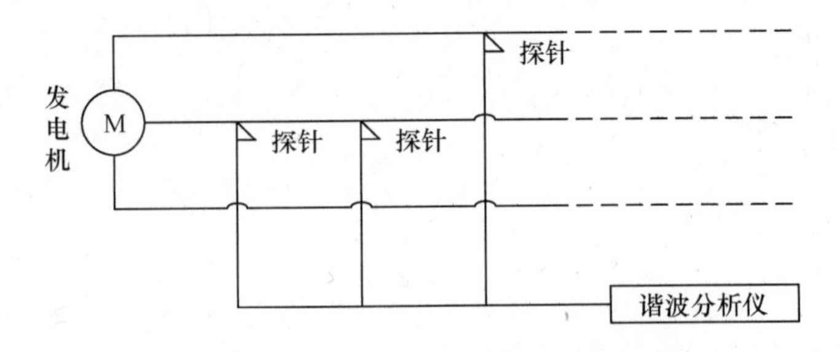

图 5-34　交流电网电压波形畸变测试配置

发电机在额定转速和接近额定电压下,用谐波分析仪测出电源线电压波形的基波电压和各次谐波电压的值,应记录到40次的谐波值,然后按下式计算出电压波形正弦性畸变率 K_u 和最大单次谐波含量 k_u。

$$K_u = \frac{\sqrt{U_2^2 + U_3^2 + U_4^2 + \cdots + U_{40}^2}}{U_1} \times 100\% \tag{5-2}$$

$$k_u = \frac{U_{n,\max}}{U_1} \times 100\% \tag{5-3}$$

式中　K_u——电压波形正弦性畸变率;

k_u——最大单次谐波含量;

U_1——基波电压(有效值)(V);

$U_{n,\max}$——各次谐波电压有效值的最大值(V);

$U_2, U_3, \cdots, U_{40}$——2次,3次,…,40次谐波电压有效值(V)。

3. 注意事项

针对瞬态干扰测试,操作中需要对测试设备进行合理的设置。对于试验中用到的示波器,需要注意示波器的测试带宽选取要合理,避免出现瞬态信号丢失的情况;需要注意示波器测试探头的耐压值,避免测试信号过高超过探头耐压值,损坏测试探头的情况。考虑瞬态变化率,示波器要有足够的测试带宽。

4. 测试结果的使用

获取电源瞬态干扰采集到的波形测试结果后,可以从两方面来解决问题:对于干扰量级较低的情况,各分系统较容易做到抗干扰措施,应重点对各分系统提出要求,测试结果为设计人员提出各分系统的电源瞬态干扰敏感度阈值指标提供数据支撑;对于干扰量级较高的情况,从分系统角度来提高抗干扰能力的费效比太低,则需考虑从根本上对干扰源进行滤波控制,避免其对各分系统的影响。

5.4.5　电磁环境试验

1. 测试理由

本方法通过测试地面平台系统内部各位置电磁辐射场辐射发射,测量整车系统内和平台的电磁场分布情况,评估电磁辐射场对人员、武器、燃油的危害的测量方法。避免系统自身在安装了强干扰源的情况下未对敏感位置进行加固设计而导致人员、武器及燃油造成危害的情况,达到平台内电磁环境控制的目的。

2. 实施要点

通过本方法的测试可获取地面系统内电磁辐射场对人员、武器、燃油的危害。应在测试前将各敏感部位的敏感阈值进行确认，通过测试将测试结果与敏感度阈值进行比较并考虑一定的安全裕度值，来提出对电磁环境的要求。

1）测试准备

在测试前，需要对被测系统的发射源和传输特性进行一定的了解，做如下准备工作。

（1）场源特性分析。在测量潜在危害电磁场之前，首先了解平台系统上各种场源的性质及布置位置，尽可能清楚地确定场源传输特性，以便较好地估算待测场强和选择适当的测量仪表及测量方法。需要分析的典型场源特性参数如下：

① 场源类型及发射功率。工作频率和频段、谐波频率、寄生频率；干扰信号脉冲宽度、重复频率及调制特性；扫描方式及速率等。

② 场源到测试位置的距离。

③ 影响测试位置的吸收体或散射体情况。

（2）环境要求及待测场的估算。测试应首先选择在电波暗室或屏蔽室中进行，若在开阔场进行测试，应避免外场电磁辐射源及大面积金属构件影响测量结果。

对于短波天线等辐射体感应的近场效应不可忽略，此时可参考类似情况的近场分布曲线来估算感应器的场强。有条件的话应在测试前，通过初步的仿真对待测场强进行估算。

2）测试方法的建立

对于陆军地面系统，选取可能对人体健康造成损害，对灵敏电子设备造成误动作或性能降低，对武器系统构成威胁的电磁场发射区域作为主要测试位置。以辐射体实际辐射频率作为测量频率，采用场强仪或天线在规定的测试位置上进行场强测试，在一定时间间隔测试发射数据，建议每个测量点观察时间大于 10s 以读取最大的辐射量值，以每次测量时间段内最大测量值作为该组数据测试结果。

3）各类电磁场测试要点

（1）射频电磁场测量。

① 提供被测射频场源的频率范围、天线形式、方向系数、尺寸、发射功率等。

② 测试位置选择平台系统中产生的最强场强的部位，测试频率点一般应包括场源工作频率范围的高、中、低三点以及其他关键的频率点。

③ 测量时采用探头支架，人员位于比探头距离更远的地方。

（2）低频电磁场测量。

① 提供低频大功率设备的电压、电流、频率等特征参数。在人体及其他受危害照射体实际所处位置布点测量。

② 高压大电流类设备应测量电场和磁场。测量时变换探头角度以采集最大值。

（3）泄露场测量。

① 在部分大功率设备机壳的进出口、孔、缝隙、馈线、波导以及接头部位布点测量。

② 测量应由远而近缓慢地进行以避免人员及仪表受到损伤。使用各向同性探头并保证探头至机壳大于 5cm。

③ 应测试多个位置并重复上述过程直至完成所有测试位置的测试。

（4）人员部位场强测量。

① 在人员活动区域的水平面内间距 1m 布点，选择人员所处位置及最大场强部位布点。

② 应在 0.5～1.5m 高度上使用场强测试设备对选定的多个位置进行测试，更换测试位置并重复上述过程直至完成所有测试位置的测试。

（5）电磁敏感设备部位场强测量。

① 在距离较敏感设备（系统）首、中、尾三点金属部分 0.3m 处进行布点测量，对于场强变化比较剧烈的区域，应使用仪器对区域内的逐点进行扫描测量。

② 对于活动的电磁敏感设备，应在其受场强照射最大的位置进行测量。

（6）燃油部位场强测量。

应在燃油容器及燃油舱等的进出油口及通风口、孔等处布点测量。

3. 注意事项

测试前对测量场强值应进行预估计算，以避免超出量程范围，造成设备损坏。若测试中使用的场强探头为热偶探头，仅能够测量平均值场强。对于特殊的安装了脉冲发射机产生脉冲波场强的环境，这类探头需要将测量的平均值场强根据脉冲波的脉宽值进行换算得到峰值场强才是实际场强值。试验如果需要在屏蔽空间内测试时，应将场强探头置于最大保持模式自动记录，避免由于场强探头光纤引入造成屏蔽失效，导致试验结果的不准确。

4. 测试结果的使用

根据测试结果，可对人员、燃油、武器等部位的自身电磁场分布情况有一定的了解，测试结果为系统内敏感部位布局设计及电磁辐射危害防护提供支撑。如出现敏感部位场强值超限的情况，可局部进行防护加固设计，若设计难度较大还需考虑适当变更布局。通过测试获得实测的射频电磁场、低频电磁场以及各个部位的电磁场强等电磁环境数据，可用于对特定场强敏感部位提供电磁环境评估。

5.4.6 天线端口电压试验及评估

1. 测试理由

地面系统内装备的电子电气设备工作时会在系统周围空间形成辐射干扰的电磁环境。如果在车载通信系统的通信频段内的辐射干扰幅值较高，则干扰被车载天线接收后会对通信信号形成压制造成通信设备性能降低的情况。如果无线电通信系统被干扰，将导致系统功能性能参数变化，最终会严重影响车载通信系统的通信距离，并且造成数据传输的误码率显著增加。该方法适用于任何安装有无线电通信接收设备的车辆平台，车辆未安装无线电通信设备可免做此项。无线电通信设备的天线端口必须连接可拆卸的固定式天线，不适用于天线不能拆卸的设备。

1）测试目的

为了评估车载设备、系统无意发射对无线电通信系统造成的干扰，采用快速宽频通信天线端口干扰电压测量方法，进行无线电通信系统工作频段内的电磁干扰频谱分布测试并排查干扰源，检验无线电通信系统电台端口耦合干扰的情况，评估系统内电子设备开启时形成的电磁环境下无线电通信系统受到干扰的程度。

2）对集成安装后的车载通信功能性能影响

通过建立天线端口干扰电压的测量方法可考验通信系统在车内复杂环境下，电台端口耦合干扰的情况，可以评估系统内干扰环境对车载电台受到干扰的程度。测试结果可以反映电台在车内电子设备开启时的受扰程度，电台灵敏度测试结果可表征通信距离的变化情况。测试结果可以表征该车载通信系统最大通信距离指标的变化情况。

该项测试项目按测试内容划分是 GJB 1389A—2005 标准对应条款 5.2 系统内电磁兼容性的一部分，属于用频设备（通信系统）安装后的兼容性检查测试项目。针对系统内通信设备传统的干扰评估方法，如用人耳听噪声判断干扰源，对于日益复杂的电磁环境和多样化复杂的电子系统而言可操作性和准确率都有限。为保证测试的全面性及准确性，通过结合车载电台通讯距离指标及实际的使用情况，制定车载天线端口干扰电压测量的方法。使用车载天线端口干扰电压的测量方法可以准确得到各类车载电子系统对通信系统干扰频率，从中判断频点上干扰信号与通信系统灵敏度的关联程度，可以快速准确地定位多个干扰源分别对通信系统的干扰，评估车载电台受到干扰的程度。该测试方法优先选择在暗室中进行。

2. 实施要点

1）测试方法的建立

该方法原理是，基于在电波暗室内利用 EMI 测量系统在测量频域原理上与通信系统接收方法的相似性，选择与电台通信近似的参数在车载天线端口进行干扰电平的测试。根据电台通信频率将测试频率扩展至 1.6 ~ 512MHz。使用同轴电缆连接车载天线与测量接收机，通过测量接收机在要求的频率范围内扫描，测量车载设备及其有关电缆的辐射发射。如果天线底座输出端口为 75Ω 系统，需要连接阻抗匹配网络；如果天线底座输出端口为 50Ω 系统，则不需要连接阻抗匹配网络。测试配置如图 5 – 35 所示。

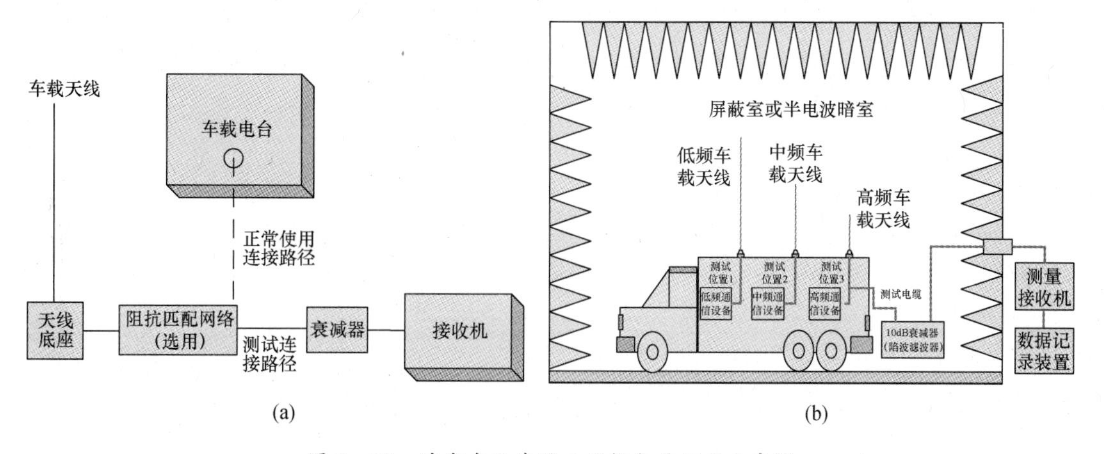

图 5 – 35　暗室内天线端口干扰电平测试示意图

利用整车的车载电台天线作为接收天线连接测量接收机对受试整车通信频段内可能的干扰发射进行测量。通过电台天线端口干扰电平（发射）测量了解电台通信频段的干扰频谱分布情况和通信频段内可能的辐射干扰。测试步骤参考 GJB 8848—2016 中 D5.4.1 和 D5.4.2 内容，按照图 5 – 36 所示连接测试系统及在屏蔽暗室内测试。

根据天线端口发射测试得到的频谱曲线进行筛选，在测量结果中选择较在本底噪声

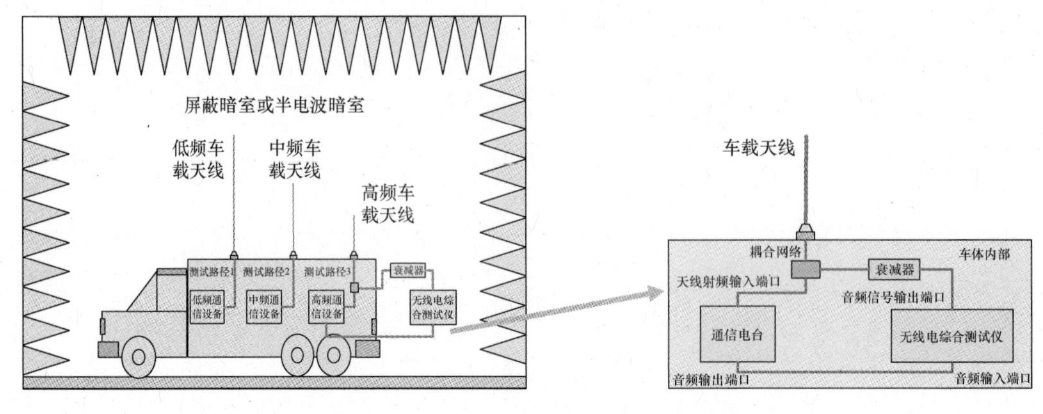

图 5-36 电台灵敏度标定连接配置框图

的基础上抬升超过 6dB 的频段作为干扰较强区域,在该区域中选择较高幅值的频点作为对通信电台产生干扰的频率点,采用电台综合测试仪进行电台灵敏度定量标定验证。验证方法采用无线电综合测试仪与车载电台连接构成测试网络进行电台灵敏度定量标定。记录灵敏度下降情况评估通信电台的受扰情况。根据测试网络的阻抗调整耦合网络使阻抗匹配,衰减器可选择 20~50dB 的范围。

2)测试要求及系统布局

为避免环境干扰对测试结果的影响,天线端口干扰电压试验要求在屏蔽暗室内进行。天线端口电压测量的本底噪声至少低于限值要求的 6dB,如果达不到要求可增加预放来降低底噪。在暗室内布局如图 5-36 所示。

为避免环境干扰对测试结果的影响,电台灵敏度验证试验要求必须在屏蔽暗室内进行。电台灵敏度标定要求对于采样测试频点的电台通信信噪比至少保持在 10dB 的情况下,调整信号幅度使测试值至少保证采样点中 70% 频点的电台灵敏度验证结果不低于指标要求,例如车载电台为 -107dBm,同时不应出现杂音、啸叫等明显影响通话质量的现象。

3)测试状态及测试部位

测试状态:在整车发动并工作在额定转速,系统内所有电子设备正常工作的状态下进行测试。对具有几种不同工作状态的部件、分系统及整车,应进行足够的多种状态测试,以便对全车的各个设备进行全面的评估。如需要进行排查可按设备类型依次开关设备进行干扰源定位。车载各类频段接收设备的天线输入端都应测试。

4)测试仪器及参数设置

由于使用测量接收机代替电台接收信号,因此设置测试带宽、步长、测试时间尽量接近与电台实际设置的参数,同时需要考虑选用的测试带宽在保证接近电台使用带宽的情况下还需要保证背景噪声满足限值要求。测试带宽选择尽量靠近短波电台的使用带宽,考虑到测试时间选择半带宽为测试步长。为了在每个步长内能够完全接收到干扰信号,设置接收机扫描时间应超过干扰信号驻留时间,设置为 50ms。带宽和测量时间参数设置如表 5-17 所列。

5)限值要求的设定

限值制定主要从电台通信灵敏度、电台通信距离、网络耦合因数及路径衰减系数几个

表 5-17　带宽和测量时间设置参数

频率范围/MHz	测试带宽/kHz	测试步长/kHz	扫描时间/ms
1.6~30	10	1	50
30~87.975	10	25	
108~400	10	50	
225~512	10	50	

方面考虑。根据上述4方面因素，按下式大致估算车载天线端口干扰电压测量的限值线：车载电台天线输入端的限值＝最小灵敏度＋107（单位换算）＋允许通信距离减小百分比＋网络耦合因数＋路径衰减系数。通过上述限值制定要素建立基础限值线，参考整车使用环境及要求，结合限值制定方法，制定适合实际使用情况的限值要求，根据不同车型及电台使用条件对限值进行适当的剪裁。

3. 注意事项

在进行测试时需要注意对灵敏接收机进行保护。在接收机扫描时避免平台内同频大功率射频发射设备工作，防止较强的谐波干扰损坏灵敏接收机。为保证测试准确性，在测试前进行路径检查，确保测试路径调谐通顺，不存在阻抗不匹配的现象。使用测量接收机的测试带宽尽量接近于电台的工作带宽，无谓的增加测试带宽可能导致背景噪声超出限值线。

4. 测试结果的使用

通过测试结果评估整车系统发射对通讯系统的影响程度，可进一步通过电台灵敏度验证来量化测试结果。测试结果表征整车上电子设备和分系统通过传导和辐射耦合到车载电台天线上的骚扰，骚扰幅值和电台通信距离成反比。使用车载天线端口干扰电压的测量方法可以准确得到各类车载电子系统对通信系统干扰频率，从中判断频点上干扰信号与通信系统灵敏度的关联程度，可以快速准确地定位多个干扰源分别对通信系统的干扰。定量评价车载电台受到干扰的程度，标定干扰区域的频率范围，便于车辆通信系统在外场进行拉距试验时频率的选择及数据的修正，也可指导通信设备及车载天线的安装布置。

根据被测车辆内通信系统的使用条件制定车载天线端口干扰电平电压测量的指标要求。测试频段选择在通信电台的工作频段，设定的指标可以允许在部分频段超标，超标频段范围不能超过该通信设备通信频率范围的95%，且超标幅值不能超过指标限值6dB以上的幅度。

5.4.7　相互干扰试验

1. 测试理由

相互干扰试验方法的目的是确定当对平台上的其他分系统或多个分系统操作时，是否会对分系统和设备的性能和安全性产生影响。该测试方法适用于系统/分系统级设备，可用于评估地面系统/分系统的自兼容性，涉及了系统中所有的发射系统和敏感设备。通过该项测试可对系统自身的电磁兼容情况有一个直观的了解，避免出现安装集成在同一平台内的设备或系统使用时导致另一个设备或系统受影响或失效，出现不兼容情况。

2. 实施要点

1）确定干扰矩阵

相互干扰检查是对集成安装在同一平台系统上设备和分系统之间，或协同工作的系统之间，自身的干扰源与敏感源之间是否具备兼容性的直观检查试验。该项试验更多体现在检查的层面，试验准备阶段的工作尤其重要。必须在试验准备阶段对受试系统中所有的设备进行记录并进行分类，建立干扰矩阵，明确敏感度判据。具有发射功能的电磁发射机必须处于发射工作状态下，才能保证试验的有效性及试验结果的可取性。

（1）干扰源和受扰件矩阵。

① 所有安全关键性设备均应包含在干扰源和受扰件矩阵中。

② 以设备和分系统明确的设计要求作为基准，选择合适的操作模式以及作为失效判据的敏感度判据。

③ 设备或分系统操作模式可以选择能够产生最大射频敏感或发射的操作模式；或者选择典型使用条件下比如 80% 时间内的操作模式。

④ 应当包括所有的高电流干扰源：喇叭、风挡雨刮器、水泵、加热器、风扇、牵引机、旋转炮塔以及外部的交/直流发电机等。

⑤ 试验应当确认被测平台典型工作状态和需要操作哪些设备和分系统，典型车辆状态主要包括：总电源开车辆蓄电池供电状态；车辆发动怠速状态、车辆高速状态及平台由外部交直流发电机供电状态。

（2）敏感性判据。

① 敏感性判据应当是可测量的判据，该判据依据已明确规定的容差等级确定，且应在测试开始前定义。

② 当发现敏感性状况时，应当在最敏感的频率点以发射功率来建立敏感度阈值。敏感的详细情况应当采取合适的方式记录下来，包括故障系统的视频记录、视觉可见的干扰的图片记录、听觉干扰的记录以及系统故障的数据文件或打印件等。

（3）雷达、无线通信和车内通话设备及分系统矩阵。干扰源与受扰件矩阵应当考虑（注明）被测平台上搭载的无线电和雷达接收机和发射机所能接收和发射的各类波形。例如，对于任何特定的无线电装置，数字化语音、数字化数据和保密语音或数据操作模式所有功能具有相似波形并且仅需要在干扰源与受扰件矩阵考虑一次。相反地，AM 和 FM 操作模式应当通过干扰源与受扰件矩阵独立评估。

① 干扰源与受扰件矩阵应同时考虑平台上和平台外（即远程）天线兼容性。

② 无线电和雷达发射机应当在最大功率输出水平下运行，加 3dB，尤其是对包含安全关键性设备和分系统的 EMC 测试。

③ 针对敏感度判据，应当监测无线电和雷达接收机的性能，同时对其设置最小可分辨的信号接收水平。对于固定频率测试，应当包括中心频率和频带两端边界频率作为最小可选率。

④ 无论是在固定频率还是在跳频工作模式下操作，通信使用的整个频率范围均应被考虑。跳频的设置应包括均匀分布在频段内的频点并且在测试报告中详细记录。

⑤ 设计方应当明确规定，当被测车辆处于行驶状态下，无线电通信是否保持通信状态。

2）主要设备和分系统功能检查

对平台系统内所有设备和分系统，进行通电状态下的功能性检查，例如发射频率：30MHz、40MHz、50MHz、60MHz、70MHz、80MHz，判断其是否都能正常操作（包括验证被测系统车载发射机和天线的功能是否符合生产规格的要求，建议选择低频、中频、高频分别进行发射检查）。

对 SUT 在其典型工况下，依次开启各主要设备和分系统，检查其是否能够在实际安装条件并处于典型工况下完成既定功能。

3）系统分类

根据 SUT 内所有设备或分系统的功能特性及电磁兼容性特点，列出典型设备和分系统并进行分类，形成干扰矩阵表。如表 5－18 所列。在典型工况或规定的功能状态下对所列设备进行自兼容性检查，即通过系统不同状态可能对敏感设备造成的影响进行监测并判断是否能够自兼容。

表 5－18　典型系统内电磁兼容性检查的数据表格

干扰源 \ 敏感源		车载基本系统（各类控制器）			任务相关系统（火控炮控、指控等）			通信指挥信息数据系统			…
		发动机控制器	驾驶员显示仪表	行驶控制	任务终端	指控	遥控武器	无线	导航	…	
车载基本系统（各类控制器 n）	n_1										
	n_2										
	…										
任务相关系统（火控指控等 R）	R_1										
	R_2										
	…										
通信指挥信息数据系统（无线导航网络等 T）	T_1										
	T_2										
	T_3										
	…										
…											

（1）基于 EMC 测试的目的，可以将地面系统分成几类，如基本车辆/平台动力行动底盘系统、C^4ISR 计算机和本地局域网（如 LAN、CAN 等）系统，C^4ISR 通信系统、武器系统、车载系统和任务系统。

（2）整车/平台和通信系统为独立系统，可以单独操作和测试。如远程遥控武器站，语音对讲（车内通话）系统，单信道无线电系统，定位导航系统。例如本机通信电台发射时，定位导航系统建立链路并定位。

（3）计算机和网络总线系统组件是共存的，在 EMC 测试中必须视作一个敏感设备组。网络指挥系统、路由器、集线器、交换器等，可以看作计算机和网络系统的组成部件。

（4）当测对整车试/平台和通信系统的干扰时，计算机和相应的网络总线系统部件可视作独立的干扰源。

4）针对地面平台系统内的基本测试

（1）开启一个选定的子系统，指定其为敏感设备。

（2）在敏感子系统或敏感设备组件处于稳定后，开启一个其他子系统（干扰源）。

（3）检查敏感设备，判断干扰源是否对其产生了干扰。

（4）记录测试结果，关闭该干扰源，并开启另一干扰源。

（5）重复步骤直至该敏感设备的所有干扰源均测试完毕。

5）针对安装有发射机地面平台系统的测试

（1）关闭除选定发射机外的所有设备。

（2）开启选定的敏感分系统，使其处于稳定工作状态。

（3）设置发射机为正常工作模式（如果有多个发射机模式，应在所有模式下测试，或在最坏情况下测试）。设置发射机为最大输出功率。

（4）发射机开启，等待敏感设备做出响应。如果有敏感现象，应在数据记录表格中标注，并且精确描述敏感现象的相关信息。

（5）当前敏感设备测试完成后，重复步骤对矩阵中的其他敏感设备进行测试。

（6）最后，所有干扰源上电，监测敏感设备。如果出现敏感现象，干扰源断电，直至找到敏感设备。

2. 注意事项

相互干扰测试，一般被测试人员认为是一个非常简单的测试，不需要专业的测量设备，导致出现有些测试人员对该项目直接忽略。实际上，完成相互干扰测试一定要与受试方进行充分的沟通，应该在试验前就安装设备及基本状态、发射机安装情况及典型工况、接收机安装情况及典型工况进行充分的沟通，提前填写好相关表格，在试验中严格按照试验步骤操作，切不可想当然去做。

5.4.8 系统内传导敏感度试验

1. 测试理由

本项目的目的是在典型的电磁环境中，考核 SUT 中最敏感部位是否受到干扰。通过在关键部位进行传导注入的方式得到相同的效应来检验系统的电磁兼容性能。通过线束的传导敏感度测试捕获最大的系统响应，证明系统具有一定量值抗电磁干扰的能力。

对于地面装甲车辆，主要考虑受到雷电、电磁脉冲等外部瞬态环境产生的间接效应的影响，故使用传导敏感度的测试方法以考核系统内安装的灵敏设备在该环境下外部接口所有互连线缆感应的干扰影响是非常必要的。电缆束注入传导敏感度用于检验设备承受出现在互连电缆上的 RF 信号的能力。通过耦合作用，电缆可以将外部的辐射干扰信号引入到系统内部，造成电磁干扰。辐射敏感度采用直接模拟外部干扰辐射场的方法来评估 EUT 的辐射抗扰度，但由于尺寸限制和天线方向图的原因，在较低频率，不可能通过射频试验信号激励电缆引起感应电流，然而实际情况却很容易出现此类干扰，因此需要采用大电流注入测试来弥补 RS103 的低频效应不足。对于雷电、电磁脉冲等效应问题，在安装集成平台上对线缆线束进行传导瞬态敏感度试验更具可操作性。

由于平台开关操作、雷电、电磁脉冲等外部瞬态环境产生瞬变电流，防止设备受到快速上升和下降瞬变电流的影响，使用电缆束注入脉冲激励敏感度试验的方法对系统进行考核。由于固有谐振激励而在平台内产生的电流和电压波形。当平台暴露在电磁脉冲或雷电等外部环境时,由于固有谐振,平台内部的感应电流和电压波形常常为阻尼正弦波,使用电缆束阻尼正弦瞬变传导敏感度试验的方法对系统进行考核。

2. 实施要点

1)测试要求及方法的建立

在整车环境下,针对整车上暴露在车体外线束及内部关键任务系统的线束进行试验。电缆束传导敏感度可以参考标准 GJB 151B—2013 中 CS114、CS115、CS116 的试验方法,将规定的试验电平耦合至车辆平台安装集成的线缆束上,以完成车辆对外界电磁环境适应性的评估。本项测试使用电流注入卡钳作为耦合装置,在集成安装的线缆束上产生一定电平的电流信号,试验位置、试验频率、试验电平以及注入信号的调制方式是该项测试的关键。

2)测试状态及测试部位

(1)测试状态。在整车发动并工作在额定转速,系统内所有电子设备正常工作的状态下进行测试。对具有几种不同工作状态的部件、分系统及整车,应进行足够的多种状态测试,以便对全车的各个设备进行全面的评估。如需要进行排查,可按设备类型依次开关设备进行敏感源定位。

(2)测试部位。如果将车辆中安装的所有线缆束都测量一遍,显然是不现实的,应当优先考虑以下线缆进行测试:涉及安全的系统线缆(总线线缆)、涉及功能的电缆、有外部接口的线缆、靠近孔缝的线缆、敏感系统的线缆。另外需要考虑的是,利用多个电流卡钳同时测量这些线缆,需要建立起一个较为复杂的电流测试系统,可以节省大量的测试时间。另外一种方法是采用单个电流卡钳轮流测试每束线缆,这对电流测量系统要求比较简单,但是每测量一根电缆束都需要大量的测试时间。因此,综合考虑有可能需要折中地选择测试方法或选择较少的测试位置进行验证。

3)敏感度判据

由研制方根据被测系统功能给出受到干扰出现故障、性能降低或偏离规定指标值时的评判依据,详细提供各种功能以及对应的敏感度判据。如指示灯、显示界面、声音、监测数据的正常变化范围及其他执行预先设计功能的描述;对于有精度要求的传输数据、传感器信号等,要说明精度的等级、误码率要求等。为了便于判断整车受扰程度及评估的量化,以电磁兼容性性能等级的划分(表 5-19)用于敏感现象程度评判的依据。系统中设备的敏感现象结合性能等级统一定义设备敏感的程度。

表 5-19 电磁兼容性能等级划分

性能等级	划分等级的定义
1	系统在施加骚扰期间和之后,能执行其预先设计的所有功能
2	将系统置于外部干扰下,系统性能偏离设计要求,但不影响操作员安全操作,也不会危及乘员安全。将外部干扰去除后,所有性能立即自动回到设计要求状态。不能对永久和临时存储区造成任何影响
3	存在外部干扰时,系统功能偏离设计要求,但不影响操作员安全操作,也不会危及乘员安全。将外部干扰去除后,虽不能回到正常工作状态,但通过操作员简单操作可以重新正常工作。不能对永久和临时存储区造成任何影响

（续）

性能等级	划分等级的定义
4	存在外部干扰时，系统不会产生永久性损害。去除干扰后，功能不能恢复到正常状态，但采取一定措施后（如断电再上电），即可回复到正常工作状态
5	存在外部干扰时，系统产生永久性损害。去除干扰后，功能不能恢复到正常状态

3. 测试结果的使用

可以根据监测装置监测的敏感现象，结合给出的敏感度判据判断在施加干扰过程中系统的受扰情况。如果测试过程中发现监测值有明显发生变化并超出正常范围值，判定出现敏感现象。通过测试可以验证系统的抗干扰能力，测试结果对整车系统 EMC 设计提供了支撑，能够为整车系统的防护指标设计和设备安装布置提供技术指导及依据。

5.4.9 系统内辐射敏感度试验

1. 测试理由

系统内安装的大功率发射设备产生的电磁能量会耦合到陆军平台安装的高频天线、导线和金属壳体中，并在系统和电缆上感应出较强的干扰电流，破坏指挥控制机构中的电子系统，导致敏感的电子元器件、计算机芯片、电台、雷达系统、微波通信系统或其他电子系统在瞬间失效。为了保障系统在外部电磁电磁环境下能够工作正常，需要对系统投入使用前进行抗干扰能力考核。

通过系统内辐射敏感度试验方法对整车平台施加干扰，验证整车系统在射频电磁环境下的适应性。测试结果直接反映系统在外部电磁电磁环境下有效抵御干扰信号的能力，对整车总体电磁防护设计、外部线束布置、屏蔽设计起到指导的作用。

通过空间照射的方法对整车系统施加干扰，验证整车系统在不同外部射频电磁环境下的适应性。通过该方法需要在规定频段范围模拟出一个覆盖面积大、均匀、稳定的外部电磁环境，使整车系统完全置于该场强内。通过测试可以快速准确地考核系统内多个敏感设备的抗干扰能力。优先选择的屏蔽半电波暗室进行试验，同时需要足够的空间以适应 SUT 尺寸和对试验场强的充分控制能力。应注意确保穿过屏蔽室的连线对传导和辐射有充分的衰减以保持 SUT 的信号及功率响应的真实性。

2. 实施要点

1）测试场地要求

优先采用的试验设施为安装有吸波材料的屏蔽半电波暗室，且屏蔽半电波暗室应具有足够的空间以适应 SUT 尺寸和对试验场强的充分控制能力。相关屏蔽半电波暗室适合于安放发生场强的设备、监视设备和遥控装置。如果屏蔽半电波暗室低频时效果不佳，应注意确保低频时产生场强的均匀性。

2）测试方法的建立

由电场发生装置产生规定场强的电场，将该电场辐射至受试车辆，考核其设备和线缆是否由于外部辐射场的耦合形成干扰信号而使系统产生敏感现象。测试方法通常采用替代法，要求根据实车的测试位置确定参考点对于实车的距离和高度，提前在该坐标位置进行场强校准。测试时根据校准场强的大小施加干扰。

电场发射天线前端场强探头（测试参考点）距离 2m；其中发射天线的任意部分应离

地至少 0.25m;为保证信号输出的稳定性及较低的天线驻波比,天线应与水平面形成一定的角度(θ)以达到有效的照射范围。对具体的出现敏感位置进行复测验证时,可以使用闭环法测试。参考点置于敏感位置处,该位置可以达到稳定的场强来查找敏感度阈值范围。参考图 5-37 进行测试布置。

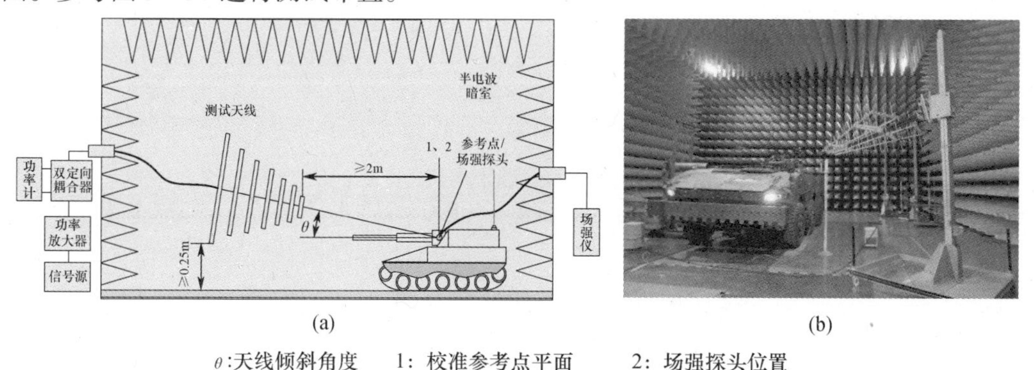

(a) (b)

θ:天线倾斜角度　1: 校准参考点平面　2: 场强探头位置

图 5-37　系统内辐射敏感度测试布置示意图

3）测试要求

测试频率范围为 30MHz ~ 18GHz,采用 1kHz 的速率、50% 的占空因数进行脉冲调制。每个频率点的停留时间不小于 2s。按照标准或用户要求的信号强度施加干扰信号,一般为连续波 50V/m(用户要求 30V、100V 等),整车应与规定的射频环境兼容,不出现任何敏感现象,满足相关敏感度判据的要求。考虑测试场均匀性和测试的准确性,一般 30MHz ~ 2GHz 频率范围采用多探头测量法,2GHz ~ 18GHz 采用单探头测量法。

（1）单探头测量法。对于车高度超过 3m 的车辆,探头应放置于(2 ±0.05)m 处,对于车高低于 3m 的车辆,探头放置于(1 ±0.05)m 处,也可以根据车辆拟定测试位置的实际高度确定探头放置高度。

（2）多探头测量法。根据车辆几何形状及实际结构,以车辆的待测面高度为基准,若其高度大于 3m,则探头放置于距地面 1.2m、1.5m、1.8m、2.1m 处,若其高度小于 3m,则探头放置于距地面 0.5m、0.8m、1m、1.2m 处;多探头测得的有效电场取读数的平均值确定,例如,3 个传感器的读数分别为 30V/m、22V/m 和 35V/m,则有效电场等级为(30 +22 +35)/3 =29V/m。

（3）场强信号校准。在测试位置上对要求的电场强度进行校准。电场发射天线正对参考点,距离 2m 放置,其中发射天线的任意部分应离地至少 0.25m,天线应与水平面形成一定的角度(θ)以达到有效的照射范围。对于多探头测试校准,应将场强探头置于参考点所处平面,依次在参考点位置、参考点下方 0.5m、参考点下方 0.8m、参考点上方 0.5m 处 4 个位置进行场强校准检查,保证垂直的参考线上能保持均匀分布的场强。在参考点左右各 0.5 米进行场强监测,确保 80% 的频点变化在 0 ~ +6dB(-3 ~ +3dB)范围内。场强校准参考 GJB 8848—2016 图 5 进行布置。

4）测试状态及位置

测试状态:在整车发动并工作在额定转速,系统内所有电子设备正常工作的状态下进行测试。对具有几种不同工作状态的部件、分系统及整车,应进行足够的多种状态测试,以便对全车的各个设备进行全面的评估。如需要进行排查可按设备类型依次开关设备进行敏感源定位。根据系统的特点选择合适的测试位置,天线位置应选择靠近最具耦合风险处(测试位置的选择原则如表 5-20 所列),在对应的位置放置大型电场发射天线。

表 5-20　测试位置的选择原则

测试位置选择原则	选择理由	参考点位置	天线位置
安装有大量控制器和仪表及线束的位置	敏感设备较多,易受干扰,需要进行考核	驾驶室处	车辆前侧,天线正对驾驶室
探测、通信类电子设备及武器系统安装集中的位置	安装集中处线束较多,设备工作频率范围大,容易接收到干扰信号造成干扰	车辆侧面及后舱门处	天线正对电子设备安装较为密集的位置
车体的门、窗、孔缝等位置	削弱了壳体的屏蔽作用,电磁波容易进入车体再耦合至设备线束上形成干扰	接近受试设备的门、窗、孔缝等位置	天线正对门、窗、孔缝所在的面

5）测试系统配置及参数设置

设定系统抗扰度测试平台的测试参数,包括测试频段及电场强度的选择。根据所选择的测试频段及电场强度选择测试设备进行连接,包括信号源、场强仪、场强探头、功率计、定向耦合器、功率放大器、发射天线、测试线缆等。

在进行系统抗扰度测试时需要保证测试位置处有均匀且稳定强度的电场,并能达到足够面积覆盖受试系统,校准场强需满足对场强强度、均匀性、覆盖面积的要求。校准完成后保存记录信号源输出幅度的校准文件,作为系统替代法测试的输入参数。

6）敏感度现象及判据

由研制方根据被测系统功能给出受到干扰出现故障、性能降低或偏离规定指标值时的评判依据,详细提供各种功能以及对应的敏感度判据参考本书 5.4.8 节中相关内容。

进行测试同时对易发生敏感现象的设备进行监测。根据监测设备的类型选用相应的监测手段可参考表 5-21。

表 5-21　监测设备的分类

序号	监控形式	监控装置
1	影像监控装置	摄像头及显示屏
2	声音监控装置	麦克风及音箱
3	车速检测装置	动力计或转毂装置
4	波形监控装置	示波器 及波形记录设备
5	数据信号监控装置	车载 ECU/OBD/CAN/VAN 等检测系统

3. 注意事项

1）设备保护

在频率范围方面,信号源和功放输出频率与发射天线的工作频率匹配,为了保护发射天线不受损坏,功放输出功率不大于发射天线的耐受功率。在进行试验时避免灵敏接收设备处于接收状态;尽量避免功率传输线缆相互缠绕,防止过热线缆表皮产生黏连。场强探头的光纤选择较短的放置路径或采用保护装置,避免使用过程中人员踩踏导致损坏。

2）测试准确性

使用替代法进行测试时，需要预先对测试参考点所在平台中的空间位置进行预估。提前对参考点进行场强校准，测试时参考点与照射位置的中心重合。施加干扰时要监测场强变化情况是否符合要求，如果监测到异常变化，应进行路径检查来确认产生问题的原因并重新进行测试。测试时注意发射天线不要正对于大面积金属表面，车体表面的反射会使驻波比明显增大从而降低辐射效率。

4. 测试结果的使用

通过测试可考核系统的抗干扰能力，测试结果对整车系统 EMC 设计提供了支撑，能够为整车系统的防护指标设计和设备安装布置提供技术指导及依据。测试结果能够反映系统中电子设备受到干扰情况，能指导设备进行屏蔽滤波、改进设计及系统的线缆布置、接地设计等。

5.4.10 结果评估

试验完成后，应将试验数据和试验现象与试验大纲或相关标准中规定的要求进行对比和评估，来确定被测系统的符合性。试验报告中应对不符合和出现敏感现象进行识别和分析。发现的任何异常情况都应评估，以确定是电磁环境效应引起的 SUT 故障，还是其他类型的故障或响应。若安全裕度适用，可与以往获得的数据进行比较并且参考相关标准限制要求对系统的安全裕度进行分析评估。

1. 接地测试结果的评估

通过测试数据的分析，可对被试系统的接地与搭接性能进行量化的评估，也可为设计人员的改进设计提供数据支撑。评估电气和电子设备的屏蔽壳体与系统结构良好的电搭接常常是系统在各种电磁环境中正常工作的基础。良好的接地与搭接性能不仅对降低电路中的共模发射有抑制作用，同时是一种增加系统在雷电环境、外部射频环境中的适应性的重要手段。

2. 电源瞬态测试结果的评估

电源瞬态干扰采集测试完成后，将采集到的信号波形汇总分析，可与现有的电源瞬态注入测试波形进行对比，选取合理的标准测试波形对电源系统进行干扰注入试验；同时，对于特殊瞬态波形，可采用具有波形编辑功能的波形信号发生器将编辑拟合的干扰波形对车载电源系统进行干扰注入试验。通过这项试验，可对被测系统抗电源瞬态能力进行充分的评估，避免系统中电源瞬态干扰对用电网络中设备功能或性能产生影响。

3. 电磁环境控制测试结果评估

通过测试获得实测的外部射频电磁环境数据，按类型得到射频电磁场、低频电磁场以及各个部位的电磁场强数据，相应数据可用于对特定场强敏感部位提供电磁环境评估。同时测量整车系统内和平台的电磁场分布情况，可评估电磁辐射场对人员、武器、燃油的危害。避免系统自身在安装了强干扰源的情况下未对敏感位置进行加固设计而导致人员、武器、及燃油造成危害的情况。

4. 天线端口电压试验及评估

通过分析天线端口干扰电压的数据，可评估平台安装集成的通信系统在车内复杂环境下电台端口耦合干扰的情况及平台系统内干扰环境下车载电台受到干扰的程度。测试结果可以反映电台在车内电子设备开启时的受扰程度,电台灵敏度测试结果可表征通信距离的变化情况。测试结果可以表征该车载通信系统最大通信距离指标的变化情况。

根据被测车辆内通信系统的使用条件制定车载天线端口干扰电平电压测量的指标要求。测试频段选择在通信电台的工作频段,设定的指标可以允许在部分频段超标,超标频段范围不能超过该通信设备通信频率范围的 95% ,且超标幅值不能超过指标限值 6dB 以上的幅度。

5. 敏感度评估

整车系统及安装的设备、关联性系统均应与规定的外部射频环境兼容,以使工作性能满足使用要求。根据监测装置监测的敏感现象,结合给出的敏感度判据判断在施加干扰过程中系统的受扰情况。分析测试过程敏感现象和发现监测值超出正常范围值的变化量,对照敏感度评判等级判断整车受扰程度及抗电磁干扰能力。

第6章　外部射频电磁环境敏感性试验

本章内容对应 GJB 8848—2016 中方法 301“外部射频电磁环境敏感性试验方法”。该方法适用于各武器系统在规定的外部射频电磁环境下的电磁敏感性测试，以验证武器系统与外部射频电磁环境的兼容性。装备数量不断增加，频谱需求不断扩大，RF 发射机的威胁正变得日益严重，为了检验系统在寿命期可能遇到的电磁环境中工作能力，需要进行试验和评估。该方法对于飞机高强度辐射场(HIRF)的试验验证也具有参考价值。

射频电磁环境敏感性试验方法包括全电平辐照法、低电平法(低电平扫描场法和低电平扫描电流法)、差模注入法和混响室法。外部射频电磁环境的获取是一大难题，标准附录中提供了外部射频电磁环境的测量和计算方法，主要是对于强射频场，提供了一种针对脉冲体制的强射频源的测量方法。本章介绍了这几种方法的适用范围和选用原则，详细阐述了各方法的基本原理、实施要点、试验中需要关注的重点问题以及结果评估等。

6.1　方法适用性

考虑到试验方法的可操作性以及验证试验的效费比，GJB 8848—2016 标准规定了全电平辐照法、低电平法、差模注入法、混响室法等。各方法的适用性如表 6－1 所列。优先选用全电平辐照法进行试验。在试验设备等条件限制的情况下，经订购方同意，可采用其他替代试验方法。

表 6－1　外部射频电磁环境敏感性试验方法适用性

试验方法		适用对象	适用频率范围
全电平辐照法		适用于各武器系统，包括飞机、舰船、空间和地面系统等	10kHz ~ 45GHz①
低电平法	LLSF	外部有屏蔽体的 SUT	100MHz ~ 18GHz①
	LLSC	互连电缆或电源电缆暴露在外部强场的 SUT	10kHz ~ 400MHz②
差模注入法		主要通过天线耦合、同轴电缆耦合及双线电缆耦合的 SUT	10kHz ~ 18GHz
混响室法		混响室可容纳的武器、火炮武器等系统	80MHz ~ 45GHz①，频率取决于混响室尺寸
① 连接天线的接收机的调谐频率不适用； ② 10kHz 或 SUT 的第一谐振频率，取高者			

全电平辐照法适用于各武器系统。该方法比较成熟，适用性广。但对于模拟大功率辐射源产生的强外部射频环境，有时受仪器设备能力限制，很难达到要求的电平值。

低电平法是结合 SUT 的结构特性，提出的一种替代方法，包括低电平扫描场法(LLSF)和低电平扫描电流法(LLSC)。针对 SUT 在特定的外部射频环境中，外部射频环境既可通过壳体进入 SUT 也可通过外部电缆耦合进入 SUT，或者两者共存，因此 LLSF 一般与 LLSC 配合使用来评估 SUT 的电磁敏感性。当选择 LLSC 时，应满足相应的线性外推关系。

差模注入法是针对当全电平辐照法受试验设备限制，而低电平扫描电流法适用频率范围受限且对非线性响应 SUT 效应测试外推误差增大的问题，提出的一种辐照与注入相结合的等效试验方法，主要适用于线缆、天线电磁耦合信号导致的 SUT 效应测试。

混响室法的实际适用频率范围与混响室的尺寸和性能有关。

6.2 全电平辐照法

6.2.1 基本原理

在实验室或者开阔试验场采用信号源、功率放大器、发射天线等模拟装备面临的强外部射频环境值，来对装备进行电磁敏感性考核，也可以使用实装产生电磁场，代替信号源、功率放大器和发射天线等仪器设备。常见的信号源、功率放大器和发射天线方法的基本原理如图 6－1 所示，采用信号源输出外部射频环境频率信号，经功率放大器放大后，输出到辐射天线，用电场传感器监测信号大小，反馈给信号源输出，并进行调节，确保在该频点完全模拟 SUT 面临的强外部射频环境值，并依据外部射频环境值，调整发射源频率重复上述步骤进行测试，确保完全模拟强外部射频环境值。当使用实装替代上述常见方法进行试验时，可根据实际发射设备的发射特性来选取电磁场的参数(如场强频率、极化、调制)及照射位置等，并尽量保证驻留时间。

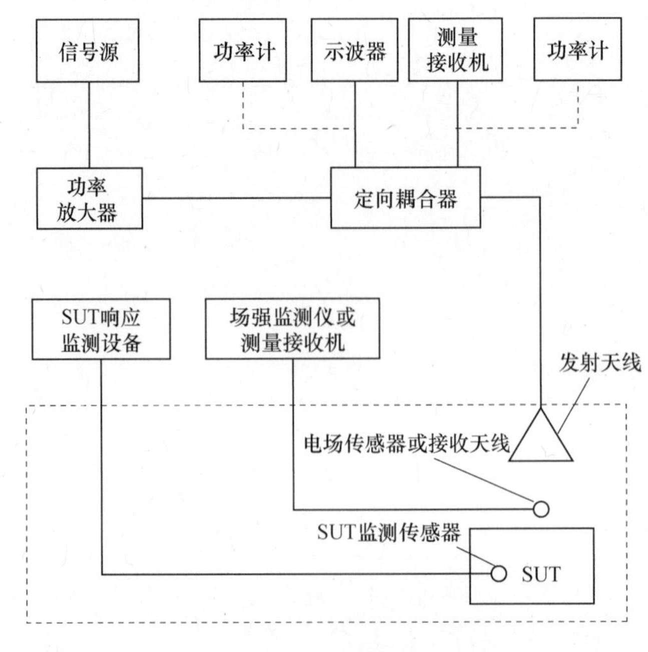

图 6－1 全电平辐照法试验配置

依据全电平辐照法测量基本原理，主要可以分为电场产生、电场照射、电场测量和响应监测等过程。

1. 电磁场产生

由信号源、功率放大器、发射天线产生电磁场，也可由实装发射设备产生电场。

2. 电场照射

应按照研制总要求或合同规定的试验频率和场强进行。未作规定时，经订购方同意，可选择 GJB 1389A—2005 中表 1 ~ 表 6 中数据。应按照试验大纲规定的极化方式，当没有规定时，极化方式应满足 GJB 8848—2016 中 4.6.5 要求。优先采用订购方规定的调制方式，无特殊要求情况下，调制应满足 GJB 8848—2016 中 4.6.4.3 要求。

在照射过程中，为满足远场测试条件，发射天线距测试配置边界的距离通常为 3m。如果发射天线与测试配置边界距离为其他值，应在试验报告中予以说明，且发射天线距测试边界的距离不小于 1m。电磁场照射位置的选取应尽可能使 SUT 全方位被照射。若实际受到的辐射情况已知，在大纲中明确照射位置；否则根据施加电磁场的频段不同，按如下规则选取照射位置。

10kHz ~ 30MHz 频段照射位置的确定方法如下：

（1）照射位置宜选取 SUT 的前面、后面和侧面，至少 4 个方位，如图 6 – 2（a）所示。

（2）当测试配置边界两边缘距离 D（单位为 m）大于 3m 时，应取多个照射位置，照射位置数 N 由 D 除以 3 并上取整数来确定，如图 6 – 2（b）所示。

（3）当照射距离不等于 3m 时，照射位置数 N 由 D 除以照射距离和 3 的小者并上取整数来确定。

（4）对 SUT 外罩不连续处、暴露在外或非屏蔽电缆等位置，应选择相应的照射位置，使发射天线与其对准直接照射，并确保场强变化在 3dB 以内。

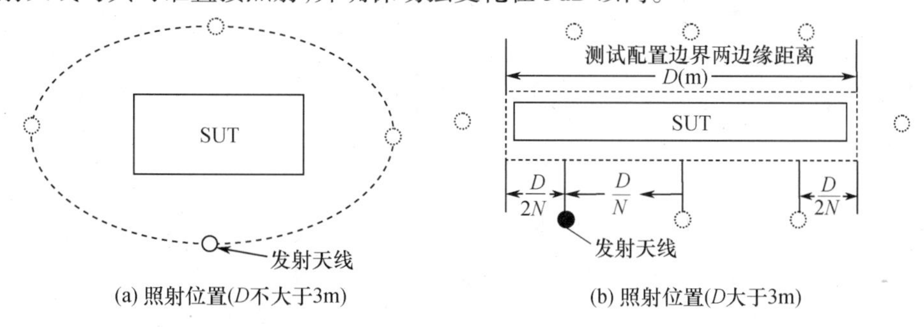

图 6 – 2　10kHz ~ 30MHz 频段照射位置

30 ~ 225MHz 频段照射位置的确定方法如下：

（1）照射位置宜选取在 SUT 水平及垂直面 360°圆周内至少前面、后面和每一侧面，如图 6 – 3 所示，难以对底部进行照射的 SUT，宜在 SUT 的前面、后面和侧面，至少 4 个方位进行水平和垂直照射。

（2）当测试配置边界两个边缘距离 D（单位为 m）大于 3m 时，应取多个照射位置，照射位置数 N 由 D 除以 3 并上取整数来确定，如图 6 – 3（b）所示。

（3）当照射距离不等于 3m 时，照射位置数 N 由 D 除以照射距离和 3 的小者并上取整数来确定。

（4）对 SUT 外罩不连续处、暴露在外或非屏蔽电缆等位置，应选择相应的照射位置，使发射天线与其对准直接照射，并确保场强变化在 3dB 以内。

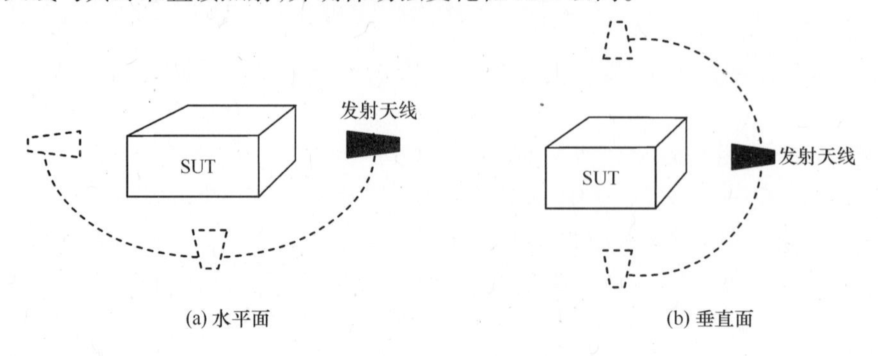

图 6－3　30～225MHz 频段照射位置

225MHz～45GHz 频段照射位置的确定方法如下：

（1）照射位置宜选取在 SUT 水平及垂直面 360°圆周内至少前面、后面和每一侧面，难以对底部进行照射的系统，宜在 SUT 的前面、后面和侧面，至少 4 个方位进行水平和垂直照射。应根据发射天线波束覆盖范围来选取照射位置，确保场强变化在 3dB 以内，以保证 SUT 各部位均被充分照射。

（2）对 SUT 外罩不连续处、暴露在外或非屏蔽电缆等位置，应选择相应的照射位置，使发射天线与其对准直接照射，并确保场强变化在 3dB 以内。

照射的实现：当发射天线可自由移动时，通过移动发射天线改变照射位置实现对 SUT 的照射；当发射天线难以移动时，通过移动 SUT 改变照射位置实现对 SUT 的照射。

3. 电场测量

电场测量有试验前电场测量法和试验中电场测量法两种方法。对于较大尺寸的 SUT，优先选用试验前电场测量方法。试验前电场测量法是在无 SUT 的情况下，在试验场施加电场并进行测量，以建立规定场强值的电场。具体方法如下：在无 SUT 的情况下，按照选定的调制方式在试验场施加电场；对施加电场进行测量，以确保场强达到规定值。采用定向耦合器和功率计或其他方法测量功率放大器的实际输出功率，记录下产生该场强的实际发射功率。试验中电场测量法是试验过程中在有 SUT 的情况下，对 SUT 附近电场进行测量，以确保受试 SUT 所处电磁环境满足要求。具体方法如下：布置电磁场发射天线和 SUT，将电场传感器置于试验场适当位置，使发射天线对准电场传感器，靠近 SUT，并保持电场传感器外壳与发射天线的距离等于 SUT 外壳与发射天线的距离；按照选定的调制方式在试验场施加电场，同时测量场强。

在上述两种方法中如要求场强为峰值场强，电场测量设备为平均值显示，可根据施加调制的方式及调制参数将平均值读数转换为峰值场强值，转换时，应通过示波器和测量接收机进行观察，以确保功率放大器输出信号波形不失真。

4. 响应监测

电磁场监测设备根据要求电平选用场强监测仪和电场传感器，或测量接收机和接收天线；同时，试验过程中应布置 SUT 响应监测设备（含 SUT 监测传感器）。电场传感器与场强监测仪之间应采用光纤传输信号。

5. 全电平辐照法试验设施

全电平辐照法试验设施主要包括开阔试验场地、电波暗室、横电磁传输室等，其中有关开阔试验场地、电波暗室等试验设施详见本书 3.4 节相关内容。

6.2.2 实施要点

试验实施步骤如图 6－4 所示，主要包括：依据 SUT 外部射频环境电平，选择试验电场测量法和施加电场的频率、极化方式、照射位置等，并将 SUT 调至规定的状态；打开信号源、功率放大器，将输出信号频率设置为试验规定频率；逐渐增大功率放大器（或信号源）输出功率，达到确定的应施加电磁环境电平值，监测 SUT 的响应（感应电流 I_t、电压 V_t 或功率 P_t）；改变试验频率点和照射位置，按要求对所有频率重复上述步骤；若 SUT 无法监测响应，又有安全裕度要求，可对 SUT 施加环境电平增加安全裕度要求值后的实际施加电平值，观测 SUT 是否出现敏感。

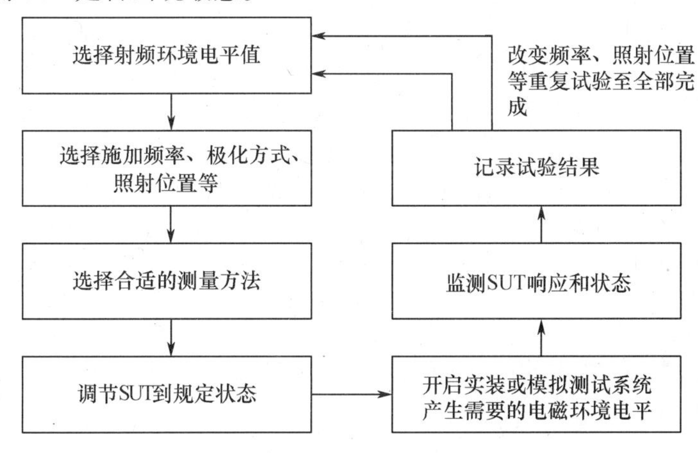

图 6－4　全电平法实施步骤

试验完成后，应提供以下测量信息和数据：①SUT 的技术状态；②试验场地及试验环境；③有响应监测的应记录相应的响应值，无响应监测的应记录其敏感性判据和现象；④施加的外部射频电磁环境的频率、幅值、距离及极化方式等数据；⑤在各种试验情况下，包含辐射部位、被干扰设备及其测试结果的表格；⑥试验配置连接图、现场照片。

出现敏感应记录的基本信息，包括施加频率、幅值和敏感阈值，对于不便观察敏感现象的应记录其响应，并进行评估。

6.2.3 需要注意的问题

1. SUT 的要求

对于飞机，在开始试验前，根据试验需要，应改造机载火工品系统，拆除传火、传爆序列。在确保试验安全的情况下，可保留传火、传爆序列的第一级火工品，或用惰性品代替，改造应确保电磁特性相同。空间和运载系统，不带主装药和火工品，或用惰性品替代。对于舰船，可对暴露在外部射频电磁环境下的舰面电子设备、各类传感器等设备和分系统，进行设备和分系统级或局部辐射，通过对结果的分析和评估，得出舰船的外部射频电磁环境敏感性结论。

2. 照射位置选取

应评估被测件的缝隙、关键设备位置、线缆的布置、复合材料的应用等情况，确保被测件电磁屏蔽的薄弱环节在发射天线的3dB波束宽度以内。

3. 远场和频率、极化、调制选择

发射天线与被测件之间的距离，要大于等于发射天线的远场边界。试验频率的选择应覆盖被测件实际工作环境的电磁环境频率。试验信号的调制应采用被测件实际所处的电磁环境调制方式。试验的电磁环境场强应模拟被测件实际所处环境的电磁环境场强大小。

4. 电磁防护

为保证测量设备和人员的安全，可采用屏蔽设施（如屏蔽室或屏蔽方舱）进行防护。

5. 圆极化使用限制

全电平辐照法不允许使用圆极化场。虽然使用圆极化场较方便，可以避免线极化天线旋转才能够产生两种极化方式的辐射场，但是在某些频率点上圆锥形对数周期螺旋天线的方向图中心线不再天线轴线上，在正确使用下也会引起混淆。受试设备及其连接电缆对线极化场更容易产生响应。用一个圆锥形对数螺旋天线去校准另一个圆锥形对数螺旋天线时，其电场指示值比使用线极化天线的高3dB。类似地，如果使用圆锥形对数螺旋天线校准线性极化场时，指示值会比真实电场强度低3dB。

6. 试验设施选择

试验实施过程中，允许测试机构选择合适的电场发生设备。可以使用多种电场发生装置，如天线、长线、TEM小室、GTEM小室、混响室或平行板线，只要它能产生要求的电场。电场应在测试配置范围内保持尽可能的均匀一致性。30MHz以上，必须产生水平和垂直极化两种场。30MHz以下频率段，没有特殊规定时，只要求垂直极化测量。TEM小室、GTEM小室、混响室或其他非常规测试方法，由于它们可能对某些应用不合适，因此需要得到批准才能使用。

6.2.4 结果评估

根据被干扰系统的敏感性判别准则，评定结果记录中测试数据或状态记录是否满足要求；针对与实装有差异的试验布置可能出现的被干扰现象，在实装情况下复查时未出现，则应判定试验结果合格；对敏感现象无法判断，应监测其响应，并进行评估；若有安全裕度要求，应按第5章规定的方法对安全裕度进行评估。

6.3 低电平扫描场法

6.3.1 基本原理

LLSF试验基本原理是针对被试对象具有一定的屏蔽效能的飞机、空间系统等，且全电平辐照法受试验设备限制无法达到要求电平的特定情况，提出的一种替代试验方法。基本过程是，根据现有测量仪器设备能力，选择一个现有仪器设备可以达到的合适电场幅值，建立空场时的电场辐射环境，然后再将场强探头置于被测件屏蔽体中，测量耦合到被测件各个舱段内的电场强度，获得内部和外部场强值，计算得到外部与内部电场强度的比例关系后，可以利用这一转换系数（设备壳体的屏蔽效能），再依据该屏蔽效能和要求的外部射频环境值，依据式（6－1）计算得到屏蔽体内部场强施加值，依据该场强值参考全电平辐照法开展抗干扰试验，LLSF试验校准配置和LLSF试验配置分别如图6－5和图6－6所示。

要求的试验电平按下式计算：

$$E = E_0 \times 10^{-SE/20} \tag{6-1}$$

式中 E——要求的试验电平值（V/m）；

E_0——外部环境要求值（V/m）；

SE——SUT的壳体屏蔽效能（dB）。

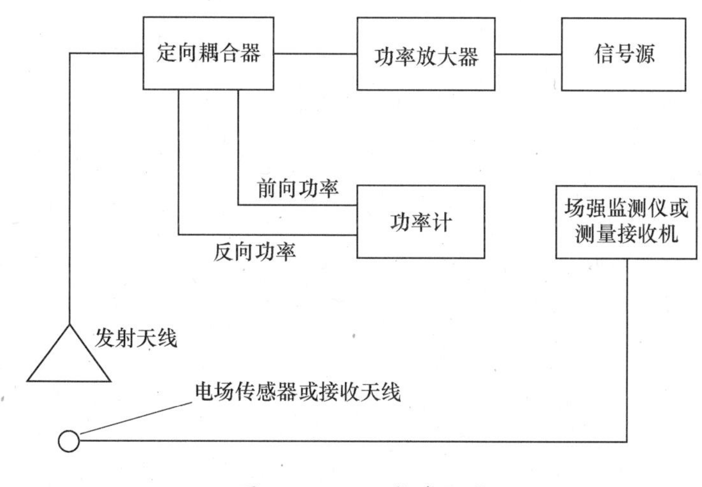

图6－5 LLSF校准配置

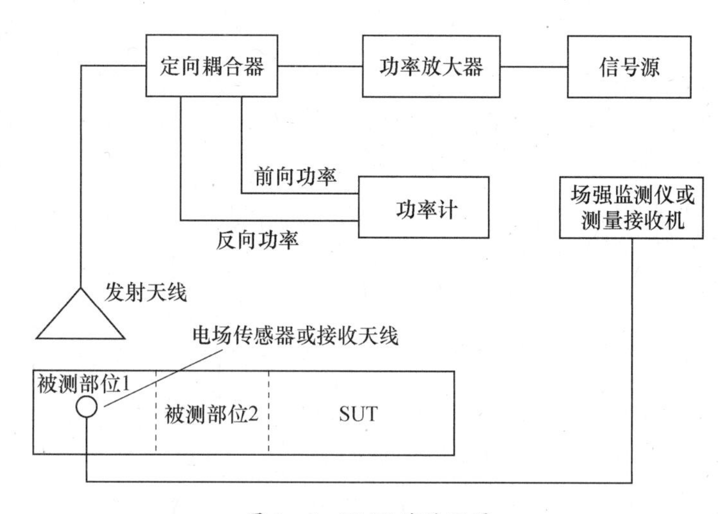

图6－6 LLSF试验配置

LLSF试验要求从各个角度以规定的已知电平、扫频电磁场照射被测件，并在被测件的各个舱段内测量，以确定舱段的衰减。目的是得到各舱段最小的屏蔽效能值，确保依据式（6－1）计算得到的场强值施加干扰辐照试验可以有效评估被测SUT的外部环境适应性，典型的发射天线、场极化和频率范围要求如表6－2所列。

表 6-2　LLSF 试验用发射天线及要求

频率范围	天线类型	场极化
100～1000MHz	对数周期天线	水平
100～1000MHz	对数周期天线	垂直
1～18GHz	双脊喇叭天线	水平
1～18GHz	双脊喇叭天线	垂直

6.3.2　实施要点

LLSF 方法分为校准和测试两个步骤,实施步骤如图 6-7 所示。

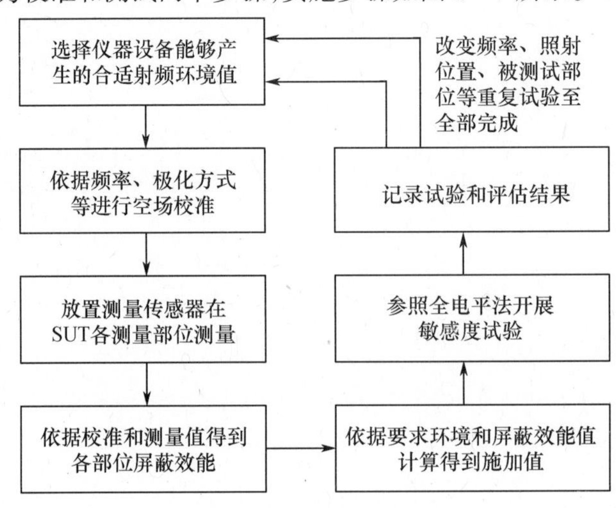

图 6-7　LLSF 方法实施步骤

校准:LLSF 试验的第一步,是在测量被测件之前,先进行空场的场强校准。按图 6-5 进行校准布置,先进行场强校准;发射天线和电场传感器或接收天线由非金属三脚架支撑在 2m 高度,地面覆盖吸波材料,以减少来自地面的发射场影响;在不同频段,使用信号源、功率放大器输出合适的电平到发射天线。发射天线的高度在 1.5～3.5m 间变化以便测量峰值场强;采用最大值保持模式记录测量到的最大场强值。

测试:测试方法与全电平法相同,但测试前需得到 SUT 的屏蔽效能。依据 SUT 结构和内部分系统和设备敏感特性,确定被测分系统或设备,将其位置作为被测部位;发射天线的前向功率保持与场强校准时的功率相同,测量被测部位的场强,移动电场传感器或接收天线,找到内部场强的最大值;对 SUT 的被测部位应有足够数量的照射位置,照射位置选取尽量反映被测部位结构的屏蔽特性,一般相隔 45°选取一个测试位置;对全部照射位置进行水平与垂直极化场测量;根据测量得到的被测部位的场强和场强校准值,计算得到被测部位的屏蔽效能;以被测部位所有照射位置与极化方式的屏蔽效能最小值,作为该部位的辐射敏感性采用的屏蔽效能值;重复上述过程,获得每个被测部位的屏蔽效能值。

对 SUT 进行场强为 E_0 的辐射敏感性试验,则依据被测部位 1 的屏蔽效能值 SE_1,按式(6-1)得到部位 1 的辐射敏感性试验电平 E_1,对部位 1 内的 EUT 进行场强为 E_1 的辐射敏感性试验,试验方法按照全电平辐照法在 SUT 内部进行试验,监测部位 1 内的 EUT 是否敏感,如果有响应监测设备,则应记录响应数据。

若出现敏感现象,则应确定敏感度阈值电平 E_{1s}(在该电平下,EUT 刚好不出现不希望有的响应),并确认该电平下 EUT 不满足要求。根据本部位的屏蔽效能,反推 SUT 的敏感度门限电平 E_{s1}。

重复上述步骤,对每个被测部位进行辐射敏感性试验;若多个部位内的 EUT 出现敏感现象,依据屏蔽效能反推出的最小 SUT 敏感度阈值电平 E_{si},作为整个 SUT 的敏感度阈值电平 E_s。

6.3.3 需要注意的问题

1. 屏蔽效能的获取

由于各个舱段内产生的驻波,在测量金属壳体内的场强时存在很多问题。舱内电子设备安装方式的任何变化都可能影响驻波波形,在被测设备位置测量场强很困难。另外,舱内的电磁场特性也会根据外部场源的照射角度和极化而变化。因此,可行、可重复进行的测量就是对于外部场源的给定频率、全部极化,测量舱内所有位置的最大场强值。可通过如下三种方式进行:①在舱段中布置大量传感器(场强探头或接收天线);②用一个传感器在舱段中的不同位置进行多次测量;③在一个位置进行测量,采用混响技术修正驻波波形,以保证在混响器一个循环中的一个瞬间间隔内的最大场强值出现在传感器所在的位置。在大系统的试验中,为尽量缩短测试时间,方案③(可实现的情况下)通常被选为主要试验方法。该方案的测试时间比方案②短,而仪器工具又比方案①所需要的少。

测试过程中发射天线的高度需在 1.5 ~3.5m 间变化以便测量峰值场强,同时发射天线和接收天线由非金属三脚架支撑在 2m 高度,地面覆盖吸波材料,以减少或消除来自地面的发射场影响;测试采用多角度、多高度、峰值保持等技术确保得到最差的屏蔽效能值。

2. 干扰施加值

LLSF 试验要求从各个角度以规定的已知电平、扫频电磁场照射被测件,并在被测件的各个舱段内测量,以确定舱段的衰减,施加干扰时以最大的屏蔽效能值进行施加,确保测试结果的可信性。

3. 方法的配套使用

针对 SUT 在特定的外部射频环境中,外部射频环境既可通过壳体进入 SUT 也可通过外部电缆耦合进入 SUT,或者两者共存,因此低电平扫描场法一般与低电平扫描电流法配合使用来评估 SUT 的电磁敏感性。

低电平扫描场法本质还是一种替代方法,对试验结果的有效性须进行分析评估,且应在试验报告中对试验状态、部位等进行详细的记录,且需要得到订购方的同意。

6.3.4 结果评估

其试验结果评定方法如下:

(1)针对外部射频环境仅通过壳体耦合进入 SUT 的情况,如 SUT 所有部位内的

EUT，采用 LLSF 在干扰施加过程中均未出现敏感现象，或通过响应评估为没有响应，则认为 SUT 对给定的外部射频电磁环境不敏感；如果采用 LLSF 施加干扰过程中出现敏感，应确定敏感度阈值电平。

（2）对外部射频环境既通过壳体耦合又有通过电缆耦合进入 SUT 的情况，LLSF 与 LLSC 配合使用，当两者干扰施加过程中均未出现敏感，或通过响应评估为不敏感，则认为 SUT 对给定的外部射频电磁环境不敏感；如果出现敏感，分别确定敏感度阈值，并取小者为 SUT 的敏感度阈值。

（3）对于有安全裕度要求的 SUT，应按第 5 章规定的方法对安全裕度进行评估。

6.4 低电平扫描电流法

6.4.1 基本原理

LLSC 测试技术已经过多年的发展，基本原理就是把电流直接注入设备的电缆上来代替辐射场的照射。LLSC 是用于测量外部射频辐射场和设备线缆束上感应电流之间的传输函数。由于传输函数把线缆上的电流和外部辐射场联系起来，因此造成设备故障的大电流就和可能造成设备故障的辐射场等价。因此测试时，先用 LLSC 试验寻找外部辐射场和电缆束上感应电流之间的传输函数，然后利用测得的传输函数得出高电平下的电流注入值，就可以用电流探头把该电流注入设备的电缆束上来模拟高场强辐射场的照射。

按下式计算互连电缆或电源电缆的归一化电流响应系数：

$$k = I_1/E_1 \tag{6-2}$$

式中 k——归一化电流响应系数（m/Ω）；

I_1——被试电缆中感应电流（A）；

E_1——被试电缆受到的电磁辐射场强值（V/m）。

通过下式可计算得到要求的试验电平值：

$$I_2 = E_0 k = E_0 I_1/E_1 \tag{6-3}$$

式中 I_2——应施加的试验电平值（A）；

E_0——外部环境要求场强值（V/m）。

因此注入电流的大小要与设备暴露在辐射场下较坏的情况相符合，如果设备在电流注入情况下产生的响应与在场照射时的响应是相似的，就可以认为 LLSC 测试和辐射场敏感度测试之间有相似性。从实用的观点来看，LLSC 技术是为了模拟设备最苛刻工作环境中的最坏情况。根据这个观点，LLSC 测试中的电流注入曲线应该有对应于入射场的各种各样的曲线。但是，LLSC 注入电流不应该超过辐射感应电流的最大包络线太多，否则就会导致设备处于过载的情况下。实际测试中因 SUT 通过电缆耦合和通过空间场耦合一般同时存在，因此 LLSC 技术一般和 LLSF 技术结合使用。

典型的 LLSC 自动测试系统由信号源、注入探头、放大器、监测探头、频谱分析仪（或接收机）、通用计算机和专用编程控制接口卡构成，如图 6－8 所示。根据人工设置的场强值，采用频谱分析仪监控，调整信号源输出幅度，使闭环测试网络中的低电平场强值等于人工设定的场强值。

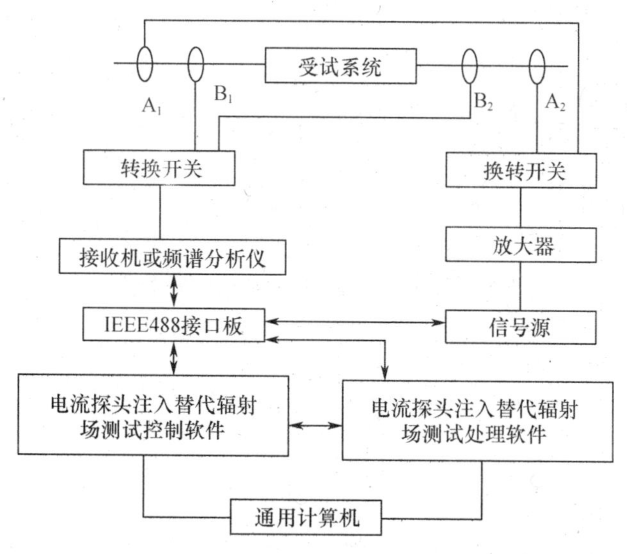

注：A_1、A_2为注入探头；B_1、B_2为监测探头

图 6－8　LLSC 典型自动测试系统功能方框图

6.4.2　实施要点

1. 试验方法

LLSC 试验方法用低等级扫描频率 CW 场从 SUT 的四面照射，并测量 SUT 线束中感生集束电流。典型情况下，应在开阔场进行。试验场地必须是坚硬支撑的开放区域，支撑试验 SUT。同时应确保试验场地无本地结构干扰，以避免在测试期间对所产生的 RF 场有不希望的干扰。试验布置如图 6－9 所示。测量系统的典型布置如图 6－10 所示。

测试仪器主要包括频谱分析仪、综合处理试验接收机和模拟试验接收机。频率范围至少 1500 个测试点。注意确保以合适的分辨率捕获共振共时域卷积之用。测量带宽需选择具有系统噪声之上的合适灵敏度。

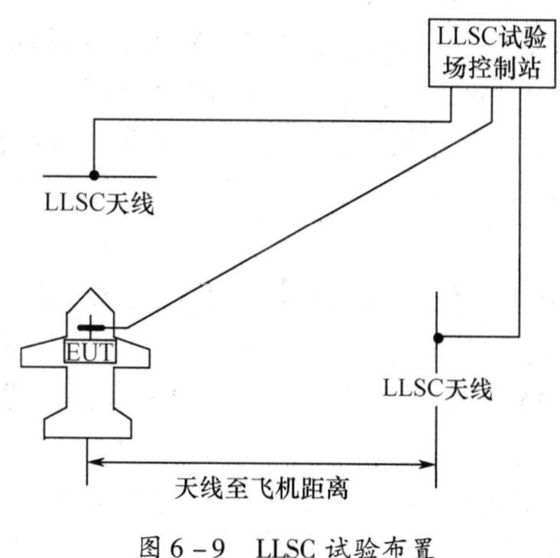

图 6－9　LLSC 试验布置

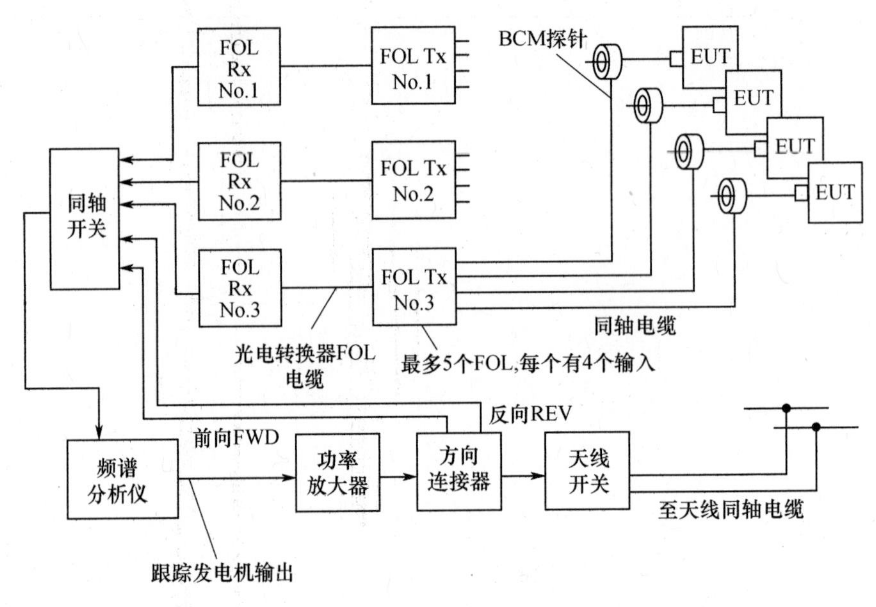

图 6－10　LLSC 测量系统典型布置

2. 电磁能照射人员

LLSC 系统产生的场强相对较低,一般无人员遭受辐射的风险。然而,作为预防措施,建议在 RF 从 LLSC 系统传输时,人员不要处于试验现场,特别是靠近天线系统。

3. 发射天线和试验距离

LLSC 方法中所用的发射天线和试验距离必须选择能够保证 SUT 被均匀照射,在整个 SUT 空间场强变化在 3dB 以内。此外,隔离距离必须足够到使场强校准不受任何地面反射或周围结构反射所产生的尖峰共振的影响。

4. 天线照射方向

为激励 SUT 布线束的共振,需要对 SUT 进行整体照射。需要对 SUT 的照射位置进行评估,保证采用可获得最大耦合的照射方向。包括要考虑 SUT 的孔径、通风口等位置,对 SUT 外罩不连续处、暴露在外或非屏蔽电缆等位置,应选择相应的照射位置,使发射天线与其对准直接照射,并确保场变化在 3dB 以内。

照射位置宜选取在 SUT 水平及垂直面 360°圆周内至少前面、后面和每一侧面,难以对底部进行照射的系统,宜在 SUT 的前面、后面和侧面,至少 4 个方位进行水平和垂直照射。应根据发射天线波束覆盖范围来选取照射位置,确保场变化在 3dB 以内,以保证 SUT 各部位均被充分照射。

5. 校准

按照扫描频率、要求的照射方向、天线的极化不同极化方式,对被测件进行照射,测量受试电缆上的感生电流。对每一项测量,计算感生电流与入射场强的比例关系,归一化到 1V/m,将测量结果换算成 1V/m 的感应电流曲线。LLSC 校准布置图如图 6－11 所示。

6. 测试

依据校准得到的外部射频环境和内部感应电流的线性对应关系,计算规定外部射频环境对应的感应电流,按照得到的感应电流进行施加干扰,监测装备的电磁敏感特性。

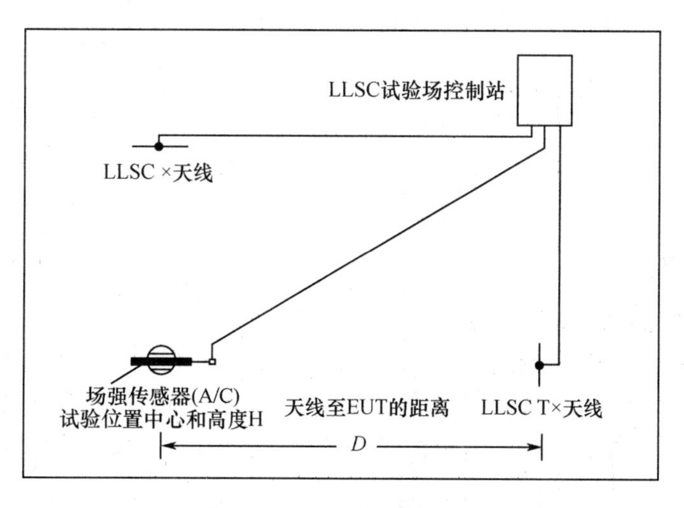

图 6-11　LLSC 校准布置图

6.4.3　需要注意的问题

1. 照射角度和试验布置

为激励被测件/线缆的耦合,需要对被测件整体照射。对被测件及其受试设备的布线位置进行评估,保证采用可获得最大耦合的照射方向。要考虑包括被测件的孔径、缝隙、舱口盖等位置。

LLSC 场强校准结果受试验场地影响。为了保持校准结果的一致性,选择试验场地时要避免场地结构和杂乱回波对 RF 场存在的干扰。地面结构要均匀,金属物尽量少。电场校准要与先前试验中所做的类似校准进行比较。对于校准出现明显的变化,要进一步查明,特别是存在共振的情况下。

2. 方法的配套使用

针对 SUT 在特定的外部射频环境中,外部射频环境既可通过壳体进入 SUT 也可通过外部电缆耦合进入 SUT,或者两者共存,因此低电平扫描电流法一般与低电平扫描场法配合使用来评估 SUT 的电磁敏感性。

低电平扫描电流法本质还是一种替代方法,对试验结果的有效性须进行分析评估,且应在试验报告中对试验状态、部位等进行详细的记录,且需要得到订购方的同意。

6.4.4　结果评估

其试验结果评定方法如下:

(1) 针对外部射频环境仅通过电缆耦合进入 SUT 的情况,如 SUT 所有部位的受试电缆,采用 LLSC 在干扰施加过程中均未出现敏感现象,或通过响应评估为没有响应,则认为 SUT 对给定的外部射频电磁环境不敏感;如果采用 LLSC 施加干扰过程中出现敏感,应确定敏感度阈值电平。

(2) 对外部射频环境既通过壳体耦合又有通过电缆耦合进入 SUT 的情况,LLSF 与 LLSC 配合使用,当两者干扰施加过程中均未出现敏感,或通过响应评估为不敏感,则认为 SUT 对给定的外部射频电磁环境不敏感;如果出现敏感,分别确定敏感度阈值,并取小者为 SUT 的敏感度阈值。

(3) 对于有安全裕度要求的 SUT,应按第 5 章规定的方法对安全裕度进行评估。

6.5 差模注入法

6.5.1 基本原理

差模注入法的核心是采用定向耦合器原理研制的差模注入耦合模块,由于等效注入仅代替场线(线缆、天线)的耦合过程而电路响应过程不变,因而能够解决非线性响应SUT效应测试的线性外推问题。受差模注入耦合模块的限制,目前仅能解决同轴电缆、天线作为端口输入方式的SUT效应测试,测试频率至少可达18GHz。由于不同端口的电磁辐射信号往往导致SUT出现不同的效应,多端口电磁辐射耦合一般不形成叠加效应,可分别对不同的端口耦合进行效应测试,分别确定其临界干扰、损伤场强。

共模信号和差模信号是电磁干扰存在的两种形式,而最终对受试设备产生干扰效应的是差模信号,共模信号需要通过一定的途径转化为差模信号之后才会对受试设备产生效应。针对共模电流注入方法存在的不足,研究提出了差模注入法电磁辐射效应测试方法,试验配置如图 6-12 所示。该方法将受试装备的电磁辐射响应过程分为场线耦合过程和电路响应过程两部分。根据电磁场的叠加原理,场线耦合响应与辐射场强成正比,属于线性过程;而电路响应过程受设备输入阻抗、器件响应、增益特性等的影响,一般为非线性过程。该方法通过对受试系统进行低电平整体均匀辐照,获取单位电场强度电磁辐射作用下受试设备的前向功率(电压),然后按照前向功率与辐射场强的平方成正比的关系,通过电磁信号注入完成效应试验,确定受试系统的电磁辐射临界干扰或损伤场强。

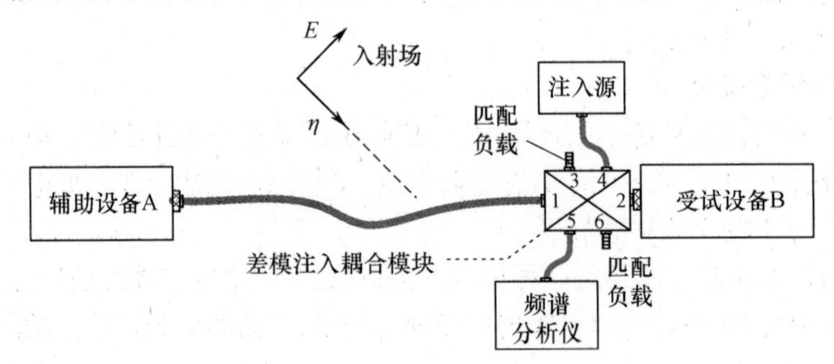

图 6-12 差模注入法试验配置图

1. 差模注入等效替代辐照的思想

从严格意义上来说,注入和辐照过程不能完全等效,因为辐照过程相当于诸多分布源作用于受试系统,而注入过程相当于集总源的单独作用。但是,对于一些干扰耦合通道十分明确的受试系统,如互联系统、天馈系统等,电磁干扰主要以传导形式经线缆、天线端口作用于受试系统的内部电路,由于试验考核的是线缆两端所连接设备的电磁敏感性,因此,在此情况下可以采用注入的方法来等效替代辐照效应试验。

对于互联系统,注入与辐照试验严格等效的依据是两者对受试系统的响应相同,工程上等效的依据是两者产生的效应相同。基于这一考虑,若能够保证作用于设备电缆、天线端口的正向传输功率相同就可以保证两种试验方法的等效性，而不必关心线缆上的电流分布是否相同。因此，差模注入法以受试设备端口的正向传输功率（电压信号）相等作为注入和辐照法等效的依据，拓展电流注入法的上限适用频率，等效替代高强度辐射场（High Intensity Radiated Field，HIRF）辐射效应试验，因此如何确定注入功率（电压）与HIRF场强值之间的对应关系（传递函数）是需要解决的重要问题，需要借助两者在低场强下的对应关系外推得到。

根据上述分析，确定低强场条件下注入等效替代辐照试验的基本思路如图6-13所示，首先，对互联系统整体进行电磁辐射效应试验（预先试验），在保证系统响应处于线性区的条件下，监测受试系统的端口响应波形（频谱强度）或互联通道前向传输信号波形（频谱强度）等参量，并以此作为注入等效的依据。其次，根据两种试验方法受试系统的响应相等或效应相同这一等效原则，结合低场强辐照试验监测的响应结果，分析、计算、推导得出直接加在受试系统端口的理论等效注入功率（电压）波形。再次，对于强电磁脉冲辐照效应试验，由于互联系统接收电磁能量时存在选频特性，其理论上等效的注入功率（电压）波形可能是一个无规则波形，难以实现直接注入。为此，必须通过对不同波形注入的等效性研究，提取被试装备的效应特征参数，获取具有工程应用价值的标准电压注入波形。最后，为实现高场强辐照效应试验的目的，需要对低场强辐照（预先试验）等效的注入信号强度进行外推，得到高功率等效注入信号强度，从而对互联系统进行高功率等效注入试验，实现强场条件下注入替代辐照效应试验的等效性。

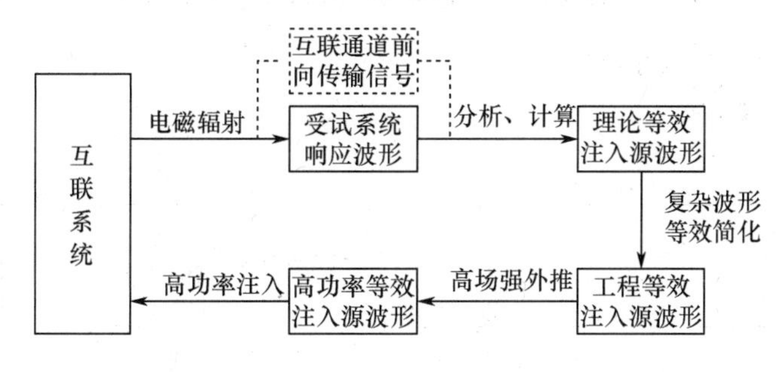

图6-13　差模注入效应试验流程图

2. 差模注入替代辐照等效模型

根据端口响应相同的等效原则，对比分析辐照和注入条件下受试系统端口（节点）的响应数学模型，令两个模型的输出响应相同（即端口响应电压相同），反推辐照波形参量与注入波形参量之间的函数关系，建立注入法与辐照法的等效性。

典型互联系统构成如图6-14所示，假设B为受试设备，则A可以是互联设备也可以是收发天线。互联系统在外界电磁场辐照条件下，可以简化成如图6-15所示的传输网络，其中Z_A为设备A的等效阻抗，Z_L为受试设备B的等效阻抗，Z_C为传输线的特性阻抗。对于同轴互联传输线而言，互联系统可以看成由两个独立的传输线模型构成，一个是由电缆屏蔽层外部和地面构成的外传输线模型，另一个是由电缆屏蔽层内部和电缆内导体构成的内传输线模型。互联系统受电磁辐照时，内传输线通过转移阻抗和转移导纳被外传输线激励，在仅考虑A和B两端的响应信号时，即使互联电缆为同轴线也可以采用图6-15所示的电路模型进行分析。

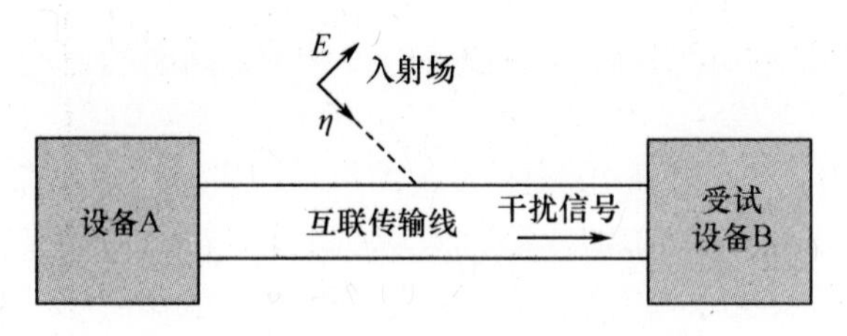

图 6-14　典型互联系统构成示意图

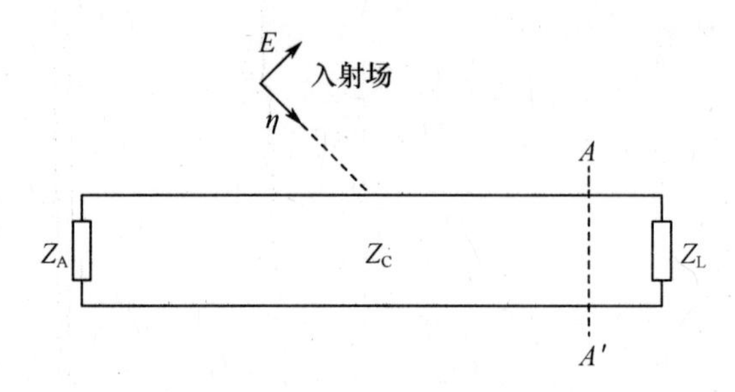

图 6-15　互联系统简化的电路模型

为求得等效阻抗 Z_L 上(受试设备 B)的响应电压,在电路分析时,将互联系统从受试设备 B 的输入端口 $A-A'$处断开,$A-A'$左侧的分支可以等效为戴维南等效电路,如图 6-16 所示。这种方法把受试设备外部端口的干扰等效为无源阻抗元件 Z_{SR} 和等效电压源 U_{SR},Z_{SR} 即为从 $A-A'$端口向左看过去的传输线输出阻抗,U_{SR} 即为等效电路的开路电压。

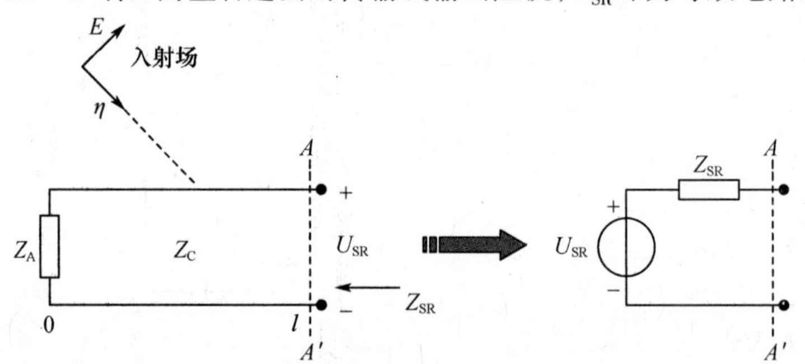

图 6-16　左侧分支戴维南等效电路

将左侧戴维南等效电路与右侧受试设备 B 的等效阻抗 Z_L 结合起来,得到受试系统辐照响应等效电路如图 6-17 所示。

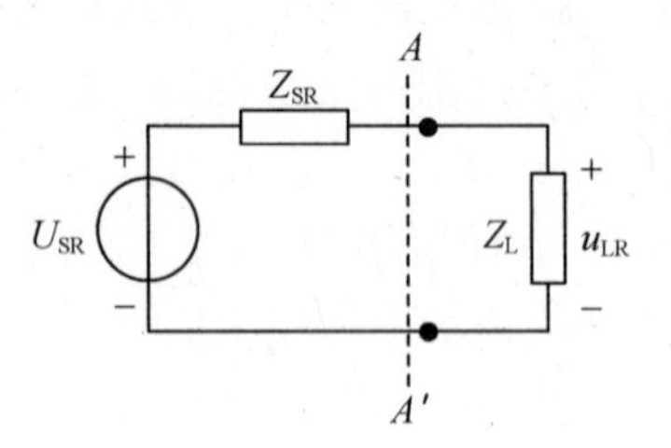

图 6-17　辐射响应等效电路

令 $A-A'$端口与等效阻抗 Z_A 之间的传输线长度为 l,设备 A 的反射系数为 ρ_A,根据传输线理论,戴维南等效电路的等效电压源阻抗为

$$Z_{SR}=Z_C\frac{1+\rho_{A-A'}}{1-\rho_{A-A'}}=Z_C\frac{1+\rho_A e^{-j2\gamma l}}{1-\rho_A e^{-j2\gamma l}}=Z_C\frac{1+\dfrac{Z_A-Z_C}{Z_A+Z_C}e^{-j2\gamma l}}{1-\dfrac{Z_A-Z_C}{Z_A+Z_C}e^{-j2\gamma l}} \tag{6-4}$$

电磁辐射条件下,由分布场激励源形成的等效电路开路电压 U_{SR} 可应用 BLT 方程进

行求解。令 $A-A'$ 端口开路,即 $\rho_A=1$,可求得 $x=l$ 处的开路电压为

$$U_{SR}=\frac{2}{1-\rho_A e^{-2\gamma l}}(e^{-\gamma l}S_1+\rho_A e^{-2\gamma l}S_2) \tag{6-5}$$

式中,S_1 和 S_2 分别为 BLT 方程中的源矢量。若采用 Agrawal 模型,源矢量与入射电场 E 呈线性变化关系,为简化表述方式,令式(6-5)中的等效开路电压 U_{SR} 与入射电场 E 之间的传递函数为 f,则式(6-5)可简化表示为

$$U_{SR}=f(E) \tag{6-6}$$

且满足 $f(k\cdot E)=k\cdot f(E)$,通过求得无源阻抗元件 Z_{SR} 和等效电压源 U_{SR},根据图 6-17 的等效电路,可以计算出等效阻抗 Z_L 的辐照响应为

$$u_{LR}=\frac{Z_L}{Z_S+Z_L}U_{SR}=\frac{Z_L}{Z_S+Z_L}f(E) \tag{6-7}$$

参照上述分析过程,容易得出受试设备 B 在注入试验条件下的等效电路如图 6-18 所示,其中:U_{SI} 为注入电压源,Z_{SI} 为注入电压源的内阻,u_{LI} 为受试设备 B 在注入试验条件下的响应。

$$u_{LI}=\frac{Z_L}{Z_{SI}+Z_L}U_{SI} \tag{6-8}$$

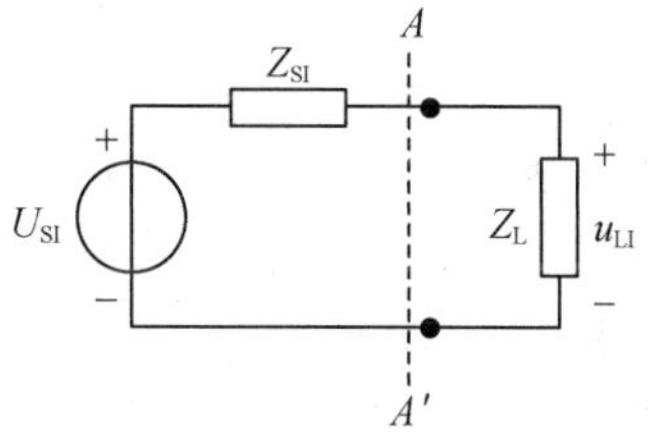

图 6-18　注入响应等效电路

根据前述注入与辐照两种试验方法等效的依据:辐射与注入条件下受试系统的响应相同,可得

$$U_{SI}=\frac{Z_{SI}+Z_L}{Z_{SR}+Z_L}U_{SR}=\frac{Z_{SI}+Z_L}{Z_{SR}+Z_L}f(E) \tag{6-9}$$

由此可见,只要保证 $Z_{SR}=Z_{SI}$,根据式(6-9)就能得出 $U_{SI}=U_{SR}=f(E)$,此时等效注入电压源与频率无关且与辐射场强成正比,可以实现注入与辐射效应的等效性。

3. 强场条件下注入电压源外推模型

差模注入法主要是解决互联系统在强场条件下开展电磁辐射效应试验的问题,根据前述等效思路,需要对通过低场强辐射预先试验得到的小功率等效注入电压信号 U_{SI} 进行高场强条件下的外推,得到高功率等效注入电压信号 V_{SI},通过对受试系统进行高功率注入试验来替代目前实验室条件下无法完成的高场强辐照效应试验。

强场试验条件下大多数系统为非线性系统,即由于模块、器件工作状态的改变(如进入饱和区、限幅区等)以及材料性能、寄生参数的变化等因素的影响导致受试系统的端口响应已经不再与输入信号成线性比例变化。因此,注入激励源如何外推是能否实现注入等效替代强场辐射效应试验的关键问题。

为此,在对典型非线性系统进行理论分析和试验研究的基础上,将互联系统受外界电磁辐照并出现干扰(降级、失效、毁伤等)效应的情况分为两个过程:即场线耦合过程(对于天馈系统,则为天线接收过程)和模块、器件的电路响应过程,如图 6-19 所示。

由电磁场理论可知:场线耦合过程为线性过程,模块、器件的电路响应过程为非线性过程。若能够保证注入激励源与辐照等效的集总电压源在模块、器件的输入前端激励效果相同,则注入试验同样会出现与辐照试验相同的非线性电路响应,此时由低场强到高场强试验的等效注入电压源仍然可以采用线性外推。而为保证高场强下注入激励源与辐照

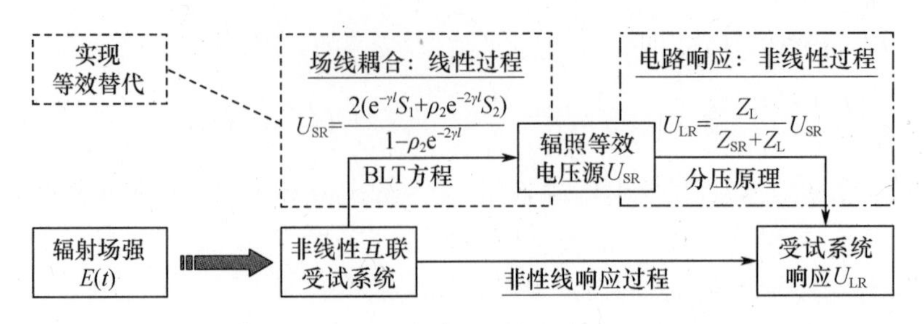

图 6-19 非线性互联系统辐射响应过程

等效的集总电压源激励效果相同，需要满足两个条件：第一，高场强条件下注入电压源与辐照等效的集总电压源开路电压相同，即 $U_{SI}=U_{SR}$；第二，辐照与注入等效电路中模块、器件响应的分压比相同。由于 U_{SR} 是场线耦合线性过程中得到的等效集总电压源，因此高功率注入激励源可以通过对预先试验中得到的低功率等效注入源线性外推得到。第二个条件，由于受试系统阻抗 Z_L 在高场强辐照或高功率注入试验条件下会发生改变，为保证电路响应的分压比相同，则必须要求两个激励源的输出阻抗相同，即 $Z_{SI}=Z_{SR}$。满足了这两个条件，高场强试验的等效注入电压源可以采用低场强下二者的对应关系线性外推得到。

前述给出了辐照等效的集总电压源 U_{SR} 的理论分析计算过程，但对于工程试验来讲，通过复杂的分析计算来得到 U_{SR} 再进行等效注入试验不够方便，且由于周围环境的影响及各种误差的存在，导致理论计算的结果可能与实际情况有一定的差距。因此，能否通过试验的方法来得到辐照等效集总电压源 U_{SR} 或通过间接参量测试的方法直接得到注入激励源 USI，这在工程应用当中非常重要。

对于互联传输线，激励源 U_S（U_S 既可以是辐照等效的集总电压源也可以是注入电压源）与传输线的前向电压 $u^+(x)$ 密切相关。若已知传输线上的激励源 U_S、输出阻抗 Z_S 及终端负载 Z_L，则根据激励源与终端负载边界条件，求解传输线方程，可以得到 $x=0$ 处的前向电压 $u^+(0)$ 与激励源 U_S 之间的关系为

$$u^+(0)=\frac{U_SZ_C}{Z_C+Z_S}+u^-(0)\rho_S \tag{6-10}$$

$$u^-(0)=u^+(0)\rho_L e^{-j2\gamma x} \tag{6-11}$$

$$u^+(0)=\frac{U_SZ_C}{(Z_C+Z_S)(1-\rho_S\rho_L e^{-j2\gamma L})} \tag{6-12}$$

式中：ρ_S 和 ρ_L 分别为激励源和终端负载的反射系数。由式（6-10）和式（6-11）可以看出：传输线上 $x=0$ 处的前向电压 $u^+(0)$ 由两部分组成，即激励源 U_S 激励成分 $\frac{U_SZ_C}{Z_C+Z_S}$ 与反向电压 $u^-(0)$ 在源端反射成分 $u^-(0)\rho_S$ 的叠加，而反向电压 $u^-(0)$ 是由前向电压 $u^+(0)$ 在终端负载上反射所形成的。由于大多数互联系统终端负载或源端的反射作用不能忽略（$\rho_L\neq0$ 或 $\rho_S\neq0$），电压源内阻 Z_S 在高场强（高功率）作用下也未必保持不变。因此，互联传输线上监测的前向电压 $u^+(0)=\frac{U_SZ_C}{Z_C+Z_S}+u^-(0)\rho_S$ 在高场强（高功率）激励下非线性变化，不能进行线性外推，直接利用 $u^+(0)$ 相同作为注入替代辐照试验等效的依

据将存在较大的误差。

为解决外推带来的误差问题，在低场强预先试验中将 $u^+(0)$ 作为中间过程等效参量，以注入和辐照两次低场强预先试验中互联传输线上的 $u^+(0)$ 相等为依据，进而提取低场强等效注入电压源 U_{SI}，通过线性外推 U_{SI} 获取满足高场强试验的等效注入电压源 V_{SI}（$V_{SI}=kU_{SI}$），实现注入替代辐照试验的等效性。下面讨论电路处于稳态条件下，若注入和辐照试验传输线上同一位置 $x=m$ 监测的前向电压 $u^+(m)$ 相同，则能够保证终端负载上的响应相同，并以此来说明上述方法的正确性。

根据式（6－12）可知：在集总电压源 U_S 激励条件下，互联传输线上的前向电压可表示为

$$u^+(x)=\frac{U_S Z_C}{(Z_C+Z_S)(1-\rho_S\rho_L e^{-j2\gamma L})}e^{-j\gamma x} \tag{6-13}$$

即传输线上不同位置的前向电压幅值与电压源 U_S、输出阻抗 Z_S、特性阻抗 Z_C、激励源反射系数 ρ_S、终端负载反射系数 ρ_L 等密切相关，而与传输线上的位置无关，因此互联系统设备端口处具有与传输线上监测位置 m 处相同的前向电压幅值。

若监测位置距设备端口的距离为 d，根据式（6－13），设备端口处的响应可表示为

$$u_L=\frac{U_S Z_C(1+\rho_L)}{(Z_C+Z_S)(1-\rho_S\rho_L e^{-j2\gamma L})}e^{-j\gamma(m+d)} \tag{6-14}$$

低场强的注入与辐照试验条件下，由于设备端口处的反射系数 ρ_L 相同，监测位置距设备端口的距离 d 相同，传输线上的前向电压幅度相同，因此通过调整注入激励源输出功率的大小，在保证传输线上同一位置监测的前向电压 $u^+(m)$ 相同的条件下，能够确定受试设备端口的响应是完全相同的。

上述试验方法通过可监测的中间过程参量 $u^+(m)$，获取了替代高场强试验的等效注入电压源 V_{SI}，对互联系统开展效应试验具有普遍意义，同时也更具有工程应用价值。

4. 差模注入等效替代辐照实现技术

根据试验要求，互联系统应能够在正常工作的前提下进行注入试验，同时为了能够对互联传输线上的前向电压（功率）进行监测，因此提出采用“差模注入耦合模块”来实现差模注入替代辐照试验的等效性。其典型连接方式如图 6－12 所示，在 A、B 构成的系统正常工作的前提下，通过差模注入耦合模块的注入端口对受试系统 B 开展电磁注入试验。

根据差模注入耦合模块的功能要求，系统等效电路如图 6－20 所示，Z_3 和 Z_6 为匹配负载，Z_5 为监测端口示波器（频谱分析仪）输入阻抗，Z_4 为注入激励源内阻，U_{DCI} 为所加注入激励源的开路电压。

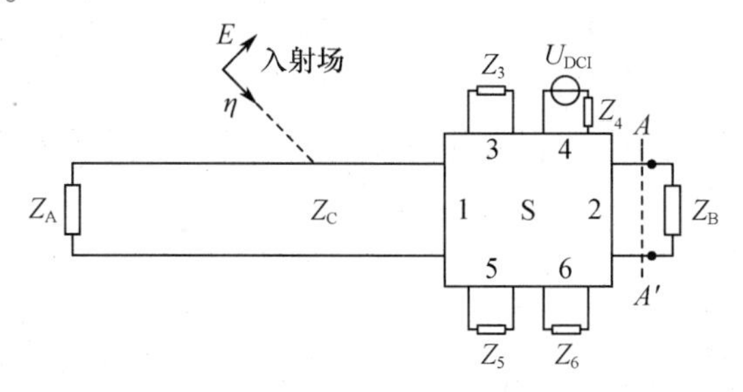

图 6－20　互联系统连接差模注入耦合模块的等效电路

在辐照试验条件下，U_{INC}为入射场辐照等效的集总电压源，4 号端口无激励信号注入，相当于连接 Z_4 负载，5 号端口连接输入阻抗为 Z_5 的示波器（频谱分析仪），用于监测系统受辐照时互联传输线上的前向电压信号，此时互联系统 $A-A'$左侧分支的戴维南等效电路如图 6-21 所示。注入试验条件下，互联系统的激励信号 U_{DCI}由 4 号端口注入并耦合到互联传输线上进入受试系统 B 的内部，5 号端口连接的示波器（频谱分析仪）同样可对此信号进行监测，此时互联系统 $A-A'$左侧分支的戴维南等效电路如图 6-22 所示。

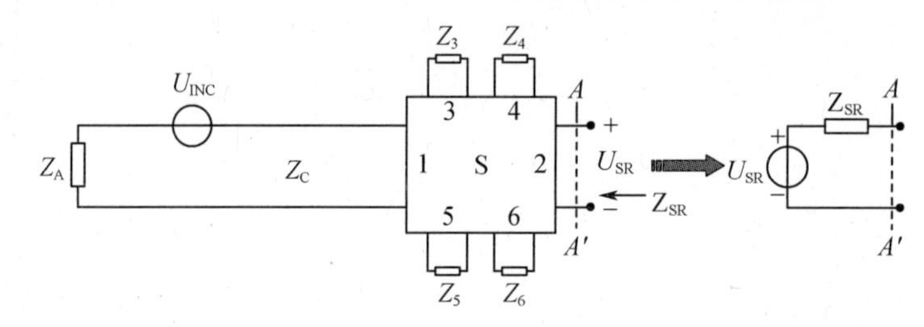

图 6-21　辐照试验条件下互联系统 $A-A'$左侧分支的戴维南等效电路

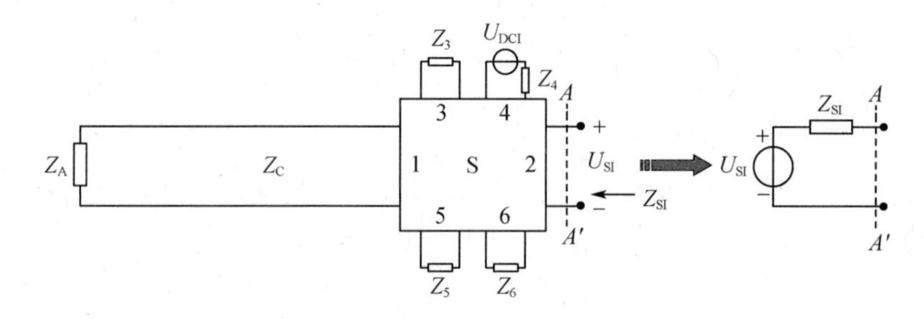

图 6-22　注入试验条件下互联系统 $A-A'$左侧分支的戴维南等效电路

根据戴维南等效电路理论，注入与辐照等效电路电压源的内阻 Z_{SR}和 Z_{SI}等于将所有激励源除去后（将电压源短路，即其电压为零；将电流源开路，即其电流为零）所得到的无源网络 $A-A'$两端之间的等效阻抗。因此，将图 6-21 所示的等效激励源 U_{INC}和图 6-22 所示的注入电压源 U_{DCI}除去后，可以看出注入与辐照效应试验具有相同的无源网络，等效阻抗相同。即由于差模注入耦合模块的引入，在保证互联系统正常工作的前提下，能够满足在注入与辐照试验条件下等效电压源的内阻相同（即 $Z_{SR}=Z_{SI}$，满足注入与辐照的第二个等效条件）。

需要说明的是：在不同强度辐照或注入激励条件下，由于系统 A 的反射系数 ρ_A可能发生变化，因此导致等效电压源的内阻 Z_S 随着激励强度的不同可能发生少许变化。但对于等效强度的辐照和注入激励试验条件，仍然能够保证在不同等效强度激励下的内阻分别相同（即 $Z_{SR}=Z_{SI}$）。因此，利用差模注入耦合模块，在保证等效激励源相同的条件下（$U_{SR}=U_{SI}$），可以通过激励源线性外推进一步开展高场强下的等效注入试验。

5. 差模注入耦合模块

差模注入法可以对线缆端口、天线端口以及其他敏感端口（节点）等进行连续波、电磁脉冲直接注入试验，其核心是研制出具有 6 端口的差模注入耦合模块（差模注入等效替代辐照效应试验的辅助设备），其典型连接方式如图 6-12 所示，在 A、B 构成的系统正常工作的前提下，通过模块的 4 号注入端口对受试系统 B 开展差模注入试验。

为满足差模注入替代辐照效应试验的需求，差模注入耦合模块（以下简称模块）应包含有以下功能端口，具体功能及技术要求如下：

模块应包含直通端口（1号、2号端口），用于互联设备之间工作信号的传输。要求模块直通端口之间插入损耗小，即模块的接入应不影响设备A、B之间正常工作信号的传输。

模块应具有电磁信号的注入端口（4号端口），从而能够对受试系统B进行电磁注入试验，同时要求有一定的工作带宽，可以完成电磁脉冲试验。在注入信号的同时，该端口应不向外耦合太多的能量，避免对A、B之间正常传输信号产生影响和对接入的注入信号源产生影响。

模块应包含互联系统主通道通过信号的监测端口（5号端口），要求在外界电磁辐照或通过注入端口注入电磁能量时，能够对进入B系统端口的主通道前向信号进行监测。为满足宽带电磁脉冲效应的试验需求，该端口对于瞬态脉冲信号的监测不应失真。

为完成上述功能，可采用将两个单定向耦合器级联的设计方案，如图6-23所示。为保证宽带电磁脉冲信号不失真，要求直通端口与相关监测、注入端口保持同相或反相状态。端口6接匹配负载，降低端口反射对测试的影响，由于该端口消耗功率不高，匹配负载可内置。端口3接匹配负载，用于吸收注入端口向受试系统耦合的剩余能量。对不同的受试设备，其电磁敏感度相差很大，所需的电磁注入功率变化范围也很大，需要端口3匹配负载吸收很大的功率，匹配负载必须外置。

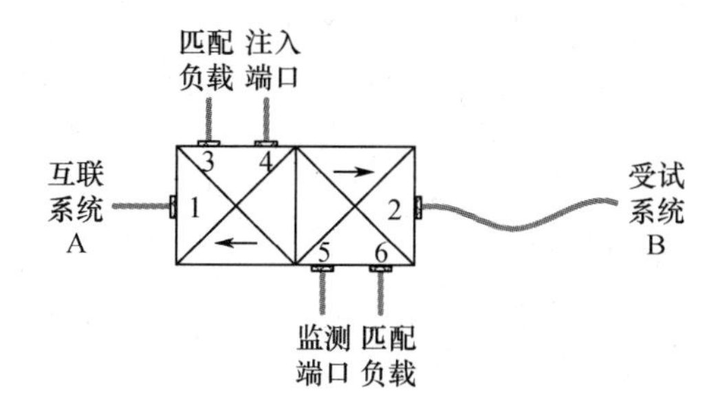

图6-23 差模注入耦合模块6端口结构示意图

上述6端口器件可看作互易、无耗网络，其对应散射矩阵 $\boldsymbol{S}$ 应满足对称性及一元性，并且各端口均匹配，即

$$S_{kl} = S_{lk} \quad (k,l = 1,2,3,4,5,6)$$

$$\begin{cases} \sum_{k=1}^{6} S_{kl}S_{kl}^{*} = \sum_{k=1}^{6} |S_{kl}|^{2} = 1 \\ \sum_{k=1}^{6} S_{ks}S_{kr}^{*} = 0 \quad (s \neq r) \end{cases}$$

$$S_{kk} = 0 \quad (k = 1,2,3,4,5,6)$$

综合考虑定向耦合器所要完成的功能，设计指标定为：主通道的插入损耗不大于0.5dB，端口3和4的耦合度为10dB，端口5和6的耦合度为20dB。结合上述指标，并由定向耦合器的传输特性，计算得到注入装置的散射矩阵为

$$
\boldsymbol{S}=\begin{bmatrix}
0 & 0.944 & -0.316 & 0 & 0.095 & 0\\
0.944 & 0 & 0 & 0.315 & 0 & -0.1\\
-0.316 & 0 & 0 & 0.949 & 0 & 0\\
0 & 0.315 & 0.949 & 0 & 0.032 & 0\\
0.095 & 0 & 0 & 0.032 & 0 & 0.995\\
0 & -0.1 & 0 & 0 & 0.995 & 0
\end{bmatrix}
$$

此外，根据实际需求，利用多个注入耦合模块还可以对武器系统同时进行多端口的注入试验，以研究多端口注入之间的相互作用。

6.5.2 实施要点

利用差模注入耦合模块的信号监测与注入功能，以注入与辐照相结合的方式进行互联系统电磁辐射效应试验，实施过程如下：

（1）选择合适的辐射电场强度 E_1，在保证系统响应处于线性区的条件下，对互联系统进行整体低场强辐射试验，通过差模注入耦合模块的端口 5 监测互联传输线的前向电压 u_R^+（微波段改为前向功率）。

（2）根据 E_1 辐照试验得到的前向电压波形 u_R^+，选择合适的注入电压波形，通过差模注入耦合模块端口 4 对受试系统进行注入试验，监测注入试验条件下互联传输线上的前向电压 u_I^+。调整注入源输出功率，当 $u_I^+ = u_R^+$ 时，记录注入源的输出电压值 U_{SI}，U_{SI} 即为低场强试验的等效注入电压值。

对于强电磁脉冲辐照效应试验，由于互联系统接收电磁能量时存在选频特性，预试验时（第一步）通过注入耦合装置端口 5 监测到的前向电压信号可能是一个无规则波形。随后的注入试验中应以保证效应特征参量相同为依据，选取具有工程应用价值的标准电磁信号注入波形进行注入试验，并获取等效注入电压值 U_{SI}；对于单频或窄带连续波辐照效应试验，由于等效的注入源波形仍为单频或窄带连续波，因此无须考虑注入电压波形等效简化的问题。

（3）若受试系统拟考核的辐射电场强度为 E_2，则相比低场强预先试验，辐射电场强度放大倍数为 $k(k = E_2/E_1)$，根据注入替代辐照等效及注入激励源外推理论，此时替代高场强辐照试验的等效注入源应在 U_{SI} 的基础上提高 k 倍，$V_{SI} = kU_{SI}$，V_{SI} 即为线性外推得到的高场强试验等效注入电压值。

在不改变被试互联系统放置状态的情况下，使注入源输出 V_{SI} 的激励，通过电磁注入耦合装置端口 4，对受试系统进行注入效应试验，等效替代目前实验室条件下无法完成的高场强辐照效应试验，实现对互联系统进行强场电磁辐射敏感度和安全裕度的试验考核。

6.5.3 结果评估

差模注入法是一种替代试验方法，对试验结果的有效性须进行分析评估，且应在试验报告中对试验状态、部位等进行详细的记录。

差模注入电磁辐射效应测试方法适用于天线和线缆作为电磁辐射耦合通道的情况，适用频率原则上与差模注入耦合模块相同，可用于受试设备非线性响应时的强场电磁辐射效应等效测试。但是，由于该方法仍然属于端口注入方法，适用范围受差模注入耦合模块的制约，目前仅适用于同轴和双线输入端口，线束输入测试的难度很大。

不同端口耦合的电磁辐射信号导致 SUT 出现不同的效应，多端口电磁辐射耦合一般不形成叠加效应，可分别对不同的端口耦合进行效应测试；由于差模注入法仅适用于 SUT 天线耦合、同轴电缆耦合及双线电缆耦合，对于通过其他方式耦合的电磁干扰无法模拟，因此应结合 SUT 的耦合特性等情况，对差模注入试验的结果进行评估，来分析判定 SUT 在强外部射频环境下的电磁敏感性。

6.6 混响室法

6.6.1 基本原理

1. 概述

与暗室相比，混响室法电磁敏感度试验的主要优势是形成高场强所需输入功率较小，可以降低试验用射频功率放大器的成本，甚至为暗室中无法实现的高场强敏感度试验提供了一种可能；另外，混响室提供的统计均匀、各向同性的电磁环境空间是一个立体空间，更适合系统级的电磁敏感度试验；受试设备的各个端口都会暴露于统计上大小相等的场强中，受试设备的方位布置不是影响试验结果的关键因素。对于军用装备舱室，如果舱室满足以下两个条件：①舱室尺寸远大于波长（电大）；②舱室内部壁面可以有效反射电磁波，则此舱室为复杂腔体，满足混响场建立条件。舱室往往满足以上两个条件，因而内部的场分布呈现出类似混响室内场分布的混响场特征（电磁混响特性）。因此，混响室法能够模拟敏感设备所处实际环境，试验结果也更为反映敏感设备的实际特性。

2. 混响室的主要技术参数

1）模式数与模式密度

一般混响室都是长方体，可按下式计算长宽高分别为 a、b、d 的长方体空腔的谐振频率（模式）：

$$f_{\mathrm{mnp}}=\frac{c}{2}\sqrt{\left(\frac{m}{a}\right)^{2}+\left(\frac{n}{b}\right)^{2}+\left(\frac{p}{d}\right)^{2}} \tag{6-15}$$

式中　c——光速；

m、n 和 p——整数（至少有两个不是零），对于 $a<b<d$，最低的谐振频率是 f_{011}。

注意：如果 m、n 和 $p\neq0$，$\mathrm{TE}_{\mathrm{mnp}}$ 模与 $\mathrm{TM}_{\mathrm{mnp}}$ 模简并。如果小室的两个或更多的边相等或边的平方的比例为有理数，则会有其他的简并模式。

混响室的模式密度 $\mathrm{d}N/\mathrm{d}f$ 表示模式数随频率的变化率。用频率 f 激励混响室，其带宽为 3dB 时，即能激励模式的带宽等于 f/Q。因此同时激励出的模式数为

$$N_{\mathrm{s}}(f)=\frac{8\pi Vf^{3}}{c^{3}Q} \tag{6-16}$$

2）使用频率范围

最低使用频率是混响室满足工作要求的最低频率。混响室的最低使用频率主要取决于混响室的尺寸。在实际使用中，有多种确定最低使用频率的方法：一是根据混响室内工

作空间的场均匀性要求,GB/T 17626.21—2014 中规定的混响室场均匀性要求是:当频率高于 400MHz 时,场的标准差在 3dB 以内;当频率在 100 ~ 400MHz 时,场的标准差由 100MHz 的 4dB 线性递减为 400MHz 的 3dB,当频率低于 100MHz 时,场的标准差在 4dB 以内。二是搅动率,要求校准天线接收的最大和最小功率之比大于 20dB。而对基于平均值的应用而言,比如屏蔽效能和天线辐射效率的测量,确定方法的要求之一是一定的测量精度。GB/T 17626.21—2014 中的最低使用频率为稍高于混响室的第一谐振频率的 3 倍,此频率是由顶点位置的 8 个点界定的混响室的工作空间能够满足规定的场均匀性要求的最低频率。GJB 151B—2013 中的最低使用频率为混响室内存在的电磁场模式数不少于 100。

频率越高,混响室内的模式数和搅拌效率越高,内部的场分布越接近理想状态,因此混响室的最高使用频率与内部混响场特性无关。但由于混响室也是屏蔽室,屏蔽门、波导通风窗以及接口板的电磁屏蔽性能是影响其最高使用频率的主要因素。

3）品质因数(Q 值)和时间常数

混响室的 Q 值定义为一个周期内存储的能量与输入能量的之比的 2π 倍,同时,由于腔体处于稳态时,输入腔体的能量与腔体耗散的能量相等。因此:

$$Q = \frac{2\pi W_{\mathrm{S}}}{W_{\mathrm{d}}} = \frac{2\pi W_{\mathrm{S}}}{P_{\mathrm{d}} T} = \frac{\omega W_{\mathrm{S}}}{P_{\mathrm{d}}} \tag{6-17}$$

式中　W_{S}——混响室存储的能量(J);

W_{d}——混响室耗散的能量(J);

P_{d}——混响室的耗散功率(W)。

混响室的 Q 值由频率、体积和电磁损耗所决定,电磁损耗包括混响室壁的吸收损耗、混响室内受试设备和支撑物等的损耗、混响室的缝隙损耗以及天线的欧姆损耗。

对于高场强辐射敏感度试验,混响室的 Q 值要高,此时一定的输入功率能获得较大场强。为降低壁面损耗,可尽量缩小混响室的尺寸,混响室内壁面可采用铜板、铝板等电导率高的材料。为降低受试设备及其支撑物的加载效应和损耗对混响室 Q 值的影响,GB/T 17626.21—2014 中规定受试设备及其支撑物体积一般不超过混响室容积的 8% 。

混响室内部存储能量的衰减规律为指数衰减。时间常数定义为混响室内的能量衰减到初始能量的 1/e 时所需的时间。时间常数和 Q 值之间的关系为

$$Q = 2\pi f\tau \tag{6-18}$$

式中　τ——时间常数(s);

f——频率(Hz)。

4）独立样本数

独立样本数可以直观地评估模式搅拌技术的搅拌效率,独立样本数使用相关系数进行计算,假设在一个测试周期内测试获得的一组观测值中共有 N 个样本,对应的相关系数为

$$\rho_i = \frac{\frac{1}{N}\sum_{i=1}^{N}(X_n - \overline{X})(X_{n+i} - \overline{X})}{\frac{1}{N-1}\sum_{i=1}^{N}(X_n - \overline{X})^2} \quad (1 \leqslant i \leqslant N) \tag{6-19}$$

式中　ρ_i——与第一个数据观测值相隔第 i 个搅拌位置的观测值对应的相关系数；

X_n——第 n 个搅拌位置处的观测值；

$\overline{X}$——观测值的平均值。

式(6－19)中的观测值通常为电场，N 为总的搅拌采样位置数，当 $n+i$ 大于 N 时，数据在从 1 重新开始循环，所以式(6－19)的结果又称为循环相关系数。

根据 e^{-1} 准则，对于通过选定的模式搅拌技术测试获得的一组电场的观测值，其独立样本数为

$$独立样本数 = \frac{总的样本数}{相关系数超过\ e^{-1}\ 时的循环移位数} \tag{6-20}$$

通常来讲，独立样本数越大，模式搅拌的效率越高。根据 GB/T 17626.21—2014，混响室测试的独立样本数至少为 12。

5）混响室工作空间内的场分布

GB/T 17626.21—2014 中将工作空间定义为距离混响室的壁面、天线、调谐器或者其他物体最低工作频率 $\lambda/4$ 的区域，对于最低工作频率低于 100MHz 的混响室，取 0.75m。GJB 151B—2013 中要求 EUT 离墙、搅拌器、天线至少 1m。

混响室的作用是在工作空间内产生可接受不确定度和置信水平的统计均匀(即统计上均匀、各向同性和极化均匀)的试验环境。在理想过模条件下且搅拌效率足够高时，混响室工作空间内任意位置的功率分布服从卡方分布，场强分布服从瑞利分布。在较低频率处，接收功率不再服从卡方分布。此外，接近导体边界的场分布与理想分布的统计特性也不同。场分布的差异增加了所测场的不确定度和置信区间的宽度，也影响平均最大或最小场强及其置信区间。

6.6.2　实施要点

1. 空混响室性能确认

在混响室投入使用时以及在重大改造后都应对空混响室的性能进行确认。混响室确认的目的在于证明，在给定的调谐器步进数下，在工作空间内所有位置产生的所有极化和来自所有方向场的幅度在规定的不确定度区间内相等。

采用各向同性探头(允许读取探头的各个轴)和参考天线进行确认。空混响室的确认程序是基于比较电场探头测得的场的峰值和参考天线接收到的平均功率。为了提高准确性，在混响室工作空间内 8 个位置得到参考天线的平均值。确认程序采集电场探头的最大值、混响室的输入功率、位于工作空间的参考天线的最大接收功率和平均接收功率。探头数据用来确定场均匀性。混响室的输入功率和探头数据用来确定混响室确认系数(CVF)。用参考天线的平均接收功率和混响室的输入功率来计算天线确认系数(AVF)。AVF 为确定混响室是否被受试设备(EUT)显著“加载”提供参考值。

2. 混响室敏感度试验

1）试验布置

设备的布局应代表实际安装情况。EUT 距离混响室壁面的距离应至少为小室最低使用频率对应的 $\lambda/4$，台式 EUT 与混响室底板距离应至少为 $\lambda/4$，落地式 EUT 应距底板 10cm，用位于均匀空间下方的低损耗介质支撑。

混响室中应没有任何不必要的吸波材料。不应使用木质桌子、地毯、墙壁和地板的覆盖层及天花板等。支撑装置,如桌子等,应是非金属的和低吸收率的。发射天线应与确认时处于相同的位置,发射天线不应直接照射 EUT 或接收天线,建议将发射天线指向混响室的一个壁角。

EUT 和所有支撑装置占总工作空间的比例不应超过混响室总容积的 8% 。

2) 置有 EUT 的混响室性能确认

装有 EUT 和支撑装置的混响室在每次试验之前,按照如下程序进行确认:

(1) 将接收天线放置在混响室的工作空间内,距离 EUT、支撑装置等 1m(或者最低试验频率对应的 $\lambda/4$。设置接收机,以在正确频率点监测接收天线的输出。

(2) 从最低试验频率(f_s)开始,调整射频信号源的输出电平,使其输出一个合适的输入功率(P_{Input})至发射天线。应注意保证输入到混响室的射频信号的谐波比基波至少小 15dB。

(3) 操作混响室和搅拌器要考虑到规定的满足均匀性标准所需的可能的其他方面,如采样数不小于 12。应注意确保搅拌器在每个位置至少停留接收机响应时间的 1.5 倍。

(4) 记录最大接收信号(P_{MaxRec})、平均接收信号(P_{AveRec})和平均输入功率(P_{Input})。测量仪器的底噪声应比最大接收功率(P_{MaxRec})低 20dB,以获得准确的平均值。

(5) 在试验计划列出的每个频率点上重复以上步骤。

(6) 计算每个频点的混响室确认系数(CVF):

$$\mathrm{CVF} = \left\langle \frac{P_{\mathrm{AveRec}}}{P_{\mathrm{Input}}} \right\rangle_n \tag{6-21}$$

式中 CVF——存在 EUT 和支撑装置时搅拌器转动一圈混响室的归一化平均接收功率;

P_{AveRec}——第(4)步中搅拌器转动一圈混响室的平均接收功率;

P_{Input}——第(4)步中搅拌器转动一圈混响室的平均前向功率;

n——测量 CVF 时的天线位置数。仅需一个位置,但通常会评估多个位置,然后对位置数 n 取平均。

3) Q 值及时间常数确认

为了确保混响室的时间响应足够快,以适应脉冲试验,应通过以下程序确定混响室的时间常数:

(1) 用源于混响室确认的 CVF,用下式计算每个频率的混响室的品质因数:

$$Q = \left(\frac{16\pi^2 V}{\eta_{Tx}\eta_{Rx}\lambda^3} \right)(\mathrm{CVF}) \tag{6-22}$$

式中 η_{Tx}——发射天线的天线效率。如果未知,对数周期天线取 0.75,喇叭天线取 0.9;

η_{Rx}——接收天线的天线效率。如果未知,对数周期天线取 0.75,喇叭天线取 0.9;

V——混响室的容积(m^3);

λ——频率 f 所对应的自由空间的波长(m);

CVF——混响室的确认系数。

(2) 用下式计算每个频率的时间常数 τ(单位:s):

$$\tau = \frac{Q}{2\pi f} \tag{6-23}$$

（3）如果超过10%的试验频率混响室的时间常数大于调制试验脉冲带宽的4倍，则应在混响室中增加吸波材料或者增大脉冲宽度。如果是增加吸波材料，则需重新测量和计算 Q 值，直至用尽可能少的吸波材料使时间常数满足要求。

4）进行试验

因为混响室不同于其他的大多数EMC试验设施，在给定的模式调谐器或搅拌器位置（角度）不存在平面波，其电磁波的传播和EUT的激励情况与自由空间环境中的不同。因此，首选的试验电平及相关的置信区间可能与其他试验设施中完全不同。

调谐模式使用确认确定的最小步进数，搅拌器应在每个频率点等步进角转动一圈。EUT在场中的暴露应有足够的停留时间。除试验设备的响应时间和搅拌器转动所需的时间（至完全停止）外，每个试验频率点的停留时间应至少为0.5s。调制频率低时，为能在合适的操作模式运行EUT，每个频率点上需额外的停留时间，至少是两个完整的调制周期。例如，如果应用的调制是1Hz的方波调制，则停留时间应不少于2s。应根据EUT和试验设备的响应时间及应用的调制调整选择的停留时间，且在试验报告中记录。

测定和记录 P_{Input} 和 $P_{\mathrm{Reflected}}$ 的平均值。搅拌器转动一圈，若 P_{Input} 变化超过3dB，则应在报告指出。

6.6.3 结果评估

由于混响室提供的是统计均匀各向同性的电磁兼容测试环境，因此，混响室法测试是基于概率的测试。调谐模式测试时，事件发生的概率与采样数直接相关；搅拌模式测试时，除与采样数相关外，还可能与EUT的响应时间及搅拌器的转动速率相关。因此，混波法电磁兼容性测试报告应注明采样数及搅拌器的转动速率，并在给出测试不确定度及置信度水平。

混响室法是一种替代方法，对试验结果的有效性须进行分析评估，且应在试验报告中对试验状态、部位等进行详细的记录，且需要得到订购方的同意。

混响室法使用频率下限与混响室的尺寸有关，且下限频率范围无法到10kHz，对于10kHz～80MHz频率范围的外部射频敏感性还需其他测试方法配合，否则无法完成对试验结果的评估。

第7章 雷电试验

本章内容对应 GJB 8848—2016 中方法 401“飞机雷电试验方法”和方法 402“地面系统雷电试验方法”。雷电的发生具有随机性,但系统的雷电防护性能必须有确定性。考核系统是否达到要求的雷电防护性能,需要在实验室建立雷电对装备和系统的威胁级试验环境,统一试验的步骤和要求。根据雷电效应的不同,系统的雷电试验主要包括直接效应试验和间接效应试验。对于不同的平台,具体试验项目有所不同,但需要全面涵盖雷电对平台的作用影响。本章在介绍雷电试验项目的基础上,着重论述了飞机雷电试验,详细阐述了地面系统雷电试验。

7.1 试验项目

本章所述试验的目标是评价系统级的雷电效应和防护有效性,但由于 SUT 尺寸的差异、敏感设备的差异和试验设备的能力限制,对全尺寸系统开展雷电环境效应验证往往比较困难。因此,开展试验之前应对 SUT 进行雷电危害及试验关键要素分析,确定 SUT 在雷电直接效应和雷电间接效应作用下的工作性能要求,列出 SUT 敏感设备清单,根据订购方要求及待测系统性质确定具体试验项目、电流注入的位置、耦合效应的观测点,针对具体试验项目确定合适的试验参数及测量监测方案,最终形成细化的试验方案。

雷电直接效应试验一般分为高电压试验和大电流试验。高电压试验用来模拟自然界雷电的高电压特性,通过试验来发现系统容易遭受雷击的区域、确定雷击附着点和可能引起的绝缘击穿,一般使用大型冲击电压发生器开展。大电流试验用来模拟雷击时系统承受的强电流冲击及其效应,通过试验评估雷击附着点及大电流通过区域产生的高温、高压和强电磁力对材料结构的破坏程度。对于飞机来说,雷电直接效应试验还包含外部部件瞬态感应试验,用于确定因直接雷电附着而在内部电路感应的电压与电流。

雷电间接效应试验主要模拟大电流流经飞机或地面系统表面时,通过耦合或者感应在 SUT 内部的电子电气设备端口产生浪涌、导致设备或系统功能异常、产生误动作甚至损毁的情况。对于地面系统来说,雷电间接效应试验还应包括邻近雷击引起的电磁场效应。

由于装备的雷电防护需求最初起始于航空业,其雷电效应试验方法最早也由航空标准制定。国内的飞机雷电防护标准 GJB 3567 和国外标准 SAE ARP 5416 等均详细规定了飞机的雷电防护试验方法,主要包括如下几个部分:

(1)高电压雷击附着试验。主要包括初始先导附着试验,扫掠通道附着试验和高电压附着模型试验。用于评估雷击附着点、雷电防护分区、绝缘材料的击穿路径,高压发生器的电流输出能力十分有限,并不能再现雷击大电流造成的物理破坏作用。

(2)大电流物理破坏试验。主要包括电弧引入试验、非导电表面试验和传导电流试验。用于评估雷电流能量引起的金属熔穿、弧根损伤、火花放电、冲击波、磁力效应及保护措施有效性,对未防护系统具有显著的破坏作用。

(3)整机雷电间接效应试验。主要包括低电平的脉冲注入试验和连续波扫频试验,用于确定感应到飞机电子电气系统电缆上的实际瞬态电平和瞬态波形。这类瞬态电平可用于机载电子系统的设计与验证。

(4)机载电子系统雷电间接效应试验。这类试验目前主要针对设备和分系统开展,在美国 RTCA/DO - 160 标准《机载设备的环境条件和测试程序》及新版 MIL - STD - 461G 中有相应的规定。其目的是采用理想化的波形来测试设备承受雷电诱发的电气瞬态的能力。

根据国内外相关标准,飞机雷击区域可划分为 1A(首次雷击区)、1B(首次雷击区并具有长时间悬停)、1C(首次回击的过渡区)、2A(扫掠通道区)、2B(扫掠通道区并具有长时间悬停)、3 区(不在以上区域内,雷电通道也不可能附着的表面)等。

对于军用飞机雷电防护要求的验证,其试验方法有单独的国家军用标准 GJB 3567,为了标准之间内容的协调,GJB 8848—2016 标准中所列出的飞机雷电试验项目引用已完成修订的 GJB 3567《军用飞机雷电防护试验方法》。需要说明的是,GJB 3567—1999《军用飞机雷电防护鉴定试验方法》是根据 MIL - STD - 1757A《航空航天器及部件的雷电防护鉴定试验方法》的技术内容制定,而 GJB 3567 的修订是基于 SAE ARP 5416《飞机雷电试验方法》的技术内容制定。因此,GJB 3567 修订前后标准技术内容有较大变化,修订后主要增加了间接效应试验和燃油系统试验方法的相关技术内容。

在 GJB 3567A 中将飞机雷电试验分为直接效应试验、间接效应试验以及燃油系统试验三类,各分类的具体试验方法如表 7 - 1 所列。

表 7 - 1 飞机雷电试验项目

试验类型	试验项目	试验方法
直接效应试验	高电压附着试验	初始先导附着试验
		扫掠通道附着试验
		缩比模型雷电附着试验
	大电流物理破坏试验	电弧引入试验
		非导电表面电流试验
		传导电流试验
	外部部件瞬态感应试验	外部部件瞬态感应试验
间接效应试验	整机间接效应试验	整机脉冲电流试验
		整机扫频电流试验
	机载设备雷电感应瞬态敏感度试验	引脚注入试验
		电缆束试验
燃油系统试验	燃油系统电流试验	燃油系统油箱及部件的传导试验
		燃油系统油箱及部件的直接雷击试验
	燃油系统电压试验	小间隙电压击穿试验
		高压电晕与流光试验

地面系统所处环境与飞机不同，相对于雷电通道而言 SUT 是固定不动的。因此，雷击区域的划分不像飞机那样有诸多类型。可将地面平台雷击区域划分为两个：1B 区和 3 区。按照这一分区，在 1B 区主要关注雷电电弧接触引起的直接效应和大电流流过引起的间接效应，而在 3 区则主要关注雷电间接效应。针对地面系统的具体雷电试验项目及其适用性如表 7－2 所列。

表 7－2　地面系统雷电试验项目

<table>
<tr><th>试验项目</th><th>试验对象</th></tr>
<tr><td>雷电直接效应试验</td><td>储存状态下的军械和有直接雷击防护要求的系统局部结构</td></tr>
<tr><td>直接雷击引起的间接效应试验</td><td>暴露状态下的军械</td></tr>
<tr><td>脉冲电磁场效应试验</td><td rowspan="2">暴露在雷电通道附近的系统、分系统</td></tr>
<tr><td>雷电传导耦合注入试验</td></tr>
</table>

进行雷电效应试验时，应遵守以下安全要求：

（1）雷电试验装置的大电流和高电压对人员有致命危害，应采取安全措施和设置安全装置确保人员安全，测试人员必须严格遵守所有安全防护要求。

（2）雷电试验产生的电磁场对人体有潜在危害，应采取安全措施和设置安全装置以防止人员暴露在危害性电磁场环境中。

（3）试验设备应满足电磁兼容性要求，保证对测试结果无影响。

7.2　飞机雷电试验

7.2.1　适用范围

本部分对应 GJB 8848—2016 中方法 401“飞机雷电试验方法”。该方法适用于军用飞机和直升机整机、系统、分系统、结构部件、机载设备、外挂及外挂物，无人机、浮空器、导弹等可参照使用。

本节内容主要是对飞机雷电试验方法的简要介绍，关于具体的试验实施和需要注意的问题，可参考 GJB 3567《军用飞机雷电防护试验方法》。

7.2.2　直接效应试验

军用飞机雷电直接效应试验用于验证飞机结构和外部部件对直接雷击的防护能力，主要包括高电压附着试验、大电流物理破坏试验和外部部件瞬态感应试验三种。

1. 高电压附着试验

高电压附着试验主要用于确定雷电在非导电材料上产生的雷电附着点和击穿路径，包括初始先导附着试验、扫掠通道附着试验、缩比模型雷电附着试验。

1）初始先导附着试验

初始先导附着试验适用于飞机雷击区域 1A、1B 内的部件，如飞机复合材料翼尖，雷达罩和天线整流罩等，其主要用于确定全尺寸结构部件上雷电先导附着位置，沿介质表面的闪络或介质的击穿路径以及验证材料的抗击穿能力和验证保护装置的性能。初始先导附着试验共有三种配置，分别为试验配置 A、试验配置 B 和试验配置 C。试验配置 A 和试验配置 B 适用于对完整的产品或样机的试验，如雷达罩。试验配置 C 适用于研制试验，可用于评估蒙皮的结构和分流条的布置。试验配置 A、试验配置 B 和试验配置 C 中的高压源、受试对象和外部电极的配置分别如图 7－1～图 7－3 所示。

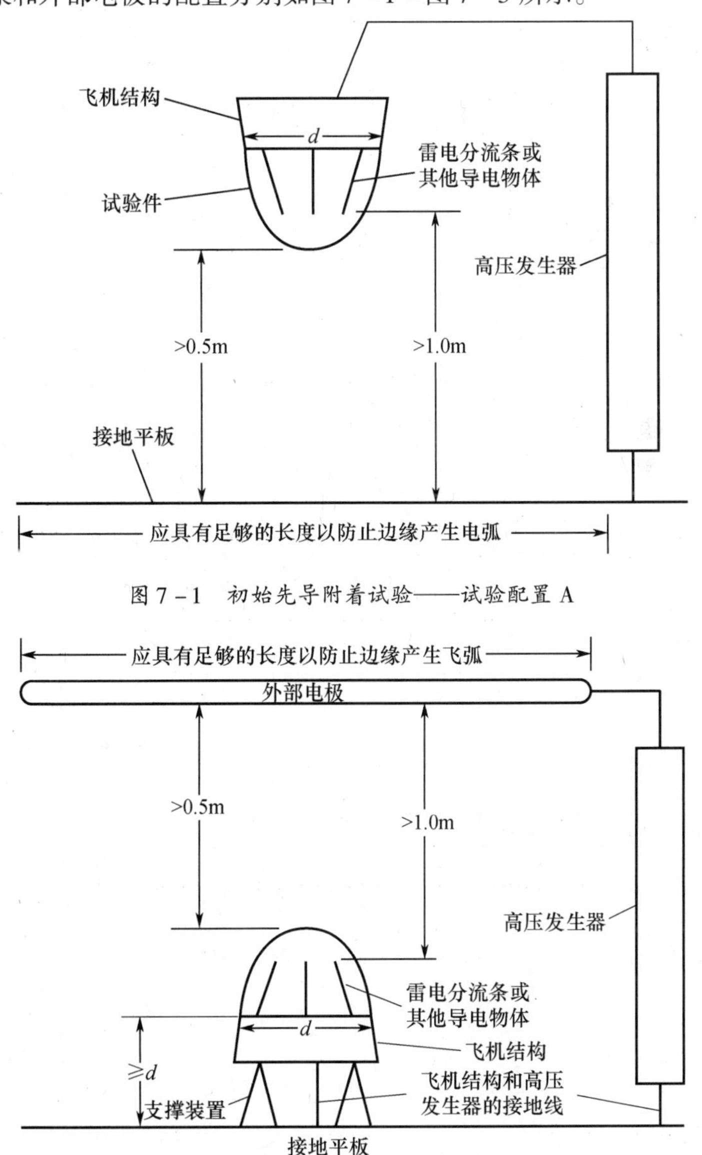

图 7－1　初始先导附着试验——试验配置 A

图 7－2　初始先导附着试验——试验配置 B

2）扫掠通道附着试验

扫掠通道附着试验适用于雷击区域 1C、2A 及 2B 内可能被雷电扫掠通道附着的结构及部件，其主要用于确定非导电表面上可能的击穿位置和闪络路径以及其防护装置（如天线整流罩上的分流条）的性能。扫掠通道附着试验的配置如图 7－4 所示。

3）缩比模型雷电附着试验

缩比模型雷电附着试验用于确定飞机上初始雷电先导附着区域，主要用于进行飞机雷电区域划分。试验件通常为飞机外部结构的精确缩比模型，其尺寸不小于 1m。模型外

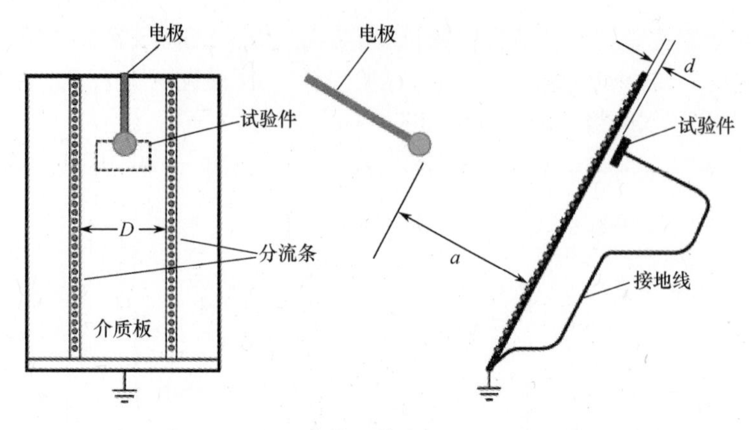

图 7-3　初始先导附着试验——试验配置 C

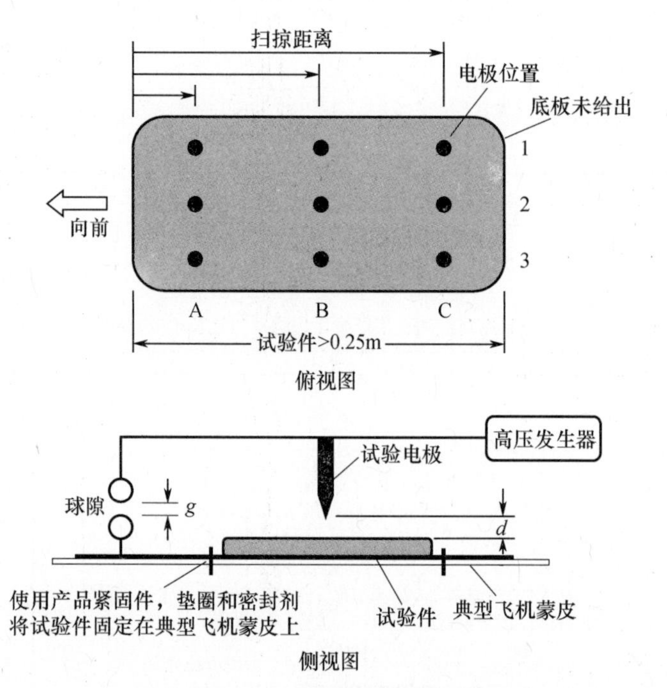

图 7-4　扫掠通道附着试验配置

表面应全部为导电表面，即使飞机的某些表面是由非导电材料构成，如雷达罩、风挡玻璃等。如果飞机配置或状态改变可能影响附着点分布，则模型设计应体现这些不同的配置或状态。

缩比模型雷电附着试验有两种试验配置，分别用于模拟自然的雷电先导（试验配置如图 7-5 所示）和用于模拟由飞机引发的雷击（试验配置如图 7-6 所示）。

2. 大电流物理破坏试验

大电流物理破坏试验用于确定雷电附着到飞机蒙皮以及通过附着点的雷电电流产生的相关效应。该试验主要包括电弧引入试验、非导电表面电流试验和传导电流试验，具体方法介绍如下：

1）电弧引入试验

电弧引入试验适用于雷击区域 1A、1B、1C、2A、2B 内的结构及部件，例如，暴露于直

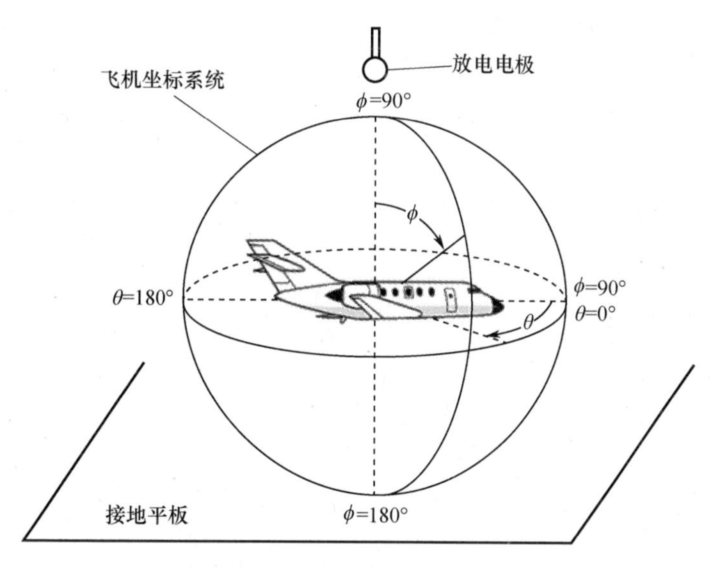

图 7-5　模拟自然的雷电先导的试验配置

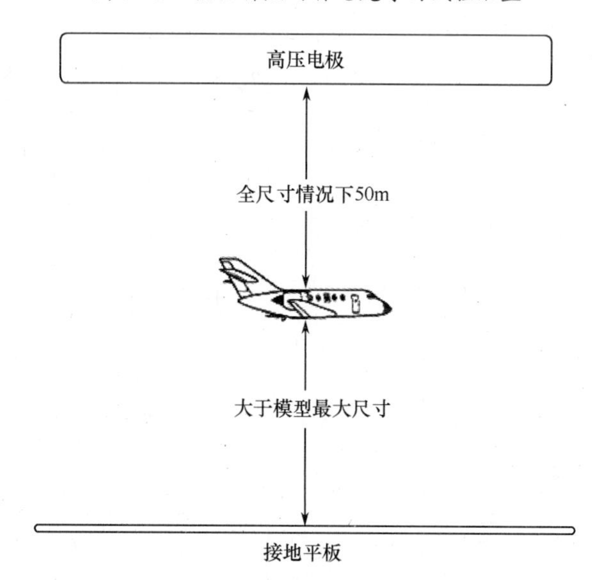

图 7-6　模拟由飞机引发的雷电先导的试验配置

接或扫掠雷击下的飞机蒙皮或构件，可能传导雷电电流的内部结构元件，以及可能遭遇直接雷击或传导电流的外部安装部件。电弧引入试验主要用于确定因雷电通道附着产生的直接效应，如电弧根部破坏、热斑点、熔穿以及对接头和部件的损伤。电弧引入试验的原理如图 7-7 所示。

2）非导电表面电流试验

非导电表面电流试验适用于雷击区域 1A、1C 及 2A 内的非导电表面，用于确定雷电扫掠通道作用于飞机风挡或窗户、天线整流罩以及其他非导电表面所产生的效应，如冲击波破坏及热效应，电弧附着到内嵌或内部电缆所产生的效应，表面材料内层可能产生的“剥落”效应，飞机风挡或窗户框架的附着效应等。非导电表面电流试验的原理如图 7-8 所示。

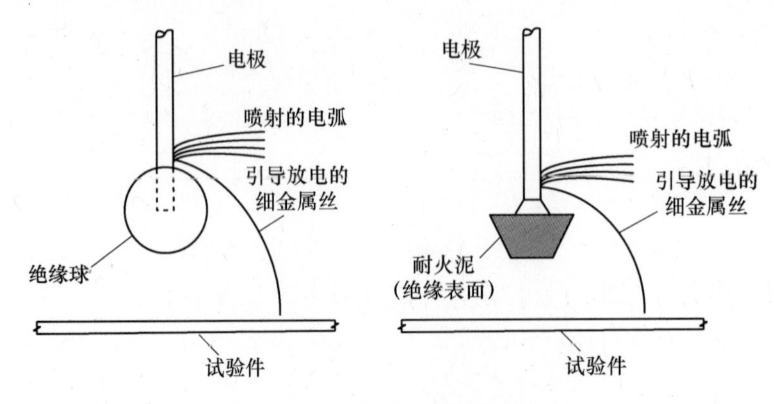

图 7-7　电弧引入试验原理

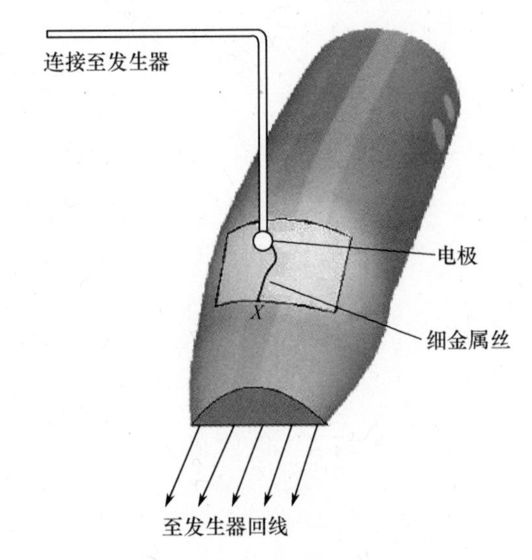

图 7-8　对飞机风挡的表面电流试验

3）传导电流试验

传导电流试验适用于雷击区域 3 中的飞机结构及部件，用于确定电流传导产生的物理损伤、电弧和火花、磁场力效应及热效应。传导电流试验原理和配置如图 7-9 所示。

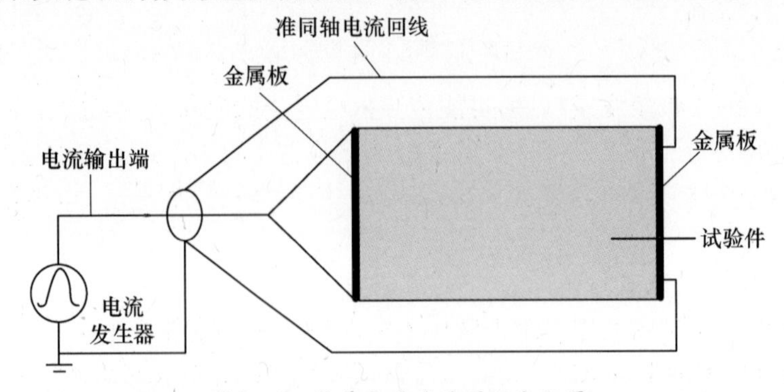

图 7-9　传导电流试验原理和配置

3. 外部部件瞬态感应试验

外部部件瞬态感应试验适用于位于区域 1A、1B、1C、2A 及 2B 内含电路的外部安装部件（包括天线、结冰探测器、攻角传感器、电加热空速管、电除冰加热器和航行灯等），通常该试验可结合电弧引入试验和传导电流试验来完成。外部部件瞬态感应测量原理如图7－10所示。

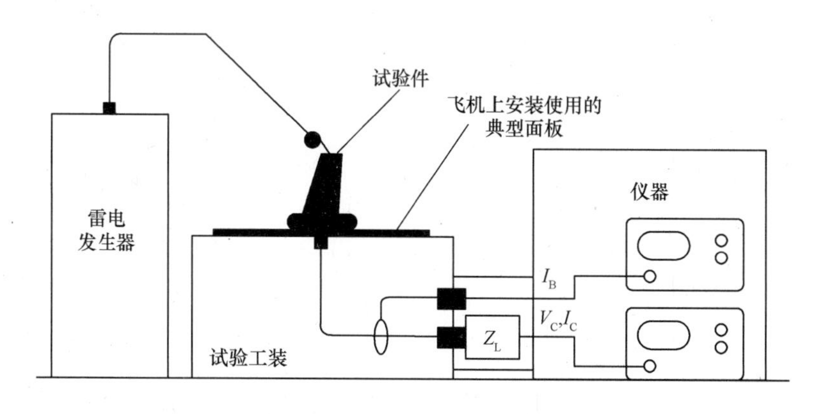

图7－10　瞬态感应信号测量原理

7.2.3　间接效应试验

1. 整机雷电间接效应试验

整机雷电间接效应试验用于确定感应到飞机电子电气系统线缆上的实际瞬态电平（ATL）和瞬态波形。测量的ATL可用于确定或验证与飞机雷电防护相关的瞬态控制电平（TCL）和设备瞬态设计电平（ETDL）。对于燃油系统和结构的雷电防护设计和认证，感应瞬态的测量也可在非电气系统导体（如控制电缆、燃油、液压、气压管路以及结构件）上进行。整机雷电间接效应试验的目的是验证飞机关键和重要系统的防护设计是否达到预期的目标，防护措施是否满足标准要求，并具有一定安全裕度。

整机雷电间接效应验证试验方法有连续扫频试验法和电流脉冲试验法两类。电流脉冲试验又分为低电平电流脉冲试验法和高电平电流脉冲试验法。两种试验方法所施加的电流幅度均小于实际定义的威胁程度，所以必须对测量结果用外推的方法得出与实际威胁雷电环境相对应的ATL值。电磁场耦合理论和大量的试验结果表明，机体的电流幅度与机内布线上感应的电压/电流基本呈线性关系。对电流脉冲试验的外推因子范围为20～2000:1，对连续扫频试验的外推因子范围为200000～1000000:1。两种方法相比，连续扫频法的试验结果偏保守。

低电平连续扫频试验（也称为连续波扫频试验）适合于确定机内导线、线束或屏蔽层的电压和电流，采用约1A的电流施加在雷电进出点，电流扫频范围约为10Hz～30MHz。整机连续扫频试验试验布置如图7－11所示。

低电平电流脉冲试验（也称为雷电瞬态分析试验）采用与电流分量A和H波形（双指数波形）参数对应的低电平幅度脉冲注入机体结构，测量导线或线束感应电压和电流。电流分量A幅值范围通常为500～5000A，而电流分量H幅值范围是几百安培。目前，国际上普遍采用此类试验方法，试验方法如图7－12所示。

高电平电流脉冲试验采用与电流分量A和H波形（双指数波形）参数对应的高电平

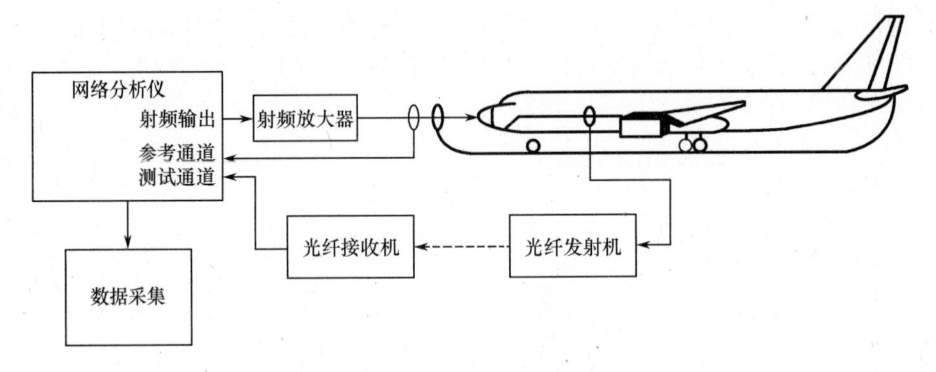

图 7-11　整机连续扫频试验试验布置

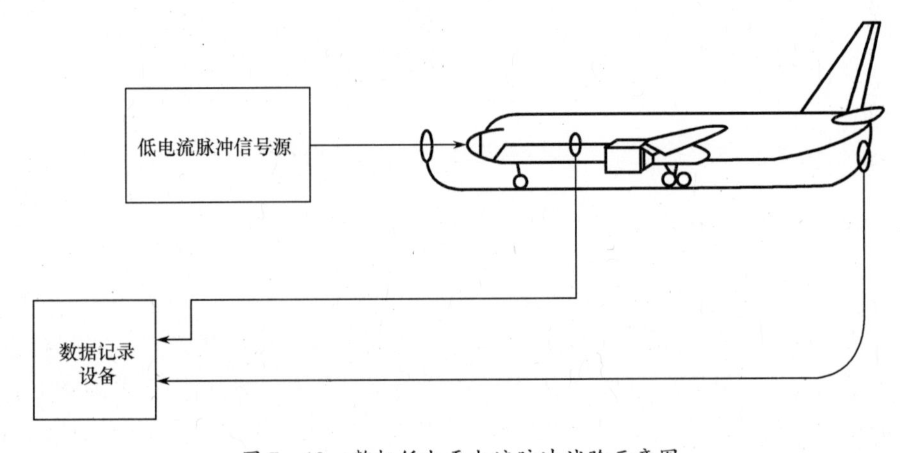

图 7-12　整机低电平电流脉冲试验示意图

幅度脉冲注入机体结构,测量导线或线束感应电压和电流。电流分量 A 幅值范围通常为 10~200kA。试验方法如图 7-13 所示。

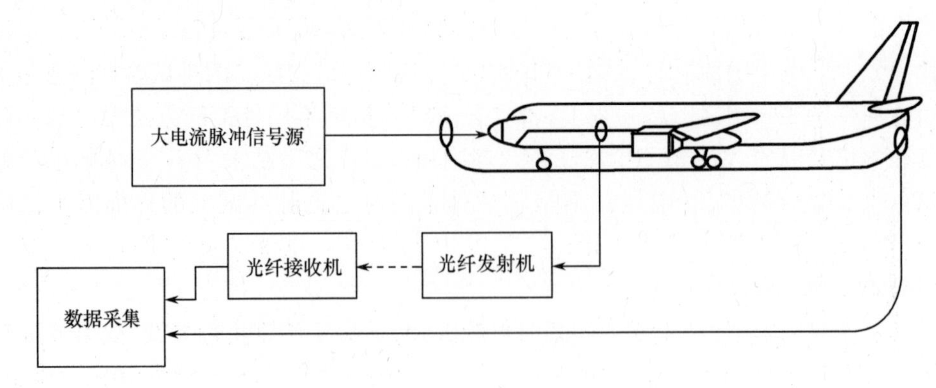

图 7-13　整机高电平电流脉冲试验示意图

2. 机载设备雷电间接效应试验

机载设备雷电间接效应试验即机载设备雷电感应瞬态敏感度试验。目前,我国最新制定的军用标准《机载设备雷电感应瞬态敏感度试验方法》借鉴的是 RTCA DO-160G 中第 22 章"雷电感应瞬态传导敏感度"中规定的方法,该标准中规定了引脚注入试验和电缆束感应试验两种试验方法,其中引脚注入试验将瞬态波形通过注入探头直接施加到

EUT 连接器引脚,用于评估 EUT 接口电路的抗损坏能力;电缆束感应试验将单次回击、多重回击和多重脉冲组波形通过注入探头(耦合变压器)施加到 EUT 电缆上,用于评估 EUT 接口电路抗瞬态干扰和元器件抗损坏能力。美军标 MIL - STD - 461G 中 CS117 "雷电感应瞬态传导敏感度" 试验项目也规定了对线缆和电源线的传导敏感度测试方法。该方法与 RTCA DO - 160G 第 22 章 "雷电感应瞬态传导敏感度" 中电缆感应试验方法基本一致,但未采用该标准中规定的另一种引脚注入试验方法。

1）引脚注入试验

引脚注入试验是在引脚和设备外壳地之间将选定的瞬态波形,通过引脚注入装置直接施加到 EUT 连接器的指定引脚上,以考核机载设备接口电路的绝缘耐压或损坏性容差。对于信号引脚,试验一般采用直接注入法;对于电源针脚,试验一般采用直接注入法、电缆线感应法和对地注入法。这三种方法具体的测试原理如图 7 - 14 ~ 图 7 - 16 所示。

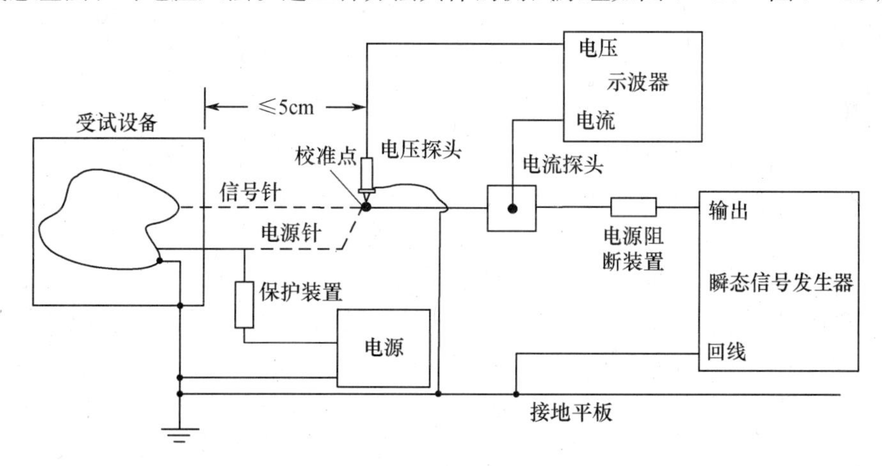

图 7 - 14　信号/电源引脚注入试验配置(直接注入法)

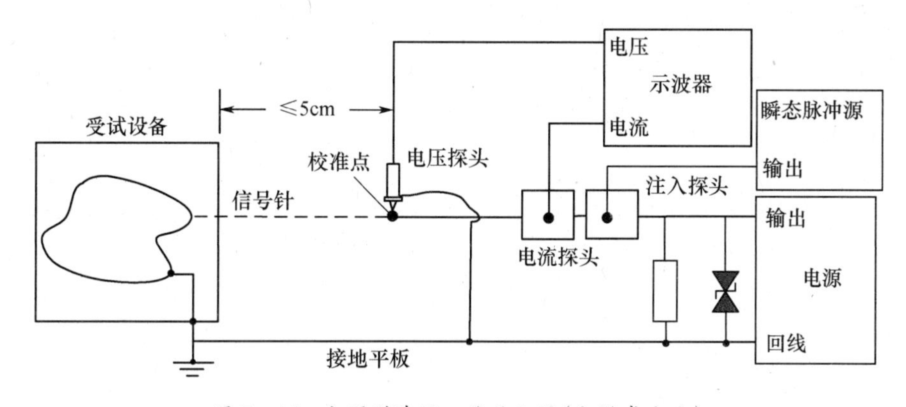

图 7 - 15　电源引脚注入试验配置(电缆感应法)

2）电缆束试验

电缆束试验主要用于验证机载设备能够承受由外部雷电环境产生的内部电磁效应而不引起功能失效或部件损坏。该试验是通过耦合变压器将规定的脉冲信号源产生的波形和限值单独或同时施加到互连电缆束上,具体分为电缆感应试验法和对地注入试验法,这两种方法具体的测试原理如图 7 - 17 和图 7 - 18 所示。

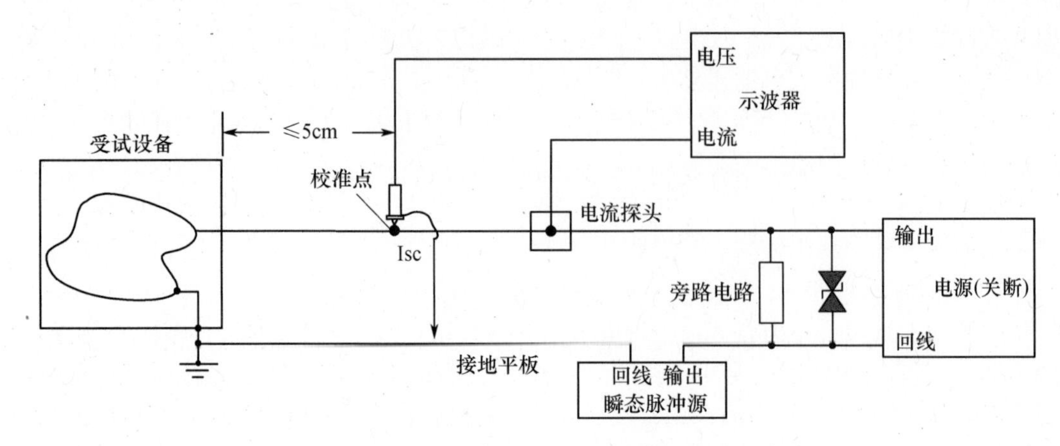

图 7-16 电源引脚注入试验配置(对地注入法)

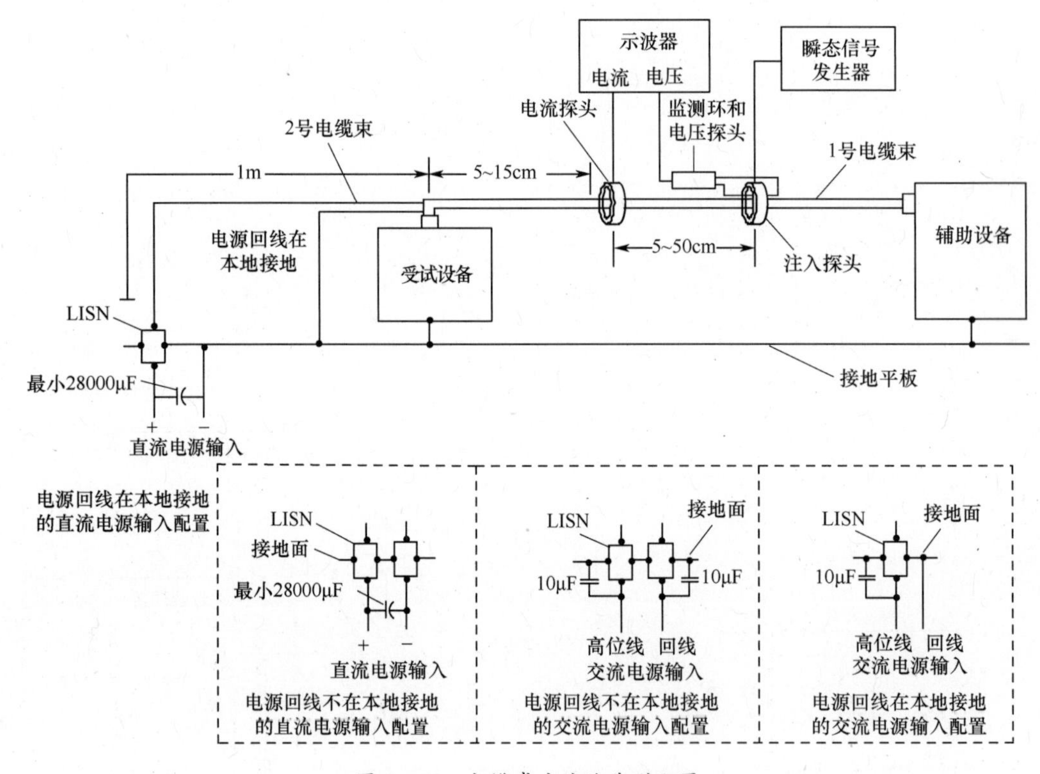

图 7-17 电缆感应试验典型配置

7.2.4 燃油系统试验

燃油系统在飞机的大部分区域都有分布,且占用空间较大,油箱、输油和液压管路、通气管路、检修口以及电气线路和仪表等在飞机遭遇雷击时均可能导致燃油引燃而危及飞机的飞行安全。因此,飞机燃油系统的雷电防护设计是飞机雷电防护关注的重点之一,对于燃油系统结构及部件的试验主要关注大电流和高电压可能引发的引燃,常用的试验方法包括燃油系统大电流试验和燃油系统高电压试验,不同燃油系统结构及部件试验方法的确定可参考表 7-3。

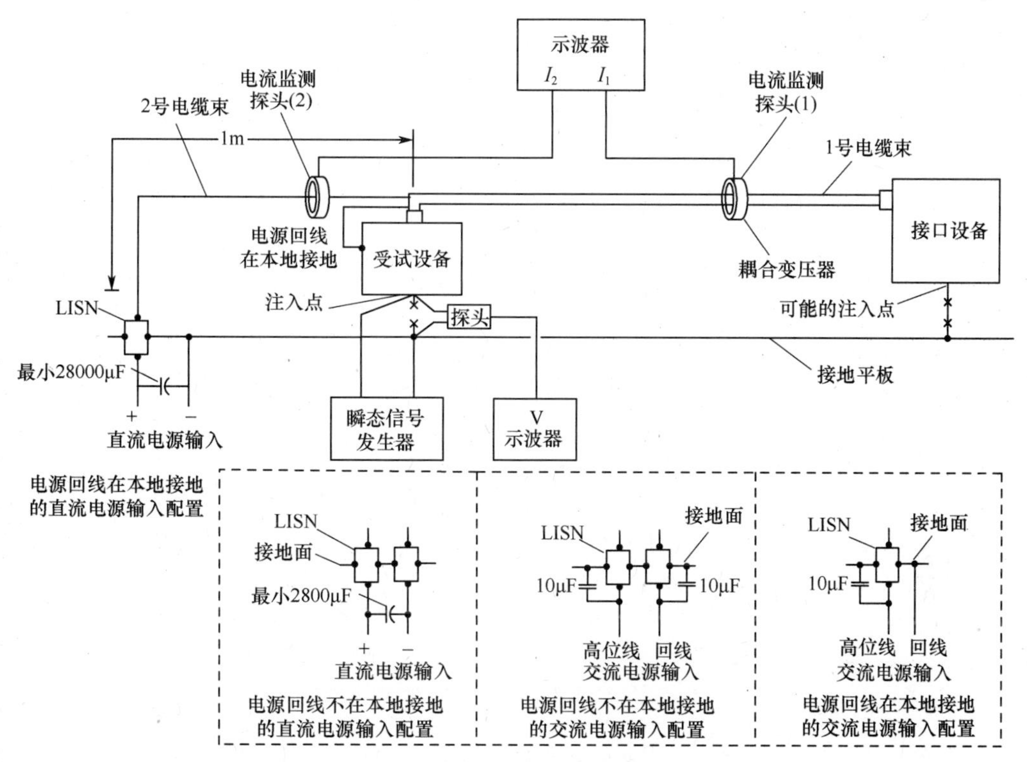

图 7-18 对地注入试验典型配置

表 7-3 燃油系统结构及部件适用的试验方法

试验件	大电流试验[①]		高电压试验		
	传导试验	直接雷击试验	高电压附着试验	小间隙电压击穿试验	高压流光试验
油箱结构					
维护口盖	√	√	√		
蒙皮壁板	√	√	√		
结构连接件	√	√	√		
燃油系统管路					
燃油通气管及配件	√				
输油管及配件	√				
液压管路及配件	√				
惰化系统管路及配件	√				
外部成品附件					
重力加油口盖	√	√	√		
放沉淀装置	√	√	√		
应急放油口	√	√	√		√
排漏阀	√	√	√		
副油箱	√	√	√		

（续）

试验件	大电流试验①		高电压试验		
	传导试验	直接雷击试验	高电压附着试验	小间隙电压击穿试验	高压流光试验
外部成品附件					
软式加油装置	√	√	√		
硬式加油装置	√	√	√		
受油装置	√	√	√		
通气口	√	√	√		√
内部成品附件					
油泵及油泵装置	√				
切断阀	√				
单向阀	√				
油量测量系统	√			√	
油温传感器	√			√	
燃油密度传感器	√			√	
油量补偿传感器	√			√	
电缆				√	
绝缘连接				√	

① 对于复合材料或非导电材料部件或油箱结构，按照本书 7.2.2 节初始先导附着试验方法或者扫掠通道附着试验方法进行高电压附着试验以确定直接雷击试验的电弧入点

1. 燃油系统大电流试验

燃油系统大电流试验是指针对燃油系统油箱及部件的传导试验和直接雷击试验。

传导试验用于检测雷击区域 3 内的燃油系统油箱结构及部件在雷电流流过时是否产生电压火花、电弧、热火花等类型的引燃源，保证飞机遭遇雷击时燃油系统的安全。该试验的试验配置与直接效应试验中大电流物理破坏试验中传导电流试验的试验配置相同。

直接雷击试验适用于雷击区域 1A、1B、1C、2A、2B 内的油箱结构及部件，用于评估因雷电附着而产生的直接效应及潜在的燃油蒸汽引燃源。该试验的基本试验配置与直接效应试验中电弧引入试验的试验配置相同。

2. 燃油系统高电压试验

燃油系统高电压试验是指针对结构部件、燃油系统部件或间隔较小的电缆小间隙电压击穿试验和针对可能出现燃油蒸汽区域的高压电晕及流光试验。

暴露于雷电感应电压下的结构部件、燃油系统部件或间隔较小的电缆之间可能产生电压击穿，包括间隙的电压击穿、绝缘或隔离材料的电压击穿以及燃油管路绝缘部分的电压击穿，这些击穿可能成为燃油蒸气引燃源。小间隙电压击穿试验主要用于验证暴露于雷电感应电压下的小间隙是否能够承受这些电压而不产生击穿。

高压电晕及流光试验适用于所有雷击区域，用于确定强电场下的燃油蒸气区域内可能出现的电晕和流光，这些电晕和流光可能造成燃油蒸气引燃。

7.3 地面系统雷电试验

7.3.1 适用范围

本部分对应 GJB 8848—2016 中方法 402“地面系统雷电试验方法”。该方法适用于具有雷电防护要求的地面系统和军械,验证其是否满足雷电直接效应和雷电间接效应防护要求。具有雷电防护要求的舰船局部结构及舰载设备和分系统、空间系统的地面设备可参照执行。地面系统中,武器装备特别是电起爆装置(EID)最易受到直接雷击的影响,因而是雷电直接效应的主要关注对象之一,其余如燃油系统等受雷电直接效应的影响不如航空多见,但也可参照之。

雷电试验具有毁伤危险,应根据 SUT 雷电防护状态对试验等级进行评估并以大纲的形式明确。在开展军械系统雷电试验时,所有易燃、易爆材料应从 SUT 中移除;专门开展敏感性试验的初级起爆装置和起爆火工品除外。

7.3.2 直接效应试验

1. 试验说明

地面系统雷电直接效应试验的测试区域包括 1B 区和 3 区,主要是 1B 区。地面系统的 1B 区通常位于 SUT 的突出位置、边缘部分等。图 7 - 19 给出了可用于评估地面目标雷击附着点的数值仿真结果。图中 SUT 是一个带有有限高度避雷针的建筑(也可理解为带有天线的方舱),雷击最大的可能位置为高耸金属杆的顶部,但事实上在金属杆的中间位置、目标的顶角和边缘位置也有相当的可能性遭受直接雷击。增加避雷针的高度可减小其他位置遭受雷击的概率。鉴于这一原因,一般情况下带有避雷设施的地面目标,可不考虑雷电的直接效应;但对于某些有特殊防直击雷击要求的军械,根据 GJB 1389A—2005 的规定仍然要开展直接效应的试验验证。此外,由于地面设施的最高点及顶面边缘比较明确,在直接效应试验中,可将它们作为附着点进行大电流物理损毁试验,而不必进行高电压附着试验来发现容易遭受雷击的区域以及雷电的初始附着点。因此,对于地面系统,雷电的直接效应试验仅安排了大电流的注入试验。

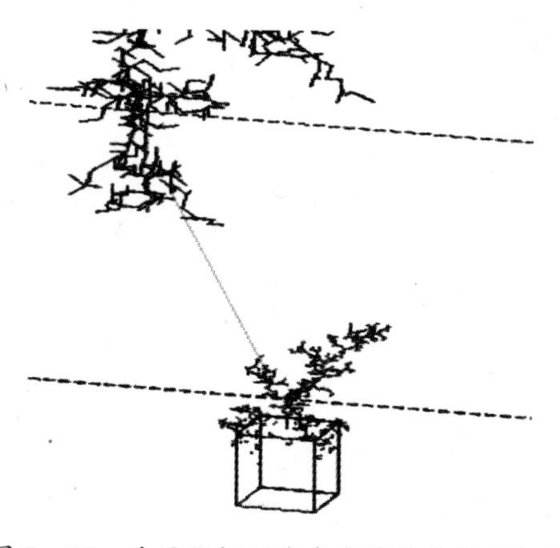

图 7 - 19 地面目标可能产生连接先导的部位

2. 试验程序及要求

地面系统雷电直接效应试验的具体配置要求如图 7－20 和图 7－21 所示，主要包括脉冲电流发生器、注入电流监测探头、耦合电流监测探头、电压监测探头以及光纤传输系统（包括光发射机、光纤、光接收机）等。脉冲电流发生器应包括 4 个部分，分别模拟雷电流 A、B、C、D 4 个分量。试验时，4 个波形可以单个输出，也可以实现 ABCD、ABC、AC、DBC 等复合波输出。

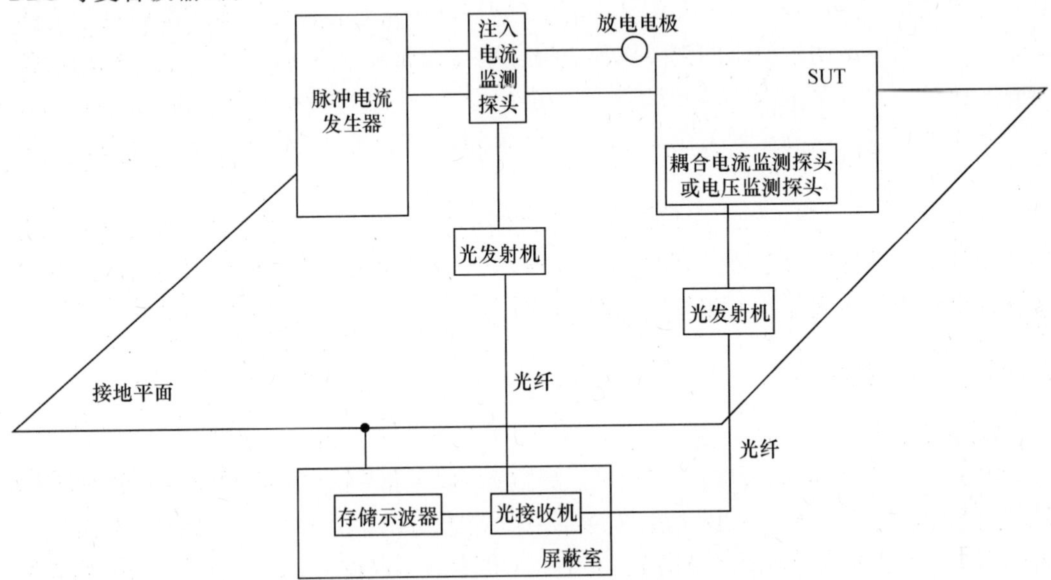

图 7－20　雷电直接效应试验配置

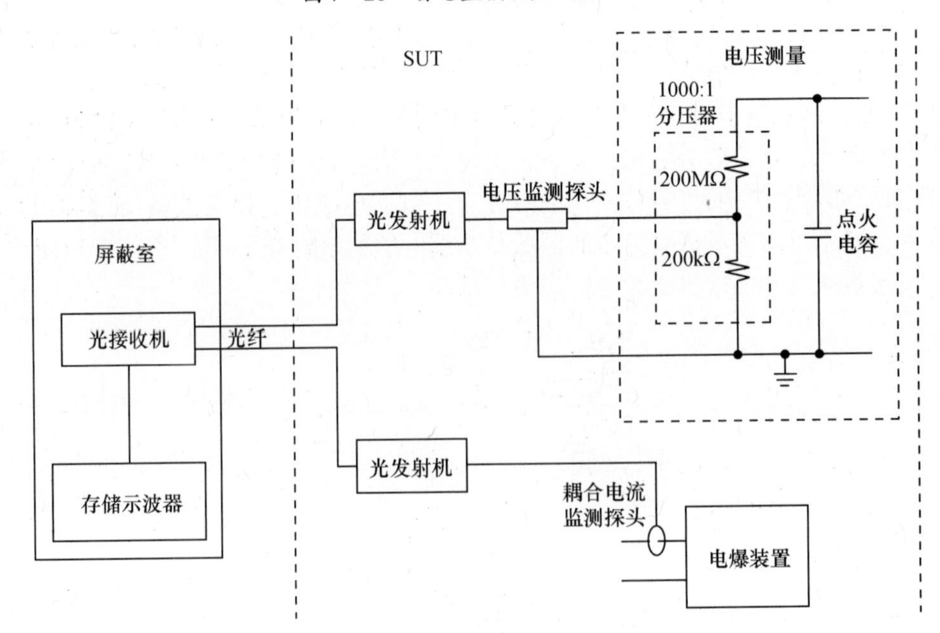

图 7－21　军械中电起爆装置感应电流或电压试验配置

注入电流监测探头分为 4 种，结合光纤传输系统分别用来监测注入的雷电流 A、B、C、D 4 个分量，其指标应满足各分量的测量要求。耦合电流监测探头和电压监测探头结合光纤传输系统主要用来测量军械中电起爆装置的感应电流电压，其指标应满足实际情况需要。在实际试验过程中，除非有特殊要求，分量 B 可以不考虑。

3. 大电流注入试验实例

一种简化的冲击电流发生回路如图 7－22 所示。其基本原理是：数台大容量的电容器由高压直流充电装置以恒压方式进行并联充电，然后通过间隙放电使试品上流过冲击大电流。图中 C 为数个并联电容器的电容总值，L 及 R 为包括电容器、回路连线、分流器、球隙、试品以及试品上火花在内的电感及电阻值，也包括为了调波而外加的电感和电阻值，图中 G1 为放电开关。冲击电流发生回路在工作时先由恒压充电装置向电容器组充电到所需电压，然后使放电开关 G1 动作击穿，于是电容器组经 L、R 及试品放电，根据充电电压的高低和回路参数的大小，可产生不同峰值的脉冲电流。

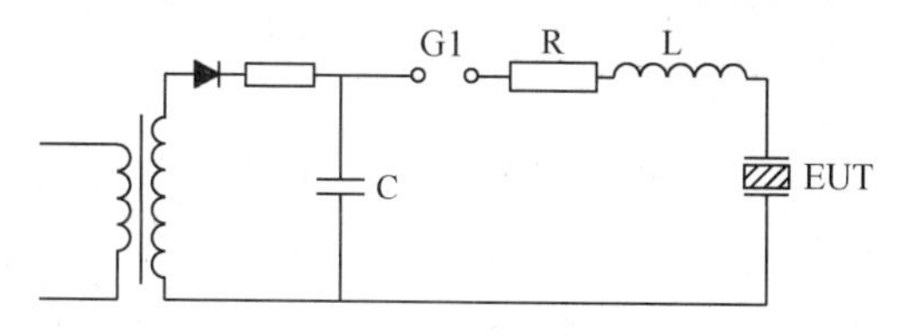

图 7－22　冲击电流发生回路

试验过程中尤其需要注意的是：环境条件对电流模拟器影响较大，会导致间隙提前放电或者不放电，使得试验无效，故应注意记录每次试验时的温度和湿度情况，根据实际情况调节间隙，避免因提前放电而导致的危害。

由于雷电冲击会引起很强的振动，需要将试件固定在地面支架上。一种用于板材试验的夹具架如图 7－23 所示，包括以下部分：

（1）放电探针，将闪电电流模拟器产生的模拟电流以电弧的形式注入试验件表面。

（2）滑动横梁，固定探针并通过上下滑动控制探针与试验件的距离。

（3）防护上盖，从上侧将试验件压紧，防止电流过大时将试验件打飞。

（4）固定手柄，压紧防护上盖，进一步起到固定试验件的作用。

（5）接地铜条，控制试验件的电边界条件。

图 7－23　试验件夹具架

(6) 移动卡槽,放置试验件并从左右两侧压紧试验件。

(7) 接地铜线,控制试验件的电边界条件。

(8) 固定支架,支撑夹具并起到稳固夹具的作用。

(9) 转动手柄,控制移动卡槽的距离,保证将试验件从左右两侧夹紧。

雷电直接效应的破坏性试验要求电流的注入方式为空气间隙击穿的方式,因此试验夹具上采用固定的粗铜棒进行闪电电流的引导,探针与试验件之间保持一定的距离,图示为1mm,细节如图7-24所示。

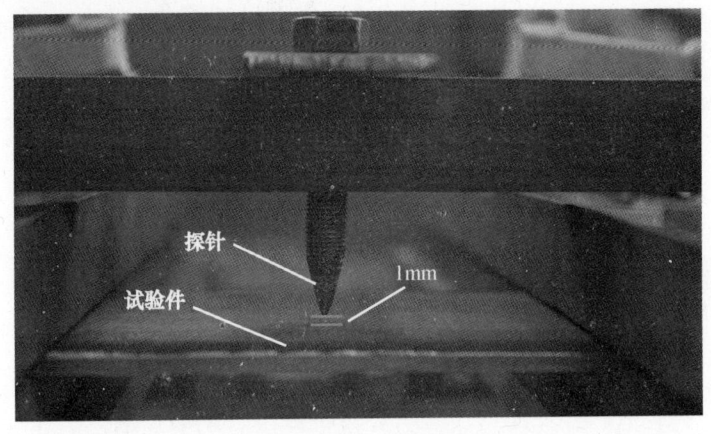

图7-24 试验电极

试验的具体操作过程如下:

(1) 记录试验件的初始状态及环境条件。

(2) 将试验件放置在夹具上,利用固定装置将试验件夹紧。

(3) 调整闪电电流发生器的电压到所需值,并进行充电。

(4) 按计划放电,同时观察并记录试验现象。

(5) 记录试验的激励波形及试验件的损伤情况。

图7-25为不同等级的短路电流波形,采用罗氏电流线圈、同轴电缆和数字存储示波器得到。

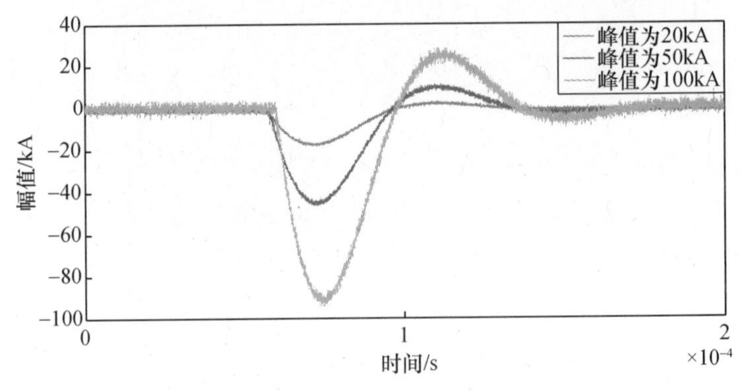

图7-25 不同峰值的激励波形

图7-26给出了一组对碳纤维增强树脂基复合材料(CFRP)的雷电试验结果。试验过程中,随着激励电流峰值的升高,受试对象(CFRP层板)的破坏效应越来越显著。三种

电流等级激励情况下受试材料物理破坏程度如图 7-26 照片所示。从图上看，不同峰值情况下的损伤情况相差较大。随着峰值的升高，损伤的范围逐渐增大。峰值为 50kA 和 100kA 时，有明显的纤维断裂和分层，而且可以明显观察到厚度方向在第二层甚至第三层的纤维断裂情况。

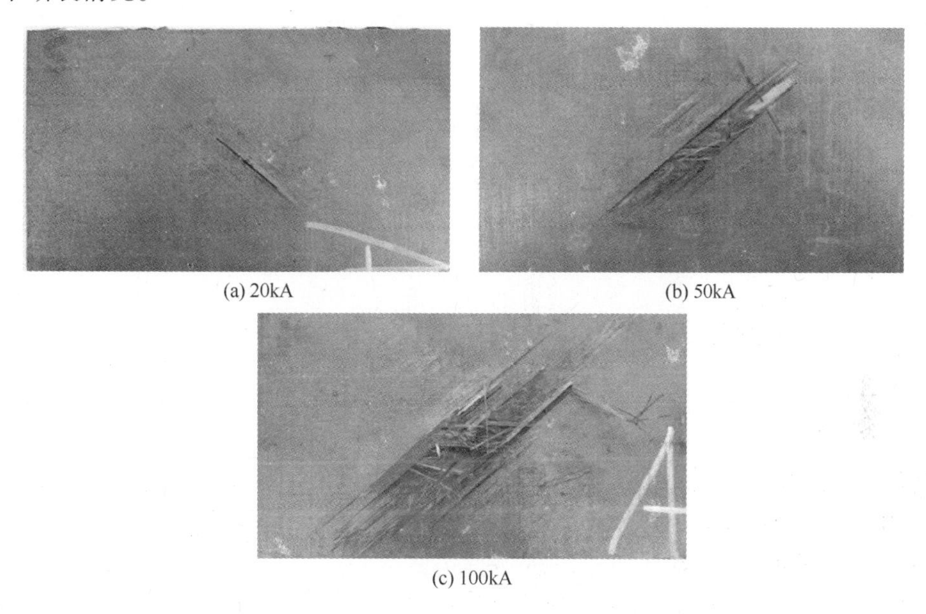

(a) 20kA (b) 50kA (c) 100kA

图 7-26 不同峰值情况下的试验结果

7.3.3 直接雷击引起的间接效应试验

雷击发生时，大电流流经装备表面，可能通过耦合或者感应在装备内部的电子电气设备连接端口产生较大的浪涌信号，导致设备功能异常或者误动作，甚至损毁。地面系统直接雷击引起的间接效应试验的具体配置要求如图 7-20 和图 7-27 所示，其中图 7-27 针对火箭弹类军械，图 7-20 针对其他军械，在雷电直接效应试验时一并开展。试验系统主要包括脉冲电流发生器、回路导体系统、注入电流监测探头、耦合电流监测探头、电压监测探头以及光纤传输系统（包括光发射机、光纤、光接收机）等。

脉冲电流发生器包括三个部分，分别模拟满足雷电间接效应波形要求的分量 A、分量 D 以及多重冲击波形。注入电流监测探头有 2 个，结合光纤传输系统分别用来监测雷电流 A、D 两个分量，测量系统指标应满足各分量脉冲的测量要求。耦合电流监测探头和电压监测探头结合光纤传输系统主要用来测量军械中电起爆装置的感应电流电压，其指标应满足实际情况需要。

需要说明的是，在地面系统直接雷击引起的间接效应试验方法中，试验步骤将冲击电流幅度由高到低分为至少 3 个等级，且最高幅度不超过 50kA。这里将注入电流幅度分成至少 3 个等级的目的主要有两个：一是判断能否将系统响应线性外推至威胁量级；二是避免过大电流引起的不必要危害。另外，GJB 1389A—2005 中关于雷电间接效应中的多重脉冲组波形（H 波组合）在这里不做考虑，因为 H 波主要针对高空设备，对地面系统不做要求。

图 7-27 中回路导体需系统根据实际情况设计，应保证受试系统表面的电流密度和

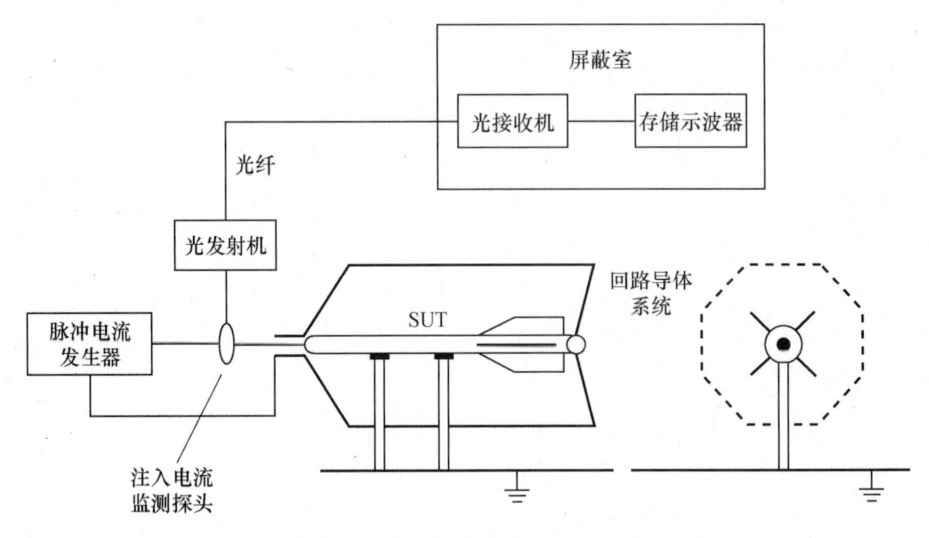

图 7－27　火箭弹类军械的直接雷击引起的间接效应试验配置

方向分布接近雷击时的真实情况，通常需要根据受试系统外形进行计算机仿真辅助设计，试验结果与仿真结果允许 ±20% 偏差。火箭弹遭遇雷击时，雷电流从弹体上流过，在结构内部产生响应。因此，确定弹体表面电流的分布情况是雷电间接效应分析的首要内容。由于靠近结构的回路导体中的电流会对表面电流分布产生影响，因此需要对回路导体的布局和搭建形式进行设计，以期望尽可能在弹体表面得到均匀分布的电流。这样，弹体表面任意位置的屏蔽缺陷所引起的内部电磁场泄漏可以得到全面暴露。

利用电磁场仿真软件可以建立能有效模拟真实结构的回路导体系统模型，并可通过改变回路导体的围绕方式、构成回路导体的电缆数量以及回路导体与被测结构的间距等，分析回路导体布局对结构表面电流分布的影响。

图 7－28 给出了一个火箭弹表面电流分布的仿真实例及根据仿真结果研制的回路导体系统试验装置实物。图 7－28(a)的仿真模型由激励源、火箭弹、负载及回路导体组成，回路导体均匀分布在弹体周围形成一个笼形结构，火箭弹放置在笼形轴心。激励源产生

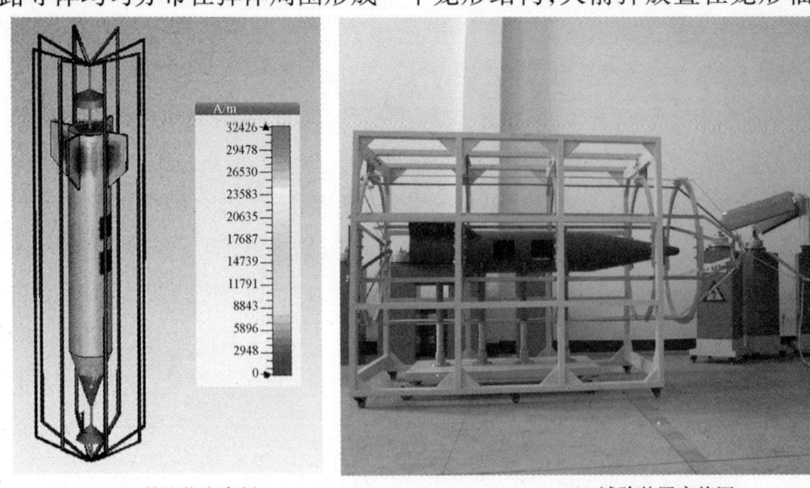

(a) 数值仿真实例　　(b) 试验装置实物图

图 7－28　火箭弹表面电流分布仿真实例及研制的回路导体系统实物

的雷电流，从弹体头部注入，由弹体尾部经负载流入回路导体中，最终流回激励源负极，形成一个回路。图7－28(b)所示的试验装置中，左侧为根据仿真结果研制的回路导体系统，右侧为雷电流A波产生装置。该回路导体系统外围框架为木质支架，用于支撑整个笼形结构。整个笼形结构由8根3cm宽的回路导体组成。8根回路导体等间距分布，由5组圆形绝缘环氧板固定，前后均设有汇流环。

7.3.4 脉冲电磁场效应试验

系统遭受直接雷击引起的间接效应往往比邻近雷击产生的间接效应严重，因此在ARP5412中，没有给出邻近雷击的电磁场环境，或者说飞机不需要进行邻近雷击产生的间接效应试验。对于地面系统，遭受直接雷击引起的间接效应概率远小于邻近雷击产生的间接效应概率，因此需要额外关注邻近雷击产生的间接效应。另外，有的地面系统只要求经受一个邻近雷击以后满足其工作性能要求，而并不要求经受住直接雷击。对于邻近雷击产生的水平磁场环境，可以建立云地闪的垂直线电荷模型，根据安培定律求得磁场强度。当邻近雷击非常近时，电场峰值可以达到3×10^6V/m。

地面系统脉冲磁场效应试验方法的具体试验配置要求如图7－29所示，主要包括脉冲发生器、电流环、磁场探头以及光纤传输系统（包括光发射机、光纤、光接收机）等。其中，磁场探头的基本形式是磁偶极子。试验时，受试设备距两电流环等距，安装在一个非导电平台上。两环之间的轴向距离为$D/2$，适当选取电流环的直径，给受试设备和两环之间留出足够的空隙。两电流环以串联方式连接，圆环中心的轴向磁场峰值可以按式$H=1.43I/D$进行估算，单位A/m，其中I为圆环中的电流峰值。出于脉冲发生器设计的考虑，圆环的直径最大限制为4m。

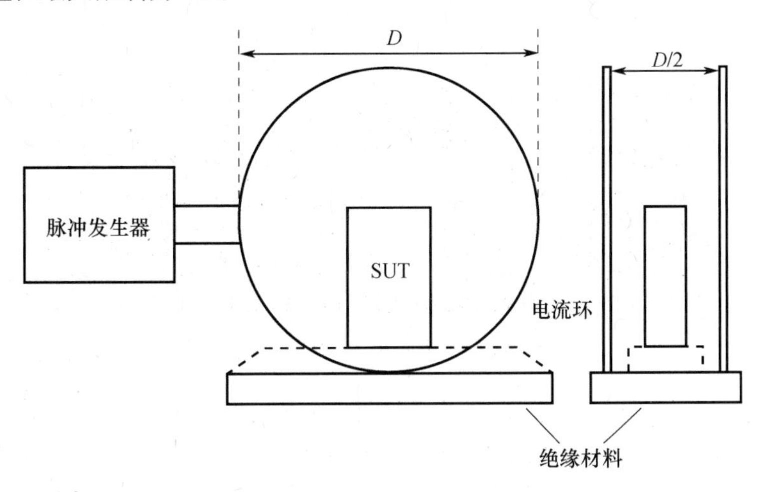

图7－29　脉冲磁场试验配置

地面系统脉冲电场效应试验的具体配置要求如图7－30所示，主要包括脉冲电压发生器、高压极板、试验球隙、电场探头以及光纤传输系统（包括光发射机、光纤、光接收机）等。图7－31给出了一组电场探头以及光纤传输系统的实物照片，其中的电场探头一般采用偶极子天线，这时天线应满足电小条件，即其尺寸远远小于信号中的最短波长。高强度的电场会引起边缘、尖端电晕放电，标准的资料性附录G给出了距离放电通道10m处

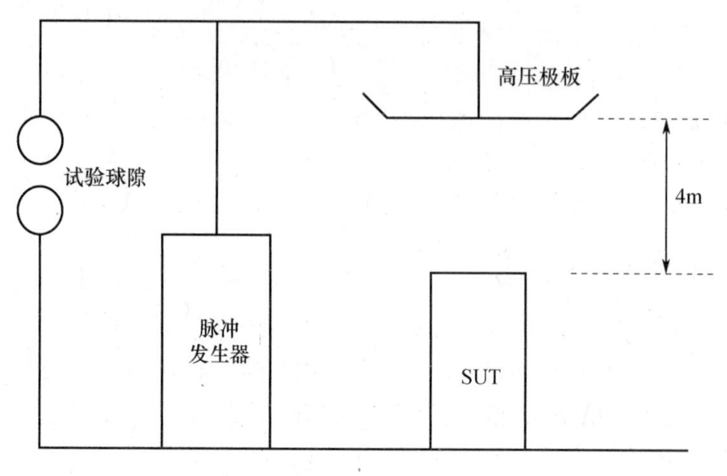

图 7-30　脉冲电场试验配置

的垂直电场强度和变化率，场强接近 3×10^6V/m，建立这样的电场强度环境且 SUT 不发生闪络是非常困难的，因此试验系统模拟的场环境主要考虑满足电场变化率要求，即要达到 6×10^{12}V/(m·s)。图 7-30 中，当脉冲高压发生器放电电压为 2MV 时，其产生的电压波形经试验球隙截波，可在高压极板下面 4m 处产生接近 6×10^{12}V/(m·s)的电场变化率值。高压极板距离 SUT 的高度可以根据放电电压等级进行适当调整。图 7-32 为高压极板下面测得的电场波形。

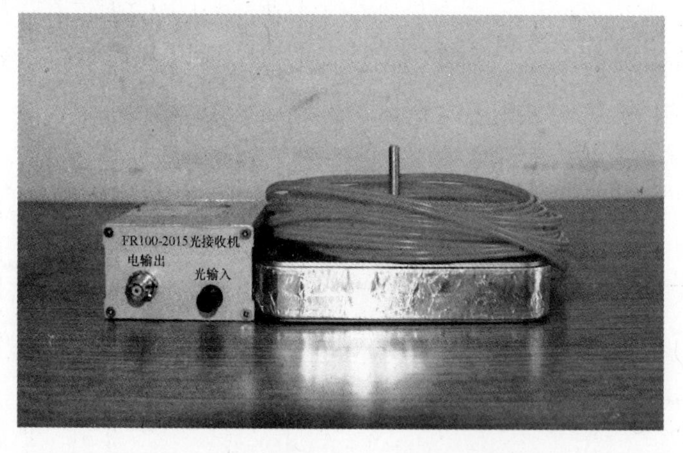

图 7-31　电场探头以及光纤传输系统

下面给出一组对计算机设备开展脉冲磁场试验的实例。脉冲强磁场发生器的工作原理为：高压直流源通过升压整流产生 50kV 的直流电压，经过限流电阻给高压脉冲电容器充电，当电容器上的电压达到所需值后，通过控制台控制空气开关放气导通；电容通过调波电阻对电流环放电，在环内产生脉冲强磁场。放电环内脉冲电流的波形、大小由电阻分流器转变为电压信号送至数字示波器测量通道。设备组成如图 7-33 所示。

通过充气开关控制电路的放电电压，脉冲强磁场模拟器产生的磁场脉冲峰值可以在 0.05～10mT 范围内调整；通过调节电路参数、更换放电环，可以实现脉冲磁场的上升时间在 0.1～5μs 范围内变化。通过调节电路参数，可以实现脉冲磁场宽度在 100μs～4ms 范围内变化。

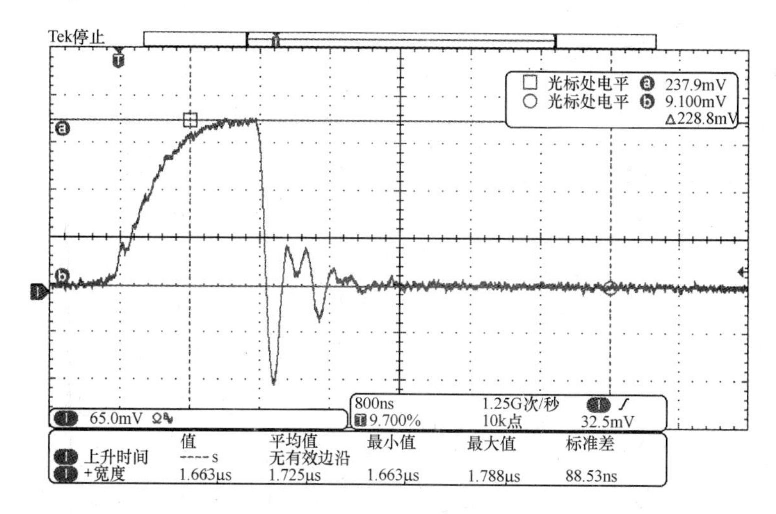

图 7-32　测量系统测得的电场波形

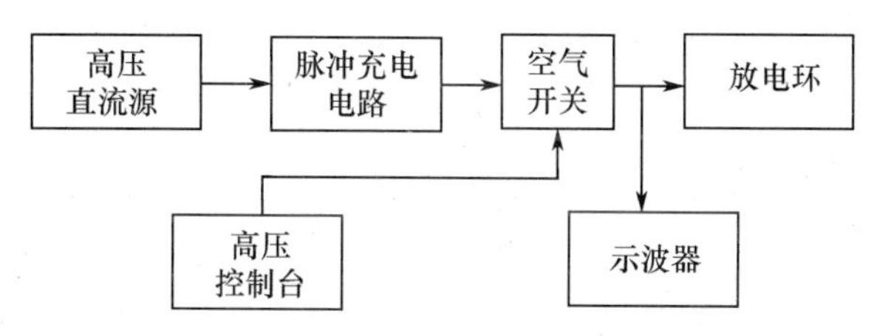

图 7-33　脉冲强磁场模拟器的组成框图

放电环采用半径为 1m 的圆环(图 7-34),SUT 位于圆环面内中部位置。当脉冲宽度保持不变,上升时间不同时,使计算机出现死机现象时的磁感应强度峰值列于表 7-4。

图 7-34　计算机在脉冲磁场模拟器内受试情况

表 7-4　脉冲磁场上升时间对计算机脉冲磁场干扰阈值的影响

使计算机死机时的磁感应强度峰值/mT	脉冲上升时间/μs	脉冲底宽/ms
1. 11	2. 0	2. 1
0. 65	1. 2	2. 1
0. 27	0. 4	2. 1
0. 19	0. 2	2. 1

7.3.5 雷电传导耦合注入试验

雷电传导耦合注入试验主要针对具有互联电缆的设备及分系统。GJB 151B—2013中没有针对雷电效应试验的条款。MIL - STD - 461G 版本中新增了 CS117 部分，专门用于内部电子电气设备由于雷电引起的瞬态敏感度试验，其引用了 SAE ARP 5412 相关航空标准测试方法。为了保证试验的完整性，地面系统雷电试验方法将该部分吸纳了进来。

地面系统雷电传导耦合注入试验的具体配置要求如图 7 - 35 所示，主要包括脉冲信号源、电流监测探头、电压监测探头等。脉冲信号源能够产生正负极性的短脉冲（SP）、中等宽度脉冲（IP）、长脉冲（LP）三种类型的注入脉冲，脉冲波形如图 7 - 36 ~ 图 7 - 38 所示，其中图 7 - 38 的长脉冲分为两类波形。信号源的各类脉冲输出等级要求如表 7 - 5 所列，其输出引线为铜条，长度小于 75mm，截面尺寸 25mm × 2mm。另外，调整信号源使注入电压或电流峰值达到限值时，应保证在 2min 内可以连续注入 10 个脉冲，每个脉冲时间间隔不小于 8s。电流监测探头满足电缆束的感应电流测量要求；电压监测探头满足 3 种类型脉冲的波形监测要求。

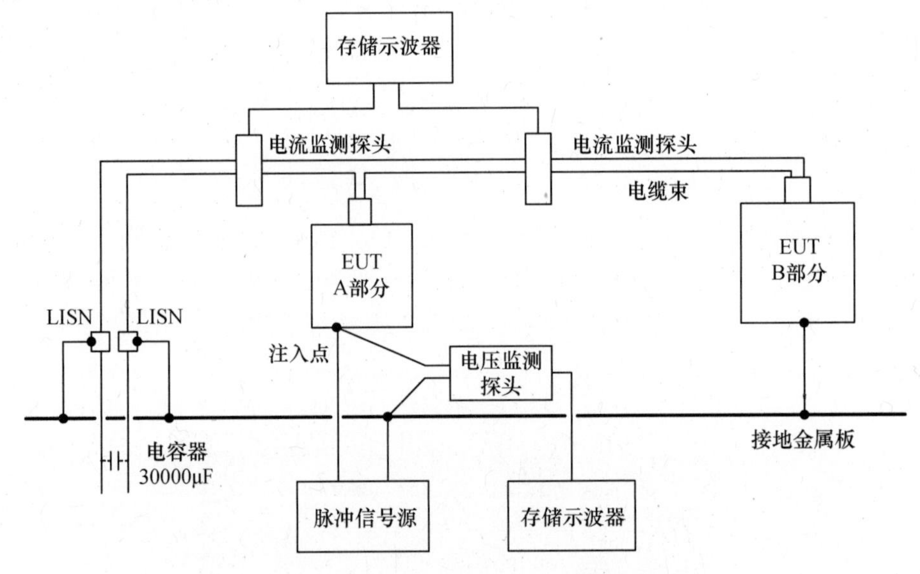

图 7 - 35　雷电传导耦合注入试验配置

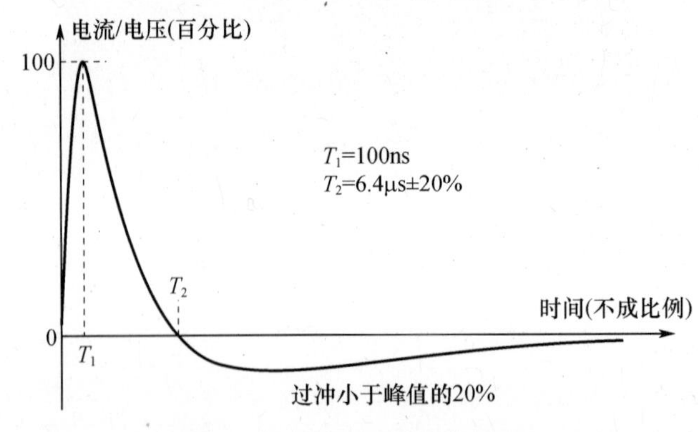

图 7 - 36　短脉冲（SP）测试波形

需要注意的是，图 7－36～图 7－38 是标准资料性附录给出的建议波形，表 7－5 中所列的输出脉冲等级是参考相关航空标准得到。对于地面系统，可在实际测试中根据设备尺度及屏蔽情况具体论证。

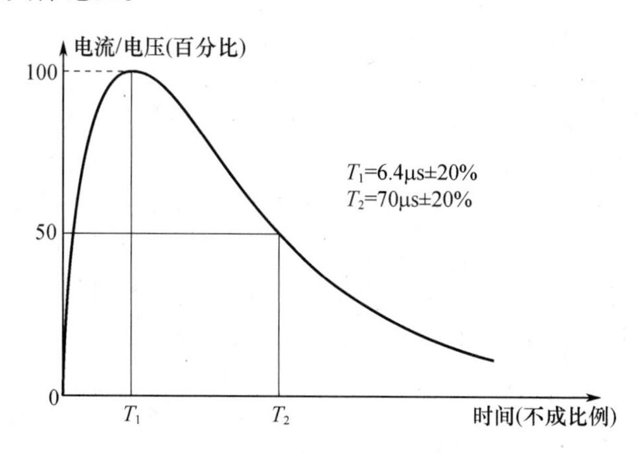

图 7－37　中等宽度脉冲（IP）测试波形

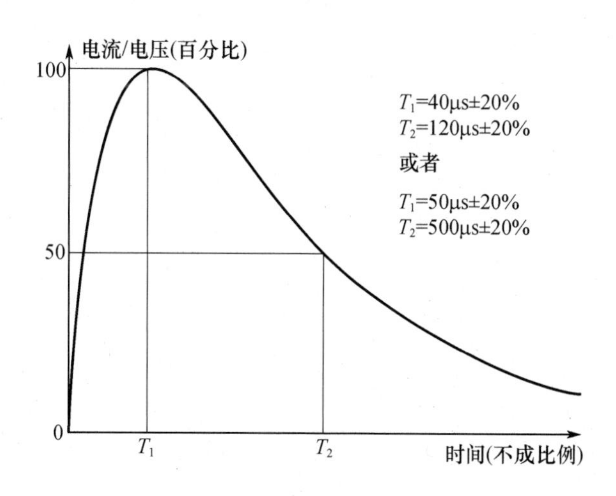

图 7－38　长脉冲（LP）测试波形

表 7－5　脉冲输出等级要求

EUT 类别	电压/电流/（V/A ±10%）		
	短脉冲	中等宽度脉冲	长脉冲
A	125/250	125/250	不适用
B	300/600	300/600	2000/1000
C	750/1500	750/1500	2000/3000
D	1600/3200	1600/3200	2000/10000
E	不适用	不适用	不适用

注：A 类指设备、电缆良好屏蔽，B 类指设备、电缆部分暴露，C 类指设备、电缆搭接在结构同一部位并完全暴露，D 类指设备、电缆搭接在结构不同部位并完全暴露，E 类指设备工作不受雷电间接效应影响

7.3.6 结果评估

应根据选取的试验方法，对各类试验数据进行综合分析，给出 SUT 雷电试验评定结果。试验评定结果分为通过和不通过两种：

（1）通过试验的判定准则如下：

① 通过系统内部的感应电场、磁场、电流或电压测量数据分析，确定系统防护措施的防护指标达到设计要求；

② 试验过程中，SUT、分系统或设备的敏感性符合要求，无产生导致任务中断的扰乱或损坏；

③ 对于含有电起爆装置的军械，电起爆装置的安全裕度满足设计要求。

（2）不满足上述任何一条，即可认为未通过试验。

第 8 章　电磁脉冲试验

本章内容对应 GJB 8848—2016 中方法 501“电磁脉冲试验方法”。该方法用于系统级 EMP 效应研究以及加固性能验证。系统级 EMP 试验方法有三种:威胁级辐照试验方法、脉冲电流注入试验方法和连续波辐照方法。本章介绍了这三种试验方法的适用性和选用原则,详细阐述了三种方法的基本原理、实施方法和试验结果评估。

8.1　方法适用性

系统级 EMP 效应研究及加固性能验证在 EMP 模拟设备提供的模拟 EMP 环境中进行。EMP 模拟设备可分为两类:一类是辐射环境模拟设备;另一类是传导环境模拟设备。辐射环境模拟设备能够在其工作空间提供符合试验要求的 EMP 环境,如水平极化或垂直极化有界波 EMP 模拟器、水平极化或垂直极化辐射波 EMP 模拟器等。传导环境模拟设备能够在线缆或天线端口提供符合试验要求的注入电流。

威胁级辐照试验是使置于 EMP 模拟器工作空间的被试系统、分系统或设备接受符合 GJB 1389A—2005 中规定的 EMP 辐照,同时观测它们产生的效应。有界波 EMP 模拟器能提供自由空间的 EMP 环境,适用于空中飞行状态的导弹、飞机等系统的 EMP 效应研究。如果利用有界波 EMP 模拟器开展坦克、通信指挥车辆等地面可移动系统的 EMP 效应研究,试验逼真度较差。辐射波 EMP 模拟器能提供包含了地面反射的 EMP 环境,适用于坦克、通信指挥车辆等地面可移动系统的 EMP 效应研究。如果利用辐射波 EMP 模拟器开展空中飞行状态的导弹、飞机等系统的 EMP 效应研究,试验逼真度也较差。

对于带有较长外部线缆或天线的系统,由于 EMP 模拟器的工作空间有限,不能提供整系统的 EMP 辐照,或者系统外部线缆或天线的感应电流幅值在威胁级辐照试验中没有达到实际 EMP 环境中的感应电流幅值,在这两种情况下,还应在系统外部线缆或天线的端口利用传导环境模拟设备注入 EMP 感应电流,并观测效应现象。传导环境模拟设备分为两类:一类适用于线缆端口的脉冲电流注入;另一类适用于天线端口的脉冲电流注入。一般情况下,线缆端口注入的脉冲电流波形为双指数波形,天线端口注入的脉冲电流波形为正弦阻尼振荡波形。

对无法利用辐射环境模拟设备开展 EMP 效应研究的固定设施,可采用矢量网络分析仪、功率放大器、各种频段的发射天线和频域测量设备等开展频域连续波辐照试验,获取被试系统电磁屏障内部的残余电磁场以及线缆感应电压或电流的传递函数,然后通过反傅里叶变换或最小相位法,获取电磁屏障内部被测量的时域响应,确定电磁屏障的屏蔽性能和电磁屏障内部电子设备的 EMP 敏感性。如果固定设施有外部线缆和天线,还需进行脉冲电流注入试验,确定线缆或天线端口传导干扰保护装置的 EMP 防护性能是否达到设计要求,设备的功能是否正常。需要说明的是,电磁屏障内部线缆耦合响应的外推结果是在传导干扰保护装置没有动作的情况下获得的,外推结果会大于真实的耦合响应,试验结论趋于保守,但却有利于被试系统的生存。

综上所述,系统级 EMP 试验方法有三种:威胁级辐照试验方法、脉冲电流注入试验方法和连续波辐照试验方法。应根据系统特点、试验条件和试验目的,选择适用的试验方法。EMP 试验方法选用原则如下:

(1) 首选威胁级辐照试验。威胁级辐照试验方法的特点是可进行整系统试验,可产生非线性效应、试验结果逼真度高。

(2) 如果系统的外部天线或线缆无法在威胁级辐照试验中获得威胁级耦合响应,还应对外部线缆或天线的端口进行脉冲电流注入试验。脉冲电流注入试验方法的特点是易产生威胁级感应电流,可产生非线性效应,但该试验是局部性试验,没有综合效应。脉冲电流注入试验可在现场或实验室进行。

(3) 对于无法进行威胁级辐照试验的系统,如固定的地基设施,经订购方同意,可采用连续波辐照试验代替威胁级辐照试验。连续波辐照试验方法的特点是可进行整系统试验,但不产生非线性效应,测量结果需要外推至威胁级。连续波辐照试验方法也可用于被试系统 EMP 薄弱环节的查找。如果被试系统有外部线缆或天线,还应进行脉冲电流注入试验。

8.2 威胁级辐照试验

8.2.1 基本原理

威胁级辐照试验是将 EMP 防护措施完整、技术状态完好的被试系统、分系统或设备置于 EMP 模拟器的工作空间,使其正在执行真实或模拟的任务,然后用模拟器提供的 EMP 环境对其进行辐照,同时测量系统电磁屏障内部的感应电磁场和感应电流,监测系统、分系统或设备功能的运行情况,最后,通过测量数据和功能监测数据的综合分析,对被试系统的抗 EMP 性能进行评定。被试系统应分别在水平极化和垂直极化的 EMP 模拟器中进行威胁级辐照试验。模拟器提供的 EMP 环境应满足试验要求或 GJB 1389A—2005 中的 EMP 环境要求。

常见的 EMP 模拟器有垂直极化有界波 EMP 模拟器和水平极化辐射波 EMP 模拟器。典型垂直极化有界波 EMP 模拟器的结构如图 8-1 所示,图 8-1(a)为具有平行板结构的 EMP 模拟器,工作空间在平行段,这种 EMP 模拟器的特点是工作空间的场分布比较均匀,工作空间的尺寸可根据被试系统的物理尺寸进行设计;图 8-1(b)是锥形结构的 EMP 模拟器,其工作空间在锥形段,这种 EMP 模拟器的特点是工作空间的场分布不均匀性较大,适用于导弹等径向尺寸不是很大系统的 EMP 试验。典型水平极化辐射波 EMP 模拟器的结构如图 8-2 所示,工作空间在锥形天线张角部分的投影区内,在这个区域内,波前平行于天线轴线方向的电场分量只随观测点距天线源点的距离呈反比例变化。

如果 EMP 模拟器的工作空间能够容纳整个被试系统,可进行全系统威胁级辐照试验;如果模拟器工作空间有限,不能进行全系统辐照试验,可对任何具有完整功能的分系统或位于分系统外的任务关键设备进行威胁辐照试验。为使被试系统、分系统或设备能

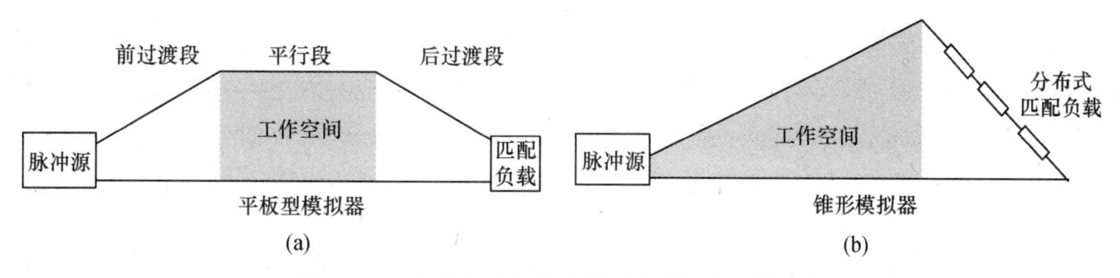

图 8-1　典型垂直极化有界波 EMP 模拟器结构

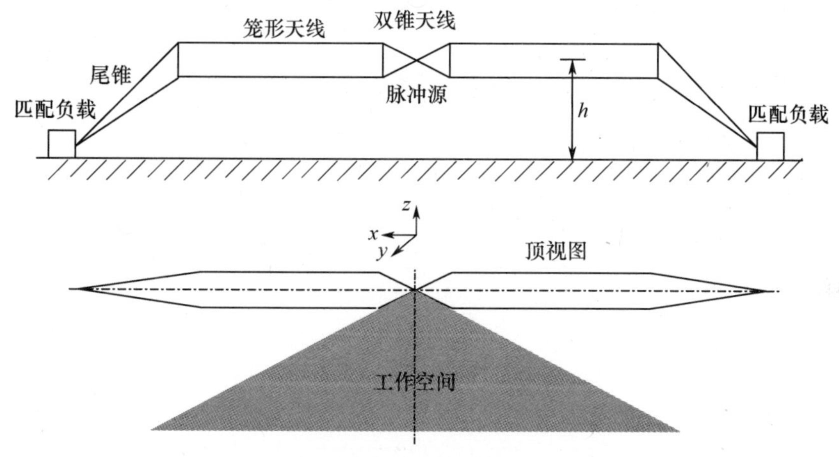

图 8-2　典型水平极化辐射波 EMP 模拟器结构

够正常工作,应配备相关的附属设备,附属设备没有必要出现在工作空间。

8.2.2　试验实施

威胁级辐照试验要求设置参考场测点,用于监测模拟器的输出和工作空间的辐照场,参考场测点的位置应避免受 EMP 模拟器本身反射和被试系统反射的影响,测量结果应能够直接反映 EMP 入射场的上升时间及幅度。EMP 模拟器技术指标要求为:工作空间入射场为双指数波,电场峰值≥50kV/m,上升沿为 2.5ns ±0.5ns,半高宽为 23ns ±5ns,工作空间均匀性为 0 ~6dB,10kHz ~200MHz 频谱波动≤ ±6dB。

被试系统进行 EMP 威胁级辐照试验之前,应进行 EMP 模拟器场分布测量,以确定 EMP 入射场满足威胁级辐照试验的要求,确定被试系统、分系统或设备的布放位置。在有界波 EMP 模拟器进行试验时,被试系统、分系统或设备的高度应小于 EMP 模拟器工作空间高度的一半;为模拟自由空间的状态,被试系统、分系统设备可用绝缘材料垫高。在辐射波 EMP 模拟器进行试验时,对被试系统、分系统或设备的几何尺寸没有特殊要求,但被试物体应布放位置在场相对均匀且满足其他试验要求的工作空间,可将被试系统、分系统或设备置于天线的中心线上,并根据试验场强,确定距天线的距离;参考点可选在辐射波 EMP 模拟器没有效应物一侧的中心线上。

被试系统、分系统或设备相对于波矢方向至少有两种不同的布放方位。布放方位的选择应使被试系统能获得最大的电磁激励,如使电缆或天线平行于电场方向,使磁场穿过电缆所构成的环路面积达到最大,使电磁屏障孔缝较多的面面对来波方向,使电场垂直于同一平面的最长的孔缝。

在进行威胁级辐照试验试验时，应记录参考场测点和电磁屏蔽内部电磁场、表面电流与电缆感应电流或电压，同时监测任务关键设备是否产生导致任务中断的扰动或损坏，详细记录出现的异常现象及产生异常现象的试验条件。为降低试验风险，进行威胁级辐照试验前，应至少有两个低幅度的辐照试验。威胁级辐照试验的步骤如图 8－3 所示。

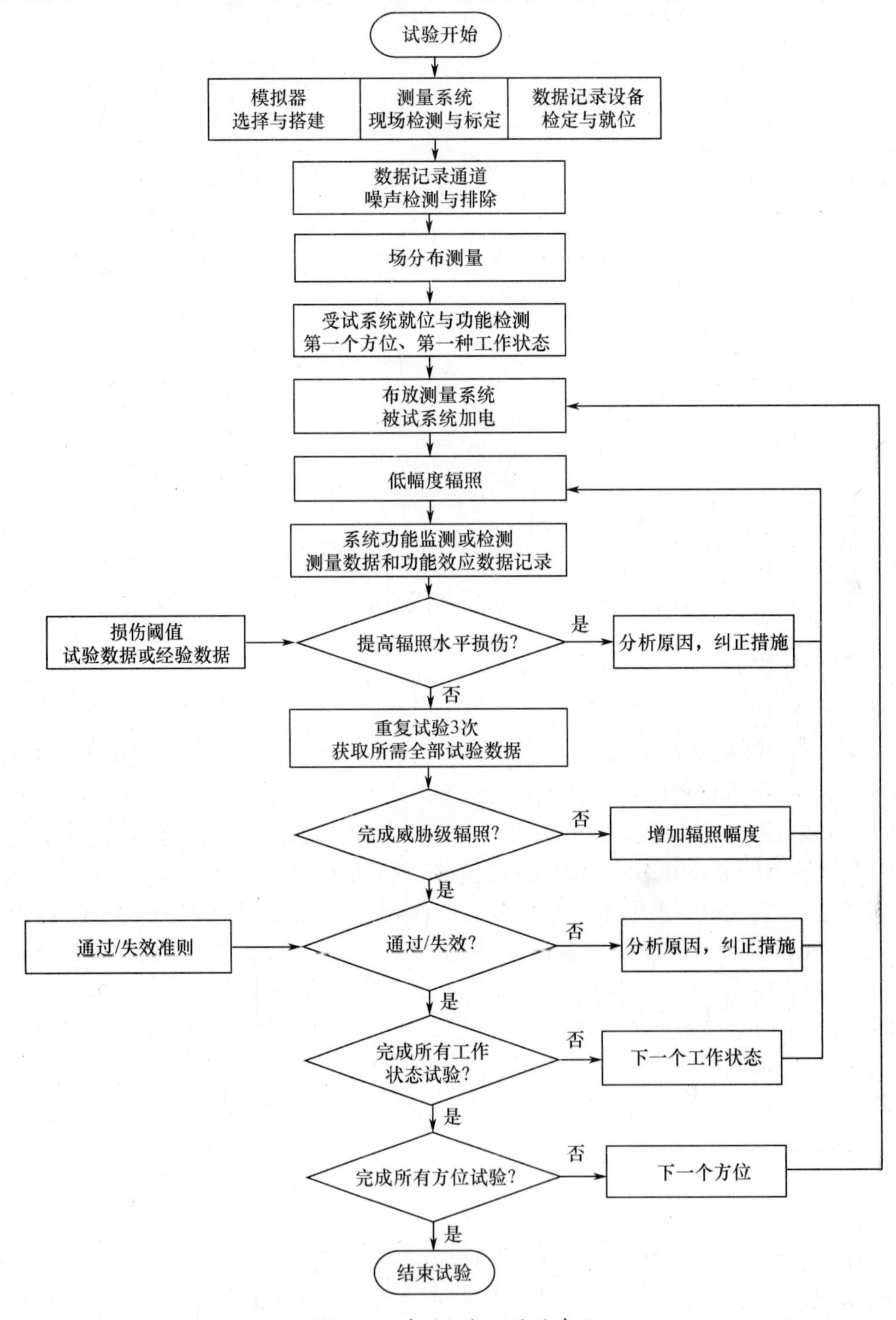

图 8－3　威胁级辐照试验步骤

为减小测量过程中引入的干扰，威胁级辐照试验一般采用基于光纤传输信号的测量系统，测量系统的组成如图8－4所示。通常情况下，电场测量系统的电场接收天线为单极子天线或偶极子天线，磁场测量系统的接收天线一般为环天线，电流测量系统的电流传感器为电流环。测量系统的带宽要求为50kHz～500MHz。图8－5给出了一种电场测量系统和电流测量系统（不包括示波器和计算机）的实物照片。在电流测量过程中还需要用到衰减器。

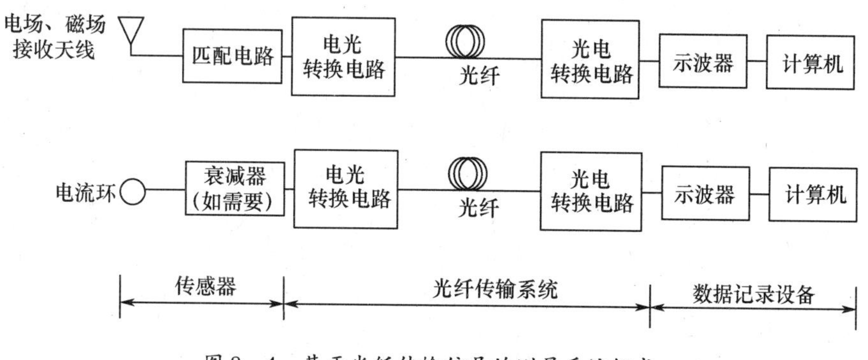

图8－4　基于光纤传输信号的测量系统组成

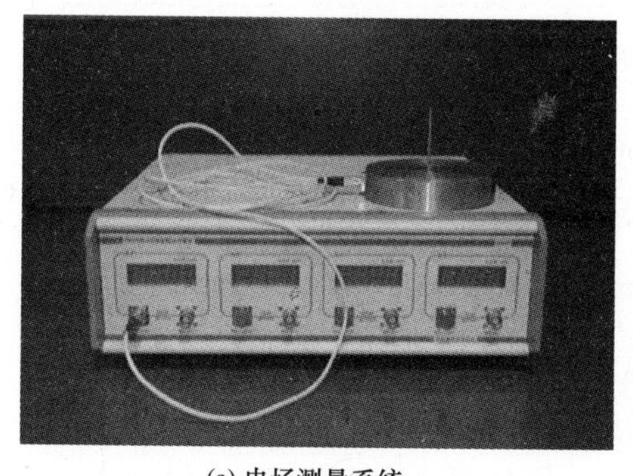

(a) 电场测量系统

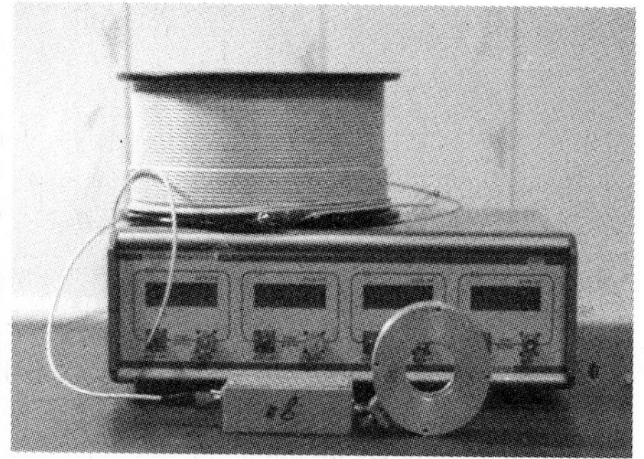

(b) 电流测量系统

图8－5　电场测量系统和电流测量系统实物照片

8.2.3　结果评估

根据威胁级辐照试验的测量数据和功能监测数据，对被试系统的抗EMP性能进行评估，评估方法如下：

（1）根据被试系统电磁屏障外部与内部电磁场的测量数据，确定电磁屏障对EMP的衰减量是否达到设计要求。

（2）根据被试系统电磁屏障内部线缆感应电压或电流的测量数据，确定被试系统的安全裕度是否达到设计要求。

（3）根据被试系统功能的监测数据，确定被试系统的EMP环境效应是否达到设计要求。

此外，如果被试系统接有较长的外部线缆或天线，还应结合被试系统的脉冲电流注入试验结果，评估整个被试系统的抗EMP性能。

8.3 脉冲电流注入试验

8.3.1 基本原理

脉冲电流注入试验根据试验对象的不同，分为线缆端口的脉冲电流注入试验和天线系统的脉冲电流注入试验两种。线缆又可分屏蔽线与非屏蔽线两类，线缆的类型不同，线缆端口的脉冲电流注入试验方法也不同。

1. 线缆端口脉冲电流注入试验

非屏蔽的电源线、音频线/数据线和控制线/信号线端口的脉冲电流注入试验有线对地注入和共模注入两种电流注入方式，试验布局如图 8-6 所示，其中图 8-6(a)为线对地电流注入方式，图 8-6(b)为共模电流注入方式。脉冲源输出电流通过电流耦合装置注入被试电路，注入电流测量传感器位于屏蔽体外部，距线缆引入（或引出）点（POE）保护器件 15cm，残余电流测量传感器位于屏蔽体内部，距保护器件 15cm，屏蔽体的接地点应选在保护器件附近。

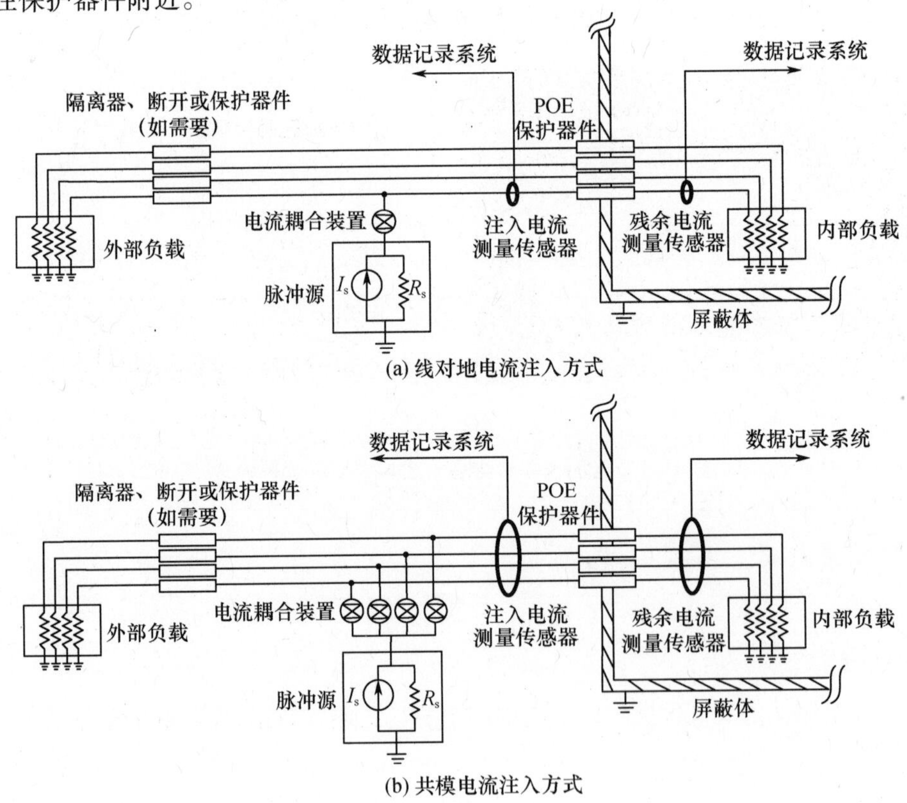

图 8-6 非屏蔽电源线、音频线/数据线和控制线/信号线脉冲电流注入试验布局

屏蔽线或金属管道采用屏蔽层电流注入方式代替共模电流注入方式。试验时，应撤除屏蔽层中间的接地点或其他低阻通道，并使脉冲源的电流回流导体与屏蔽层之间形成低阻抗的传输线，并使受驱动屏蔽层的长度尽可能达到最大；注入电流要求与共模注入电流要求相同，内部残余电流的测量与共模注入试验相同。

2. RF 天线系统脉冲电流注入试验

RF 天线系统一般包括天线、天线末端保护器件、天线调谐电路、外部同轴电缆、天线 POE 保护装置和位于电磁屏障内部的设备。开展 RF 天线系统脉冲电流注入试验之前，要进行天线 EMP 响应测量(天线 EMP 响应可通过连续波辐照试验、威胁级或响应级辐照试验获得)，根据测量结果外推，确定天线末端注入电流的幅值，然后开展天线末端脉冲电流注入试验以及同轴电缆屏蔽层脉冲电流注入试验，并根据试验结果，确定天线系统的抗 EMP 性能。天线响应测量和天线系统脉冲电流注入试验布局如图 8-7 所示，天线响应电流测量传感器或注入电流测量传感器位于天线末端，残余电流传感器位于电磁屏障内部，同轴电缆屏蔽层应与屏蔽体或设备壳体相接。验收试验时，屏蔽体内部负载为模拟负载，验证试验时，屏蔽体内部负载为处于正常工作状态的实际使用设备。在进行天线末端脉冲电流注入试验时，脉冲源输出采用直接耦合的方式在天线末端将电流注入受试电路。在进行同轴电缆屏蔽层脉冲电流注入试验时，电流注入点选在同轴电缆屏蔽层的始端，为使受驱动同轴电缆屏蔽层的长度达到最大，应撤除屏蔽层中间的接地点或其他低阻通道。

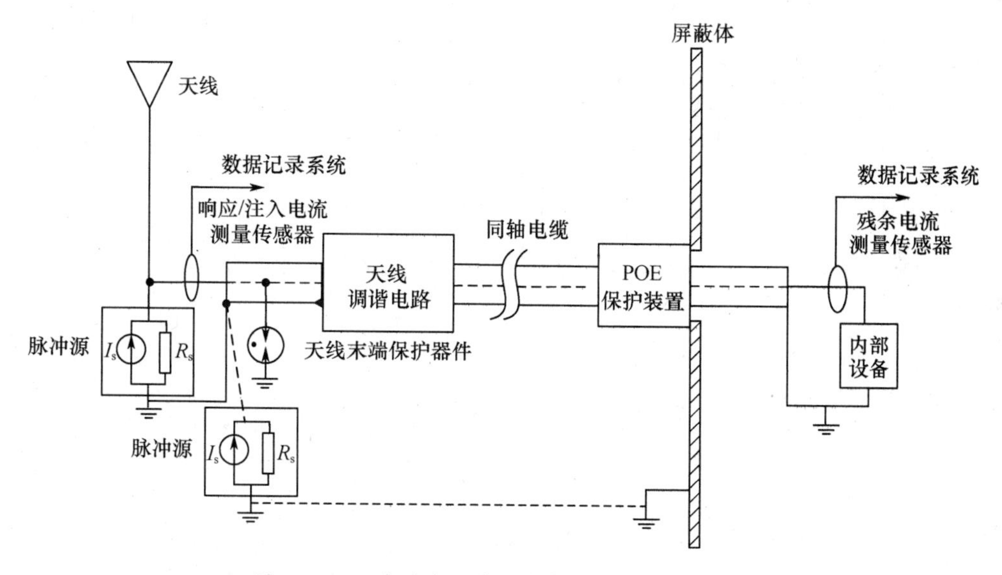

图 8-7　天线响应测量和脉冲电流注入试验布局

8.3.2　试验实施

1. 脉冲电流注入源的选择

一般情况下，为防止设备损坏，系统外部线缆或天线端口会有传导干扰保护装置，保护器件动作时可将产生的短路电流泄放到大地。因此，通常采用诺顿等效电流源来表征线缆或天线端口的电磁应力，如图 8-8 所示，图中 $I_{sc}(t)$ 为端口短路电流(A)；Z_s 为源阻抗(Ω)。这样，脉冲电流注入设备的技术指标由诺顿等效电流源的源阻抗和短路电流的波形及幅值来表征。

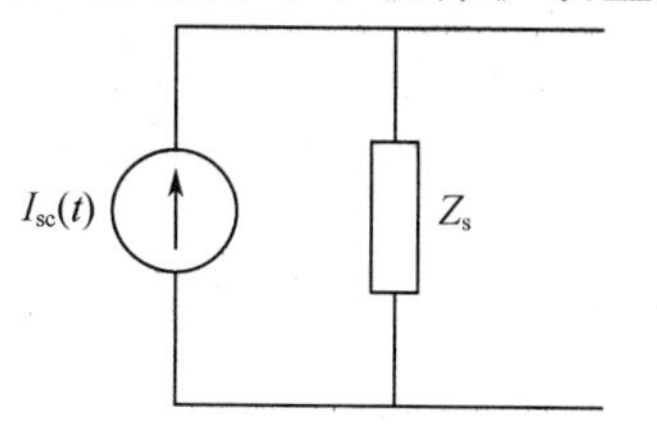

图 8-8　诺顿等效电流源

线缆端口诺顿等效电流源的源阻抗为线缆与大地所组成的传输线的特性阻抗，其值约在几十至几百欧姆之间；短路电流波形为双指数波形，峰值电流、10%～90%上升时间 t_r 和半高宽 t_w 的定义如图8－9所示。天线端口诺顿等效电流源的源阻抗一般为50Ω，短路电流波形为阻尼正弦波形，如图8－10所示。

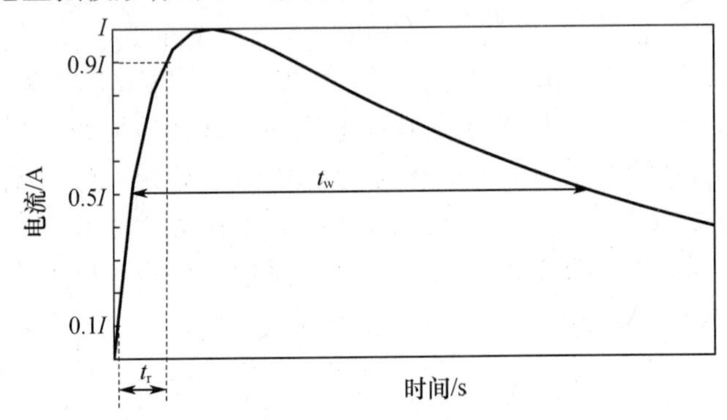

图8－9　双指数波形及参数定义

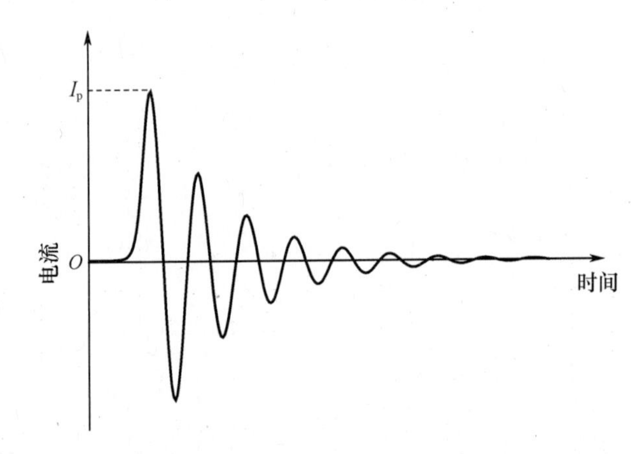

图8－10　阻尼正弦波形

图8－9和图8－10中的电流幅值由EMP防护要求确定。MIL－STD－188－125－1/2规定固定设施线缆端口短路电流的幅值为5000A，可移动系统场内线缆端口短路电流的幅值为1000A，天线端口短路电流幅值由天线EMP响应测量外推获得。根据线缆传导环境的研究结果，GJB 8848—2016的附录H中采用了MIL－STD－188－125－1/2中的规定。这样，脉冲电流注入试验需要两种脉冲电流注入源，一种能产生短路电流为双指数波形的双指数脉冲电流注入源；另一种能产生短路电流类似为阻尼正弦波形的充电线脉冲电流注入源，它们的技术指标要求如下：

（1）双指数脉冲电流注入源：上升时间≤20ns，半高宽为500～550ns，短路电流≥1000A或5000A，源阻抗≥60Ω。

（2）充电线脉冲电流注入源：脉宽可变，短路电流≥400A，源阻抗≥50Ω。

双指数脉冲电流注入源主要用于线缆端口的脉冲电流注入试验，也可用于天线末端脉冲电流注入试验。充电线脉冲源用于天线端口的脉冲电流注入试验。充电线脉冲源在负载短路条件下可输出类似于阻尼正弦振荡的波形，振荡的频率由充电线的长度决定（充电线的长度为响应频率波长的1/4）。

对于 RF 天线系统，天线主频响应大于 30MHz 的天线末端脉冲电流注入试验一般采用充电线脉冲电流注入源，如果充电线脉冲电流注入源的输出不能满足试验要求，可采用双指数脉冲脉冲电流源代替充电线脉冲源。天线主频响应不大于 30MHz 的天线末端脉冲电流注入试验采用双指数脉冲电流注入源。同轴电缆屏蔽层脉冲电流注入试验采用双指数脉冲电流注入源。

2. 电流耦合装置

图 8－6 中采用了电流耦合装置进行非屏蔽线的脉冲电流注入试验。通常采用压敏电阻器作为电流耦合装置中的电流耦合器件，采用电感作为电流耦合装置中的串联隔离器件。电流耦合装置是验证试验中的常用设备，对电流耦合装置的要求如下：

（1）通过电流耦合装置中的电流耦合器件将电流注入被试 POE 保护器件。

（2）电流耦合装置中的电流耦合器件能够保护脉冲源不受被试线缆工作电压或电流的影响。

（3）电流耦合装置中的串联隔离线性器件能够防止电流流向外部负载，保护外部设备不受注入电流的影响，并使注入电流流向被试 POE 保护器件。

（4）电流耦合装置中的串联隔离器件对被试线缆上流过的工作电流没有产生明显的衰减或畸变。

（5）能够防止电源线的相线与相线或相线与中线之间发生短路。

典型电源线共模脉冲电流注入试验布局如图 8－11 所示，图中给出了电流耦合装置的结构。

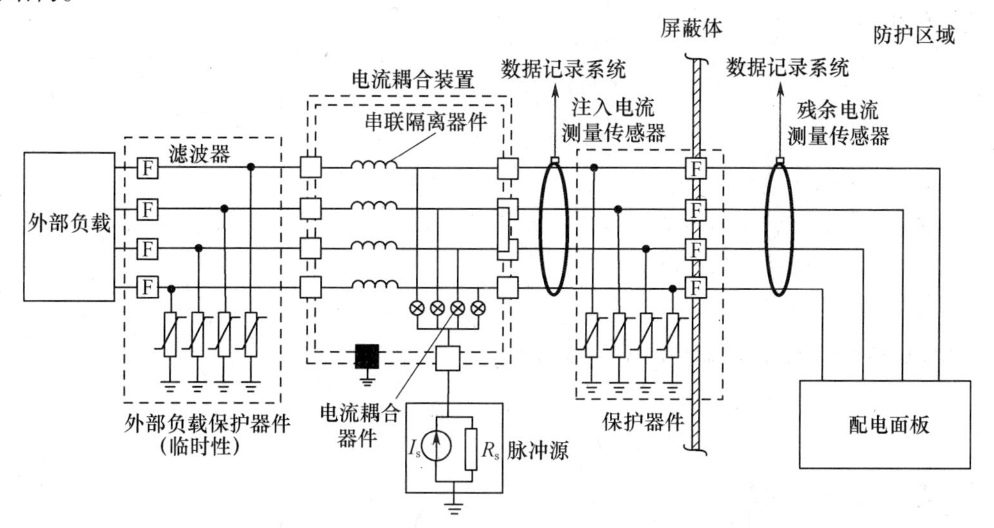

图 8－11　电源线共模脉冲电流注入试验布局

3. 屏蔽线电流注入方法

屏蔽线或金属管道采用屏蔽层电流注入方式进行脉冲电流注入试验。以下为文献[40]中介绍的几种电流注入方法。

1）同轴线驱动

同轴传输线方式的思想是让电缆屏蔽层或管道成为同轴线的内导体，如图 8－12 所示。同轴传输线的特性阻抗为

$$Z_c = \frac{60}{\sqrt{\varepsilon_r}} \ln \frac{r_0}{r_1} \tag{8-1}$$

式中 Z_c——传输线特性阻抗(Ω/m);

ε_r——传输线绝缘介质的相对介电常数;

r_0——传输线外导体内半径(m);

r_1——电缆屏蔽层外半径(m)。

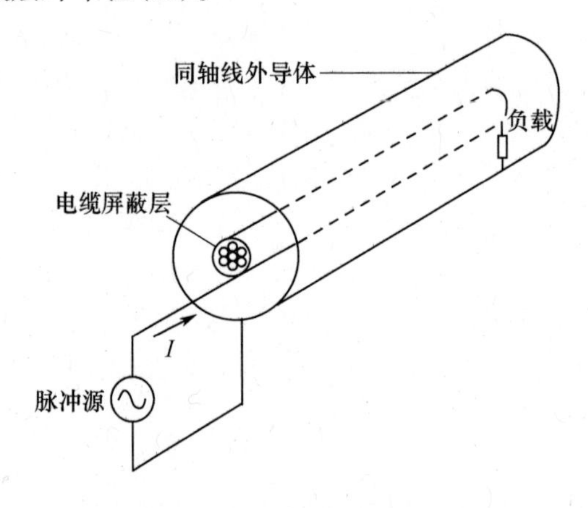

图 8-12 同轴线驱动方式

如果同轴线终端的阻抗为 Z_c,脉冲源为电容储能的脉冲发生器,不计上升沿的影响,屏蔽层的电流为

$$I(t) = \frac{U}{Z_c}\exp\left(-\frac{t}{Z_c C}\right) \tag{8-2}$$

式中 t——时间(s);

$I(t)$——屏蔽层流过的电流(A);

Z_c——传输线特性阻抗(Ω/m);

U——脉冲源充电电压(V);

C——脉冲源电容(F)。

受绝缘限制,同轴线流过的最大电流为

$$I_{max} = \frac{(\varepsilon_r)^{1/2} r_1 E_b}{60} \tag{8-3}$$

式中 I_{max}——最大电流(A);

ε_r——传输线绝缘介质的相对介电常数;

r_1——电缆屏蔽层外半径(m);

E_b——绝缘介质击穿电场(V/m)。

对于空气介质,允许的最大电流为

$$I_{max} = 5 \times 10^4 r_1 \tag{8-4}$$

对于2.5cm的屏蔽电缆,空气介质的最大允许电流为1kA,聚乙烯介质的最大允许电流为20kA。若有两层同轴屏蔽层,在内层注入所需电流,观察系统的响应情况。这种方法适用于屏蔽电缆不是很长的情况。

若屏蔽电缆是埋地的，电缆屏蔽层、电缆绝缘套和电缆周围的土壤就构成一个自然的同轴结构，为使脉冲源能接入传输线，应在电流注入端建立低阻通道，如图 8－13 所示。土壤对高频分量衰减很大，该方法适用于管道屏蔽，不适用于具有高频效应的编织屏蔽。

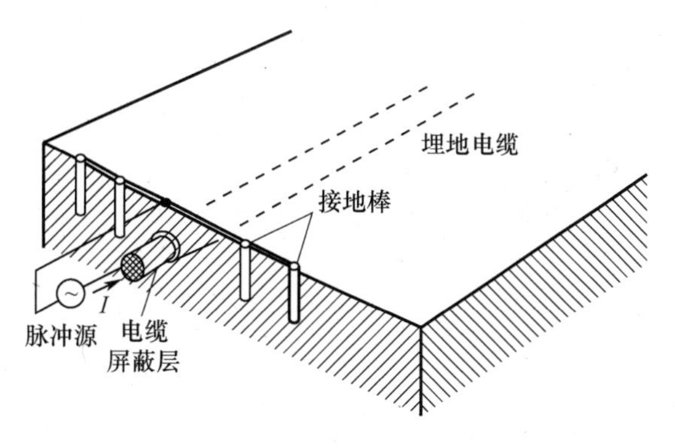

图 8－13　埋地屏蔽电缆电流注入方法

2）平行线驱动

对于很长的电缆，很难搭建同轴驱动线，如果是裸线，同轴线还会有绝缘问题，此时可采用平行线驱动方式，如图 8－14 所示。脉冲源高压端接电缆屏蔽层，平行电缆提供电流回路，如需要，平行电缆下面可垫绝缘材料，以防电流漏到大地中。采用双线驱动，阻抗可降 50%，并使电缆屏蔽层的电流分布更加均匀。

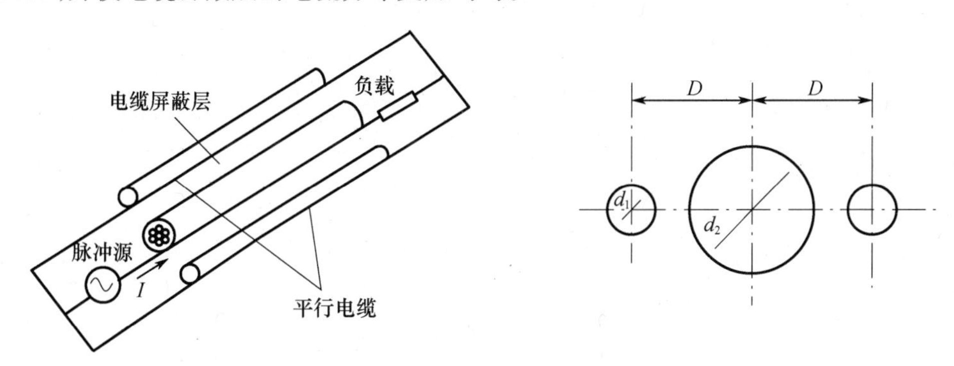

图 8－14　平行线结构驱动方式

平行传输线的特性阻抗为

$$Z_c = \frac{120}{(\varepsilon_r)^{1/2}} \text{arcosh}\left(\frac{4D^2 - d_1^2 - d_2^2}{2d_1 d_2}\right) \tag{8-5}$$

式中　Z_c——传输线特性阻抗（Ω/m）；

ε_r——传输线绝缘介质的相对介电常数；

D——平行线与屏蔽电缆间的距离（m）；

d_1——平行线直径（m）；

d_2——电缆屏蔽层外直径（m）。

如果有绝缘套的屏蔽电缆放在金属板上或金属电缆槽中，屏蔽电缆的一端能与地分开，可采用图 8－15 所示的电流注入方式，注入电流的波形由电流注入系统的结构决定。

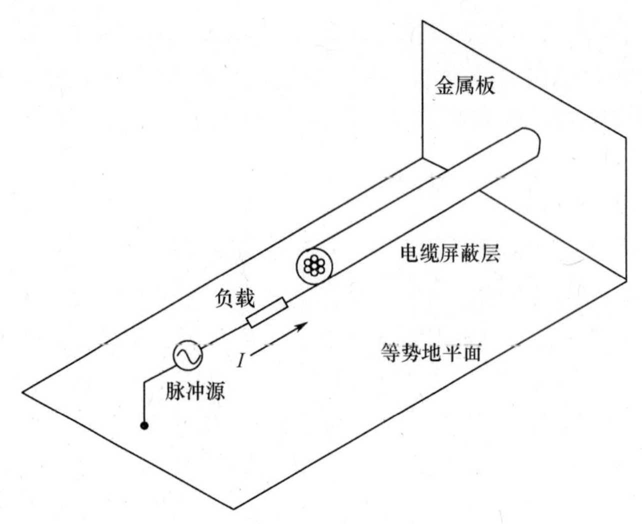

图 8-15　放在金属板上或金属电缆槽中屏蔽电缆的电流注入方式

3）磁环驱动

如果屏蔽电缆两端接地，并希望保持这种结构，可以借助磁环或电流互感器进行电流注入。一个 N 匝原边 1 匝副边的磁环的等效电路如图 8-16 所示，其中 L_1、C_1 为磁环初级线圈的电感和杂散电容，R_c 为磁环的损耗电阻，L_c 为磁环的漏电感，L_2、C_2 为磁环次级线圈的电感和杂散电容，Z_L 为磁环的负载，由电缆几何特性和终端负载决定。

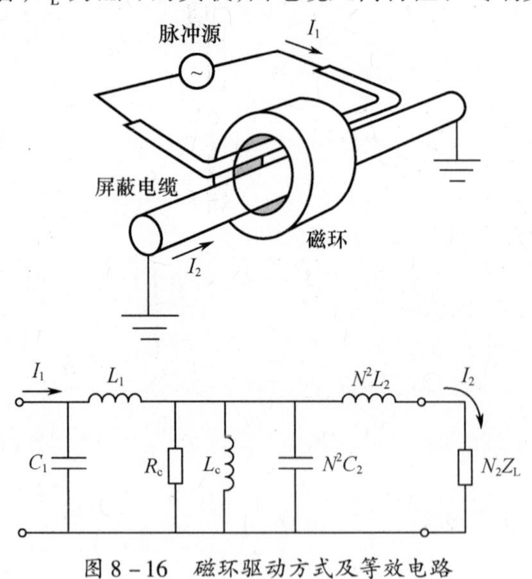

图 8-16　磁环驱动方式及等效电路

磁环的损耗电阻和漏电感为

$$
\begin{aligned}
R_c &= \frac{0.4\pi N^2 A}{l \times 10^8} v \\
L_c &= \frac{0.4\pi N^2 A}{l \times 10^8} \mu_c
\end{aligned}
\qquad (8-6)
$$

式中　R_c——磁环损耗电阻（Ω）；

L_c——磁环漏电感（H）；

N——初级线圈的匝数；

A——磁环的横截面积（cm^2）；

l——磁环平均长度（cm）；

v——磁环损耗因子；

μ_c——磁环磁导率。

实际应用中初级和次级线圈的匝数为 1，这样 L_1、C_1 与 L_2、C_2 远小于 R_c 和 L_c。在几纳秒的时间内，电缆可看成特性阻抗为 Z_c 的均匀传输线，如果脉冲上升时间大于几纳秒，可忽略磁环初级电感和次级电感，初始负载阻抗为 $2Z_c$，这样磁环早期响应的等效电路如图 8－17（a）所示，由于损耗电阻小于负载阻抗，电流的转换效应很低，约为 5%～50%。提高 v 可改善这种情况，但 v 与频率成反比，影响波形的上升时间特性，也可通过增加磁芯截面积或减小平均路径来增加损耗电阻。磁环晚期响应的等效电路如图 8－17（b）所示，磁环晚期响应由负载阻抗决定，负载阻抗由集总电感 L_L、电容 C_L 和电阻 R_L 组所，损耗电阻和损耗电感决定电流的转换效率，损耗电感可改变电缆的响应。

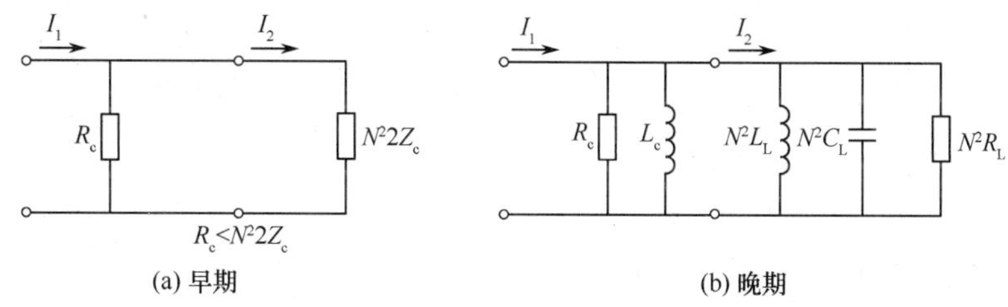

图 8－17　磁环早期和晚期响应的等效电路

4. 天线的工作状态

天线调谐电路应在最低工作频率、中间工作频率和最高工作频率三种工作状态下进行脉冲电流注入试验；如果天线系统有多种工作频段，每个工作频段都应进行脉冲电流注入试验。

5. 风险控制

为防止 POE 保护器件或设备受到损坏，进行脉冲电流注入试验时，应至少包含两个低水平的电流注入试验，由于保护器件有使用寿命，同一电流注入幅度下，重复两次即可。根据测量结果确定保护器件的防护性能是否达到设计要求。试验后应对保护器件的性能进行检测，确定保护器件是否有不可接受的性能降级。若保护器件损坏，更换保护器件，重新进行脉冲电流注入试验。

脉冲电流注入试验的步骤如图 8－18 所示。

8.3.3　结果评估

根据脉冲电流注入试验测量数据和功能监测数据对被试系统的外部线缆和天线端口的抗 EMP 性能进行评估，评估方法如下：

（1）根据残余电流测量数据和被试设备功能监测数据，确定传导 POE 保护装置的性能是否达到设计要求。

（2）根据试验后对 POE 保护装置的性能检测，确定 POE 保护装置是否产生不可接受的性能降级。

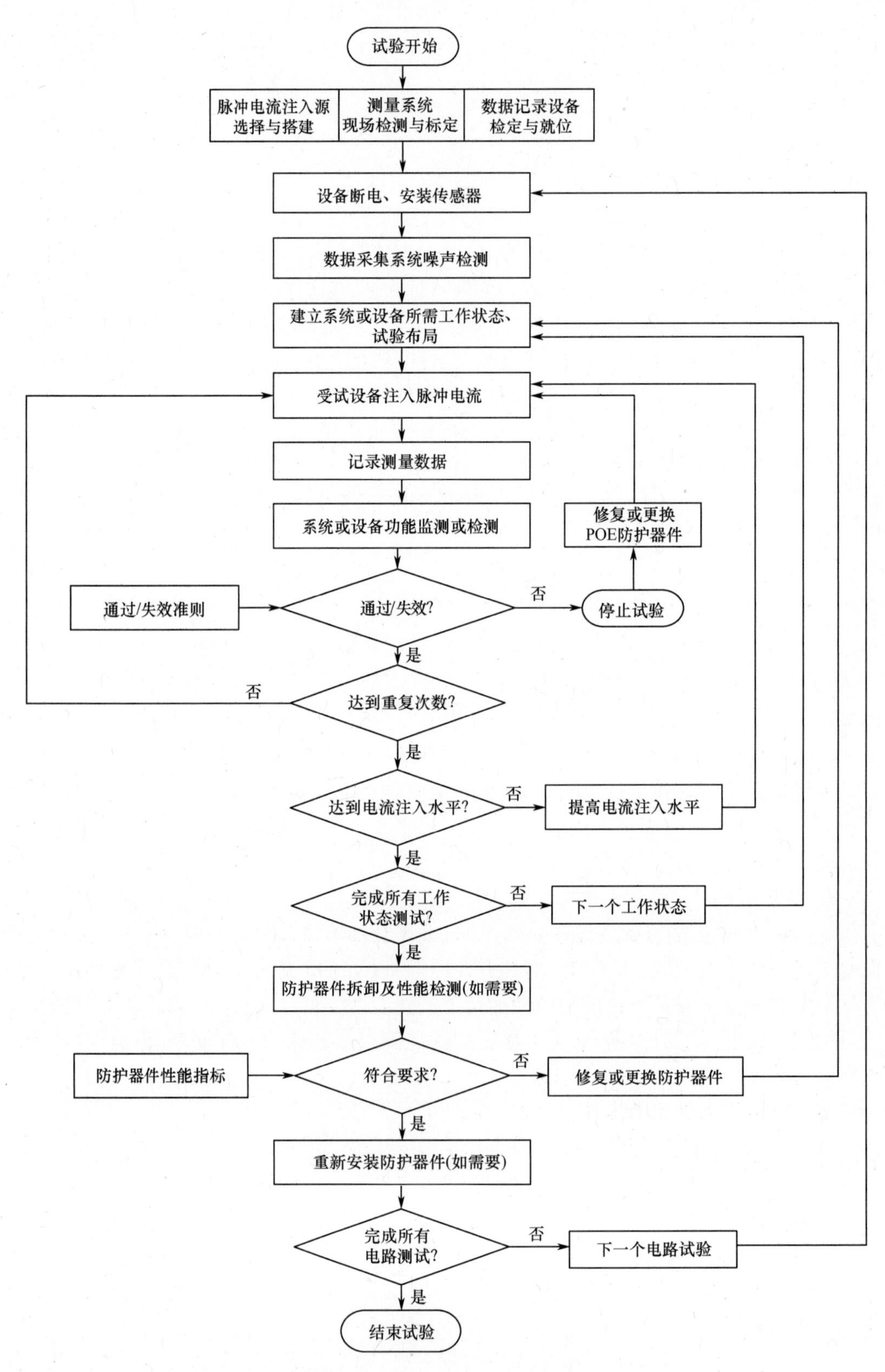

图 8-18　脉冲电流注入试验步骤

此外,还应结合被试系统的威胁级辐照试验结果或连续波辐照试验结果,评估被试系统的抗 EMP 性能。

8.4 连续波辐照试验

8.4.1 基本原理

典型连续波辐照试验布局如图 8-19 所示,网络分析仪和测量设备置于测量屏蔽室(或被试系统电磁屏障)内,设备之间的连接关系如图 8-20 所示,网络分析仪产生的扫频信号通过电缆或光缆传给位于天线底部的功率放大器,信号被放大后通过天线(垂直单极子天线、水平偶极子天线、对数周期天线或其他形式的辐射天线)向外辐射。参考场测量传感器用于监测发射天线的输出及辐照场,测量结果由网络分析仪 REF 通道记录,系统内部响应测量结果由网络分析仪测量通道记录,计算机用于控制网络分析仪、数据记录与分析。被试系统应分别在水平极化发射天线和垂直极化发射天线提供辐照场中进行连续波辐照试验。

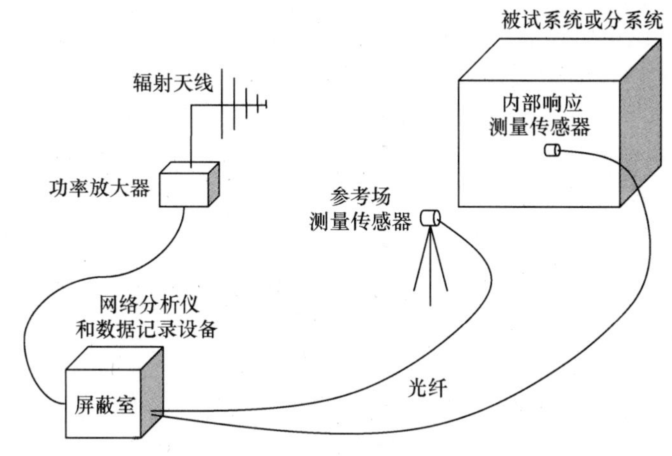

图 8-19 连续波辐照试验布局

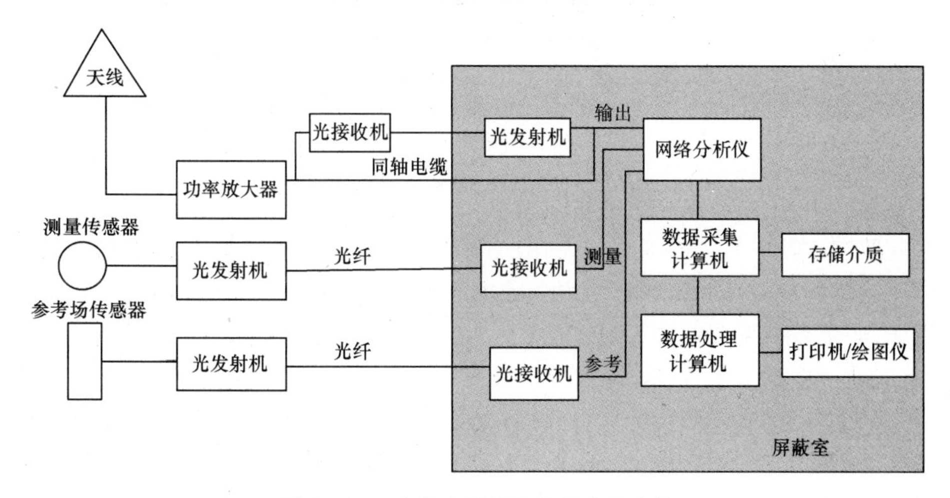

图 8-20 连续波辐照试验设备的连接

8.4.2 试验实施

连续波辐照试验扫描频率范围为100kHz～500MHz，甚至到更高频率，通常应划分几个不同的频段进行试验，每个频段选择不同形状的辐射天线，以提高辐射效率。

试验时，应记录参考场测点和电磁屏蔽内部电磁场、表面电流与电缆感应电流或电压。参考场测点的位置应使被试系统反射的影响可以忽略，参考场与辐照场之间的关系已知。对于水平极化的发射天线，选取地面附近且平行于地面的磁场分量作为参考场测量的场分量，对于垂直极化的发射天线，选取方位磁场或垂直电场作为参考场测量的场分量。

对于固定系统，发射天线的位置应能够对电磁屏障的所有外表面进行辐照，因此，应在固定系统的周围选择3个或4个天线架设位置；对于可移动系统，被试系统相对于波矢方向应至少有两种布放方位。

发射天线位置选取原则如图8－21所示。在满足测量灵敏度要求的同时，天线距被试系统或分系统的距离应尽量远，以满足平面波辐照的要求。通常，天线距被试系统辐照面的最小距离应大于被试系统的最大尺寸，以保证整个被试系统受到辐照。在图8－21中，如果发射天线位于位置1，只有被试系统的中间部分受到辐照；如果发射天线位于位置2，整个被试系统刚好受到辐照。

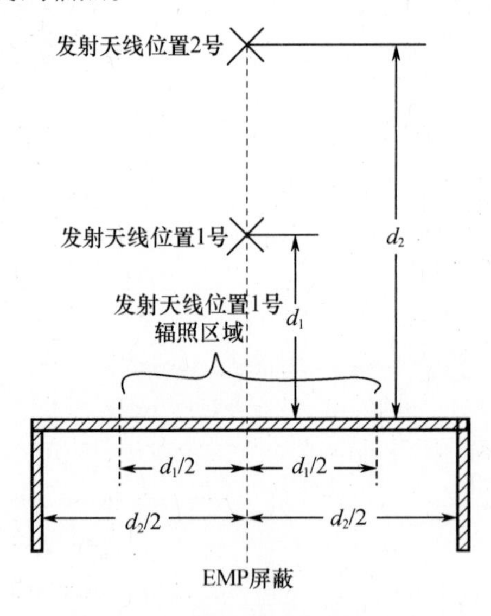

图8－21 发射天线位置选取原则

在获取被试系统的传递函数后，利用反傅里叶变换或最小相位法，通过线性外推得到电磁屏障内部的电磁场和电缆感应电流或电压的时域波形，并根据外推数据和设备EMP敏感阈值，确定被试系统的抗EMP性能。图8－22给出一个电缆EMP时域响应外推的例子，首先通过连续波辐照试验获取电缆感应电流的传递函数，如图8－22(a)所示，然后根据图8－22(b)所示辐照场的频谱，计算感应电流的频率响应，如图8－22(c)所示，最后利用反傅里叶变换或最小相位法，得到电缆感应电流的时域波形。连续波辐照试验步骤如图8－23所示。

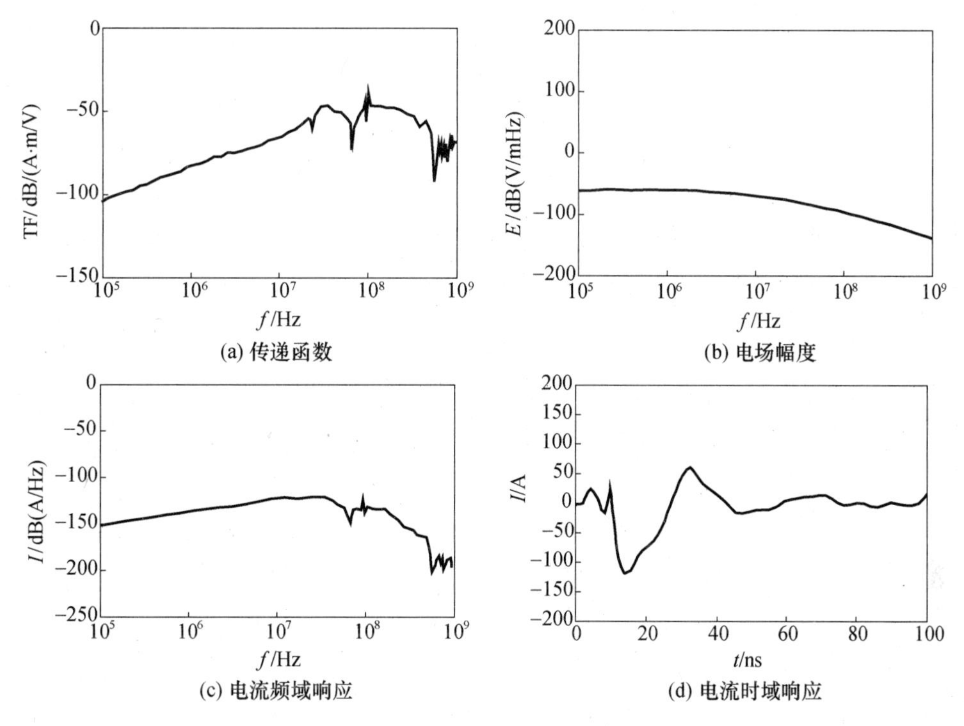

图 8-22 电缆 EMP 时域响应外推过程

8.4.3 结果评估

根据连续波辐照试验测量数据和功能监测数据对被试系统的抗 EMP 性能进行评估，评估方法如下：

（1）根据测量数据外推电磁屏障内部电磁场的时域响应，确定电磁屏障对 EMP 的衰减量是否达到设计要求。

（2）根据测量数据外推电磁屏障内部线缆电压或电流的时域响应，确定被试系统的安全裕度是否达到设计要求。

此外，还应结合被试系统的脉冲电流注入试验结果，评估被试系统的抗 EMP 性能。

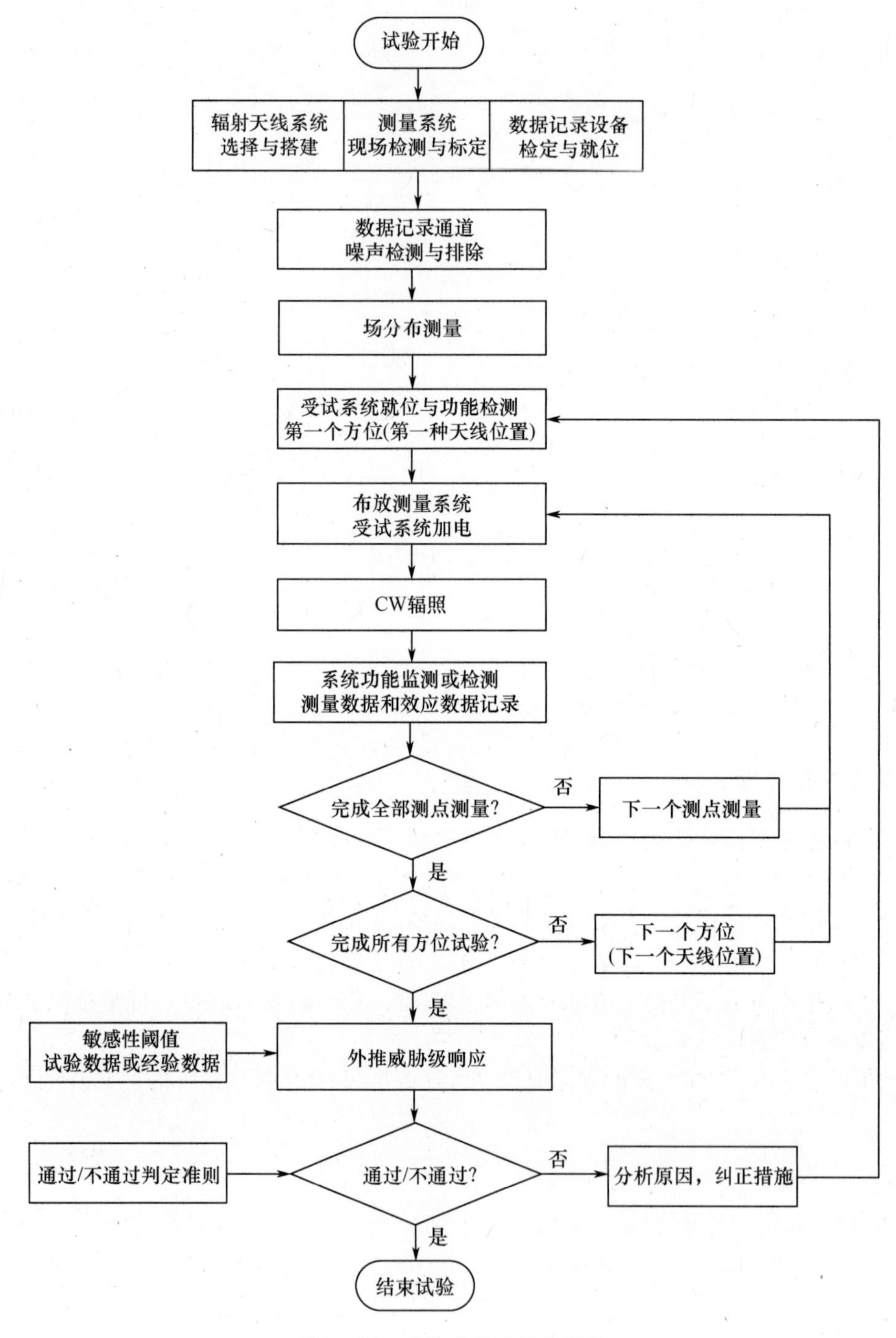

图 8 – 23　连续波辐照试验步骤

第9章　分系统和设备电磁干扰试验

本章内容对应 GJB 8848—2016 中方法 601“分系统和设备电磁干扰试验方法”和方法 602“舰船直流磁场敏感度试验方法”。关于“分系统和设备电磁干扰试验方法”,介绍了与其密切相关的 GJB 151B—2013,描述了 GJB 151B—2013 的用途,用图表形式介绍了各测试项目的目的和适用性,给出了剪裁方法,列举了各测试项目需注意的问题,指出了 GJB 151 A 版和 B 版的主要差别,简述了某些项目与 GJB 8848—2016 的关系,给出了测试结果的判定方法等。关于“舰船直流磁场敏感度试验方法”,阐述了项目的适用范围、项目原理和测试要点等内容。

9.1　概　　述

方法 601 测试分系统和设备工作时通过传导和辐射途径对外产生的干扰,或反之,通过传导或辐射的方式对分系统和设备有意施加干扰信号,考核其抗电磁干扰的能力。方法 602 测试舰船上设备和分系统承受因舰船消磁而产生的高电平直流磁场。

GJB 8848—2016 方法 601 规定,应通过试验(如根据 GJB 151B—2013)验证符合性,因为多数情况下,分析工具可能结果不可信或精度不可接受。测试方法按照 GJB 151B—2013 或系统研制总要求规定的标准执行。对直流磁场环境下的分系统和设备,GJB 151B—2013 没有规定相应的敏感度要求,需按方法 602“舰船直流磁场敏感度试验方法”执行。

过去,人们对完成了系统间兼容性测试是否就可以忽略 EMI 试验常有争论。实际上,EMI 试验必须在系统级试验前完成,以提供一个性能基准,发现任何在系统级试验期间需要特别关注之处。系统级试验通常针对特殊工作状态、设备参数和电气负载等有限条件进行试验。此外,随着时间的变化,当系统结构发生变化时,EMI 指标合格的分系统能为其提供保护。需特别关注的是系统内新增的、连接天线的接收机,如果控制不当,该接收机将很容易出现性能降级。

GJB 151B—2013 是三军通用的分系统和设备级电磁干扰标准,包括要求与测试方法,可用作评价设备 EMI 特性的共同基础。其应用非常广泛,适用于水面舰船、潜艇、飞机、空间系统、地面等各类武器平台上使用的电子、电气和机电分系统和设备,但不适用于火工品。

在 GJB 151B—2013 之前,使用的相应标准为 GJB 151A—1997《军用设备和分系统电磁发射和敏感度要求》和 GJB 152A—1997《军用设备和分系统电磁发射和敏感度测量》。其中 GJB 151A—1997 提出各相关指标的要求,GJB 152A—1997 则提供了配套的测量方法。GJB 151B—2013 与 GJB 151A—1997 和 GJB 152A—1997 大部分内容相同,但还是存在很多差异,例如在文本结构上有差异,将要求和测量方法合二为一,增加了 CS102 和 CS112 两项要求和测试方法,对许多项目的限值和测量方法进行了修改,主要差异如表 9-1 所列。

表 9-1 GJB 151B—2013 与 GJB 151A—1997/GJB 152A—1997 测试项目比较

GJB 151B		GJB 151A/GJB 152A		备注
要求	说明	要求	说明	
CE101	25Hz ~ 10kHz 电源线传导发射	CE101	25Hz ~ 10kHz 电源线传导发射	修改了适用范围、限值,增加了替代测试方法
CE102	10kHz ~ 10MHz 电源线传导发射	CE102	10kHz ~ 10MHz 电源线传导发射	修改了限值、增加了替代测试方法
CE106	10kHz ~ 40GHz 天线端口传导发射	CE106	10kHz ~ 40GHz 天线端子传导发射	修改了限值
CE107	电源线尖峰信号(时域)传导发射	CE107	电源线尖峰信号(时域)传导发射	修改了适用范围、测试方法(保留了一种方法)
CS101	25Hz ~ 150kHz 电源线传导敏感度	CS101	25Hz ~ 50kHz 电源线传导敏感度	修改了限值、测试方法,扩展了频率范围
CS102	25Hz ~ 50kHz 地线传导敏感度			新增
CS103	15kHz ~ 10GHz 天线端口互调传导敏感度	CS103	15kHz ~ 10GHz 天线端子互调传导敏感度	
CS104	25Hz ~ 20GHz 天线端口无用信号抑制传导敏感度	CS104	25Hz ~ 20GHz 天线端子无用信号抑制传导敏感度	
CS105	25Hz ~ 20GHz 天线端口交调传导敏感度	CS105	25Hz ~ 20GHz 天线端子交调传导敏感度	
CS106	电源线尖峰信号传导敏感度	CS106	电源线尖峰信号传导敏感度	修改了适用范围、限值、测试方法(只保留串联注入法)
CS109	50Hz ~ 100kHz 壳体电流传导敏感度	CS109	50Hz ~ 100kHz 壳体电流传导敏感度	修改了适用范围、测试方法(改用电流监测法)
CS112	静电放电敏感度			新增
CS114	4kHz ~ 400MHz 电缆束注入传导敏感度	CS114	10kHz ~ 400MHz 电缆束注入传导敏感度	修改了限值、测试方法,扩展了频率范围
CS115	电缆束注入脉冲激励传导敏感度	CS115	电缆束注入脉冲激励传导敏感度	修改了适用范围
CS116	10kHz ~ 100MHz 电缆和电源线阻尼正弦瞬变传导敏感度	CS116	10kHz ~ 100MHz 电缆和电源线阻尼正弦瞬变传导敏感度	修改了适用范围、限值、测试方法
RE101	25Hz ~ 100kHz 磁场辐射发射	RE101	25Hz ~ 100kHz 磁场辐射发射	修改了适用范围、限值
RE102	10kHz ~ 18GHz 电场辐射发射	RE102	10kHz ~ 18GHz 电场辐射发射	修改了限值、测试方法

（续）

GJB 151B		GJB 151A/GJB 152A		备 注
要求	说明	要求	说明	
RE103	10kHz ~ 40GHz 天线谐波和乱真输出辐射发射	RE103	10kHz ~ 40GHz 天线谐波和乱真输出辐射发射	
RS101	25Hz ~ 100kHz 磁场辐射敏感度	RS101	25Hz ~ 100kHz 磁场辐射敏感度	修改了适用范围、限值
RS103	10kHz ~ 40GHz 电场辐射敏感度	RS103	10kHz ~ 40GHz 电场辐射敏感度	修改了限值、测试方法
RS105	瞬态电磁场辐射敏感度	RS105	瞬变电磁场辐射敏感度	修改了适用范围、限值、测试方法

GJB 151B—2013 强调与可测系统级参数更直接相关的测试技术。例如，成束电缆测试既用于阻尼正弦瞬态波形也用于调制连续波，从这些试验获得的测量数据可以直接与系统级威胁引入的应力相比较。本理念极大地增强了测试结果的价值，使限值具有可信度。

本书 1.2.9 节中已介绍，对某些特定应用，EMI 要求也可能来自其他军用或民用标准。

9.2 GJB 151B—2013 的基本内容

9.2.1 项目的适用性

GJB 151B—2013 的各项测试项目都是针对 EUT 的端口提出的。通常，EUT 的端口如图 9-1 所示。各测试项目的目的如表 9-2 所列。

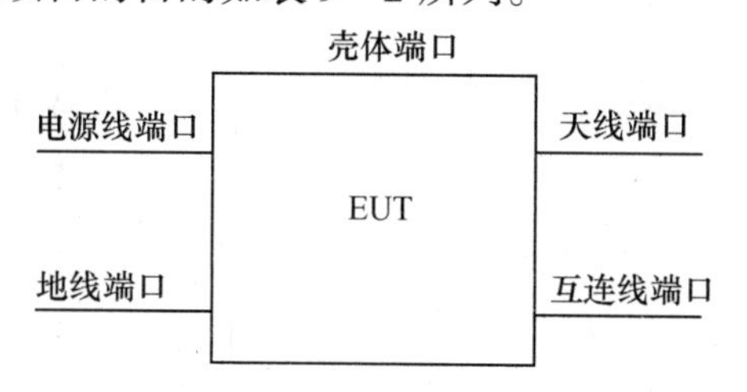

图 9-1 EUT 端口示意图

表 9-2 各测试项目的目的

项 目	目 的
CE101	控制 EUT 通过电源线向平台电源母线注入谐波干扰，以达到： ① 提高电源品质； ② 降低船体中的壳体电流（水面舰船和潜艇）； ③ 保护飞机上的反潜战设备（对海军飞机）
CE102	控制 EUT 工作时通过电源线以传导或辐射的方式对外造成干扰。在本项目频率范围的较低频段，控制 EUT 工作时通过电源线向公共电网注入传导干扰；在较高频段，控制干扰通过电源线向外辐射，保护灵敏接收机

（续）

项 目	目　　的
CE106	控制 EUT 通过天线端口向外发射电磁干扰（如谐波、乱真发射）
CE107	控制 EUT 在进行开关操作时向供电电源注入尖峰干扰
CS101	考核 EUT 承受电网低频连续波干扰的能力
CS102	考核 EUT 承受地线低频连续波干扰的能力
CS103	考核 EUT 抑制互调干扰的能力
CS104	考核 EUT 抑制无用信号的能力
CS105	考核 EUT 抑制交调干扰信号的能力
CS106	考核 EUT 承受电网尖峰电压干扰的能力。这些尖峰主要由感性负载的切换、电路开关（或继电器）的跳闸等引起
CS109	针对平台结构电流通过 EUT 壳体在 EUT 内产生磁场而导致的电磁干扰现象，考核 EUT 承受壳体电流干扰的能力
CS112	考核 EUT 承受人体静电放电干扰的能力
CS114	考核 EUT 承受空间电磁场干扰的能力
CS115	考核 EUT 承受快速脉冲干扰的能力。这些快速脉冲由平台上的开关切换和外部瞬态干扰（例如雷电和电磁脉冲）引起
CS116	考核 EUT 承受因谐振产生的阻尼正弦瞬态干扰的能力
RE101	控制 EUT 的低频磁场发射以保护对磁场敏感的设备
RE102	控制 EUT 工作时通过壳体、电缆向外辐射电场，防止其对灵敏接收设备产生干扰
RE103	控制 EUT 工作时通过天线向外发射电磁干扰（如谐波、乱真发射）
RS101	考核 EUT 承受低频磁场干扰的能力。电源系统经常产生这类低频磁场干扰
RS103	考核 EUT 承受空间电场干扰的能力
RS105	考核 EUT 壳体承受强电磁脉冲干扰的能力

从概念上讲，GJB 151B—2013 电磁发射类测试项目对 EUT 各端口的适用性如图 9－2 所示，敏感度测试类项目对 EUT 各端口的适用性如图 9－3 所示。但测试项目对各安装平台是否适用，具体见 GJB 151B—2013 标准正文。

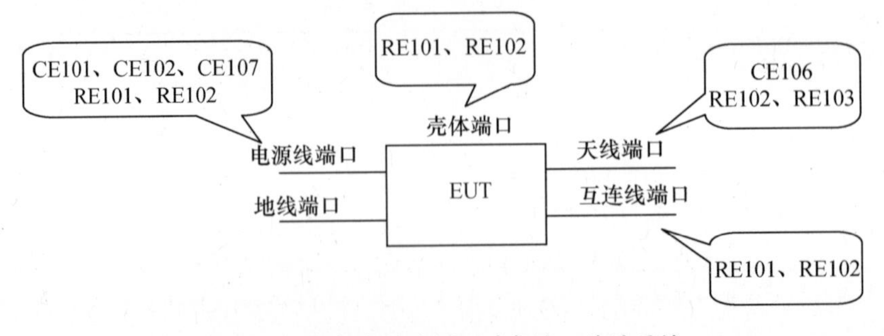

图 9－2　发射类测试项目对各端口的适用性

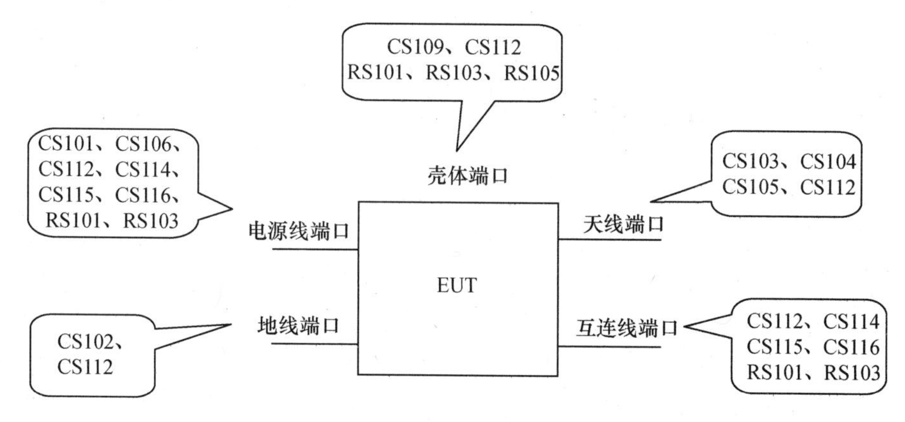

图 9-3 敏感度测试类项目对各端口的适用性

9.2.2 一般要求

GJB 151B—2013 第 4 章“一般要求”规定了剪裁、非测试方面的要求、测试要求和测试结果的评定等内容。

1. 剪裁

1）剪裁的目的

保证系统性能满足要求（包括战技指标、电磁兼容性等要求）、技术可行、降低成本、缩短研制周期。

2）剪裁的方法

（1）分析。分析设备和分系统电磁环境要求；分析标准要求对特定设备和分系统的适用性：包括项目适用性、限值适用性、试验方法适用性、试验配置要求适用性等；分析剪裁对电磁兼容性能的影响。

（2）评估。评估剪裁对电磁兼容性能的影响是否在可接受的范围内；评估剪裁的技术可行性；评估剪裁对成本的影响；评估剪裁对研制周期的影响。

（3）权衡。权衡电磁兼容性能与成本；权衡电磁兼容性能与研制进度。

（4）文件固化。剪裁内容列入设备和分系统的规范、合同或订单中，分析、评估、权衡的详细依据和过程应以文件形式固化，并作为规范、合同或订单的附件。

3）剪裁的内容

剪裁内容包括试验项目、标准限值（加严、放宽）、试验参数（频率、步进、驻留时间、扫频速率）、EUT 配置、试验方法、试验布置等。

2. 非开发产品（NDI）

随着军民融合政策的贯彻实施，民品军用的情况越来越多。GJB 151B—2013 中规定的非开发产品包括几种情况：①研制单位自选的产品；②订购方规定的产品；③订购满足其他电磁兼容性要求的设备或分系统。

当安装到系统中时，NDI 和民品需要符合 GJB 1389A—2005 的系统级要求。因此，NDI 和民品必须具有合适的 EMI 特性，一方面使其对其周围的电磁应力不敏感，另一方面也不会产生使其他设备性能降级的干扰。大部分新设备都按某些类型的 EMI 要求设计和测试，并能获得相关的数据。其他类型的设备则可能要求测试。

多数民品在3m距离条件下测试，而GJB 151B—2013则为1m。问题大多起因于在1m或更近的距离情况下使用民品，由此导致了更高的场强。当考虑使用NDI或民品时，在评定设备是否合适时，需要考虑设备相对系统天线的位置。将民品测试数据转换到1m是困难的，因为近场发射场强阻抗在变，近场发射方向图也不确定。

当需要对NDI或民品提出EMI要求时，需要用EMI测试数据来证明其符合性。设备既不能对EMI敏感，也不能成为影响系统内其他设备的EMI源。尽管NDI和民品以前可能已符合多种的EMI要求，但还需要根据特定系统的安装情况，分析需要什么特殊类型的EMI符合性要求。

在系统集成时需要注意设备是否适用于该特殊应用，因为系统各组成部分在集成时常用于不是最初设计的场合，其EMI特性可能被修改，要求经常需要调整。为了确定NDI和民品重要质量的特性，需要进行一些专门的测试。例如，如果关注特定接收机的耦合情况，需要根据GJB 151B—2013中RE102在特定频率范围内测试。

新设计或经过明显修改过的分系统应根据GJB 151B—2013确认是否合格。对未修改的货架产品，只要能提供可接受的电磁干扰数据（如GJB 151B—2013或其他认可的测试方法），通常无须重新确认是否合格。

对系统提出的特殊要求需要验证。“验证”需要对实现系统兼容性的安装环境足够了解，既要了解呈现的电磁应力、设备潜在的敏感度，又要了解NDI和民品EMI的特性。

3. 可更换模块类设备

具有相同形状、相同配合、相同功能特性的模块，其电磁干扰特性也有可能不同。所以GJB 151B—2013标准要求“可更换模块类设备应与其主机（或母单元）一同试验以评定其是否满足本标准的要求”。

4. 测试要求

包含的内容有：允差；屏蔽室和射频吸波材料；其他测试场地；电磁环境电平；接地地板；电源阻抗；一般测试注意事项；EUT测试配置；EUT的工作；测试设备的使用；测试设备的校准；天线系数。

上述要求达到的目的如下：

（1）具有良好的模实性（样品软硬件应具有代表性，电缆的结构和长度，处于典型的工作状态，试验用接地平板的类型等）。

（2）通过对试验诸要素（试验场地、EUT及其电缆的布置和设置、搭接和接地、端口负载的端接、测量设备的设置和校准、敏感度门限电平的测试方法等）的统一规定，保证测试过程具有良好的重复性或复现性。

（3）捕获到EUT正常工作时产生的最大传导发射和辐射发射干扰（将EUT最大辐射面对准接收天线，水平和垂直极化）。

（4）捕获到EUT正常工作时最容易受到干扰的敏感点（信号类型、频率、部位、状态等）。

（5）保证人员和测量设备的安全。

（6）测试结果更加准确（设备的校准方法一致）。

5. 测试结果的评定

此条款为GJB 151B新增内容，对测试结果的评定以直接测试数据为准，不需考虑测量不确定度。

对于 EMI 测试,测试结果小于或等于限值为符合标准要求,否则为超标。

过去对结果合格与否的判断,有考虑不确定度的,也有不考虑的。GJB 151B 增加这一条规定,有助于操作的一致性。

9.2.3 详细要求

GJB 151B—2013 第 5 章“详细要求”规定了 21 个测试项目的适用范围、限值、测试设备、测试配置、测试步骤和测试数据等内容。

1. 测试项目

GJB 151B—2013 虽然规定了 21 个测试项目(表 9 - 3),但并非每项都同时适用。项目是否适用,取决于 EUT 所处或预期的环境(尤其是电磁环境)和订购方的选择,通常与 EUT 安装的平台(地面、舰船、飞机、空间系统)、EUT 自身的工作参数(工作频率、灵敏度等)、EUT 的端口类型(电源端口、信号端口、天线端口、地线端口等)等因素相关。

从表 9 - 3 中可以看出,对所有平台都适用的项目共有 6 项(用“A”表示),即 CE102、CS101、CS114、CS116、RE102 和 RS103。

表 9 - 3 测试项目对各安装平台的适用性

项目		设备和分系统的安装平台								
		水面舰船	潜艇①	陆军飞机(包括机场维护工作区)	海军飞机	空军飞机	空间系统(含航天器、导弹和运载火箭等)	陆军地面	海军地面	空军地面
项目适用性	CE101	A	A	A	L		S			
	CE102	A	A	A	A	A	A	A	A	A
	CE106	L	L	L	L	L	L	L	L	L
	CE107	S	S	S	S	S	S	S	S	S
	CS101	A	A	A	A	A	A	A	A	A
	CS102	L	L	S	S	S	S	S	S	S
	CS103	S	S	S	S	S	S	S	S	S
	CS104	S	S	S	S	S	S	S	S	S
	CS105	S	S	S	S	S	S	S	S	S
	CS106	A	A	S	S	S	S	S	S	S
	CS109	L	L							
	CS112	L	L	L	L	L	L	L	L	L
	CS114	A	A	A	A	A	A	A	A	A
	CS115	S	S	A	A	A	A	A	A	A
	CS116	A	A	A	A	A	A	A	A	A
	RE101	A	A	A	L		S			
	RE102	A	A	A	A	A	A	A	A	A
	RE103	L	L	L	L	L	L	L	L	L

（续）

项目		设备和分系统的安装平台								
		水面舰船	潜艇[①]	陆军飞机（包括机场维护工作区）	海军飞机	空军飞机	空间系统（含航天器、导弹和运载火箭等）	陆军地面	海军地面	空军地面
项目适用性	RS101	A	A	A	L		S	L	A	
	RS103	A	A	A	A	A	A	A	A	A
	RS105	L	L	L	L		S		L	
注：A 表示该项目适用； L 表示该项目有条件适用，具体条件见本标准中的相关条款； S 表示该项目由订购方规定是否适用； 空白表示该项目不适用										
① 包括其他水下平台										

2. 关于发射试验中的校验

自 GJB 152A—1997 以来，在 CE101、CE102、CE106、RE101、RE102、RE103、RS103（接收天线法）的测试中，都遵循了这样一条思路，即先校验测量系统，然后再进行测试。此举可确保测量结果的准确性，避免测量系统出现故障时还浑然不知。CE101、CE102、CE106、RE101、RE102、RE103、RS103（接收天线法）校验的具体内容虽然不同，但原理相同。

3. 关于敏感度试验中的校验

在 GJB 151B—2013 的 CS101、CS106、CS114、CS116 的几项传导敏感度试验中，都使用了先动态比较、然后选择注入信号大小的试验方法，如表 9－4 所列。

表 9－4 几个传导抗扰度项目注入电平大小的选择

项目	条款	GJB 151B 中的描述
CS101	5.8.3.3c)2)	将信号发生器调到最低测试频率，增加信号电平，直到电源线上达到图 21 要求的电压限值或 5.8.3.3b)4)的校验功率值（取小者），此即为要求的信号电平
CS106	5.13.3.3c)2)	增加信号电平，直到电源线上达到要求的电压或 5.13.3.3b)2)的设置值，此电平即为要求的信号电平。 注：上述为标准正文中的描述。在 CS106 应用指南中，有如下描述“瞬态信号发生器的输出信号，无论是先达到校验设置值，还是在 EUT 电源输入端监测的电压值先等于限值，都认为满足 CS106 的要求”，更明确了选择要求
CS114	5.16.3.3c)4)	按 4.3.7.5.1 和表 3 要求在测试频率范围内扫描，正向功率取下述两个功率中的较小者： ——按 5.16.3.3b)4)确定的正向功率； ——监测电流等于相应限值电流与 6dB 之和时的正向功率
CS116	5.18.3.3c)3)	逐渐增加阻尼正弦瞬态信号发生器输出电平直至监测探头的峰值电流达到电流限值，但最大输出不超过 5.18.3.3b)3)的设置值

由表 9 - 4 可知,上述传导敏感度都按照以下的方法来确定实际测试中注入信号的大小。

(1) 先校验:使用校验布置,在规定阻抗条件下,逐渐增加信号的大小,直至监测值达到限值。记录此时信号发生器的设置值(如 CS101、CS106、CS116)或输出功率(如 CS114)。为便于叙述,将这些值称为校验数据。

(2) 后测试:使用测试布置,逐渐增加信号的大小,同时将实时监测的数据与限值(对 CS114,限值为曲线 $n(n=1,2,3,4,5)$ 对应纵轴值 +6dB)或校验数据动态比较,直至监测值达到限值或者相关的校验数据两者中的小者,即无论是先达到限值还是相关的校验数据,就停止继续增加信号的大小,施加的信号大小最大不超过校验数据。

(3) 在其他的频率上重复上述过程(CS106 除外)。

4. 各项目的说明

1) CE101

当三相供电时,根据 $I_{基}$ 调整限值时应注意:三相负载的连接方式分为 Y 形和△连接,电流有线电流和相电流之分,当三相负载为平衡负载时:对于 Y 形连接:线电流 I_L 等于相电流 I_ϕ;对于△形连接:$I_L=\sqrt{3}I_\phi$,线电流和相电流不相等。不管是 Y 形连接还是△形连接,均用线电流 I_L 作为 $I_{基}$ 来计算限值放松的大小。

2) CE102

由于 EUT 产生的瞬态信号有时较大,要注意避免这些信号对接收机前端的刺激。除了按标准要求使用 20dB 衰减器外,还要正确选择接收机的输入端口。有些接收机有两个信号输入端口,一个信号输入端口在接收机的全频段可用,另一个只能在部分频段(通常低于 1GHz)使用,但该端口通常经过特殊设计,具有较好的瞬态信号防护能力。

与 GJB 151B 其他项目相比,该项目是出现超标概率更大的项目之一。针对它的整改措施主要是使用电源滤波器。

3) CE106

需要注意接收机 6dB 分辨率带宽的设置。标准要求测量谐波或乱真信号的带宽与测量基波的分辨率相同。这样得出的谐波电平减基波电平的差值和乱真信号电平减基波电平的差值才是标准所要的。

4) CE107

开关操作是指 EUT 内部的开关操作,而非用一个外部的、不是 EUT 自身的开关而进行的开关操作,因为开关的类型或质量直接影响产生的尖峰信号特性,如幅值大小。

该项目与 GJB 8848—2016 附录 B“电源线瞬变试验方法”有关,虽然针对的都是开关操作现象,但测试的参数(电压、电流、电流变化率)、取样点、测试方法、使用的测量设备有差别。

5) CS103 ~ CS105

CS103 ~ CS105 三个项目都是订购方提出要求时才适用。由于标准提供的测试方法主要针对的是传统接收机,不适合或不太适合现代技术的接收机,因此标准优选订购方提供的限值和测试方法。

GJB 8848—2016 方法 201“舰船电磁兼容性试验方法”中的“船壳引起的互调干扰试验方法”内容与 CS103 的相比,在原理上两者相同,都是针对互调现象,只是 CS103 针对的互调由接收机前端电路非线性特性引起，而 GJB 8848—2016 方法 201 针对的互调是由船壳无意形成的非线性电路（如半导体结）而引起。

GJB 8848—2016 附录 D“天线间兼容性试验方法”中的 D. 3“接收机输入端耦合信号试验方法”内容与 CS104 的有一定的关系，都是测试 EUT 是否对无用信号产生响应，只是“接收机输入端耦合信号试验方法”中的测试频率范围为 EUT 接收天线的工作频率范围，信号耦合途径除了不是天线端口以外（当测量设备性能足够好，没有引入干扰时），可能是壳体、电源端口、地线端口等；而 CS104 的测试频率范围为规定的频率范围（例如 $0.05f_0 \sim 20f_0$，f_0 为 EUT 的调谐频率），但不包含选择性曲线上两个 80dB 点之间的频率范围，信号耦合途径为天线端口。

6）CS112

静电放电现象广泛存在于多种环境当中。本项目适用于容易产生人体静电放电的环境中（如沙漠、装有空调的房间、使用人造纤维、塑料的环境等）。即使对于人体静电放电，不同的标准也有不同的规定。CS112 针对的是人体对电子、电气、机电设备和分系统的放电，不适用于军械分系统；而 GJB 8848—2016 方法 703“军械分系统静电放电试验方法”中的人体静电放电测试，针对的是军械分系统。两个标准各自规定的静电放电模拟器的放电网络、放电电压和放电波形都不同。GJB 151B—2013 引用的 GB/T 17626. 2《静电抗扰度试验》规定的放电网络 RC 参数为 150Ω/330pF，放电电压范围为 2 ~ 15kV，放电电流波形如图 9 - 4 所示；GJB 8848—2016 引用的 GJB 573A—1998 的放电网络 RC 参数为 500Ω/500pF，放电电压大小为 5 ~ 20kV，放电电压波形如图 9 - 5 所示。所以，这是两种不同的静电放电模拟器，不能混用。

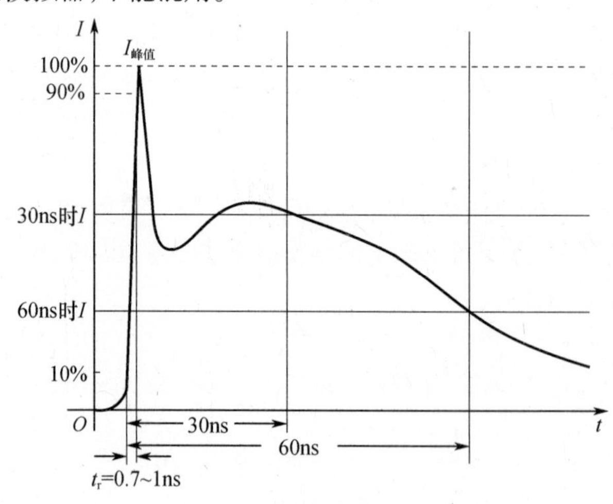

图 9 - 4　GB/T 17626. 2 的放电电流波形

7）CS114、CS115、CS116

CS114 和 CS115 模拟的都是空间场辐射到 EUT（壳体和电缆）时的现象，所以，它们两个的信号注入方式完全一样，都是共模注入；而 CS116 除了有共模注入方式外，对电源线还有差模注入方式，以模拟大负载切换在电网中注入的阻尼正弦信号。

对于 CS114 200 ~ 400MHz 频段，GJB 151B—2013 在现值条款中描述“由于可能出现谐振，测试结果的重复性可能存在问题。在该频段是否测试，由订购方规定”。这个描述

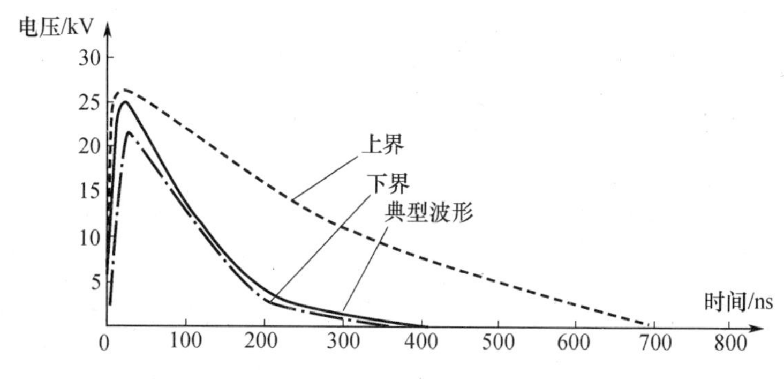

图 9-5　GJB 573A—1998 规定的静电放电电压波形

针对的是在实验室内进行试验的布置，平台上的实际布置如果与实验室的布置不同，例如线缆的长度更长，则谐振频率可能比 200MHz 更低。

对于 CS116，除了在 10kHz、100kHz、1MHz、10MHz、30MHz 和 100MHz 这 6 个固定点频测试外，如果还知道平台的谐振频率，则还需要在该谐振频率上进行测试。

GJB 8848—2016 方法 204 “地面系统电磁兼容试验方法” 中的 “10. 3. 7 系统内传导敏感度试验方法” 中规定，本试验参照 CS114、CS115 和 CS116 执行。由于方法 204 的测试不带人工电源网络，注入的干扰信号更容易进入公共电源或通过线缆的辐射对周围产生二次干扰，再加之平台上系统的电源本来就没有实验室的电源纯净，所以在系统现场进行的试验可能比在实验室内进行的试验更严酷。

8）RE102

本项目适用于设备和分系统的壳体、所有互连电缆以及永久性安装在 EUT（接收机和处于待发状态下的发射机）上天线的电场辐射发射。本项目不适用于发射机的基频发射信号带宽或基频的 ±5% 频率范围（取大者）。此项目所测得的干扰信号主要是通过灵敏设备的天线路径对其产生干扰，所以，允许其向外产生的发射电平非常低。而 RS103 所施加的干扰信号的耦合途径是 EUT 壳体和电缆，所以两者在信号量级上差别非常大，以飞机外部设备在 10MHz 的限值为例，两个限值之间的差别为 166dBμV/m - 24dBμV/m = 142dB。

由于在实验室的布置空间有限，EUT 的电缆长度及其布置与上平台后 SUT 的可能不同，因此由电缆无意作为天线发射的信号也不同，尤其在较低频段。

此项目在 GJB 151B—2013 的 21 个测试项目中是最容易出现问题的，常常让研制单位头疼不已。通常，在频段低端，干扰信号主要通过线缆发射出来，而到了频段中高端，则主要通过 EUT 壳体及其缝隙发射出来。因此 GJB 151B—2013 中 RE102 在 “天线定位” 条款中有如下的规定：

对于 200MHz 以下测试，按下述确定天线位置：

（1）测试边界宽度不大于 3m 时，天线位于测试边界宽度的中垂线上。

（2）测试边界宽度大于 3m 时，按要求的间隔采用多个天线位置。用测试边界宽度（单位为 m）除以 3 并进位取整，得到天线位置数。

对于 200MHz ~ 1GHz 的测试，天线的放置位置应足够多，以使每个 EUT 壳体的整个宽度及其端接电线/电缆的首个 35cm 线段都处在天线的 3dB 波瓣宽度内。

对不低于1GHz的测试,天线的放置位置应足够多,以使每个EUT壳体的整个宽度及其端接电线/电缆的首个7cm线段都处在天线的3dB波瓣宽度内。

由此可见,在频段低端,天线的主瓣主要对准的是电缆,随着被测频率的增加,天线的主瓣逐渐向EUT壳体对准。电缆多长时容易发射呢?上面“首个35cm线段”和“首个7cm线段”给出了解释,200MHz的波长为1.5m,其1/4波长为37.5cm,与上述的35cm接近;1GHz的波长为30cm,其1/4波长为7.5cm,与上述的7cm接近。所以,按GJB 151B—2013的试验布置,电缆要想有效率地发射,其长度应该为1/4波长。

整改时,可以根据超标的频点,判断干扰信号是从电缆还是壳体发射出来的。如果是从电缆发射出来的,还可以用电缆探头卡在各线缆上来逐一进行排查,对怀疑频点,当发现哪根线上测得的电流较大时,可以将整改重点放在该条电缆上。

9)RS103

本项目适用于设备及分系统的壳体和互连电缆。

本要求与RE102并无隐含关系。RE102限值主要是为了保护带有天线的接收机,而RS103是模拟天线发射所产生的场。

关于天线主瓣对准EUT壳体还是电缆的描述及其原因,见RE102中的相关描述。

关于发射和敏感度要求之间的裕量,通常存在着误解。大多数发射要求和敏感度电平之间并没有直接的对应关系。例如,GJB 151B—2013中RS103要求规定了分系统需要承受的电场,RE102要求规定了分系统的电场发射,RE102电平比RS103电平小几个数量级,如110dB。如果限值是一一相关的,例如RE102电平和RS103电平的线到线耦合,干扰将在一定程度上被证实。对RE102,这类耦合是微不足道的,RE102电平主要要考虑的是通过天线耦合到灵敏RF接收机。接收机前端通常比系统连线接口的灵敏度要高许多量级。类似地,RS103电平直接与连接天线的发射机辐射的电磁场相关。这些场通常比电缆发射产生的场强大多个数量级。结果,根据GJB 151B错误推断出的过度视在裕量并不存在。

10)RS105

本要求主要针对上升时间很短的、自由空间EMP的瞬变环境,适用于直接暴露在平台外的设备壳体,或位于没有屏蔽或屏蔽很差的平台内部的设备。RS105只适用于EUT壳体,电气接口电缆应用屏蔽导管保护。因电缆耦合可能引起的设备响应,已由CS116控制。

9.3 舰船直流磁场敏感度试验

9.3.1 适用范围

该方法适用于所有包含对磁场有潜在敏感性部件的设备和分系统在舰船直流磁场环境中工作时敏感度考核。对一个包含若干部件的EUT,应对其每个潜在敏感性的部件分别进行测试,尽可能采用标准试验方法。对体积大于1m³或质量超过100kg的EUT(或系统部件),当无法采用标准试验方法时,可采用局部试验方法,对所有可能敏感的区域进行测试。应对EUT三个相互垂直的方向进行试验。

9.3.2 基本原理

直流(DC)磁场以磁场强度表示,单位通常选用A/m。一个重要参数是磁场幅度,舰船上的测量表明，在正常工作时根据位置和时间的不同 DC 磁场在 40 ~ 640A/m 之间变化，在消磁期间为 1600A/m。另一个重要参数是磁场变化率，磁场变化会在附近电路产生感应，电路中产生的电压与磁场的变化率成正比。当消磁电流发生变化时，磁场变化率可高达 1600A/(m · s)。

1. 磁场强度

关于直流磁场的磁场强度，美军标、英军标和北约标准表述形式相同，但具体值存在差异。

在舰船进行磁性处理时，磁场强度可高达 1600A/m，它的最大变化率为 1600A/(m · s)，磁场强度方向为任意方向。该磁场为短时作用磁场，每次作用时间不大于 5min。

在舰船消磁绕组工作时（不进行磁性处理），通常设备的布置位置距消磁绕组 1m 以上，磁场强度最高达 400A/m，它的最大变化率为 400A/(m · s)，磁场强度方向为任意方向。该磁场在舰船航行期间长期存在。

2. 磁场分布

DC 磁场沿全舰的分布是不均匀的，正常使用情况下取决于距消磁电缆的距离。在对舰船进行磁性处理时，沿全舰敷设的临时线圈产生的直流脉冲磁场会在全舰出现。在消磁绕组通过的从基线到主甲板之间的 75% 舱室里，也会出现分布不均匀的磁场。下列情况会影响直流磁场的分布：

（1）由于同一区段消磁绕组在不同位置产生的磁场是不均匀的，离消磁绕组越近，磁场越大，靠近消磁绕组 0.3m 范围内，磁场强度可能会达到 1600A/m。

（2）消磁绕组周围的铁磁性物质会受到消磁绕组产生的磁场的磁化，而这些铁磁性物质的磁化磁场又会影响到直流磁场的分布，在舰上大型铁磁性物质所在区域会出现直流磁场明显增强的情况。

（3）舰上有些电动机、发电机或其他大功率电气设备的附近，存在着这些设备产生的杂散磁场。

舰船磁场的测量用来确定哪些区域的磁场小于 400A/m，或者对特定的安装位置提出剪裁要求。如要求在 1600A/m 磁场下工作可能需要采取局部屏蔽措施。

9.3.3 实施要点

舰船直流磁场敏感度试验方法分为标准试验方法和局部试验方法。

1. 标准试验方法

标准试验方法使用的赫姆霍兹线圈（或圆形线圈）应由同一轴线上的两个相同螺线管组成，线圈平面平行且间距等于线圈半径。将一个励磁直流电串联通过两个线圈，且每个线圈的磁场方向相同。每个线圈的匝数按下式计算：

$$N = \frac{H \times r}{0.716 \times I} \tag{9-1}$$

式中 N——单个线圈的匝数；

H——磁场强度（A/m）；

r——环形线圈的半径（m）；

I——直流电流表的读数（A）。

试验配置如图 9－6 所示，EUT 在线圈内配置如图 9－7 所示。

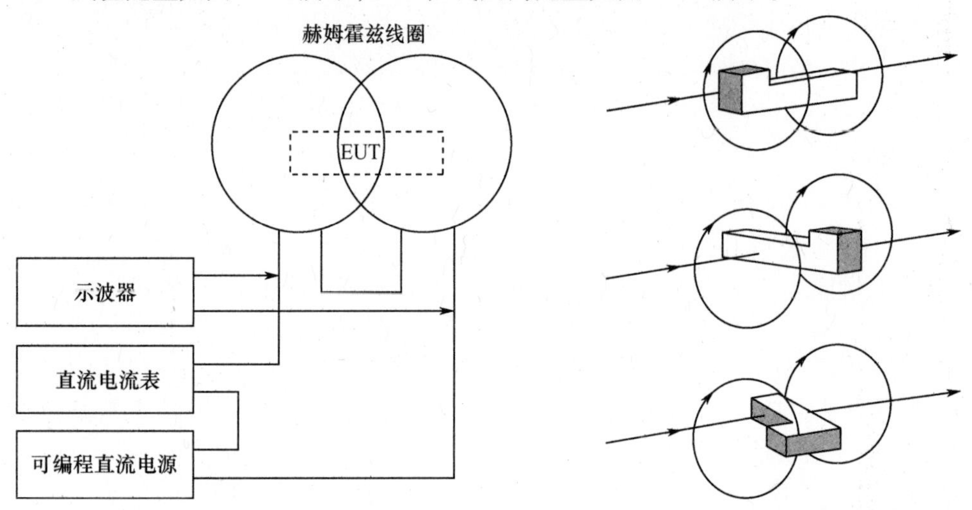

图 9－6　标准试验方法的试验配置　　图 9－7　EUT 在赫姆霍兹线圈中的布置示意图

通过测试确定 EUT 是否对直流磁场敏感。检查 EUT 性能降级或故障情况，并记录结果；如果发现 EUT 在该磁场环境中性能有降级或故障情况时，减小线圈中所加电流，直至 EUT 恢复正常工作，记录阈值电流大小，如果方便时，也可以转动试件而不转动线圈，但应在三个相互垂直的方向上进行试验。用以激活赫姆霍兹线圈的直流纹波含量（峰间值）应保持在最低限度且不应超过直流电平的 10%。

2. 局部试验方法

局部试验方法使用的线圈应由一个螺线管组成。每个线圈的匝数按下式计算：

$$N=\frac{2\times H\times r}{0.716\times I} \tag{9-2}$$

式中　N——单个线圈的匝数；

H——磁场强度（A/m）；

r——环形线圈的半径（m）；

I——直流电流表的读数（A）。

试验配置如图 9－8 所示。

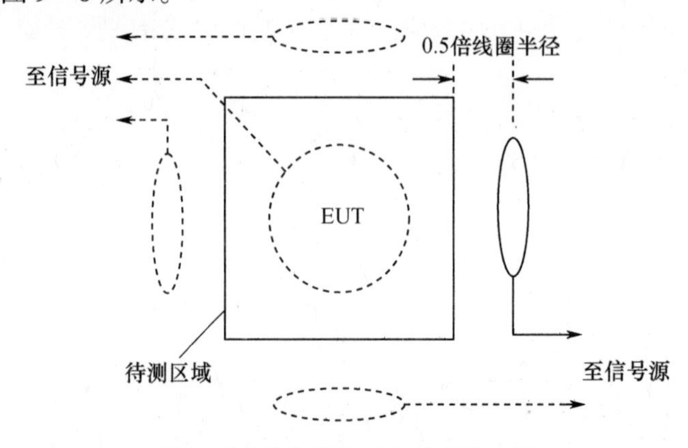

图 9－8　局部试验方法的试验配置

通过测试确定 EUT 是否对直流磁场敏感,检查 EUT 工作降级或故障情况,并记录结果,如果发现 EUT 在该磁场环境中工作有降级或故障情况时,减小线圈中所加电流,直至 EUT 恢复正常工作,记录阈值电流大小。注意测试场必须施加足够长时间,以确定在此期间 EUT 任意部分是否发生任何可能的故障、性能降级或损坏。另外,在施加测试场之后,应该检查 EUT 的永久磁化效应。

第 10 章　静电放电试验

本章内容对应 GJB 8848—2016 中方法 701“垂直起吊和空中加油静电放电试验方法”、方法 702“机载分系统静电放电试验方法”、方法 703“军械分系统静电放电试验方法”。其中,前两项试验主要针对军用飞行器,第 3 项试验主要针对军械。

静电放电试验属于装备电磁敏感性考核试验,试验等级的确定主要来自系统和平台的实际测量。垂直起吊和空中加油静电放电试验方法适用于直升机和由直升机外部吊挂或运输的系统或分系统,以及任何需要空中加油的飞机,也适用于军械的空中补给静电放电考核。机载分系统静电放电试验方法主要针对飞行器沉积静电效应(也包含发动机排气充电、大气电场感应充电、地磁场感应充电等静电效应),其本质是考核飞行器的强制静电放电装置设计是否合理,是否有效降低了沉积静电放电电磁噪声的功率谱密度和带宽,是否对飞行器上带天线的电子设备和其他重要电子设备造成了不可接受的影响。军械分系统静电放电试验方法用于考核人体静电、空中补给静电和空中加油静电对军械分系统中电子电气部件的影响,特别是对电发火、电起爆装置安全性和功能可靠性的影响。

静电测试的试验场地条件要求与 GJB 8848—2016 第 4.4 条保持一致,试验场地尺寸应能满足被试系统安装和对被试系统进行监测的需要,并具备对被试系统进行良好接地的条件。开展垂直起吊静电放电试验时,试验现场还应具备直升机吊挂提升货物的条件。考虑到静电放电试验对湿度条件比较敏感,建议对试验现场的温度、湿度条件进行监测并记录。

10.1　垂直起吊和空中加油静电放电试验

垂直起吊和空中加油静电是具有提升货物和进行空中加油能力的飞机存在的特殊问题。对于上述两种静电放电情况,最大的预期放电电平为 300kV,即要求当被试系统经受 300kV 静电放电时,应满足其工作性能要求。通常采用 1000pF 的电容充电到 300kV,通过电阻不大于 1Ω、最大电感不大于 20μH 的放电电路向系统放电,来模拟这样的静电放电(ESD)环境。

10.1.1　适用范围

本方法适用于直升机、任何飞行中加油的飞机和由直升机外部吊挂或运输的系统与分系统经受 300kV 静电放电时的安全性考核,也适用于空中补给和空中加油时对军械的静电放电考核。

垂直起吊静电放电敏感性考核要求适用于使用直升机进行运输的设备和系统,包括需要从直升机上装载/卸载的设备和系统,以及进入直升机的人员所穿戴设备等,也包括安装在直升机外部的设备和装置,如军械、燃油油箱等。特别需要注意的是:按照美国陆军航空设计标准 ADS - 37A - PRF《电磁环境效应性能和验证要求》,垂直起吊静电放电敏感性要求被扩展到了所有军用飞机。垂直起吊静电放电敏感性测试应针对系统平台开展,通常被试系统应在不通电状态下进行测试;但对飞行关键(Flight Critical)设备,或者特种人员携带设备,则应在通电工作状态测试。空中加油静电放电敏感性考核要求适用于空中加油系统以及机载无线电设备。

10.1.2 基本原理

依据充电对象不同,目前飞机静电放电试验主要有两种方法。方法一对静电试验发生器充电,并达到预定的试验等级,被试系统保持接地,将测试设备放电电极靠近被试系统产生放电,放电过程中/放电后考核被试系统及设备分系统的工作性能,放电完成后使用接地棒,释放被试系统残余静电。方法二对被试系统充电,充电期间被试品保持对地绝缘,直至被试品达到预定的试验等级,再使用接地棒使被试系统对地放电,在整个过程中观察静电放电现象,在充电/放电过程中和放电后考核被试系统及设备分系统的工作性能。

方法一对试验设备的要求相对容易。但如果设计良好、静电释放有效,则飞机飞行中的实际放电电压可能不会达到试验等级上限,方法一可能会导致过试验。为降低这种风险,可采用特别设计的放电端子,例如使用多个尖端组合的放电端子。方法二的优点是还原了静电积累和放电的实际情况,有效模拟被试系统面临的静电干扰环境;其难点是对测试设备要求很高,特别是充电回路控制、高压源制造等技术实现难度大;此外,不同被试系统的结构特点、外形尺寸、制造材料等方面差异很大,可能导致测试系统的充电单元需要根据被试系统特点进行定制,限制了通用性。资料显示,国外在开展空中加油静电放电试验时,采用方法一;对垂直起吊和沉积静电试验,部分采用方法二。

综合以上原因,GJB 8848—2016 采纳了方法一。随着试验设备制造水平的不断提高,在条件具备后,也可在部分试验中逐步推行采用方法二。

10.1.3 试验实施

试验前,应按照 GJB 8848—2016 第 4.8.1 条规定,对被试系统开展试验前的分析和预测试(评估)工作,确定被试系统关键功能、设备和分系统;确定被试系统合适的测试部位和干扰电流的测量点;确定需要检测和监视的被试系统关键数据等。

通常在垂直起吊、空中加油静电试验时,被试系统不需要通电,但对于被试系统中飞行安全相关设备和由特种作业人员携带设备时,应进行供电状态测试。

按照 GJB 1389A—2005 规定,最大静电试验电平为 300kV,试验方法参考 GJB 573A—1998 关于 300kV 静电放电试验方法执行。这与美军标 MIL - STD - 464C 中规定的最大静电试验电平为 300kV,试验方法参考 MIL - STD - 331C 执行是一致的,静电试验设备的核心参数如表 10 - 1 所列。

表 10 - 1 垂直起吊和空中加油静电试验参数

电压/kV	电容/pF	放电电阻/Ω	放点电感/μH
±300 ±5%	1000 ±10%	≤1	≤20

试验位置的选取基于以下几点：

（1）垂直起吊静电放电测试应力施加在系统装载、卸载和吊装运输时接触点装载和卸载的接触点位，包括吊装货物与吊索接触点、被试系统（及包装箱）的各个边角处、吊索传送或装/卸载中最有可能的接触点等。

（2）飞机外部安装的设备的关键安全点，如导弹弹头、尾部以及人员操作（加载/装载/维护）接触点。

（3）被试系统在空中加油作业时的接触点以及安装在加油设备附近的机载设备。

每个测试点都需进行正、负极的静电放电测试。为了观察被试系统预期发生的敏感和损伤效应，可以使用逐渐增加静电放电强度的测试方法，从 50kV 或 100kV 量级开始，按照 50kV 或 100kV 步进逐渐增加干扰强度。每个等级的静电放电至少应重复 3 次，具体试验等级和放电次数应在试验方案（试验大纲）中明确规定，试验配置如图 10－1 所示。

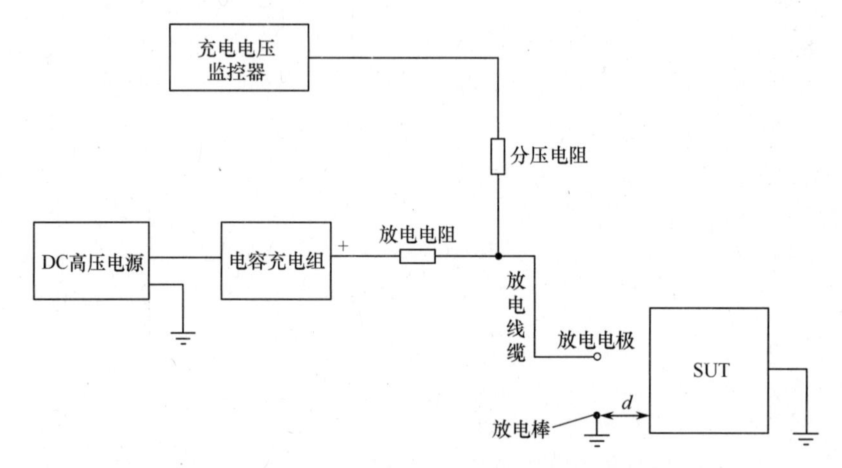

图 10－1　垂直起吊和空中加油静电放电试验配置

试验过程中，首先确定放电电极与被试系统的初始距离 d（初始距离推荐位 3m，但需确保放电电极在充电至 300kV 时不会与被试系统产生放电现象，若发生放电现象，可适当增加距离 d）；测试距离 d 确定后，将静电放电发生器充电至指定的试验等级，然后缓慢移动放电电极，使其逐渐靠近被试系统，直至静电放电发生。放电结束后，使用放电棒释放被试系统残余静电电荷，并对被试系统进行目视检查和功能检查。

由于采用了测试设备充电并处于高电位、被试系统接地（低电位）的试验方法，因此试验过程中人员必须严格按照设备操作规程进行试验操作，注意安全防护，严禁触碰静电发生器的高压部分；当静电发生器充电至 300kV 时，必须保证所有人员和金属物体距离静电放电电极 3m 以上。测试现场应具有良好的接地条件，保证测试设备和被试系统良好接地。

10.1.4　结果评估

垂直起吊和空中加油静电放电试验时，被试系统及平台应能够保持其工作性能，具体要求为：放电过程中，被试系统及其火工品、电起爆装置应确保安全，对于飞行关键分系统和特种人员携带设备，还应保持正常性能；放电后，被试系统及其分系统和设备应保持正常性能。试验结果评估参考第 5 章中飞机电磁兼容性评估的方法进行，评估结果应当包括以下几点：

（1）根据被试系统试验前/中/后的运行和检查结果，评定被试系统抵抗各类静电干扰的能力。

（2）对于有安全裕度要求的设备和系统，应按照 GJB 8848—2016 中安全裕度试验及评估方法开展安全裕度的计算和评定。

（3）对于无法通过测试的情况，应分析敏感现象对系统的危害及影响，并给出使用和改进建议。

如前所述，空中加油静电放电控制要求适用于飞机在空中加油期间应保持正常功能的设备和分系统，重点是安装在加油区域附近的设备，同时还应考核由静电导致的对燃油蒸气的潜在危险。

在 GJB 8848—2016 中，要求被试系统开展空中加油静电放电试验前，拆除被试系统上所有炸药、烟火和可燃材料，并将被试系统保持接地。上述测试配置可考核空中加油静电放电对机载电子设备的影响，但无法考核对燃油蒸气的点燃危害影响。

事实上，将高强度电磁辐射或者静电、雷电等电磁干扰施加于充满燃油蒸气的飞机油箱，虽然能够直接验证其对电磁干扰的抵抗能力，但存在较大的安全风险。GJB 1389A—2005 中明确规定：符合性应由试验、分析、检查或其组合来进行判断。因此上述电磁干扰对燃油危害效应的考核，更应通过试验等效的方法予以验证。

可供探索的试验方案思路包括：监测飞机燃油油箱在遭受电磁干扰的过程中，是否产生了足以引燃油箱中燃油蒸气的电火花等。电火花的产生、电火花能量的观测，以及电火花对燃油蒸气的危害性判断涉及电磁学、材料学、燃爆学等多门学科，目前的技术成熟度尚未形成标准方法。

10.2 机载分系统静电放电试验

机载分系统静电放电试验针对飞机沉积静电现象，适用于系统在执行任务过程中要求保持功能的电子设备，考核重点是连接天线的接收机，推荐将被试系统和平台一同进行测试。沉积静电施加的重点区域为系统电不连续区域（金属与导体、金属与绝缘体、绝缘体与导体之间），系统预期的沉积静电释放点（如飞机的静电释放装置）以及飞机外表面尖锐处，沉积静电抗扰度要求适用于所有类型的飞机。

10.2.1 适用范围

本方法适用于所有安装于飞机的带天线的电子设备，以及其他重要电子设备，用于考核飞机局部沉积静电放电环境对 SUT 的工作性能影响。

10.2.2 基本原理

采用 10.1.2 节方法一需要通过静电放电刷对被试系统局部提供一个持续的电流密度。采用方法二对被试系统持续充电，达到以下条件之一时可停止进一步提高充电电压：

①飞机静电释放装置或机身电不连续处产生流光放电或电晕放电；②飞机充电电压达到300kV；③机载设备产生了异常响应。

机载分系统静电放电试验应在被试系统通电状态下开展，适用于所有类型的飞机，以及飞机上装载的包含天线的机载电子设备。机载设备应调整至其正常工作模式，配置相应的地面模拟器和试验器，并在静电干扰施加过程中观察其响应情况。

GJB 1389A 中未对沉积静电的试验等级做出规定，仅要求“系统应控制沉积静电对装在系统上或平台上的接有天线的接收机的干扰。系统应防止结构材料、保护层的击穿以及防止累积电荷的冲击危害”，并规定“符合性应通过试验、分析、检查或其组合来验证”。

飞机的沉积静电充电取决于飞机的速度、飞机的迎风面积、飞机周围大气中粒子的浓度、以及每个粒子转移的电荷量。关于沉积静电充电电流的计算，目前有三种方法可供参考：

1. NATO AEP－29 和 MIL－STD－464A 推荐的方法

上述两项标准均按下式给出了飞机沉积静电充电电流计算的经验公式为

$$I_t = I_c \times S_a \times V/600 \tag{10-1}$$

式中 I_t——飞机的充电电流（μA）；

I_c——充电电流密度（$\mu A/m^2$），美军研究认为不同类型粒子产生的充电电流密度存在差异，其典型值如表 10－2 所列；

表 10－2　不同粒子产生的充电电流密度

序号	粒子类型	充电电流密度/（$\mu A/m^2$）
1	卷云	50～100
2	层积云	100～200
3	雪	300
4	极少出现的其他粒子	400

S_a——飞机的前向投影面积（m^2）；

V——归一化到海里/小时（或者节）的飞机速度，无量纲。

表 10－3 给出了美军根据 MIL－STD－464 对几种飞行器沉积静电充电电流 I_t 的估算。事实上，按照式（10－1）计算出的沉积静电充电电流有些过于严苛，因此美军后续对计算公式进行了修正，并在其试验方案中补充了“允许采用较低的充电电流对被试系统进行沉积静电充电”的相关说明。从表 10－3 中的计算结果可知，大部分飞行器的沉积静电充电电流在毫安量级。

表 10－3　飞行器沉积静电充电电流案例

飞机	前向面积/m^2	最大速度/kn	充电电流 I_t/μA
AH－64 “阿帕奇”	7	150	700
OH－58D “基奥瓦”	4	147	392
UH－60A “黑鹰”	11	139	1019
UH－60L “黑鹰”	11	150	1100
CH－47D “支奴干”	17	170	1927
C－12 “休伦”	8	294	1568
C－23 “雪帕”	10	251	1673

2. MIL－STD－464C 推荐的方法

MIL－STD－464C 中按照下式计算充电电流：

$$I_t = Q \times C \times S_a \times V \tag{10-2}$$

式中 I_t——飞机的充电电流（μA）；

Q——每粒子转移的电荷（μC/个）；

C——飞机周围大气的粒子浓度（个/m^3）；

V——飞机的速度（m/s）；

S_a——飞机的前向投影面积（m^2）。

考虑到飞机高速飞行时的充电电流 I_t 与飞机速度 V 并不是严格的线性关系，MIL－STD－464C 给出了式（10－2）的简化形式，见下式：

$$I_t = I_c \times S_{eff} \tag{10-3}$$

式中 I_c——充电电流密度（μA/m^2）；

S_{eff}——飞机的有效前向面积（m^2）。

3. SAE ARP 5672 推荐的方法

SAE ARP 5672 给出了飞机沉积静电充电电流的另一种计算公式，如下所示：

$$I_t = q_p \times V \times C \times A_{eff} \tag{10-4}$$

式中 I_t——飞机的充电电流（A）；

q_p——每粒子转移的电荷（C/个），见表 10－3；

C——飞机周围大气的粒子浓度（个/m^3），见表 10－3；

V——飞机的速度（m/s）；

A_{eff}——有效充电面积（m^2）。

A_{eff}又可表示为

$$A_{eff} = A_{pf} \times k \tag{10-5}$$

式中 k——有效面积因子（≤1）；

A_{pf}——飞机前向投影面积（m^2）。

式（10－5）中的 A_{eff}与实际的沉积粒子冲击碰撞区域有关，需要考虑飞机速度、沉积粒子的尺寸和类型、冲击碰撞表面的几何形状等因素，即沉积粒子如何冲击碰撞机翼前缘和机鼻天线罩等曲面。A_{eff}不是恒定的，随着飞机速度的增大将逼近其上限 A_{pf}。此外，较薄的机翼几何形状会导致相对较高的沉积粒子碰撞率，最终导致较大的有效面积因子。美国空军试验室和斯坦福大学曾在波音 707 上测量 A_{eff}，结果表明当飞机以 800km/h 的速度飞行时，A_{eff}约为飞机前向投影面积的 7% ～10% 。

Q 和 C 参数范围如表 10－4 所列。飞机在巡航高度上可以轻易绕过雷暴云，粒子参数可选择表中卷云时最恶劣的情况（即 $Q = 10 \times 10^{-12}$C/个、$C = 2 \times 10^4$ 个/m^3）；飞机在进近（海拔高度≤3050m）和着陆阶段（相对高度≤700m）可能穿越雷暴云，可选择一个中间值代替雷暴云时最恶劣的情况（即 $Q = 30 \times 10^{-12}$C/个，$C = 5 \times 10^4$ 个/m^3）。

表 10－4　亚声速飞机的沉积粒子参数

飞行阶段	参数	描述	范围	云
巡航	Q	每粒子转移的电荷量	$(1-10)\times10^{-12}$C/个	卷云
	c	粒子浓度	2×10^{4} 个/m^{3}	
进近或着陆	Q	每粒子转移的电荷量	$(1-35)\times10^{-12}$C/个	雷暴云
	c	粒子浓度	5×10^{4} 个/m^{3}	

对比三种方法的式(10－1)～式(10－5)，需要注意以下几点：

(1) 上述公式适用于飞机在亚声速状态下的沉积静电评估，超声速时沉积静电效果会受更多因素制约，评估更为复杂。

(2) 充电电流密度 I_c 是一个与飞行速度有关的量，MIL－STD－464A－2002 推荐的数据是亚声速飞机在较高航速(600kn 左右)得到的数据。

(3) 在采用相同基础参数的情况下，上述公式计算得到的结果略有差异，其中，式(10－1)和式(10－2)默认充电电流与飞行速度呈线性关系；式(10－3)和式(10－4)则将非线性折算为有效面积因子。一般而言，式(10－1)是飞机沉积静电最可能的上限值。

GJB 8848 按照第(1)种方法给出飞行器沉积静电充电电流的计算公式。需要注意的是，为了便于理解，GJB 8848 将式(10－1)简化为

$$I_t = I_c \times S_a \times V \tag{10-6}$$

这里充电电流密度 I_c 为速度归一化到 1kn 的结果，若运用表 10－2 的数据时，需要将其除以 600。我国之前较少开展相关的试验，数据积累较少。根据从严要求的考虑，在不能明确是否参考并依据表 10－2 的数据(需除以 600)时，充电电流密度 I_c 可统一按照 400μA/m^2 执行。

10.2.3　试验实施

试验前，应按照 GJB 8848—2016 第 4.8.1 条规定，对被试系统开展试验前的分析和预测试(评估)工作，确定被试系统关键功能、设备和分系统；确定被试系统合适的测试部位和干扰电流的测量点；确定需要检测和监视的被试系统关键数据等。

机载分系统静电放电试验设备应包含能够产生电荷粒子密度的充电装置，并具备一定的电压调节范围，能够模拟穿透系统结构材料放电和静电电晕放电。验证目的在于考核系统导电涂层等静电控制技术符合设计要求，产生的沉积静电能够按照系统设计的释放途径进行消除，不会引起过多的静电电荷积累；以及监测沉积静电释放时产生的干扰对机载接收设备的影响。

试验位置的选取基于以下几点：

(1) 被试系统非金属物(如座舱盖、玻璃纤维面板)和被不导电涂层覆盖的位置与金属的连接部位。

(2) 被试系统预期产生电晕放电的位置(如飞机的静电放电刷)等。

试验时按图 10－2 进行试验的基本配置，首先设置沉积静电发生器的初始充电电压和充电电流，确保此时沉积静电放电端子与被试系统之间没有产生放电。然后移动放电端子，逐渐靠近被试系统的测试点，直至放电端子与被试系统产生静电放电，通过直流电

流表监测放电电流，直至达到规定的 I_t。试验期间监测被试系统是否发生性能降级，试验结束后，使用放电棒释放被试系统残余静电电荷，并对被试系统进行目视检查和功能检查。

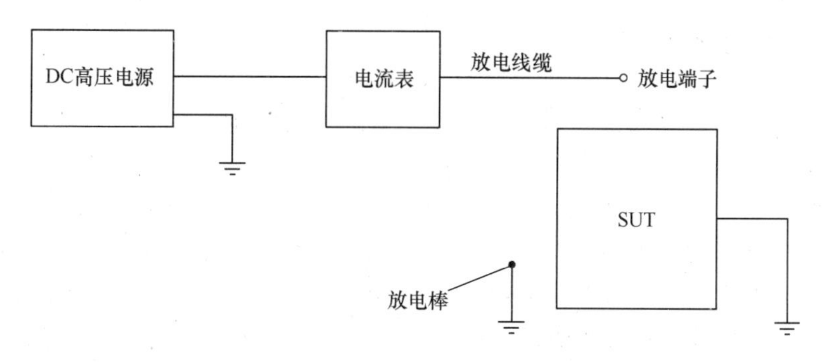

图 10-2　沉积静电试验配置

由于采用了测试设备充电并处于高电位、被试系统接地（低电位）的试验方法，因此试验过程中人员必须严格按照设备操作规程进行试验操作，注意安全防护，严禁触碰静电发生器的高压部分；当静电发生器充电至 300kV 时，必须保证所有人员和金属物体距离静电放电电极 3m 以上。测试现场应具有良好的接地条件，保证测试设备和被试系统良好接地。

10.2.4　结果评估

机载分系统静电放电试验时，系统和平台中连接天线的接收机应能抵抗沉积静电干扰的影响并保持其正常功能，系统不会因为沉积静电积累导致材料击穿以及对人员造成危害。试验结果评估参考第 5 章中飞机电磁兼容性评估的方法进行，评估结果应当包括：

（1）根据被试系统试验前/中/后的运行和检查结果，评定被试系统抵抗各类静电干扰的能力。

（2）对于有安全裕度要求的设备和系统，应按照 GJB 8848—2016 中安全裕度试验及评估方法开展安全裕度的计算和评定。

（3）对于无法通过测试的情况，应分析敏感现象对系统的危害及影响，并给出使用和改进建议。

按照 GJB 8848 规定，机载分系统静电放电试验考核点位被试系统预期产生电晕放电的位置（如飞机的静电放电刷）。对于该测试位置的试验考核，可以按照以下原则确定试验等级：

（1）在静电放电刷放电电流设计值已知时，按照标称值执行。

MIL-DTL-9129G 规定静电放电刷电位差在 40kV 时，放电电流不能小于 10μA；在不少于 24h 时间内连续放电电流不小于 50μA。实际施加的沉积静电放电电流可按照飞机研制单位的技术规范，或参考以上标准内容执行。

（2）在静电放电刷放电参数不明确时，按照产生电晕放电的试验条件执行。

若静电放电刷放电参数不明确或具体放电特征未知，则可将静电放电试验设备设定在标准规定的初始放电电压条件下（50kV），逐步靠近静电放电刷，直至产生明显的电晕放电。需要特别注意的是，这种试验条件下的放电电流会比较大，具体取决于包含被试系统的地回路阻抗，因此需要额外增加一个放电电流监测回路，用于采集电晕放电发生时的放电电流参数。由于飞机静电放电刷实际是周期性地、以脉冲的形式进行放电，因此需要控制电晕放电的频率。从试验实施性的方面，建议频率为5s/次，重复30次，并在此期间观察机载高灵敏度接收机是否出现性能下降的情况。

10.3 军械分系统静电放电试验

每种军械装备需进行两类静电放电效应试验：第一类试验模拟来自人体的最大静电放电；第二类试验模拟空中补给和空中加油过程中最大预计产生的静电放电。

人体静电放电试验适用于裸露军械装备在人员操作时的静电放电安全性与功能影响的评定，需要对处于装卸、运输或技术处理状态的裸露或带包装军械装备进行直接接触式静电放电试验或空气式静电放电试验。

空中补给静电放电试验适用于飞机垂直起吊或飞机外挂军械装备的静电放电安全性和功能影响评定。模拟飞机垂直起吊时，需对带包装的军械装备（单独或整体包装箱）进行静电放电试验，应根据工程判断选择最易于静电高压直接穿透（击穿）或激励的结构作为静电放电试验点，以引起静电能量向内部传播，优先选择起吊点及其周围位置。

空中加油静电放电试验适用于对飞机外挂裸露军械装备的静电放电安全性和功能影响评定，应尽量模拟飞机加油的实际情况，放电点优先选择加油口及其附近位置。

10.3.1 适用范围

本方法用于考核人体静电放电或空中补给静电放电对受试军械分系统所含电子电气设备和电发火、电起爆装置安全性和功能可靠性的影响。

人体静电放电效应试验按上述方法执行，空中补给静电和空中加油静电放电试验方法参照垂直起吊和空中加油静电放电试验方法执行。

10.3.2 基本原理

以电容器储能代表人体静电储能、以限流电阻代表静电放电时的人体电阻，充电电容器通过限流电阻和受试军械分系统对地放电，考核人体静电放电对军械分系统所含电子电气设备功能可靠性的影响及对电发火、电起爆装置安全性的影响。试验原理如图10-3所示，直流高压电源通过隔离装置对储能电容器 C 充电，达到预定电压后，控制切换隔离装置使储能电容器 C 通过限流电阻 R 对受试军械分系统进行静电放电，检测静电放电过程及试验后受试军械分系统是否出现安全性和功能可靠性问题。

隔离装置优先选择高压真空继电器，公共电极接储能电容器 C，常闭节点电极与直流高压电源相连，常开节点电极与限流电阻 R 相连，电容器 C 充电完成后，控制高压真空继电器使公共电极由与直流高压电源相连（充电）切换为与限流电阻 R 相连，对受试系统进行静电放电效应试验。若没有合适的高压真空继电器，也可用水银开关、大气球形开关代替。由于这类开关一般仅有两个触点，应以常开状态连接与储能电容器 C 与限流电阻 R 之间，用于控制电容器 C 对受试系统放电；直流高压电源通过充电限流电阻（一般取值在100MΩ以上、耐压大于电容器 C 的充电电压）直接与储能电容器 C 相连，放电过程不断

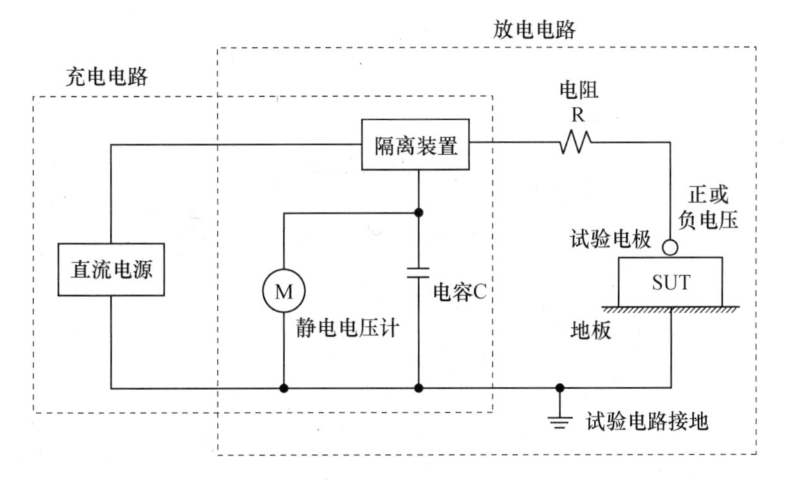

图 10-3　军械分系统静电放电效应试验原理图

开。充电限流电阻的阻值选取以放电过程基本不受直流高压电源充电影响为准，一般限流电阻的阻值应高于放电回路总电阻取值的 10 倍以上。

为方便效应机理分析，军械分系统中的电子电气设备和电发火、电起爆装置可以分两种情况进行效应试验：一是受试军械分系统不加电（工作），考核静电放电对电发火、电起爆装置安全性的直接影响；二是受试军械分系统加电正常工作，考核静电放电对军械分系统所含电子电气设备功能可靠性的影响及对电发火、电起爆装置安全性的间接影响。若同等试验强度下，受试军械分系统加电前电发火、电起爆装置安全，而系统加电正常工作后电发火、电起爆装置出现安全性问题，则此安全性问题一般是由电子电气设备受干扰导致的。

10.3.3　试验实施

为保证试验安全，试验前应对受试军械分系统进行必要的改装，如去掉爆炸威力大的起爆药、传爆药、炸药和发射药等后续传爆、推进序列，但要保留易燃易爆的首级火工品（如点火头、雷管等），即改装不应破坏受试军械分系统原有的电磁敏感特性。

试验中，应对整个军械分系统进行静电放电效应试验，但如果某些部件对静电放电不敏感或不易受静电放电直接影响，可以不装。但拆下任何部件后，余下的结构电磁性能应保持不变。

对裸露的军械分系统，不管其是否具有保护装置，都应在其所有能预计到的具有显著静电效应的结构形式下进行试验，努力查找对电子电气设备功能可靠性、对电发火、电起爆装置安全性最不利的试验条件，提高试验结果的条件适应性；选择试验点时，应特别注意外露的衔头、销子、孔、槽、连接点和其他可能通过电场或磁场耦合传递能量的间断点。

对具有包装的军械分系统，应以正常的运输包装结构放置在包装箱内。选择包装箱上的试验点时，应特别注意接头和其他通过电场或磁场耦合来传递能量的间断点。

试验过程中，应采用合适的安全防护装置、接地装置和试验程序，使试验人员免遭电击和爆炸的危害。在试验人员进行下一次试验准备时，要采用带有绝缘手柄（或等效物）的接地杆来使试验电极与试验电路接地点短路。

第 11 章　电磁辐射危害试验

本章内容对应 GJB 8848 中方法 801“电磁辐射对人体危害的场强测量与评估方法”、方法 802“电磁辐射对军械危害试验方法”。详细介绍了电磁辐射对人体危害的场强测量与评估适用范围、基本原理、试验实施与结果评定等内容。重点分析了脉冲场的测量以及非固定辐射的功率密度评定方法。电磁辐射对军械危害试验直接引用 GJB 7504—2012《电磁辐射对军械危害试验方法》,本章也对其内容进行了详细解读。

11.1　电磁辐射对人体危害的场强测量与评估

11.1.1　适用范围

本方法用于 10kHz ~ 45GHz 频率范围内军用电磁辐射源产生的可能危害人员安全和健康的场强测量以及电磁辐射暴露限值的符合性评估。针对当前发射源的类型,介绍了目前射频场广泛使用的探头法和天线法两种测试方法,其中探头法适用于发射源是连续波的对象;对发射源是脉冲波的对象,采用天线法测试,测试得到峰值场强然后根据标准要求值的类型,可以转换得到平均值场强和功率密度等量值。

此外,该方法在试验结果评定中增加了评估方法和评估结果两部分内容,主要方便标准使用者依据测试和计算得到的场强值和功率密度值,对人员辐射危害进行评估,是本试验方法的关键内容。

11.1.2　基本原理

电磁辐射对人体的危害试验主要分为电磁辐射场强的测量和人体辐射危害的评估两部分,基本原则是首先给出各种辐射源特性的场强测量方法,然后依据相应人员电磁辐射暴露限值标准对人员辐射危害进行评估。以下重点分析射频电磁环境测量和功率密度估算。

1. 射频电磁环境测量

1）测量参数

射频电磁环境测量参数主要包括频域分布的场强值或功率密度值、发射源的发射功率以及时域上的占空比、脉冲重复周期等。

2）测量方法概述

射频电磁环境场强测量方法主要分为时域测量法和频域测量法两种。时域测量法能够得到信号强度随时间变化的特性,但不能显示信号的频率信息。而频域测量能够得到信号强度随频率的变化特性,能够显示信号在不同频率的分布。对于同一信号,频域测量与时域测量通过傅里叶变换一一对应。在实际测试中,需要根据不同的要求选用合适的测量方法和对应的仪器。示波器是常用的时域测量仪器，具有速度快、频率范围宽、测量精度高、可测量单次及瞬态信号等优点。测量接收机是常用的频域测量仪器，能够测量信号的频率、电压、功率等特性。

典型射频场或功率密度的测量设备由传感器或天线、传输线和测量仪器组成，测量设备可能是宽带的，也可能是窄带的。宽带测量设备在较宽的频率范围内的响应是一致的，不需进行调谐。在场强测量之前，需对场强大小进行估算，然后依据测量频率、响应时间、动态范围等选择测量设备。一般优选宽带设备，能够精确测量来自所有源的总场强，包括反射场。如果同时有几个射频场存在，一般需同时使用宽带和窄带设备，来完整描述电磁环境的特性，宽带设备用来确定出现的总场强，窄带设备用来确定每个信号对总场强的贡献。

3）脉冲场主要测量方法及特点

脉冲场常见的测量方法有电场传感器法和天线法，天线法又分为时域测量法和频域测量法。通常根据所采用的测量仪器又将天线法分为功率计法、测量接收机法及示波器法，其中测量接收机法属于频域测量法，示波器法属于时域测量法，两者可以通过傅里叶变换进行一一对应，功率计法只能针对发射源频率信息已知的情况进行信号幅度测量。

脉冲场的各种测量方法特点如下：

（1）功率计法。使用功率计来测量脉冲信号的功率。功率测量分为平均功率测量和峰值功率测量。平均功率测量比峰值功率测量简单，而且不会受到脉冲宽度和上升时间的影响，但平均功率测量在脉冲信号占空比未知的情况下，无法给出脉冲信号的峰值功率，即使占空比已知，也只有在脉冲信号为理想脉冲波形时才能计算得出信号的峰值功率。峰值功率测量对使用仪器的要求较高，测量的频率范围受限，目前平均功率测量的频率范围高达110GHz，而峰值功率测量的频率范围仅到40GHz，同时峰值功率测量受到测量功率、脉冲上升时间和脉冲宽度的限制。

（2）测量接收机法。对扫频式测量接收机，脉冲信号测量有线状谱、脉冲谱和零频宽三种扫描模式，主要依赖测量接收机分辨率带宽的设置。测量的脉冲信号的峰值功率一般很大，在使用测量接收机进行测量时要加入衰减器，避免仪器损毁。

（3）示波器法。使用数字示波器是一种测量脉冲信号的可选方案。目前市场上的数字示波器有较高的采样率和测量带宽，可测量较窄的脉冲信号，直接从显示波形上标记出所测信号的峰值功率。

4）测量数据处理

对连续波和脉冲波数据处理方法如下：

（1）对于连续波模式的系统，电场传感器法测试结果为平均值场强和峰值场强，两者相等。

（2）对于脉冲波模式的系统，天线法测试结果为脉冲波的峰值场强，按式（11－1）计算得到脉冲波的平均值场强；也可以采用热电偶式场强传感器测量得到平均值场强，再按式（11－1）计算得到峰值场强。式（11－1）适用于脉冲周期和脉冲宽度已知的理想脉冲信号。

$$E_V = E_p \sqrt{\tau/T} \tag{11-1}$$

式中　E_V——平均值场强（V/m）；

E_p——峰值场强(V/m);

τ——脉冲宽度(s);

T——脉冲周期(s)。

2. 功率密度估算

1)平均功率和峰值功率计算

对大功率发射源进行测量前,应近似估算得到辐射源的射频电磁环境,为选择测试仪器提供支持。

采用均方根(rms)的形式定义电磁环境电平。所有的测量或计算场强采用功率密度的方式获得(包括峰值和平均值),然后转换成场强的均方根值。

通常情况下,通信系统使用调幅(AM)、调频(FM)、脉冲编码调制(PCM)的调制技术或者连续波(CW)。为确定调频和脉冲编码调制中的峰值功率,一种最坏的情况是采取平均功率等效于未调制的载波峰值功率。此时连续波信号的占空比为1,平均功率和峰值功率相等。100%调制的调幅信号,其峰值包络功率是载波峰值功率的4倍。

脉冲调制信号(典型的是来自于雷达)的峰值功率和平均功率之间的差异,取决于占空比,占空比可以使用下式来计算:

$$D=\frac{\tau}{T} \quad 或 \quad D=\tau\times f \tag{11-2}$$

式中 D——占空比;

τ——脉冲宽度(s);

T——脉冲重复时间间隔(s);

f——脉冲重复频率(Hz)。

平均功率可以使用式(11-3)计算:

$$P_v=P_p\times D \tag{11-3}$$

式中 P_v——平均功率(W);

P_p——峰值功率(W)。

2)近场和远场边界

天线周围的电磁环境场划分为感应近场区、辐射近场区或菲涅耳区和远场区或夫琅和费区,应满足以下各式的要求:

$$NF_r\approx 0.62\sqrt{L^3/\lambda} \quad (感应近场边界) \tag{11-4}$$

$$0.62\times\sqrt{L^3/\lambda}\leqslant NF_{rad}\leqslant 2L^2/\lambda \quad (辐射近场区域) \tag{11-5}$$

$$FF\approx 2L^2/\lambda \quad (远场边界) \tag{11-6}$$

式中 NF_r——感应近场区域边界(m);

NF_{rad}——辐射近场(菲涅耳)区域(m);

FF——远场(夫琅和费)区域边界(m);

λ——波长(m);

L——天线的最大尺寸(m)。

注:天线相对于波长较小($\lambda>10L$),不存在辐射近场。

3)远场功率密度计算方法

在远场区域,口径天线和线天线功率密度可以使用下式来计算。所有的功率密度电平使用发射机的最大输出功率和观测方向上的天线增益来计算。

$$S = \frac{P_{\mathrm{T}} G}{4\pi d^2} \tag{11-7}$$

式中 S——功率密度($\mathrm{W/m^2}$);

P_{T}——发射机输出功率的平均值或峰值(W);

G——天线增益数值;

d——离开天线的距离(m)。

电场强度与功率密度的关系如下式所述:

$$E = \sqrt{S \times Z_0} \tag{11-8}$$

式中 E——最大电场强度(V/m);

Z_0——自由空间的波阻抗(120π 或约 377)(Ω);

S——功率密度($\mathrm{W/m^2}$)。

根据源天线的端电压、阻抗和驱动电流,在某个给定点的电场和磁场强度的比值取决于哪个场起主导作用。在近场区域,自由空间的波阻抗不是常数 $120\pi\Omega$。越靠近远场区域,电场和磁场的比值越接近于 377Ω,不同场源间的差异越小,且某一场的主导作用也在减弱。考虑到这一因素,在远场区可采用式(11-8)将功率密度转换为电场强度。

4)近场功率密度计算方法

(1)概述。在辐射近场区域,圆形或矩形口径天线源沿传播轴方向的功率密度可采用数值计算和缩比模型试验等方法获得。由于在近场区域,自由空间的波阻抗不是常数,近场功率密度可按下式进行计算,即采用远场功率密度式(11-7)加入近场天线修正系数 N 进行修正。

$$S = \frac{P_{\mathrm{T}} G}{4\pi d^2} \times N \tag{11-9}$$

式中 S——平均或峰值功率密度($\mathrm{W/m^2}$);

P_{T}——发射机输出功率的平均值或峰值(W);

G——天线增益数值;

d——离天线的距离(m);

N——近场修正系数。

近场功率密度计算是基于天线辐照常数估算和天线效率计算及检验的方法,未考虑阻抗失配在天线源端口反射所导致的失配(驻波比)损耗、天线和天线馈电点之间的射频损耗,以及由于天线口径不是等相位面所导致的溢出损耗和相位损耗。

(2)圆形口径天线的近场功率密度计算方法。在辐射近场区域,圆形口径天线源沿传播轴方向的功率密度按照下式进行计算:

$$S = \frac{P_{\mathrm{T}} G}{4\pi d_{\mathrm{ff}}^2} \times \mathrm{NCF_{circ}} \tag{11-10}$$

式中 S——平均或峰值功率密度($\mathrm{W/m^2}$);

P_{T}——发射机输出功率的平均值或峰值(W);

G——天线增益数值;

NCF_{circ}——近场修正系数；

d_{ff}——式(11-6)计算出的天线远场边界距离(m)。

近场功率密度的计算采用近场修正系数 NCF_{circ} 对远场功率密度式(11-7)进行修正。近场功率密度计算步骤如下：

① 用式(11-7)计算远场边界处的功率密度。

② 用下式计算辐照常数 R，即

$$R = 5.84 \times 10^{-5} \times f \times BW \times L \tag{11-11}$$

式中 R——天线辐照常数；

f——频率(MHz)；

BW——3dB 波束宽度(水平或垂直)；

L——圆形天线直径(或矩形天线的最大水平或垂直尺寸)(m)。

③ 根据辐照常数和表 11-1 来估算天线辐照系数 F 和口面场分布类型。当辐照常数 R 处于两个范围的边界时，选择较高阶数的口面场分布类型，口面场分布类型超过 $(1-r^2)^4$ 时不需考虑，因为此时在菲涅耳区的增益衰减几乎可以忽略。

表 11-1　圆形口径天线辐照系数 $(1-r^2)^{\rho}$

R 值范围	预期口面场分布类型	ρ	F
1.02～1.27	均匀	0	1.00
1.27～1.47	$(1-r^2)$逐渐减小	1	0.75
1.47～1.65	$(1-r^2)^2$逐渐减小	2	0.56
1.65～1.81	$(1-r^2)^3$逐渐减小	3	0.44
>1.81	$(1-r^2)^4$逐渐减小	4	0.36

④ 按下式计算天线效率 K，检验天线辐照系数是否合适：

$$K = \frac{G\lambda^2}{4\pi AF} \tag{11-12}$$

式中 K——天线效率；

G——远场天线增益；

λ——波长(m)；

A——天线口径面积(m^2)；

F——天线辐照系数。

天线效率在 0.3～0.9 之间。如果高阶天线辐照系数使得天线效率过高，则需要选择低阶的口面场分布类型；若天线辐照系数确定且效率被认为是合适的，则采用适当的近场修正系数就可计算圆形天线某一特定辐照类型的近场。

⑤ 按下式计算距天线的归一化距离，结合口面场分布类型确定 NCF_{circ}：

$$x = \frac{d}{2L^2/\lambda} \tag{11-13}$$

式中 x——距天线归一化距离；

d——离天线的距离(m)；

λ——波长(m)；

L——圆形天线直径(或矩形天线的最大水平或垂直尺寸)(m)。

确定了辐照类型($\rho=0,1,2,3,4$),近场修正系数可以根据式(11－13)中计算出的离天线归一化距离选定。在图11－1中根据辐照类型选取合适的近场修正系数NCF_{circ}。

⑥ 将步骤①中计算的功率密度(远场边界处)与步骤⑤中确定的NCF_{circ}相乘,即可得到给定距天线距离r的近场功率密度。

(3) 矩形口径天线的近场功率密度计算方法。在辐射近场区域,矩形口径天线源沿传播轴方向的功率密度按照下式进行计算:

$$S=\frac{P_T G}{4\pi d^2}\times NCF_{rect} \tag{11-14}$$

式中 S——平均或峰值功率密度(W/m^2);

P_T——发射机输出功率的平均值或峰值(W);

G——天线增益数值;

NCF_{rect}——近场修正系数;

d——离天线的距离(m)。

近场功率密度的计算采用近场天线校正系数(NCF_{rect})对远场功率密度式(11－7)进行修正。

近场功率密度计算步骤如下:

① 用式(11－7)计算所关注的某个特定距离处的远场功率密度。

② 用式(11－11)计算水平和垂直面的辐照常数R。

③ 根据辐照常数和表11－2来估算天线辐照系数F和口面场分布类型。当辐照常数R处于两个范围的边界时,应选择较高阶数的口面场分布类型,因为此时场强最大。为了得到矩形天线的功率密度,必须确定水平和垂直轴向或平面的近场修正系数,可根据辐照常数R按下式和表11－2确定口面场分布类型和辐照系数(F_h和F_v):

$$F=F_h\times F_v \tag{11-15}$$

式中 F——辐照系数;

F_h——水平辐照系数;

F_v——垂直辐照系数。

口面场分布类型高于$\cos^4$时不需考虑,因为此时在菲涅耳区的增益衰减几乎可以忽略。

表11－2 矩形口径天线辐照系数

R值范围	预期口面场分布类型	F
0.88～1.2	均匀	1.00
1.2～1.45	cos	0.810
1.45～1.66	$\cos^2$	0.667
1.66～1.93	$\cos^3$	0.575
1.93～2.03	$\cos^4$	0.515

④ 用式(11－12)计算天线效率K,检验天线辐照是否合适。高阶辐照使天线效率过高则选用较低一阶的估计结果。天线效率K的值在0.3～0.9之间被认为是合理的。

⑤ 按下式计算离开天线的归一化(相对于波长)距离:

$$\lambda = 300/f \tag{11-16}$$

式中 f——频率(MHz)。

$$x_{\text{rect}} = d/\lambda \tag{11-17}$$

$$a_{\text{h}} = L_{\text{h}}/\lambda, \quad a_{\text{v}} = L_{\text{v}}/\lambda \tag{11-18}$$

按下式计算天线口径的归一化(相对于波长)尺寸。

⑥ 根据离开天线的归一化距离和天线口径的归一化尺寸,确定各个面上的近场修正系数。

⑦ 将两个面上分贝形式的近场修正系数值相加然后转换成数值,得到总的近场修正系数 NCF_{rect}。将步骤①中计算的远场功率密度与 NCF_{rect} 相乘,即可得到距离天线 d 处的近场功率密度。

11.1.3 实施要点

辐射危害场强测量的基本程序是:确定辐射场源天线的距离、仰角、方位角,并判断是否在场源天线主波束轴线上;将传感器或天线置于辐射电磁场中,进行探索以确定最大值;若被测场源天线不能进行位置锁定,则对扫描天线场的测量至少记录两个扫描周期的功率密度值,取两个扫描周期的功率密度平均值进行记录;测试对象包括:单个连续波辐射源场强、单个脉冲调制辐射源场强、磁场强度、多个连续波辐射源合成场强(相同限值情况下多个连续波辐射源合成场强、不同限值情况下多个连续波辐射源合成场强、多个脉冲波辐射源合成场强、多个连续波和脉冲波发射源合成场强)等多种情况,实施过程中应根据不同的辐射源特性,进行测试数据处理,得到人员辐射危害评估的输入值。

1. 单个连续波辐射源场强

试验步骤如下:

(1) 确定被测部位相对于每个辐射场源天线中心的距离、仰角、方位角,并判断是否在场源天线主波束轴线上。

(2) 将传感器或天线置于辐射电磁场中,采用长馈线对测试区域内的场进行探索以确定最大值。

(3) 若被测场源天线不能进行位置锁定,则对扫描天线场的测量至少记录两个扫描周期的功率密度值,取两个扫描周期的功率密度平均值进行记录。

(4) 记录测量点位置、场强测量值、被测射频源频率、天线名称或天线编号、发射功率等参数。

2. 单个脉冲调制辐射源场强

试验步骤如下:

(1) 确定被测部位相对于每个辐射场源天线中心的距离、仰角、方位角,并判断是否在场源天线主波束轴线上。

(2) 将热电偶式场强传感器置于被测区域中,采用长馈线对测试区域内的场进行探索以确定平均功率密度的最大值;再采用测量接收机和接收天线,测试区域内峰值场强值,参考 GJB 8848—2016 附录 E 中的转换和修正公式可得到近场功率密度的最大值。

(3) 若被测场源天线不能进行位置锁定,则对扫描天线场的测量至少记录两个扫描周期的功率密度值,取两个扫描周期的功率密度平均值进行记录。

（4）记录测量点位置、场强测量值、被测射频源频率、天线名称或天线编号、发射功率等参数。

3. 磁场强度

试验步骤如下：

（1）测量仪器通电预热，使其达到稳定的工作状态；在每一位置测量时均应对仪器校零。

（2）当电子、电气设备正常工作时，将磁场测量仪传感器放置于测量位置，以搜索方式进行探测。

（3）测量时，在测量位置附近，应先在水平面内绕垂直轴线转动传感器，寻找表头指示最大时传感器的位置；然后在水平面内绕自身轴线转动传感器，再寻找表头指示最大时传感器的位置，直至找到最大值为止。读取并记录磁感应强度值。

（4）对每一测量点，按上述步骤重复测量。

（5）当出现多个方向均有较大场指示时，应以距离被测对象外壳5cm处平面范围内测量最大值为记录结果。

4. 相同限值情况下多个连续波辐射源合成场强

试验步骤如下：

（1）打开全部辐射源正常工作。

（2）采用场强传感器测量多个源同时工作的合成场强。

5. 不同限值情况下多个连续波辐射源合成场强

试验步骤如下：

（1）每个发射源分别单独工作，按照单个连续的辐射源场强测试步骤测量单发射源的场强值 $E_1, E_2, \cdots, E_n$，各发射源与相应的限值进行比较。

（2）依据式（11－19）计算得到多连续波发射源的合成场强 E，并依据相应的标准进行比较。

$$E = \sqrt{E_1^2 + E_2^2 + \cdots + E_n^2} \tag{11-19}$$

6. 多个脉冲波辐射源合成场强

试验步骤如下：

（1）每个脉冲发射源分别单独工作，按照单脉冲调制辐射源场强测试步骤，采用天线与测量接收机、频谱分析仪或峰值功率计测量得到每个源的峰值场强值 $E_1, E_2, \cdots, E_n$，再参照式（11－1）计算得到每个源的平均场强值 $\overline{E}_1, \overline{E}_2, \cdots, \overline{E}_n$，也可以采用热电偶场强传感器测量得到每个辐射源单独辐射时的平均场强值 $\overline{E}_1, \overline{E}_2, \cdots, \overline{E}_n$，再反推计算得到峰值场强。

（2）依据式（11－19）分别计算得到合成峰值场强值 E 和合成平均场强值 $\overline{E}$。

7. 多个连续波和脉冲波发射源合成场强

试验步骤如下：

（1）每个连续波和脉冲发射源分别单独工作，按照单发射源辐射场强测试步骤，连续波可采用电场传感器与场强测试仪或天线与测量接收机、频谱分析仪或峰值功率计，脉冲波采用天线与测量接收机、频谱分析仪或峰值功率计测量得到每个源的峰值场强值 E_1，$E_2, \cdots, E_n$，连续波峰值场强等于平均场强，脉冲波再参照附式（11－1）计算得到每个源的

平均场强值 $\overline{E}_1, \overline{E}_2, \cdots, \overline{E}_n$，也可以采用热电偶场强传感器测量得到每个辐射源单独辐射时的平均场强值 $\overline{E}_1, \overline{E}_2, \cdots, \overline{E}_n$。

（2）依据式(11－19)分别计算得到合成峰值场强值 E 和合成平均场强值 $\overline{E}$。

11.1.4 需要注意的问题

试验实施过程中，应注意以下问题：

（1）发射源必须以设计最大功率或额定功率发射。

（2）当对某一单个发射源产生的场强进行测量时，应保证其他无关发射源停止发射。

（3）磁场测试应选择使被测部位电流最大的工作状态。

（4）由于微波场源的功率和危害性大，在测量前应对被测微波场强进行估算。

（5）对于短波天线等辐射源，感应近场不可忽略，此时可参考类似情况的近场分布曲线或规律来估算感应区场强。

（6）测试过程中应首先选取高功率传感器（尽可能低的灵敏度）配合高灵敏度的测试量程进行测量，将测量传感器逐步靠近主波束以防止传感器烧毁。

（7）应避免由于支撑物或人体反射造成的场强变化，所有金属体（包括仪表读出装置）应尽量远离传感器位置或用适量吸波材料覆盖。连接电缆应与场极化方向相垂直或用吸波材料覆盖。介质支撑物应尽可能小并具有低的介电常数。在测量时，应谨慎小心，逐渐推进，避免人员或仪表突然进入高场强区，造成人员或仪表的损伤。

（8）应避免天线指向人员发射。在开始测量前，人员应远离主波束或预期超过危害限值的场区，同时测量人员应采取相应的防护措施。

11.1.5 结果评估

电磁辐射对人员危害不仅与辐射源的场强或功率密度的幅值有关，而且与辐射源的频率、信号形式等有关，因此须对场强或功率密度测量结果进行处理，以便与相关标准限值进行比较评估。试验结果评定方法可分为固定辐射和非固定辐射两种方式。

1. 固定辐射的场强评定方法

固定辐射（如单一工况的全向天线、指向器等），且工况及发射时间可控时，每一战位头（眼）、胸、下腹部位的平均场强定义为每个部位测量结果的平均值，按下式计算：

$$\overline{E} = \frac{\sum_{i=1}^{n} E_i}{n} \tag{11-20}$$

式中 $\overline{E}$——测量位置平均场强（V/m）；

E_i——第 i 个场强测量结果（V/m）；

n——测量次数。

2. 非固定辐射的功率密度评定方法

1）功率密度最大值的确定

辐射源产生的功率密度最大值的处理方法如下：

（1）选取选定位置处，辐射源处于某一工作模式下对应的全部功率密度数据。

（2）取所选数据的最大值作为对应的位置和辐射源工作模式下的功率密度最大值。

2）功率密度平均值的计算

单次扫描测量时，在选定位置处，辐射源处于某一工作模式下，产生的功率密度平均值的计算方法如下：

（1）选取该位置处、该工作模式下对应的功率密度数据。

（2）选取某一传感器高度，某一辐射源俯仰角对应的各水平方位角，辐射的功率密度平均值按下式计算：

$$S_{水平} = \frac{1}{N}\sum_{i=1}^{N} S_i \tag{11-21}$$

式中 $S_{水平}$——各水平波位对应的功率密度平均值；

S_i——第 i 个水平方位波位，固定波束照射下的功率密度，其中 $i=1,2,\cdots,N$；

N——辐射源水平方位波位数。

（3）同一传感器高度，各俯仰角对应的辐射源辐射功率密度平均值按下式计算：

$$S_{俯仰} = \frac{1}{M}\sum_{j=1}^{M} S_{水平j} \tag{11-22}$$

式中 $S_{俯仰}$——各俯仰角对应的功率密度平均值；

$S_{水平j}$——第 j 个俯仰角对应的各水平方位角的功率密度平均值，其中 $j=1,2,\cdots,M$；

M——辐射源俯仰波位数。

（4）对不同传感器高度按上述步骤进行计算，得出功率密度平均值。

（5）单次扫描测量下，选定位置处功率密度平均值按下式计算：

$$S_{单扫} = \frac{1}{H}\sum_{h=1}^{H} S_{俯仰h} \tag{11-23}$$

式中 $S_{单扫}$——辐射源单次扫描测量对应的功率密度平均值；

$S_{俯仰h}$——第 h 个传感器高度位置各俯仰角对应的功率密度平均值；

H——传感器高度数。

在选定位置处，辐射源处于某一工作模式，进行了多次扫描测量时，辐射源产生的功率密度平均值的计算方法如下：

（1）按照相关方法计算出辐射源每次扫描测量对应功率密度平均值。

（2）多次扫描测量，选定位置处功率密度平均值按下式计算：

$$S_{多扫} = \frac{1}{K}\sum_{k=1}^{K} S_{单扫k} \tag{11-24}$$

式中 $S_{多扫}$——多次扫描测量对应的功率密度平均值；

$S_{单扫k}$——单次扫描测量对应的功率密度平均值，$k=1,2,\cdots,K$；

K——多次扫描测量的总次数。

对于固定辐射源，各典型位置、辐射源典型工作模式对应连续暴露平均值和间断暴露日剂量值，若不大于相关标准规定的连续暴露平均限值和间断暴露日剂量限值要求，则判定为不超标；否则，判定为超标。

对于非固定辐射源各典型位置、辐射源典型工作模式对应的间断暴露最高值，若不大于相关标准规定的间断暴露最高允许限值要求，则判定为不超标；否则，判定为超标。各典型位置、辐射源典型工作模式对应的功率密度平均值与对应工作时间（单位为小时(h)）相乘，若其乘积不大于相关标准规定的日剂量限值要求，则判定为不超标；否则，判定为超标。

11.2 电磁辐射对军械危害试验

11.2.1 适用范围

GJB 8848—2016 规定电磁辐射对军械危害试验方法按照 GJB 7504—2012 执行。该标准规定了检验含有电爆装置的军械（以下简称军械）在其寿命期内承受电磁辐射能力的试验方法。该标准规定的安全裕度评估方法与 GJB 8848—2016 中方法 102 "军械安全裕度试验及评估方法" 相同，可配套使用。以下以 GJB 7504—2012 为基础，介绍其基本内容。

11.2.2 基本原理

现代化舰船、飞机、陆基等发射平台上装备的通信、导航、雷达等发射设备增多、功率增大，同时还受到外部电磁发射源的影响，使得军械在有限的布置空间内，面临的电磁能量密度较大，区域内电磁环境复杂。如果军械系统得不到适当防护，射频辐射能量易导致电爆装置出现误动作（如早爆）、性能或可靠性的降低（如失效）、意外发射或起爆等，即出现电磁辐射对军械危害（Hazards of Electromagnetic Radiation to Ordnance）问题，简称 "HERO" 问题，危及操作军械的人员和军械安装平台安全，甚至造成灾难性的后果。因此，评估复杂电磁环境下军械安全性是非常重要的。

电磁辐射对军械危害试验对象——军械，指含有一个或多个电爆装置（简称 EED）的武器系统、弹药、安全和应急装置及其他设备（GJB 786—1989）。GJB 1389A—2005 规定，对于电爆装置的直接射频感应激励和电点火电路的意外启动两种情况，军械中的电爆装置暴露在规定的外部电磁环境期间不应意外点火，暴露后不应降低性能。因此考虑电磁辐射对军械危害，一是电磁辐射对电爆装置的直接作用；二是电磁辐射通过军械的外壳、电点火电路等间接影响到电爆装置或引起其他电气故障。电磁辐射对军械危害试验评估的重点主要是其电爆装置；而对于军械系统的其他部分应满足电磁敏感度要求后在进行 HERO 试验，在进行 HERO 试验前还应确保军械系统内部的自兼容性。

电磁辐射对军械危害的试验布置如图 11－1 所示。试验时，先建立要求的受控电磁场，将受试军械置于规定位置，使其暴露在受控电磁环境中，监测军械的可能响应，针对军械电爆装置进行安全裕度评估，以确定军械在预期电磁环境中的安全性。其中电磁场生成、安全裕度量化评定和军械响应监测等是关键。

11.2.3 实施要点

1. 电磁场生成

可采用信号源、功率放大器和发射天线产生，也可采用实际装备产生所要求的电磁环境，并考虑实际情况，选择调制、极化、照射角等，配置如图 11－2 所示。

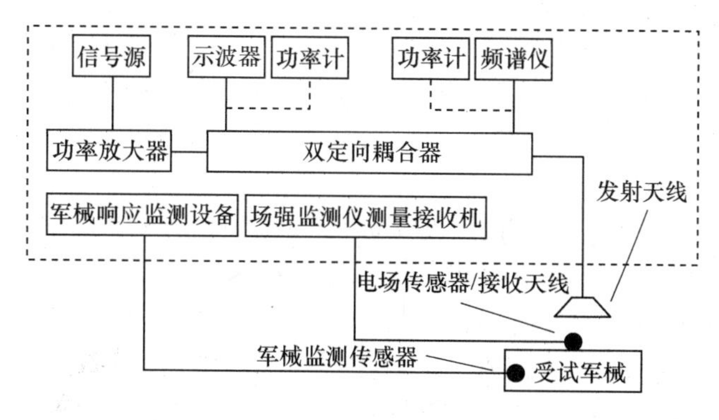

图 11-1 电磁辐射对军械危害试验布置

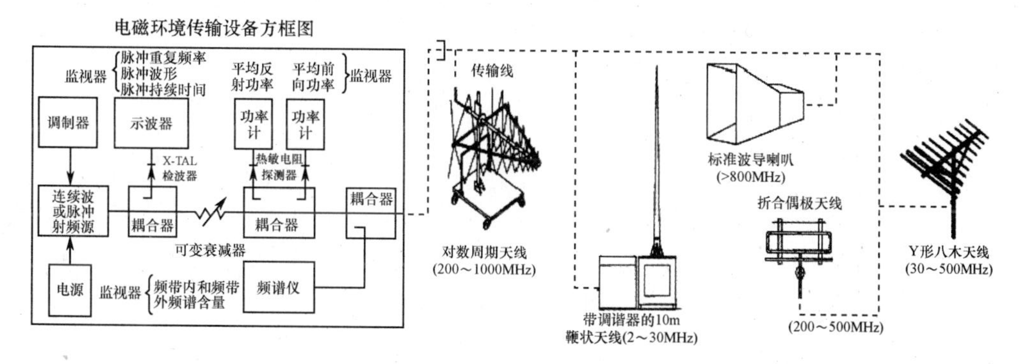

图 11-2 电磁场生成配置图

1）生成方式

在低频段，一般采用低增益全向天线来产生试验环境，推荐使用装载平台安装的典型短波天线，如舰船平台使用 10m 鞭状天线。在射频段，一般使用对数周期天线或八木天线。在微波段，通常使用高增益、口径类天线，如喇叭天线。当使用实装进行试验时，可根据实际发射设备的发射特性来选取电磁场的参数（如场强频率、极化、调制、照射位置等），并尽量保证驻留时间。

2）极化

施加电磁场的极化为垂直极化及水平极化。当频率低于 30MHz 时，如果订购方同意，可只采用垂直极化方式。

3）调制

根据电爆装置快响应/慢响应的特性选择是否施加调制。对于快响应电爆装置而言，其电磁场应施加调制，其场强要求为峰值电平；对于慢响应电爆装置而言，不施加调制，对应的电磁场为连续波形式，其场强要求为平均值。施加电磁场频段小于 225MHz，应先分析幅度调制、频率调制或脉冲调制三种调制方式哪种最有可能使军械敏感，再选择调制方式；大于 225MHz 的试验中，可采用脉冲调制，调制参数的选择应使电爆装置响应最大。

4）照射

在低频段（30MHz 以下），受测军械与甲板边缘或与大型舰船上鞭状天线之间允许的最小距离为 10 英尺（3.05m），基于这一原则确定发射天线与受试军械的距离为 3m。根据试验的配置情况，在 50MHz 以上频率可实现对受试军械的远场辐射。

在225MHz以下频率,对于军械测试配置边界较大的情况,可参照GJB 151B—2013采用分段照射的方法,以保证受试军械可受到充分照射。在225MHz以上频率,在受试军械水平及垂直面内,根据发射天线波束覆盖范围来选取天线照射位置,以保证受试军械各部位均被充分照射。

关于电磁场的生成、照射方式等与外部射频电磁环境敏感性试验中全电平辐照法的原理基本相同,可参考本书6.2节相关内容。

2. 军械响应监测

军械响应监测设备可以发现和监测军械系统中所含的电爆装置在电磁辐射环境下的响应。针对小目标、弱信号的测量,可采用非接触式红外测温方法和荧光传感方式为基础的测温方法以确定感应电流,测试设备由传感器、传输线、数据转换设备和数据记录设备组成。典型的军械响应监测设备如图11-3所示。

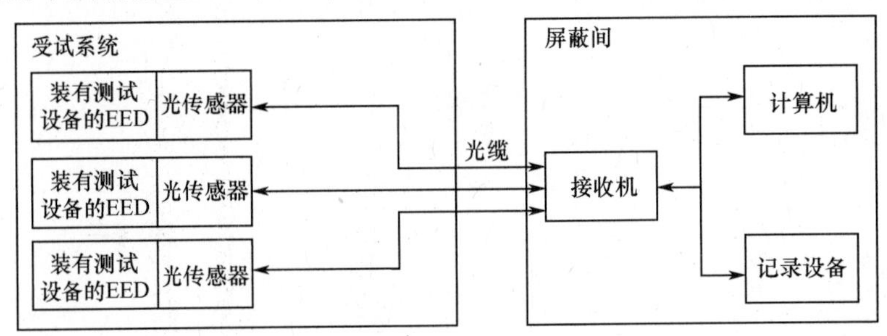

图11-3　典型的军械响应监测设备

3. 安全裕度评估

以军械中电爆装置的最大不发火激励与电磁环境中电爆装置实际响应的比值作为安全裕度评定准则,选取对数值表示,选择通过电流、电压或功率等参数计算得出;此外,当无法在所有要求频率范围内生成要求的电磁环境时,可在试验设备能产生的最大场强下测量电爆装置的响应,然后将试验数据进行外推以确定最大允许环境电平进而进行安全裕度评估。

4. 试验安全

(1)安全规程:根据试验可能存在的潜在危害,应制定安全规程,明确预防措施及应急预案,确保试验全过程安全可靠。

(2)军械操作:执行搬运/装卸军械、拆卸/组装军械、安装替代电爆装置等军械操作时应严格按照操作守则进行,操作人员应具备相应资质。

(3)安全设施:试验现场必须设有必要的安全性设施,制定必要的安全措施。试验装置应安装在通风良好、安全可靠的防护设施内。

(4)人员安全:应预防电磁辐射对人员造成危害,采取措施确保人员不暴露于超过GJB 5313—2004允许暴露限值的电磁环境中;此外,应预防金属体感应电压对人体造成灼伤,采取措施确保人体直接接触到的感应电压不超过100V,感应电流不超过表11-3的限值。

(5)防护设备:对每个试验操作必须进行评估以便确定是否需要个人防护设备以避免特殊危险,如听力及眼部保护设备、安全鞋袜和射频防护服等。

表 11-3 人体接触的感应电流限值

频率范围/MHz	经过两脚的最大电流/mA	经每只脚的最大电流/mA	接触电流/mA
0.003~0.1	2000f	1000f	1000f
0.1~100	200	100	100
注:f 为频率,单位为 MHz			

(6)仪器设备:应严格按照试验规程和仪器使用说明书进行试验以确保仪器安全。

(7)保障设备:应配备相应的消防、防爆设备及器材以确保试验安全,并应保证这些设备状态良好,处于有效期内。

11.2.4 需要注意的问题

电磁辐射对军械危害试验是针对军械整体或系统。从安全因素考虑,军械在电磁辐射危害试验中应使用惰性工作装置,将受试军械中所有炸药、火药、推进剂、燃油、化学品拆除或用惰性器材代替。如果军械电磁辐射危害试验要求使用装炸药的电爆装置,必须严格地遵循军械相关的操作规定。试验时一般不包括预期安装平台;但在试验条件允许的情况下,也可装载于武器平台上进行试验。

试验可选择在开阔场或电波暗室进行。开阔场应铺设接地平板。接地平板应采用具有高导电率的金属材料;尺寸应足够大,使受试测试配置边界处于其区域内,且使受试测试配置边界与接地平板边界距离大于受试军械与发射天线距离的 1.5 倍,同时应保证 225MHz 频率以上发射天线对受试军械的照射处于远场条件。电波暗室空间应足够大,测试配置边界距电波暗室侧壁及顶部距离不小于 1m,且试验用发射天线边缘距电波暗室侧壁及顶部距离不小于 1m。

11.2.5 结果评估

可通过电爆装置响应、安全裕度或最大允许环境电平对试验结果进行判定,以判断受试军械是否满足 HERO 要求。判定结论必须与受试军械的工作状态关联。

1. 依据电爆装置响应的结果判定方法

该方法是将电爆装置的响应值与安全激励电平进行比较。关于电爆装置的响应在本书 4.2 节中已介绍,另一个重要概念就是安全激励。

安全激励是电爆装置具有规定的安全裕度所允许承受的最大激励。安全激励可通过电流、电压、功率等形式给出,分别以安全电流、安全电压、安全功率表示,可采用以下各式计算:

$$I_{ss} = M_d \times I_{MNF} \tag{11-25}$$

$$V_{ss} = M_d \times V_{MNF} \tag{11-26}$$

$$P_{ss} = M_d^2 \times P_{MNF} \tag{11-27}$$

式中 I_{ss}——电爆装置安全电流(mA);

M_d——以十进制数表示的要求安全裕度的倒数(如 16.5dB 和 6dB 的安全裕度对应十进制数的倒数分别为 0.15 和 0.50);

I_{MNF}——电爆装置最大不发火电流(mA);

V_{ss}——电爆装置安全电压(V);

V_{MNF}——电爆装置最大不发火电压(V);

P_{ss}——电爆装置安全功率(W);

P_{MNF}——电爆装置最大不发火功率(W)。

依据电爆装置响应的结果判定方法如下:

(1) 当要求的电磁环境电平下电爆装置的响应值不大于电爆装置的安全激励电平,可认为电爆装置在该特定频率下满足安全激励的要求;否则可认为电爆装置在该特定频率下不满足安全激励的要求。

(2) 通过评估电爆装置在每个频段内所有频率是否满足安全激励的要求,以确定电爆装置在该频段是否满足安全激励的要求。对于含有多个电爆装置的军械,所有电爆装置都满足各自安全激励的要求才可认为军械在该频段满足要求。

(3) 若受试军械电爆装置安全激励与军械响应监测设备检测出的电爆装置响应的参数形式不同,应将安全激励转换为电爆装置响应相同的参数形式进行判定(如根据电爆装置桥丝电阻进行计算转换)。

2. 依据安全裕度的结果判定方法

该方法是将电爆装置的实际安全裕度与要求的安全裕度进行比较。电爆装置的实际安全裕度可通过电流、电压、功率等参数计算得出。本书 4.2 节介绍的就是此方法。

依据安全裕度的结果判定方法如下:

(1) 当要求的电磁环境电平下电爆装置的实际安全裕度不小于要求的安全裕度,可认为电爆装置满足安全裕度的要求;否则可认为电爆装置不满足安全裕度的要求。

(2) 通过计算电爆装置在每个频段内所有频率的安全裕度,可确定电爆装置在该频段是否满足安全裕度的要求。对于含有多个电爆装置的军械,每个频段内所有电爆装置都满足各自安全裕度的要求才可认为军械在该频段满足 HERO 要求。对含有多个电爆装置的军械,军械在该频段安全裕度值取各电爆装置安全裕度值的最小者。

3. 依据最大允许环境电平的结果判定方法

该方法是将电爆装置的最大允许环境电平与要求的电磁环境电平进行比较。最大允许环境是指军械具有规定的安全裕度所允许承受的最大辐射场强。

当满足规定的外推条件时,给定频率下的最大允许环境电平可由施加的电磁环境电平下电爆装置响应、电爆装置安全激励以及施加的电磁环境电平计算得出,以下各式以电流、电压、功率形式计算最大允许环境电平:

$$E_{MAE} = E_t(I_{ss}/I_t) \tag{11-28}$$

$$E_{MAE} = E_t(V_{ss}/V_t) \tag{11-29}$$

$$E_{MAE} = E_t(P_{ss}/P_t)^{0.5} \tag{11-30}$$

式中 E_{MAE}——最大允许环境电平(V/m);

E_t——试加的电磁环境电平(V/m);

I_{ss}——电爆装置安全电流(mA);

I_t——实测电爆装置感应电流测量值(mA);

V_{ss}——电爆装置安全电压(V);

V_t——实测电爆装置感应电压测量值(V);

P_{ss}——电爆装置安全功率（W）；

P_t——实测电爆装置感应功率测量值（W）。

如试验中未测量到响应，可将军械响应监测设备最小可探测电流、电压或功率作为电爆装置感应测量值。

依据最大允许环境电平的结果判定方法如下：

（1）当电爆装置的最大允许环境电平不小于要求的电磁环境电平，可认为电爆装置满足电磁环境要求；否则可认为电爆装置不满足电磁环境要求。

（2）通过计算电爆装置在每个频段内所有频率的最大允许环境电平，可确定电爆装置在该频段是否满足电磁环境要求。对于含有多个电爆装置的军械，每个频段内所有电爆装置都满足要求的电磁环境才可认为军械在该频段满足 HERO 要求。对含有多个电爆装置的军械，军械在该频段最大允许环境电平取各电爆装置最大允许环境电平的最小者。

第 12 章　电搭接和外部接地试验

电搭接是使系统结构部件、设备、附件与基本结构之间具有低阻抗通路的可靠的电连接，可提供电流返回和干扰信号的泄放通路，达到有效防止电磁干扰的目的。系统若没有良好的搭接措施，由雷电、沉积静电、电磁脉冲造成的危害也会严重影响到系统性能。例如，雷电作用于相应系统产生的电压足可以击伤人员，并通过电弧和火花点燃燃油以及引爆军械或使军械失效等情况，甚至干扰或危害电子设备使其性能失效或降低。因此，搭接性能的良好与否直接影响系统的安全和工作性能。电搭接在解决电磁兼容性工程实际问题上起到明显和重要的作用，经常在系统发生电磁兼容性问题时，第一个工作就是检查搭接是否存在问题。电搭接性能用搭接电阻来衡量，搭接电阻分为交流和直流电阻两种，装备搭接电阻值通常指的是直流电阻值。

接地是将设备外壳、框架或底座搭接到系统的结构件或连接到大地上，以保证它们等电位，其中接大地是指系统的金属壳体和大地之间进行良好电气连接的过程，确保与大地等电位。装备在外场使用或内场维护常常需要接大地，装备的接大地主要为装备与大地之间提供一个电流通路，以控制电流的流向，防止由雷电、静电电荷累积和装备电气故障导致军械、燃油和易燃的蒸汽意外引爆和装备硬件受到损坏。

本章介绍的搭接电阻试验是针对电搭接的直流电阻测试，外部接地试验是针对装备的接大地电阻测试。主要内容包括测量原理、测试仪器要求以及测试中需要注意的事项等。需要说明的是 GJB 1389A—2005 中 5. 11. 2 “飞机接地插座” 所规定的是插头和系统接地参考点之间的直流电阻不超过 1. 0Ω 的要求，而非接大地电阻。

12. 1　适用范围

本章内容对应 GJB 8848—2016 的方法 901 “电搭接和外部接地试验方法”，用于验证对 GJB 1389A—2005 中 5. 10 电搭接和 5. 11 外部接地要求的符合性，包括搭接电阻试验和接大地电阻试验，适用对象包括飞机、舰船、空间和地面系统等。

搭接电阻试验方法适用于飞机、舰船、空间和地面系统等电搭接和采用电搭接实现接地的接地电阻测试，用于验证系统电搭接和接地要求的符合性。接大地电阻试验方法适用于飞机、舰船、导弹和地面系统等外部接大地电阻的测试。

12. 2　实施要点

12. 2. 1　搭接电阻试验

1. 测量原理

搭接电阻的测量通常采用四线测量方法，也称 Kelvin 连接方法，这种方法可以消除测量引线电阻和所引入的误差，从而实现微小搭接电阻精确测量，其原理如图 12－1 所示。在四线法的构造中，两根导线输出测试电流至被测搭接点，另外两根导线与仪表内部精密电压表相连。由精密恒流源产生恒定电流，通过被测电阻 R_X（搭接电阻），产生电压降，用直流毫伏表测出 Δu，即可得出被测电阻 R_X 的值。测量时引线电阻 R_L 和接触电阻 R_C 是与直流毫伏表串联，由于电压表输入阻抗非常高，且流经这两根导线的电流非常小，与被测搭接点上电压降相比，这两根导线上电压降可以忽略不计，因此引入测量误差极小。

搭接电阻测量的常用仪器是微欧表，测量配置如图 12－2 所示。数字式微欧表配有电压和电流端子，连接时电流引线夹的固定位置离搭接点较远，而电压引线夹的位置要靠近搭接点。

根据搭接和接地安装工艺要求，选择适当的测量点。测量点应尽量靠近零件、组合件或构件的结合处，一般距结合处不应大于 20mm；如需要，对被测部位的测量点周围的保护涂层、污物及氧化层进行清理，使仪器探针与测量点的接触电阻达到最小。如果搭接表面涂层经测试后有所破损，应在规定时间内采用原有涂料或与其等效的涂料重新进行表面涂封。

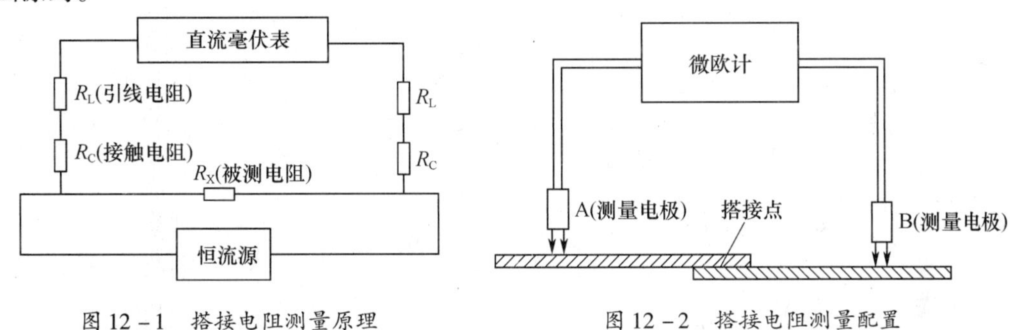

图 12－1　搭接电阻测量原理　　　　图 12－2　搭接电阻测量配置

2. 测量仪器要求

1）微欧表测试电流

目前市面上微欧表的测试电流有交流和直流两种，根据 MIL－STD－464C 标准附录指南中的分析，目前搭接电阻要求和验证主要针对的是直流电阻。微欧表中的电流源应是恒流源，根据待测搭接电阻值的大小，可选用不同的输出电流，如某型数字式欧姆表，其输出电流有 1A、100mA、10mA 和 1mA，对应的最小满量程电阻为 2mΩ，最大满量程电阻为 2kΩ。

2）防爆功能

在易燃易爆的危险区，例如油箱、推进剂或者易挥发性化合物的附近，或者在安装有电起爆装置的军械表面进行搭接电阻测试时，要求测试仪不能输出大的能量或者产生火花，以免触发、点燃危险材料和设备，从而危及产品安全。在这类环境下或者设备附近进行搭接电阻测试，应使用专业认证的本安型微欧表。本安型微欧表的特殊设计可使微欧表包括它的测试表笔在任何情况下都不会输出可能触发、点燃危险气体的能量。

3. 需要注意的问题

（1）通常装备的部件、设备安装是分阶段、分层次进行的，设备完全安装后许多搭接电阻测试位置已经不可达，所以对于新研装备搭接电阻的测量是随着工序进行的，应在装配的不同阶段分别开展。若出于电磁干扰排查、全寿命期控制、定期检测等原因,需要在建造完成的装备上开展搭接电阻测试时,应注意对搭接面进行处理,必要时测试点需要进行打磨或清洗,去除全部非导电涂层及高阻面层。如果搭接表面涂层,在测试后发现有所破损,应在规定时间内采用原有涂料或与其等效的涂料,并采用原有工艺重新进行表面涂封。

(2) 搭接电阻测量时,应注意在被试系统上测量位置的选取。一般同类型的接地、搭接点选取典型的点进行接地及搭接电阻测量。

(3) 搭接电阻测量时,需要注意对微欧表进行保护。主要是在测试前应确保被试系统处于全部断电状态,不存在蓄电池供电的情况。在受试系统有微弱电流的情况下,微欧表作为精密设备容易被烧毁。

(4) 搭接电阻测量时,应根据待测搭接电阻值的大小选用不同的电流及量程,同时确保测试探头与测试点的稳定良好连接,读取测量值并记录。

(5) 微欧表所测的电阻值为电压降与恒流源电流值的比值。电阻两端的电压包括电压降、热电势、接触电势和零电势。热电势、接触电势和零电势都属于定向干扰电势,采用微欧表测量时电流流向对测量结果会带来影响,一般应在正反两向进行多次测量后取平均值。

(6) 微欧表测量探头上施加压强与搭接电阻值之间具有一定的关系,当在测量电极上施加的压力所产生的压强超过一定的数值后,测量数值会趋于稳定。因此,测试人员进行测量时应保持相对恒定的压力以减小误差。

12.2.2 接大地电阻试验

1. 测量原理

1) 三端电位降法

电位降法又称三端电位降法,如图 12-3 所示,它在接大地电极 G 之外再设置两个辅助电极:电位电极 P 和电流电极 C。设置辅助电极时,要使电流电极离开受试电极足够远(20m 以上),并使电位电极在受试电极和电流电极之间。三个电极在一直线上,让受试电极 G 和电流电极 C 之间通过一个已知电流 I。然后测量接大地电极 G 和电位电极 P 之间的电压降 V 和已知电流 I 的比值,就是接大地电阻的量度。在测量电极 G 与电极 P 之间电位差时,使用的是高内阻仪表,电位电极不会带来大的影响。

用电位降法测接大地电阻时,把电位电极沿 G、P、C 的连线由近 G 处向 C 移动,这样就可测出一组数据。把这些数据绘成电阻相对于电流电极与受试电极之间距离的曲线,就可以较准确地确定接大地电阻值。

2) 两端法

在一些三端电压降测量法不适用的场合(如机库内),可利用现场的接地设施(金属水管),采用两端法进行测量,测量时金属管路即为辅助接地极,如图 12-4 所示。两点法通常应用于有金属管道系统且管道接头无绝缘的建筑物,对该类建筑物的单根接地棒接地电阻进行测定。

使用两端法测量时,电阻值测量结果是待测接地极和辅助接地极电阻值之和。与待测接地极的接地电阻相比较,辅助接地极的接地电阻可以忽略,因此用欧姆表示的所测电阻值即为待测接地极的接地电阻值。显然，对于接地电阻值低的被测接地棒，此法的误差较大，故两点法仅适用于需进行粗测的场合。

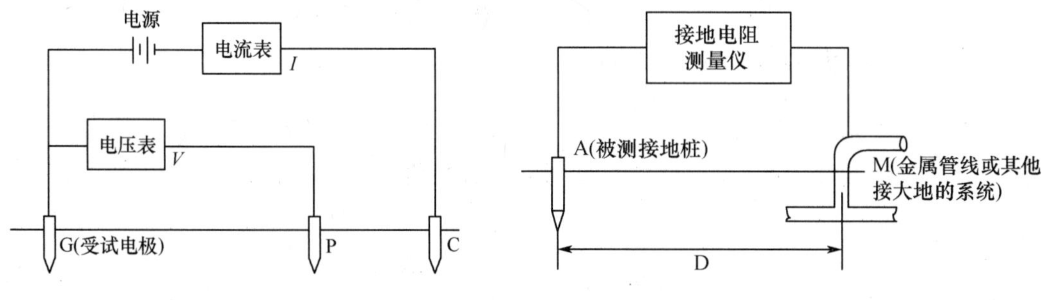

图 12－3　测接地电阻的电位降法　　　　图 12－4　两端电压降测量法

2. 测量误差分析

电位降法测接大地电阻时，认为受试电极与电位电极之间的电位差就是被测电极与大地之间的电位差，即电位电极处于零电位。事实并非如此，这就带来测试误差。当电流流入大地时，就会在电极周围形成一系列等电位线，这些等位线的大小正比于产生等位壳体的电极的尺寸。在测量过程中，电极 G 和 C 所形成的等位壳体都对电位测试棒 P 处的电位产生影响。如图 12－5 所示，当各电极间的距离比较近时，受试电极和电流电极形成的等位壳体在 P 处互相重叠，所测出的电压随电极距离变化曲线不能精确确定要测的电压，因而不能精确获得实际电阻。如果电流电极 C 离受试电极 G 足够远，则可以保证各组等位壳体不互相重叠，从而获得精确的电阻值。

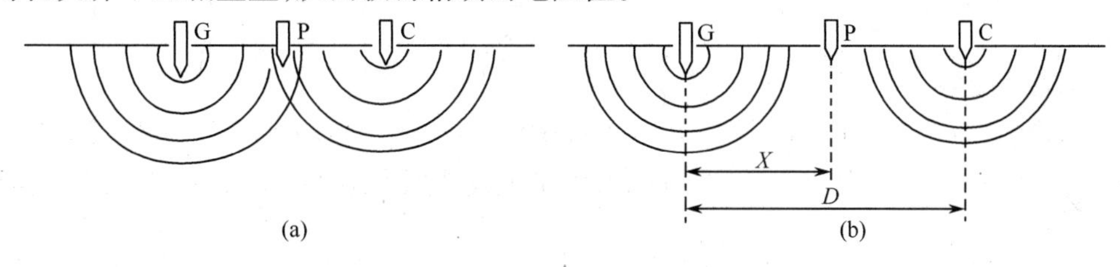

图 12－5　电极间距离对电压测量的影响

当受试电极和电流电极之间的距离 D 比受试的接大地电极分系统的尺寸大得多时，受试电极可近似地看作一个半球体，而两个电极之间的相互影响可以忽略。满足上述假设时，离受试电极距离为 X 的一点上的电位为

$$U_X = \frac{\rho I}{2\pi r} - \frac{\rho I}{2\pi(D-X)} = \frac{\rho I}{2\pi}\left(\frac{1}{X} - \frac{1}{D-X}\right) \tag{12-1}$$

式中　ρ——土壤电阻率（$\Omega \cdot m$）；

I——测试电流（A）；

r——电极半径（m）；

X——电位电极与受试电极之间的距离（m）；

D——电流电极与受试电极之间的距离（m）。

假设受试电极为半径等于 r 的半球体，则在此半球体表面上，可以令 $X=r$ 处求出其电位：

$$U_0 = \frac{\rho I}{2\pi}\left(\frac{1}{r} - \frac{1}{D-r}\right) \tag{12-2}$$

G 和 P 之间的电位差就是所测得的电压：

$$V_0^X = U_0 - U_X = \frac{\rho I}{2\pi}\left(\frac{1}{r} - \frac{1}{D-r} - \frac{1}{X} + \frac{1}{D-X}\right) \quad (12-3)$$

按照定义，接大地电阻的真值对应于

$$V_0^X = \frac{\rho I}{2\pi r} \quad (12-4)$$

为了使 V_0^X 的测量值能反映接大地电阻的真实数值，必须使式（12－3）中的误差项为零，即

$$\frac{1}{D-X} - \frac{1}{X} - \frac{1}{D-r} = 0 \quad (12-5)$$

当 $D >> r$ 时，得

$$X^2 - DX - D^2 = 0 \quad (12-6)$$

此方程的解为

$$X = 0.618D \quad (12-7)$$

因此，在 D 远大于受试电极半径的前提下，把电位电极的位置设在受试电极至电流电极距离的 62% 处时，接大地电阻的值才是所测电压与电流的比值。然而，实际上由于现场各种原因的影响，很难保证电压极打在这个准确的位置。要准确测量接地电阻，辅助电流极距被测接地装置的距离 D 不能太小，至少应大于接地装置最大对角尺寸的 3 倍以上。电压极的位置在 0.618D 处，但测量时应前后移动电压极 5～7 个点位，测得 5～7 个接地电阻的数值，选择其中至少 3 个相互误差小于 3% 的数据，取其平均值为最后的测量结果。

3. 测试设备

现有测试设备可以精确测量 0.01～20000Ω 以上的接大地电阻。大多数设备利用直流或交流 50Hz 之外的电流进行接地试验，以避免或消除大地中杂散交流或直流的影响。

第13章　防信息泄漏试验

本章内容对应 GJB 8848—2016 的方法 1001“防信息泄漏试验方法”。此试验的目的是测试处理国家安全数据的通信或信息处理系统是否存在电磁信息泄漏。GJB 8848—2016 规定参照相关国家军用标准要求执行。本章主要提供一些背景知识,包括本测试项目的基本原理(含红黑信号的划分)、测试项目的再细分、测试场地和设备、测试布置和测试步骤等内容,仅供参考。本章测试的目标是红信号。

13.1　基 本 原 理

13.1.1　定义

红信号:指国家安全信息。黑信号:指非国家安全信息。

红黑分离:指处理红信号的电气、电子元器件、电路、设备、分系统和系统在电气上与处理同样形式黑信号的分离。

可将 EUT 看成一个接收输入信号并产生输出信号的输入/输出盒子,如图 13 – 1 所示。

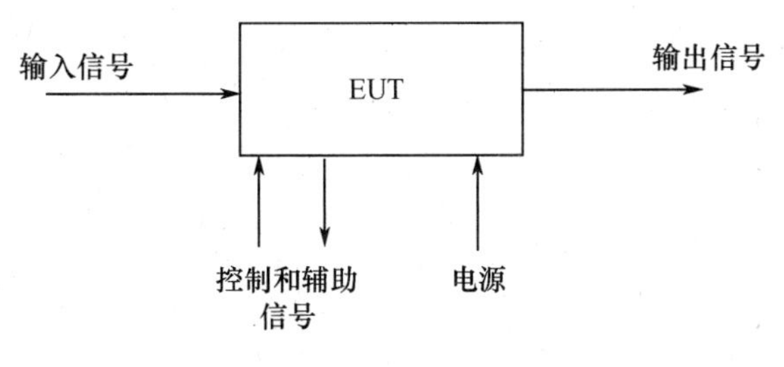

图 13 – 1　EUT 示意图

多数情况下,只有 EUT 的输入和/或输出线携带红信号,其他线通常不传递保密信息。但由于设计、元件质量或位置、布线、屏蔽等方面存在的问题,一些无意信号可能在 EUT 内产生并发射到外部空中或导线上。这些无意发射是电磁信息泄漏试验中的测量目标,尤其是那些与红信号类似的信号。

时序脉冲是重要的红信号,截获的信号中如果没有截获到它,则难以复现原始信息。

13.1.2　红信号的描述

确定每个 EUT 的红信号类型、每种红信号类型的主要内部和外部红信号源、所有红信号的速率。如果格式、编码、时间、传输方法或奇偶校验发生变化,则认为它是不同的红信号类型。确定每个红信号源和传输速率的适用试验类型。应提供时序描述和红信号流向说明,以便正确识别所有的红信号源。

对红信号的描述包括:

(1) 红信号标识(包括频率)。

(2) 同步/异步。

(3) 信号功能。

(4) 数据格式,如 NRZ。

(5) 编码,如 ASCII。

(6) 奇偶校验和其他非数据信息。

(7) 数据单元的比特宽度。

(8) 数据比特率。

(9) 上升和下降时间。

(10) 量值大小,如电压、阻抗、TTL 等。

(11) IC 系列。

(12) 数据延迟。

(13) 采样信息(如果适用)。

(14) 串行、并行、多路复用器等。

13.1.3 红黑信号 I/O 线

确定每个进入或离开 EUT 或 EUT 范围的红信号线和黑信号线。给出对某线进行或不进行测试的理由。每条线的标识应该清晰完整,包括诸如功能、时间、格式、电平、目的地以及其他相关特性的信息。

识别潜在的、无意出现的红信息携带者,包括可能出现红信息污染的区域。例如,时钟的谐波能向一个以上的电路或功能提供定时信息。测试大纲应完整地列出所有潜在的携带者,指出搜索和验证的方法。

13.2 试验指南

13.2.1 试验项目

表 13-1 列出了常见的试验项目,它们按照发射源、传播媒质和接收系统进行分类。针对发射源的试验与脉冲宽度或过渡时间有关;针对传播媒质的试验分为电辐射、磁辐射或信号/控制/电源线传导等;针对接收系统的试验分为非调谐式或调谐式。非调谐式试

表 13-1 常见的试验项目

发射源	传播途径	接收系统
脉冲宽度	电辐射	非调谐式 调谐式
过渡时间		非调谐式 调谐式

（续）

发射源	传播途径	接收系统
脉冲宽度	磁辐射	非调谐式 调谐式
过渡时间		非调谐式 调谐式
脉冲宽度	传导	非调谐式 调谐式
过渡时间		非调谐式 调谐式
其他	其他	其他

验检测红信号基带发射或较低频率的脉冲发射。非调谐式试验用不包括解调器的检测系统提供一个或多个非连续增长量的频率覆盖选择性。调谐式试验检测被红信号基带信号调制的杂散载波或更高频率的脉冲发射，接收系统将检测到的信号解调，在给定的频率范围内具有连续可变的频率覆盖范围。

13.2.2 试验场地

进行电磁信息泄漏测试的电磁环境对 EUT 的发射测量有影响。因此，试验必须在背景信号不高于适用的电磁信息泄漏限值的测试场地中进行。通常用暗室来实现，将 EUT 安装在暗室内，而将测量设备和辅助设备放在外面。必须注意接地和测试配置，以免出现无关的耦合途径，导致错误的结果。

仅将 EUT 断电的、完整测试布置的电磁信息泄漏背景发射电平应不高于所有适用测试类别的电磁信息泄漏限值。电场发射和磁场发射测量应在天线其中的一个平面或极化上进行，在该平面或极化方向上，将进行电磁信息泄漏测试并能得到最高的测试环境电平。在被选择用于正式测试的那些线中，在 EUT 每个连接器或电缆中至少选一根信号和控制线用于背景信号确认。对传导信号的测量以测试布置的接地平板为参考。如果不能确定电磁信息泄漏背景信号电平（因 EUT 没有通电而得不到同步或监控信号），则在各测试频率上测得的背景发射电平峰值应不高于适用的试验限值。对于没有测量电磁信息泄漏背景信号电平能力的自动测试系统，其在各测试频率上测得的背景发射电平峰值应不高于适用的试验限值。

13.2.3 受试设备

1. EUT 的布置

用文字和图形清晰地描述测试布置，包括测试环境或屏蔽室、EUT、辅助设备、检测和测量设备、示波器、人工电源网络、滤波器、EUT 地平面、接地等。文字和图表应清楚地说明什么物品放在测试屏蔽室中，什么物品放置在辅助屏蔽室中，什么物品放在屏蔽室外。

EUT 应放在接地平板上，按正常安装条件布置。当测试不在暗室内进行时，则无须接地平板。当需要搭接条（不包括将接地平板与屏蔽室连接的搭接条）时，它们应与正常安装条件中的相同。

规定 EUT 信号接地、安全接地的方法。此外,还要在接地方案中规定机柜的连接方式。当 EUT 有用于接地的外部突出物或接线柱时,且这些外部突出物或接线柱接地时,应将这些外部突出物或接线柱搭接到接地平板上。如果安装条件不要求接地,或安装条件不明确时,EUT 则不接地。对于后者, EUT 及其辅助电缆应放在接地平板上,但用 4 ~ 6cm 高的绝缘物垫在下面。

EUT 测试布置中用的导管和电缆类型及其安装应与实现安装的相同。如果不同,则需提供理由。

EUT 的电源线应按标准通过人工电源网络接至实验室的供电电源,并按规定的暴露长度暴露。信号线也应按标准的规定布置。如果 EUT 没有按规定布置,应在测试报告中说明理由。

如果预测或正式的测试表明,某些安装细节(如参考接地和屏蔽)是必要的,以便 EUT 满足标准限值的要求,那么这样的细节必须记录在测试报告中。同样,任何 EUT 安装细节不同于测试大纲的也应在测试报告中记录。

如果设备或系统可以在多个模式或多个配置中运行,应列出并描述所有这些变化。如果适用,解释为什么某些模式被选中或不被选中。这种解释应与本试验的目的相符。

2. EUT 的工作状态

EUT 的工作状态包括并不限于以下内容:

(1) EUT 数字信号传输速率。

(2) EUT 模拟信号传输速率。

(3) 调谐式模拟声音测试。

(4) 非调谐式模拟声音测试。

(5) 对并行信息传输设备:数据并行传输、位密度发射、指纹发射。

(6) 对字母数字显示器:包括扫描(连续视频扫描、修正式连续视频扫描、随机扫描)和字符产生(标准电视显示、点矩阵、笔画或向量生成等)。

3. 试验用信息

在识别泄漏发射时,用于激励 EUT 的试验用信息是一个关键因素。试验用信息的选择或设计,应保证具有高度的识别度,这样有助于快速地将检测获得的发射数据进行关联。试验用信息中必须包括足够数量的不同字母和/或符号,以便能够正确地评估信息内容。

选择试验用的信息、文字、字符或输入状态,使 EUT 在所有典型的运行条件组合中运行。

4. 信号的监测

用文字和图形说明监测和/或同步信号是如何、是在何处导出的,以便将检测到的发射与测试大纲中的红信号进行比较,或看有何相关性。

描述为了防止信号失真和假信号,需要采取什么预防措施。

13.2.4 测试系统

1. 测试系统组成

测试设备包括接收系统和信号测量标准(脉冲信号发生器和正弦波信号发生器)。

图 13-2 是典型的测试配置图,包括辐射传感器、接收设备、发射分析仪、替代信号发生器和辅助设备等。

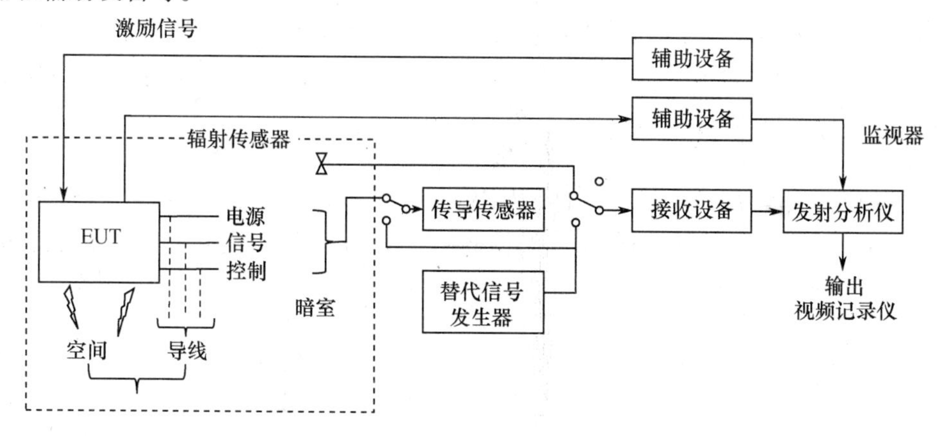

图 13-2 典型的测试配置图

传感器:在辐射试验中,这些传感器为有源或无源电场天线、环天线。在传导试验中,传感器可以是耦合电容、滤波器、变压器、电源阻抗稳定网络、电压探头、电流探头或高阻预放(当不能将 50Ω 检测设备与受试线连接时)。

接收设备:接收设备是具有合适滤波器的低噪声放大器,在非调谐试验中可设定要求的带宽,在调谐试验中是一个超外差接收机。调谐式试验的频率范围很宽,需要用一台或几台接收机才能覆盖整个测试频率范围,提供要求的带宽选择。

发射分析仪:发射分析仪可以识别被测发射携带的信息特性。它们包括示波器、光栅发生器、记录仪等。示波器用于所有测试。检测到的发射和红监控信号同时显示在示波器的屏幕比较。

发射电平用替代信号发生器的替代校准信号测量;这一技术被称为“替代法”。通常用脉冲和正弦信号发生器作为替代信号源。当使用脉冲源时,通过将带宽修正系数用于脉冲信号电平可将以 dBμV/MHz 为单位的信号电平转化为 dBμV。

2. 接收系统的一般要求

需要调谐式和非调谐式两类接收系统。所有系统均有 50Ω 输入阻抗,但传导信号探头和电场天线接口放大器的除外,可能是高阻。根据 EUT 红信号传输速率确定测量系统的频率覆盖范围和带宽。系统应满足相应的灵敏度要求。只要满足以下要求,脉冲展宽电路可用于任何可调谐接收系统的输出端。

(1) 充电时间常数≤1/BW。

(2) 放电时间常数≤10/BW。

(3) 示波器上观察到的信号电平没有减少 20% 以上。

BW 是接收系统检波前的带宽。在测量接收系统的灵敏度或带宽时,不要使用脉冲展宽电路,即使在电磁信息泄漏测试中使用到该电路。

测量准确度:

(1) 频率: ±5% 。

(2) 幅度: +/-2dB 对 f_c <1GHz; +/-4dB 对 f_c >1GHz。

3. 测试系统的安装与配置

安装和配置测试系统时,应最大限度地减小来自 EUT 或辅助设备的干扰信号,并最大限度地降低背景环境高电平造成的灵敏度降级。可以通过使用设备屏蔽壳体、互连布线和屏蔽终端来最大限度地减轻灵敏度降级。如果实验室外的环境高电平信号继续造成测试系统的灵敏度降级,则该系统应装在另一个屏蔽体内。

4. EUT 激励设备

EUT 激励设备的设置和连接应保持背景环境等于或低于适用的限值。该设备处理的信号与 EUT 的相似或相同。这样的信号可能被无意中耦合到测试系统并被误解为 EUT 的泄漏。

下列步骤有助于减少激励设备的耦合影响:

(1) 将激励设备放置在测试暗室之外。

(2) 将激励设备和检测系统屏蔽和/或隔离。

(3) 如果可能,使用双屏蔽电缆(如 RG-223)并尽可能减小电缆长度。

(4) 对进出暗室的线路,使用滤波器或隔离器。滤波器的通带应不大于激励信号通过之所需。

13.2.5 实施要点

1. 发射信号的搜索

在编制测试大纲前,需要确定 EUT 内所有的潜在泄漏源。这可用数据流程图来完成,它描述了红信号从输入、EUT 内部到输出的过程。各个数据处理点(如格式变换、缓存、放大、存储、显示、打印等)都是潜在的泄漏发射源。流程图完成后,再用表列出所有潜在的发射源及其参数,如表 13-2 所列。标出各信号源的监测点,与任何检测到的发射比较以确定其相关性。为了确保对所有 EUT 电路和信号通路完整地进行了电磁信息泄漏探查,需要对 EUT 的各工作状态进行测试。例如,如果 EUT 是一个包含发射机和接收机的半双工通信系统,需要分别在发射和接收模式下对 EUT 测试,数字光盘系统需要分别在读和写的状态下进行测试。

表 13-2 潜在发射源及其参数

发射源	格式	最低速率/脉冲宽度	过渡时间	编码
数据输入	串行	2400 波特/417μs	20.9μs	ASCII 奇校验
串行-并行变换器	串行输入	2400 波特/417μs	20.9μs	ASCII 奇校验
串行-并行变换器	并行输出	100kByte/s/μs	10ns	ASCII 奇校验
数据输出	并行	9600 波特/104μs	1.4μs	ASCII 奇校验

搜索发射时需要正确处理红信号和同步/监控信号,正确选择带宽,并覆盖指定频率范围。这些搜索应该使用可调谐和不可调谐的接收系统来进行。除非另有规定,应进行辐射发射和传导发射搜索。

需要对红信号类型和红信号源进行定义,对红信号类型和红信号源的识别/选择进行规定,对测试用红信号传输速率的选择进行规定。

用红信号流程文字和流程图确保所有红信号类型和主要的潜在信号源得到识别,显示被识别信号之间的关系，现实红信号的传输速率。

搜索时，按以下描述对接收系统进行调整，即增大或减小接收系统的带宽，确定信噪比是否有改善。如果带宽向一个方向变化（如持续增大或持续减小）时信噪比有改善，则继续朝这个方向改变直至信噪比达到最大。

测试期间，所有连接 EUT 内装置和单元的互连电缆应按安装条件布置。暗室内不要有无关的设备、电缆、机柜、人员、座椅等，只保留测试必需的设备和人员。

天线在最大辐射方向上的定位：在每个 10 倍频程，先用探头寻找 EUT 最大的辐射位置。对偶极子、对数周期、喇叭和类似天线，通过旋转和方位调整，使天线对准最大的辐射方位。正式测试期间，将天线放在初测时确定的最大位置。如果初测时没有确定最大的辐射位置，则可根据测试人员的经验将天线放在最有可能测到辐射的位置上，例如，放在电缆进出口、控制面板、散热口、盖板、门和缝隙的附近或对准它们。

2. 发射信号的测量

测量的信号类型包括相关信号的发射、EUT 峰值发射，需要时，还包括信号与噪声的测量。

1）电场发射

测试布置图如图 13－3 所示。当使用不平衡天线（如杆天线）时，用与接地平板同材质的搭接条将接地平板和天线底座相连。当使用平衡天线（如偶极子天线）时，无论是否使用了巴伦，均应将接收系统与接地平板连接。

天线与除 EUT 以外的其他金属物体的最小间距要求如图 13－4 所示。

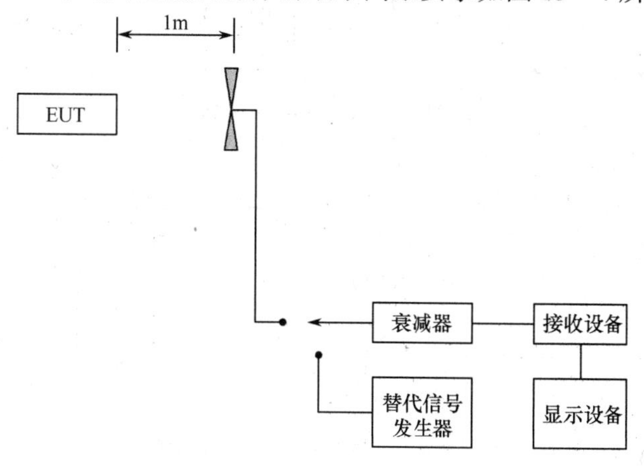

图 13－3　辐射发射测试配置

2）磁场发射

测试配置示意图如图 13－5 所示，磁场接收环天线的布置如图 13－6 所示。

3）非电源线的传导发射

测试配置图如图 13－7 所示。

（1）黑信号的传导发射。应测试黑信号线、控制线、指示器线和时钟线。测试中，当 EUT 的线缆在实际运行配置中不需要端接时，则 EUT 的线缆也不端接。所有其他线路应端接正常的负载阻抗。

（2）红信号的传导发射。将测试系统与受试线连接，要尽量减小对线上信号波形带

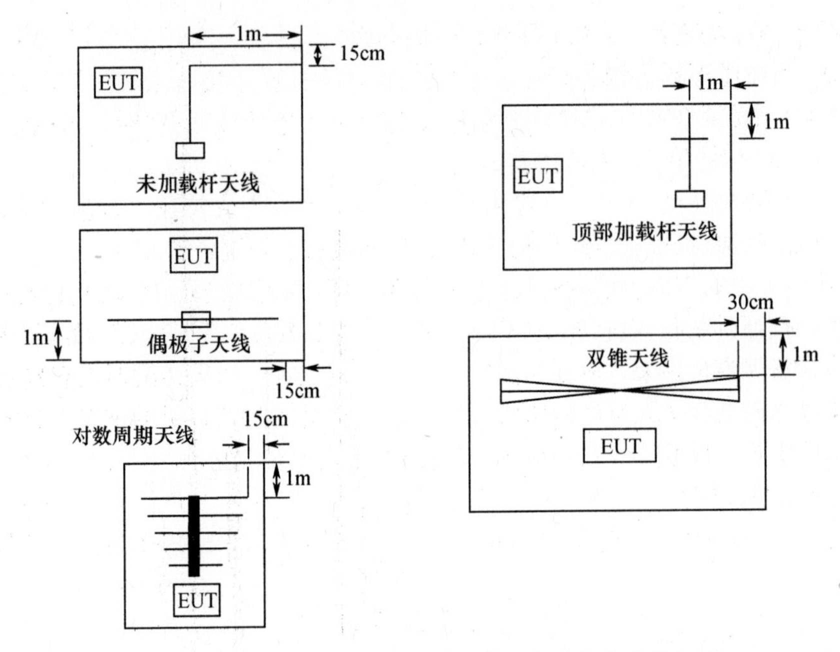

图 13-4 测试天线与除 EUT 以外的其他金属物体的最小间距

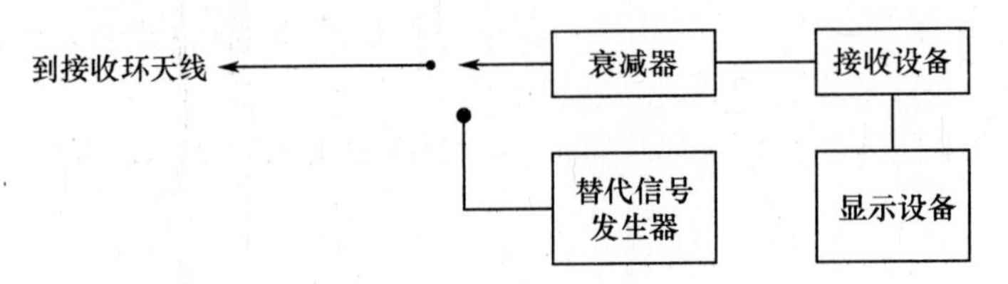

图 13-5 磁场发射测试配置

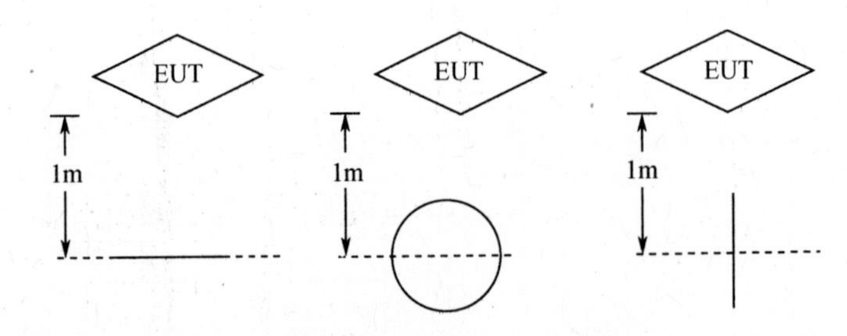

图 13-6 磁场接收环天线的朝向

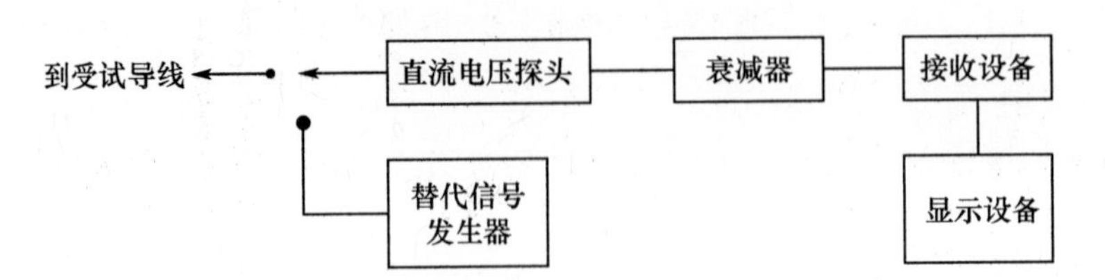

图 13-7 非电源线传导发射的测试配置

来的失真或扰动。在较低的测试频率范围,如果 50Ω 测试系统使被测波形失真,那么只要满足带宽和灵敏度的要求,准确知晓探头的传输特性,也可以使用高阻抗电压探头、电流探头、阻抗匹配网络和高通滤波器。与探头或取样装置相关的任何修正或转换系数都应计入测量结果,以确定受试线上实际出现的电压。图 13 - 7 为典型的测试配置,适用于传导试验的所有其他要求都适用。

红信号传导发射的测量包括以下内容:

(1) 模拟红信号能量频谱的测量:

① 带解调器的测量;

② 不带解调器的测量。

(2) 数字红信号能量频谱的测量:

① 带解调器的测量;

② 不带解调器的测量。

4) 电源线的传导发射

测试配置如图 13 - 8 所示。

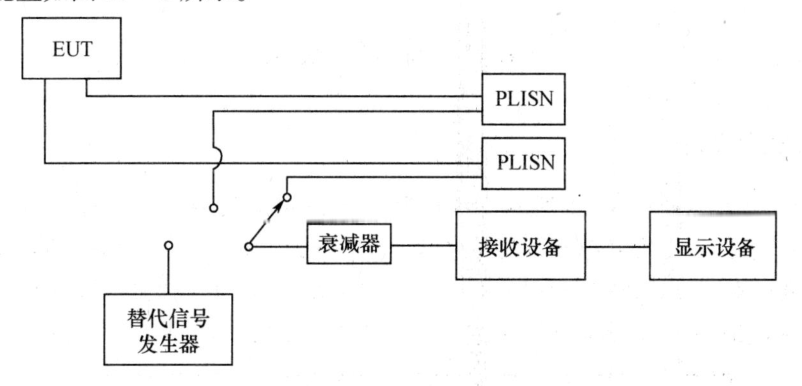

图 13 - 8 电源线传导发射测试配置

第 14 章　发射控制试验

本章内容对应 GJB 8848—2016 的方法 1101 "发射控制试验方法"。此试验的目的是检验系统或平台是否通过无意电磁发射而被侦测。该方法适用于舰船、飞机和地面系统无意电磁辐射是否符合规定要求的评定。本章详细阐述了发射控制试验的基本原理、实施要点、试验中需重点关注的问题及试验结果评估等。

14.1　基 本 原 理

14.1.1　测试配置

测试基本配置如图 14-1 所示。天线间距离满足远场条件或大于 10m,取较大者。由于 10m 法电波暗室提供的转台直径尺寸有限,一般不超过 6m,因此,如果想在这种电波暗室内进行测试测试,SUT 的尺寸一般不超过 6m,以便 SUT 转动到规定的角度。需要说明的是,测试距离指系统测试边界到接收天线参考点之间的距离。

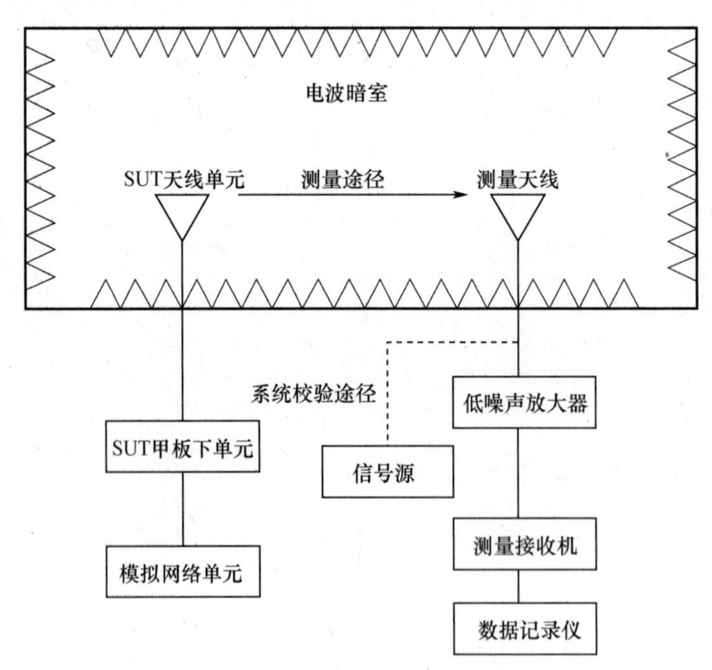

图 14-1　发射控制试验基本配置

"天线间距离满足远场条件"对于低频(如 500kHz)而言不是件容易的事。以下根据式(14-1)~式(14-4),计算有关远场的距离。

当测试频率或最高无意发射频率不高于1.24GHz时，按下式计算并取大者：

$$R = \frac{2D^2}{\lambda} \tag{14-1}$$

$$R = 3\lambda \tag{14-2}$$

测试频率或最高无意发射频率高于1.24GHz时，按下式计算：

$$R = \frac{2D^2}{\lambda}(d > 2.5D) \tag{14-3}$$

$$R = \frac{(D + d)^2}{\lambda}(d \leqslant 2.5D) \tag{14-4}$$

式中 R——SUT天线和接收天线间的距离(m)；

D——SUT天线的最大尺寸(m)；

d——测量天线的最大尺寸(m)；

λ——SUT最高无意发射频率的波长(m)。

在1.24GHz以下，如果频率选择本项目的最低测试频率为500kHz，此时波长最长为600m，按$R \geqslant 3\lambda$选，至少1800m外才是远场区。当频率为1.24GHz时，其波长为0.24m，如果D取1m，d取5m，由于$d > 2.5D$，根据式(14-3)计算得出R值为8.3m。

上述的1800m与GJB 1389 EMCON限值“在500kHz～40GHz的频率范围内，在距离1.852km(1n mile)的任何方向上的无意电磁发射不应超过$-110\mathrm{dBm/m^2}$”中的1852m相关，8.3m与GJB 8848条款24.4.1“天线间距离满足远场条件或大于10m，取二者较大者”中的10m相呼应，基本说明了标准中数据的由来。

14.1.2 测量带宽

进行发射控制测量时，测量接收机采用峰值检波方式，测量带宽如表14-1所列。

表14-1 发射控制测量接收机采用的带宽

频率范围	6dB带宽/kHz
500kHz～1MHz	1
1～30MHz	10
30MHz～1GHz	30
1～40GHz	100
注：① 不应使用视频滤波，因其带宽会限制接收机的响应； ② 可以使用更宽的带宽，但不允许使用修正因子修正测试结果	

14.2 实施要点

14.2.1 SUT工作状态选择

试验前分析SUT的工作状态，确定SUT的EMCON状态。SUT工作状态选择通常应满足如下要求：

(1) 根据规定的EMCON状态，列出SUT所有设备的工作状态和要求。

（2）SUT 的所有非射频发射设备处于正常工作状态；通过天线发射的射频设备处于待机（非发射）状态。

（3）可将 SUT 的设备单独打开，或同时打开 SUT 的所有设备，测量接收机在规定的全频段进行扫描，若发现测试结果超过发射控制限值，在超标点进行监测，并分别断开各个开机设备，进而确定造成超标的设备。

（4）若 SUT 的设备有若干个工作状态，并且在不同状态时设备中不同的部件工作，则各个状态均进行测试或选取其产生最大无意辐射的典型工作状态。

（5）飞机上开机即辐射的设备要利用“无线电静默开关”控制其进行对外发射，系统静默选择开关从“正常”转换到“全静默”位置。

14.2.2　测试场地

对飞机和地面系统，通常在电波暗室或开阔场对整个 SUT 进行整体试验。当飞机、地面系统不具备整体试验条件时，经订购方同意，可参照后述的舰船平台逐级试验方法进行试验。

电波暗室或开阔试验场的电磁环境电平应至少低于 EMCON 限值 6dB。背景电平应在系统上所有设备关机的条件下进行测量。

舰船无法在电波暗室或开阔试验场直接进行整体的 EMCON 测试，可按带天线电子信息系统、局部上层建筑模拟及实船测试验证等逐级进行。原则上，如果对前一级试验结果分析后表明 EMCON 的要求已得到满足且有较大余量时，后级的验证试验才可以不再进行，或在较少的频率或位置上进行。

由于本项目的测试信号通常较弱，因此对接收设备的灵敏度要求较高，测量发射的设备可以是带预放的频谱仪或 EMI 接收机，其噪声系数指标应足够低，保证测量设备的本底噪声至少比导出限值低 6dB，如果不保证足够的信噪比，则可能出现测量设备读取的最后一位整数数据不能处于稳定值，在几个分贝内变化。接收机驻留时间必须足够长以捕获时变信号的峰值。例如，周期性时变信号存在于 50Hz 波形上的某个相位，则接收机驻留时间选择 20ms 才能准确测量该信号。如果该时变信号不是周期性的，最好用频谱仪多次扫描的方式进行测试，即将频谱仪置于峰值最大保持、扫描时间不短于该信号的持续时间的状态下进行测试。

14.2.3　测试位置

测试在环绕 SUT 的 4 个方向上进行，通常取相对于 SUT 前方 45°、135°、225°、315°4 个位置，如图 14－2 所示。

通过在这 4 个位置上的测量，期望能实现天线主瓣覆盖整个 SUT，能基本上测得 SUT 的发射。但由于天线的主瓣宽度随着频率变化，尤其是随着频率的升高，天线的方向性越来越强，也许仅在 4 个位置上的测量就不够了。根据天线口面的位置，可在 SUT 上方、下方和周围增加测试位置。在每个测试点，可根据 SUT 的高度和 SUT 开口的位置来确定接收天线高度。

图 14－3 为某型 1～18GHz 双脊波导天线的天线方向图。根据图 14－3，在 1GHz、9GHz、18GHz，其 3dB 波瓣宽度对应的角度 α 分别为 80°、46°和 34°。如果测试距离为

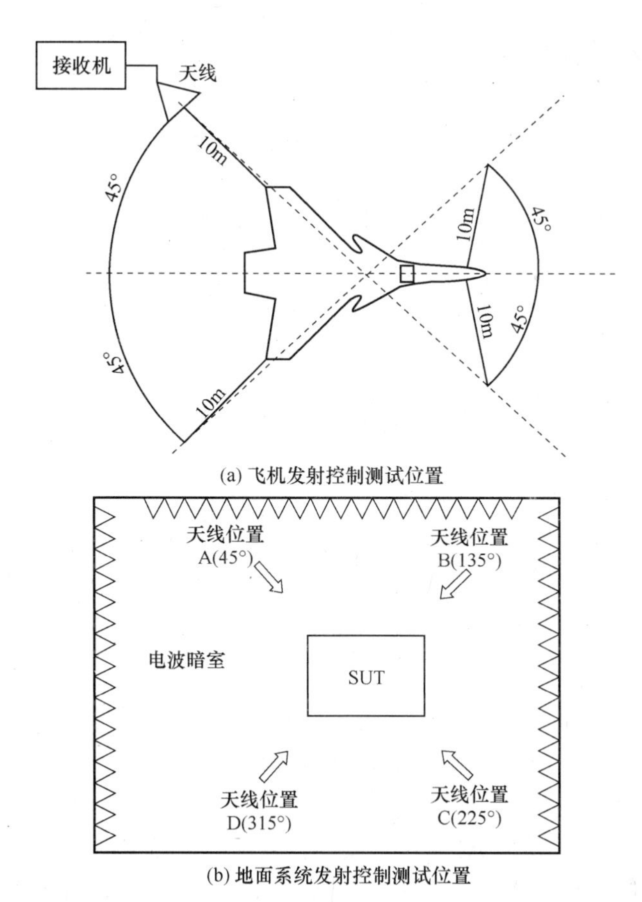

图 14－2　发射控制测试位置

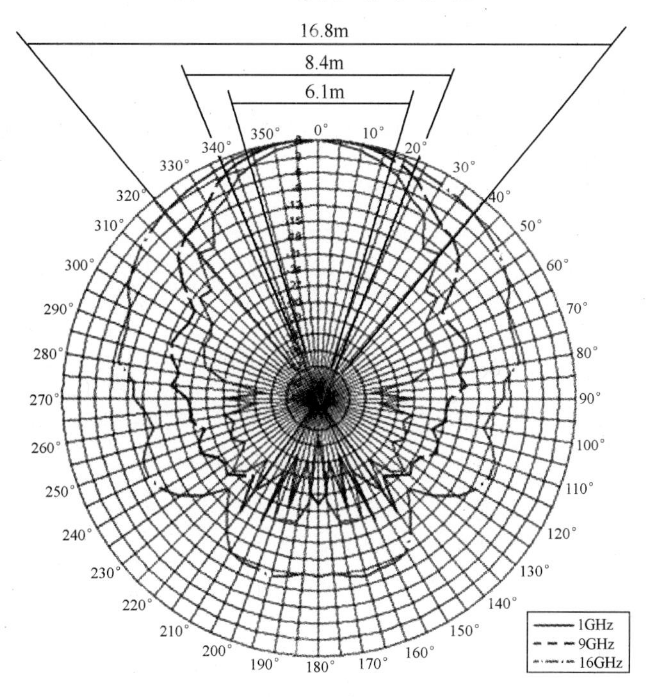

图 14－3　某型 1～18GHz 双脊波导天线的天线方向图

10m，根据图 14－4 中的计算公式 $W=2\times10\times\tan\alpha$，可计算出 3dB 波瓣对应的宽度 W 分别为 $2\times10\times\tan40°$、$2\times10\times\tan23°$ 和 $2\times10\times\tan17°$，即 16.8m、8.4m 和 6.1m。需要说明的是，具体计算 W 的值时，应根据校准证书的数据计算，因为厂家给出的典型值常常与实际值不同。因此，校准天线时，除了需要校准天线系数、驻波比外，最好还要在几个频点上校准天线方向图。

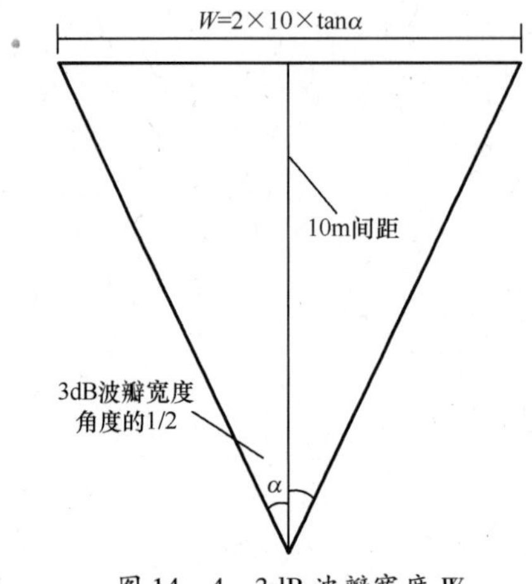

图 14－4　3dB 波瓣宽度 W

有些天线的波瓣宽度随频率并非单向性变化，而呈波动变化。例如，图 14－5 为 200MHz～2GHz 双脊波导天线的波瓣宽度图。在频率低端（如 500MHz～1GHz）的波瓣比频率高端（1GHz 以上）的还要小，其 3dB 波瓣覆盖的宽度更窄。

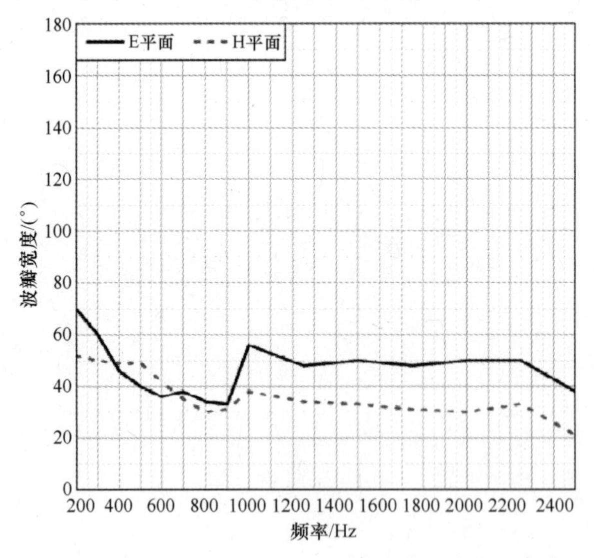

图 14－5　某型 200MHz～2GHz 双脊波导天线波瓣宽度图

在各个位置，先在系统上所有设备关机的条件下测量背景电平，然后立即进行 EMCON 测量。前后两次的时间间隔尽量短，以尽量避免背景电平的不一致。测量后，对比两次测量数据，去除两次发射时都存在的发射数据，因为两次都存在的数据说明它不是来自 SUT，而是来自环境。对保留下的，且高于导出 EMCON 限值的发射进一步测试和分析，以确定其符合性。

14.2.4 测试步骤

测试流程如图 14－6 所示。

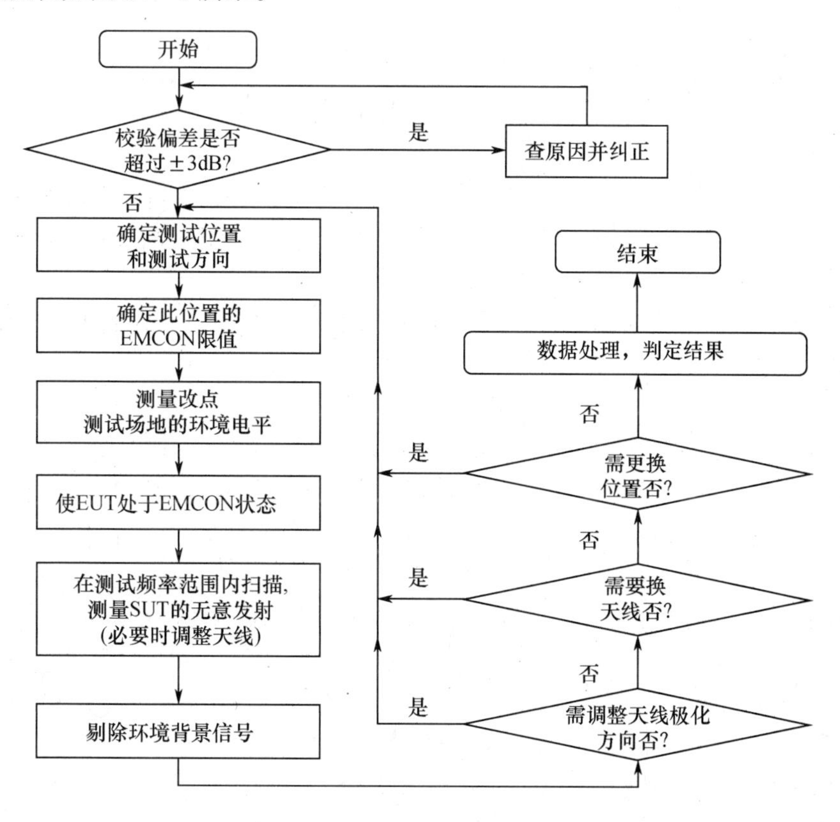

图 14－6　EMCON 测试流程图

14.3　需要注意的问题

1. 关于被试平台

对于更为复杂的舰船平台,直接进行整体的 EMCON 测试是十分困难的,因为无法在屏蔽室内测试,背景电磁环境的影响也很难剔除。因此设计了系统级预测试、远场验证、模型验证及实船验证等多个试验验证步骤。原则上说,如果前一级试验结果经分析 EMCON 满足要求,且有较大余量,后级的验证试验可以不再进行,或在较少的频率或位置上进行,这样也可减少实船试验的工作量。

2. 关于背景噪声

测试结果中应剔除环境背景噪声的影响。为避免在背景噪声中存在 SUT 产生的无意发射信号,对于在测量接收机上测得的读数变化不大于 0.5dB 的受试设备,其辐射发射电场强度可依据下式计算(当背景噪声来自调幅或调频广播或电视信号,且其总幅度不高于被测辐射场强的 2 倍时,该公式有效;尽量减少本公式的使用,如果被测信号频率不稳定时,不应使用本公式):

$$E_0^{1.1} = E_1^{1.1} - E_2^{1.1} \quad (14-5)$$

式中 E_0——被测辐射发射值（μV/m）；

E_1——背景噪声与 EUT 产生的复合场强（μV/m）；

E_2——背景噪声场强（μV/m）。

14.4 结果评估

将电磁发射测量值与限值进行比较，比较测量的场强值是否超出对应测试距离的辐射限值。当测试的数据超过限值时，应判断该电磁发射信号的频段，确定电磁辐射产生的原因，分析其带来的影响。

如果测量距离不是 1852m，则需要对 EMCON 限值进行换算。在满足远场条件下，根据式（14－5）可得到在远区场任何距离上的外推 EMCON 限值，即

$$S_{d2} = S_{d1} + 20\lg(l_1/l_2) \quad (14-6)$$

式中 S_{d1}——测试距离为 l_1 的功率密度限值（dBm/m^2）；

S_{d2}——测试距离为 l_2 的功率密度限值（dBm/m^2）；

l_1——测试距离（m）；

l_2——测试距离（m）。

示例 1：如果 l_1 为 1852m，l_2 为 10m，则 10m 处的 EMCON 限值为

$$\begin{aligned} S_{d2} &= -110 + 20\lg(1852/10) \\ &= -110 + 45.6 \\ &= -64.6(dBm/m^2) \end{aligned}$$

示例 2：将 GJB 151B RE102 的“固定翼飞机（外部）和直升机”限值外推到 1852m，比较它和 EMCON 的限值大小。

远场区条件下功率密度和场强的关系见下式：

$$S_d = E^2/377 \quad (14-7)$$

式中 S_d——功率密度（W/m^2）；

E——场强（V/m）；

377——自由空间的波阻抗（Ω）。

S_d 和 E 的单位分别为 dBm/m^2 和 dBμV/m 时，其关系见下式：

$$S_d(dBm/m^2) = E(dB\mu V/m) - 116 \quad (14-8)$$

GJB 151B RE102“固定翼飞机（外部）和直升机”的限值曲线如图 14－7 所示。从图 14－7 可以看出，在 10kHz 的限值 E 为 60dBμV/m，在 2～100MHz 的限值 E 为 24dBμV/m，最大限值出现在 18GHz，限值 E 大小为 69dBμV/m。将各 E（dBμV/m）代入式（14－8），分别得到功率密度值为 $-56dBm/m^2$、$-92dBm/m^2$ 和 $-47dBm/m^2$。

再根据式（14－6），将 1m 处的功率密度外推到 1852m 处的功率密度，最终的结果如下：

（1）在 10kHz，外推到 1852m 的功率密度为 $-121dBm/m^2$。

（2）在 2～100MHz，外推到 1852m 的功率密度为 $-157dBm/m^2$。

（3）在 18GHz，外推到 1852m 的功率密度为 $-112dBm/m^2$。

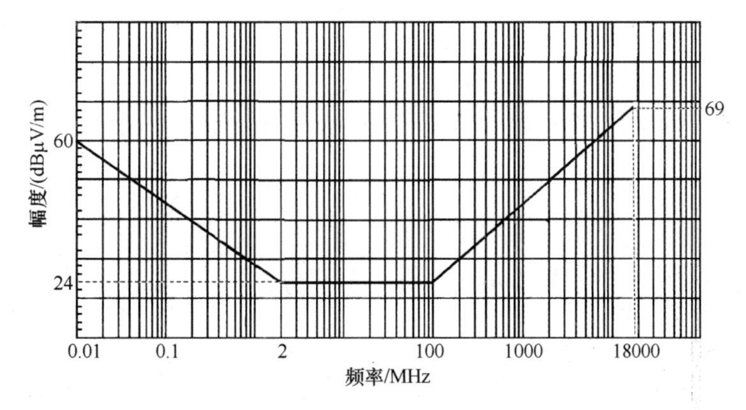

图 14－7 GJB 151B RE102 固定翼飞机(外部)和直升机限值

由此可见,在 18GHz 处的功率密度值最大,其值为 －112dBm/m^2,但它比 EMCON 的限值 －110dBm/m^2 还要低 2dB。由于使用了 RE102 曲线上的最差点,因此基本上可以得出一个结论,即满足 GJB 151B RE102 中“固定翼飞机(外部)和直升机” 限值的 EUT,由其组成的 SUT 基本上能满足 EMCON 的限值。该技术在确定是否满足 EMCON 要求上被认为是有效的。当使用其他 EMI 标准时,需要分析以确定该标准的要求是否适用于系统级的 EMCON。

由于本外推法用近场测量来确定远场值,会出现一些不确定度。远场电平将比预期的值高。对诸如近场效应和地面反射等问题需加以考虑。

在还能增加额外能力的成熟系统上,可用背景测量来测量系统的主动发射,然后用 EMCON 测量来确定系统在 EMCON 状态下新的性能。评定时,需将成熟系统先前的发射去除。

第 15 章　频谱兼容性试验

本章对应 GJB 8848—2016 的方法 1201“频谱兼容性试验方法”，适用于安装在系统上的用频系统频谱兼容性的验证。频谱兼容性试验希望通过对设备频谱参数特性和系统检验，达到目标为：①满足所有上装用频设备符合由频谱管理部门批复的频谱特性参数要求；②对整个系统的发射特性进行测试，判断是否有互调频率生成，通过管理和指定设备工作在可用的几个或一组离散的频点上达到频率管理的作用；③尽量在最低的单元层次上通过合理的频率指配解决有害的无线干扰，并及时上报不能解决的相互干扰问题；④使得各种电子设备和系统在实际环境中出现的干扰对设备的正常工作不构成影响。

本章介绍了频谱兼容性试验要求，阐述了设备级频谱兼容性试验和系统级频谱兼容性试验内容以及频谱兼容性试验注意事项。

15.1　试 验 要 求

1. 电源要求

应按被测设备产品标准规定的供电方式及供电要求提供测量电源。除非另有说明，无线电频谱特性测量都应在标准测量电源条件下进行，该标准测量电源不应超过偏离标称规定值 ±5%。

2. 场地要求

在有条件的情况下，测试场地要尽可能地选择与 GB 9254—2008 标准中规定的全电波暗室或半电波暗室性能接近的场地。所选择开阔测试场要求是平坦、无架空输电线、附近无反射物。场地应足够大，可以在规定距离设置测试天线，并且在天线、受试物体和反射物间提供要求的间隔距离。测试时，测量天线的物理尺寸不能超过测试距离的 20%，测量天线应适合水平和垂直极化波的接收，测量天线应在一定架高要求范围内调整，以获得最大辐射发射测试值。如果场地条件不能满足要求，测试结果要根据电磁环境情况和收发天线的位置、方向、高度差进行修正和计算。

3. 测量设备要求

1）通用要求

测量设备及测量所用的耦合器、衰减器、滤波器、射频电缆等连接部件应经计量检定合格，并在计量检定有效期内。测量设备应具有足够高的精度，能重复给出高于测量要求的精度，应保证测量设备的性能以及测量所用的连接部件不能影响测量结果。测量设备所提供的测量结果应满足表规定的测量不确定度要求。

为保持良好的频谱测量效果和天线方向特性，测量系统的硬件应满足如下要求：

（1）瞬时测量的动态范围约为 60dB。通过采用适当的测量算法，可将动态范围延伸至 120dB。对于符合性测量，至少应具备约 80dB 的总动态范围。

（2）具备峰值检测能力。

（3）系统噪声系数较低，通常不高于 10dB。

（4）当调谐至无用发射频率上时，能够瞬时滤除基频上的信号。

（5）包括可变射频衰减器，用于扩展测量系统的动态范围。

（6）测量天线为定向天线，增益大于全向天线 20 ~ 30dBi。该天线有两个作用：一是能够使测量系统接收到被测设备的低电平杂散发射，同时抑制同一地域其他设备发射能量；二是抑制多径传播信号。

（7）测量接收天线离开地面的高度至少为 3m，如果在外场条件下可达到 10m 高度，这样可减小天线接收的多径信号，同时使测量天线和发射机天线之间保持良好的可视性。若条件允许，可将天线置于平顶平台上，或置于车载的可伸缩套筒内。

2）被测设备要求

测量前，被测设备或系统应进入正常运行状态，并按其使用说明书规定的程序进行操作，调整到正常工作状态。在设备状态及测量频率设置方面，应按普通使用状态配置被测设备工作环境及状态，测量频率设置按参数测量要求选择，以保证测量读数反映工作场地的实际情况。具体要求如下：

（1）被测设备样品可以是生产方送检或质检部门按规定抽检的产品，也可以是设计、生产的产品。凡送检或抽检的样品，生产方应提供检测所需的技术文件和检测辅助装置，方可进行检测。辅助检测装置包括与检测仪器相连的接头和线缆、需要外接电源的线缆、连接至接收机音频输出和发射机音频输入的线缆等。整个检测过程中，原则上不允许打开机壳进行测量。若需打开机壳测量，应在检测报告中说明。

（2）对采用一体化天线的被测设备样品，生产方应提供一个经认可的、在整个测试频段范围内具有稳定特性的辐射转换装置（即具有把辐射发射信号转换为传导发射信号的工作方式），该辐射转换装置与检测设备相连，代替辐射发射方式。

（3）本节规定的测量方法可用于具有特定命名设备的一个或多个样品。对单个设备样品的测量不足以说明这类设备的普遍特性时，只要情况许可，应测量同一型号的几个样品。

4. 数据要求

测量数据要包含以下几个内容：

（1）被测设备或系统的标称数据，可通过被测设备手册等技术资料获得。

（2）测量设备或系统的技术性能，可通过测量设备手册等技术资料获得。

（3）测量结果数据，可通过测量方法中的结果进行统计。

15.2 设备级频谱特性试验

设备级频谱特性试验分为发射频谱参数测试和接收频谱特性参数测试。在进行发射频谱特性参数测试时，应选择合适的衰减器，对测量功率进行限制，防止损坏设备。由于需要对功率、频率参数进行测量，因此应选择功率精度、频率精度都高于被测用频装备指标的仪表。对接收设备进行合理的参数设置，确保测量值准确，尤其是在杂散、谐波抑制等项目的测试中。测试频率点、设备的工作状态选择应该具有典型代表性。

1. 频率容限

频率容限测试时，首选频率计来进行测试，也可使用带频率计数功能选件的频谱分析仪进行测试。频率计的测量精度要高于频谱分析仪，但只要频谱分析仪的频率精度比被测设备的指标高一个数量级就可以满足要求。使用频谱分析仪测试时，频段扫描宽度和分辨率带宽按仪表能力尽可能设置成最小，这样会大大提高测试精度，得到可信的结果，一般选择扫描宽度 100Hz，分辨率带宽 10Hz。

被测设备在测试时应关闭调制状态，设置为单载波模式，如短波电台、超短波电台等可设置为连续波模式，某些设备可设置为调试模式，这样出来的信号也为单载波。但对于一些数字调制模式的设备，射频输出的信号是有一定宽度的频带，对该类设备来说频率容限测试就毫无意义了，无法正确反映设备的指标。对于雷达装备这一类特殊装备来说，虽然无法关闭调制电路，输出的频谱已经是脉冲调制后的信号，但由于频谱上存在比较明显的最高点，因此依然可以完成频率容限测试，表 15 - 1 中是频率容限测量中频谱分析仪的基本参数设置方法。

表 15 - 1　频率容限测量中频谱分析仪参数设置方法

频谱分析仪参数	参 数 设 置
中心频率	设为雷达标称的工作频率
检测模式	正峰值检测
中频（分辨率）带宽	能够分辨出雷达频谱谱线的最小设置，对于连续波雷达可采用 1kHz 带宽
视频带宽	大于等于频谱分析仪中频（分辨率）带宽值
数据更新模式	连续更新（清除 - 写入）、分轨迹显示

按照表 15 - 1 要求设置频谱分析仪参数，频谱分析仪在设定的频率范围内连续扫描，观察并记录测得的雷达频谱变化情况。有时可能需要微调频谱分析仪的中心频率、参考电平和衰减量等参数，以保证所测雷达频率位于频谱分析仪显示屏的中心位置。

上述步骤设置完成后，将频谱分析仪数据更新模式设为最大值保持模式，一般等待数秒后，在选定的频率上将显示出雷达发射的峰值电平包络，然后采用直接保存功能或相机记录该峰值包络曲线。

上述测量结果记录完毕后，将频谱轨迹图冻结保持。不改变频谱分析仪参数设置，首先基于轨迹更新模式重新测量第二条频谱轨迹，然后将数据更新模式调整为最大值保持模式。通过以上操作，从频谱分析仪上可以看到，第二条频谱轨迹首先覆盖第一条频谱轨迹，但经过数分钟或小时后，第二条频谱轨迹包络将较第一条频谱轨迹发生一定漂移，这个频率漂移反映了测量时段内雷达频率的变化量，即为该雷达发射机频率容限测量值。

频率容限的绝对数值可通过保存的两条频谱轨迹和频谱分析仪的标注功能得到。为确定频率容限的相对数值，可将频率漂移的绝对数值除以标称工作频率（注意分子和分母的单位保持一致）并乘以 10^6，所得到的新数值即为雷达频率容限的相对值。

2. 发射功率

根据发射类别不同，发射功率分成峰包功率、平均功率、载波功率和信道功率。

峰包功率是指在正常工作情况下发信机在调制包络最高点的一个射频周期内送到馈

线上的平均功率，有时，也称为平均峰值功率。幅度调制信号的发射功率一般用峰包功率表示。

平均功率是指在正常工作情况下发信机在足够长的时间送到馈线上的平均功率，所谓足够长的时间是相对于最低调制频率的周期而言。一般情况下的功率用平均功率表示。

载波功率：在无调制情况下，发射机在一个射频周期内供给天线馈线的平均功率。一般调频信号用载波功率表示。

信道功率：针对数字调制系统，通过对一个频率周期内数字调制信号的能量进行积分所得到的功率。对于信道功率，通常需要明确相应的积分带宽。

在该项目的测试中，宽带信号以信道积分测量得到的信道功率为测量结果。短波、超短波频段以载波功率为测量结果。一般的雷达信号以平均功率测量和载波功率测量最为常见。

为得到可靠的测试结果，功率计是首选测试仪表，但若使用频谱分析仪来进行测试时，针对不同信号的功率测量，通常需要注意以下几点：

（1）对宽带信号进行信道功率测量时，RBW 的设置一般不超过信号带宽的 10%，且检波方式为平均值检波。仪表如果功能允许，可取 10 次平均值的结果。此时读数较其他设置更趋于稳定。

（2）对窄带信号进行功率测量时，确保 RBW 的设置大于信号带宽，检波方式设置为峰值检波，此时读取信号的峰值功率即为发射机功率。

（3）对雷达信号进行峰值功率测量时，建议在时域模式下进行测量，也就是频宽设置为 0，RBW 设置为仪器最大允许值，此时观察到的包络即为雷达信号在时域上的波形，读取峰值即为雷达的峰值功率。如果是平均功率测量，则可参考（1）中对宽带信号测量应注意的事项。

3. 占用带宽

一般来说，对该项目测试时，最好选用具备占用带宽自动测量模式的频谱分析仪，这样测量得到的结果更可靠。仪表设置默认为测试 99% 的能量所占据的带宽，RBW 的设置一般不超过信号带宽的 10%，且检波方式为平均值检波。仪表如果功能允许，可取 10 次平均值的结果。此时读数较其他设置更趋于稳定。

4. 杂散发射

如果仅测量杂散抑制，则不需要通过增加滤波器或抑制网络来扩展仪器的动态范围，若要测量杂散分量的实际量值大小，考虑到既要测量发射功率，又要测量杂散发射功率，可参照 GB 12572—2008《无线电发射设备参数通用要求和测试方法》中第 6 章节具体要求实施。

由于一般的设备杂散抑制指标要求基本不小于 70dBc，因此经外部衰减器衰减后的信号不宜过小，否则可能会导致信号峰值与测因量仪表底噪之间的动态范围不够 70dB 而造成测量结果的读数不满足要求。另外，测量主信号功率时用到的测量带宽应尽量与测量各杂散分量时的分辨率带宽一致，主要是因为基频附近会由发射机的射频器件产生一部分相位噪声，这类噪声类似于高斯白噪声，有一定的带宽，噪声功率的测量值会随着测量带宽的变化而变化。而对于单频点的寄生杂散信号，选取何种测量带宽对最终测试结果基本没有影响。

5. 谐波发射

谐波发射测量时,需要避免测试仪表自身器件非线性特性引起谐波失真而影响测量结果的准确性。目前,受工艺水平限制,频谱分析仪或接收机混频器的最佳工作电平约为 -10dBm,因此确保输入信号通过内部衰减后的量值应小于 -10dBm。在谐波频点上进行测量时,应注意调节内部衰减器,如果内部衰减器量值增加到某个量值之后,确保谐波高于底噪 10dB 以上,且谐波不会随着衰减器增加而变化时,才是测量到的真实的二次谐波值。

如果基频是宽带信号,则谐波点的测量也应遵照宽带信号测量的方法来进行,若仅记录峰值功率点,则读取的功率值较真实值会偏小,无法全面反映二次谐波量值大小。

6. 频谱发射模板

频谱发射模板多见于雷达装备指标的描述中,用以表征雷达系统发射在所有射频范围内的能量分布,目的是提高雷达系统频谱使用的有效性,保证雷达与其他无线电系统之间的电磁兼容性。雷达发射模板包括带内发射带宽、带外域滚降特性和杂散域抑制度 3 个参数。

雷达带内发射带宽通常指基频两边形似"烟囱"的 -40dB 带宽区域,用 B(-40dB)表示,主要取决于雷达的波形调制方式。指标给出的也以 40dB 的带宽最为常见。

建议使用具备占用带宽自动测量模式的频谱分析仪来测量频谱发射模板,可直接标定 -XdB 带宽值。但是,超过 -60dB 以上的带宽值在此模式下很难得到。另外,设置的频段扫描宽度不宜过宽,否则会影响读数的准确度。

7. 接收参数测试

对于接收参数来说,模拟体制类的设备和数字调制类的设备测试原理相同,但涉及话音和数据判据方法不同,所以具体的实施过程中设备配置也不尽相同。模拟体制类的设备在接收参数测试中需要通过监测信纳德指标来判别是否受扰,而数字体制类的设备则需要通过误码率的统计来判别是否受扰。具体方法可见相关的规范,但具体实施过程中,对信号源的选取很关键,信号源的内部噪声水平直接关系试验是否能顺利实施。有些源的底噪较高,会在邻频道抑制、同频道抑制、杂散抑制、互调抑制等项目中带来很大的风险,需格外注意。

接收频谱参数测试时,不要用三通来代替功分器,尤其是在某些设备的射频端口输入阻抗不为 50Ω 的时候用三通测试会带来极大的误差;信号源应选择边带噪声和噪声系数较小的,防止在进行测试时,因信号源内部的噪声太高而影响测试结果。

15.3 系统级频谱特性试验

15.3.1 发射频谱特性试验

发射频谱特性主要是针对发射频谱模板、杂散和谐波抑制等参数的测量,用于系统上用频设备发射频谱特性验证。开展发射频谱特性试验时,如果委托方有要求,则按照要求上规定的发射机状态进行考核,如果未做出明确说明,则对被测发射机的典型工作状态均进行考核。

对于发射频谱模板的测试，应对频谱 3dB、6dB、10dB、20dB、30dB、40dB 等带宽进行测量，测量时要确保频谱仪或接收机有足够的动态范围，频谱模板的测量有助于很好地分析发射机的频谱滚降特性。

对于杂散和谐波抑制的测量，基于硬线耦合的测量方法具有许多固有技术缺陷。以雷达装备测试为例，首先，无法反映定向耦合器之后雷达组件（如射频滤波器和天线）的频率选择效应；其次，定向耦合器将大大降低雷达带外响应，而有些符合性测量（如谐波测量）中又非常关注这部分响应；再次，已有研究表明定向耦合器和测量系统输入之间存在波导模式，导致杂散发射的测量值高于采用开场方式测试到的杂散发射值。所以，开场测试得到的结果更具有实际参考意义。

由于是开场测试，装备的发射天线和测试系统的接收天线在各自不同工作频段的效率是不同的，因此不能仅仅计算天线端口输出电压的差值，而是应该用测量天线对基频信号场强和杂散、谐波分量的场强进行测量，然后再进行抑制度的计算。

由于某些被测装备的天线为定向天线，缺少该类天线指向测量系统方向上的标称天线增益指标，除非测量系统可正好置于被测装备天线的主瓣方向上，否则开展开场辐射测量是非常困难。为确保被测发射机天线主瓣与测量系统接收天线指向一致，可采用如下几种方法：

（1）将测量系统置于被测装备天线主瓣可直接扫描的范围内，可通过目视将测量系统接收天线与被测发射机天线对齐。

（2）若被测发射机天线指向可手动调节，则不断转动被测发射机天线，直到发射信号在测量系统产生最大响应。

（3）缓慢调整测量系统天线的方位角和仰角，直到测量系统响应达到最大值，天线波束处于对齐状态。若发射和接收天线均为线极化，为使两个天线的极化达到匹配状态，通常应将测量天线围绕其中心轴旋转，直到测量系统响应达到最大值。

若需要在高频频段测量等效全向辐射功率时，需要对场地进行校准，首选校准方法可参照 GJB 151 中 RE103 的方法利用标准天线进行校准，也可通过对被测发射机在天线输入端的功率与实测端口功率比较的方式进行校准。校准公式为

$$P_{\mathrm{p}} = P_{\mathrm{r}} - G_{\mathrm{t}} - G_{\mathrm{r}} + L_{\mathrm{p}} \tag{15-1}$$

式中　P_{p}——天线输入端的被测发射机峰值功率（dBm）；

P_{r}——测量功率值（已考虑内部增益和损耗）（dBm）；

G_{t}——被测发射机天线增益（dBi）；

G_{r}——测量系统（接收机）天线增益（dBi）；

L_{p}——被测天线和测量系统天线之间的电波传播损耗（自由空间）（dB）。

需要指出，该校准方法只能适用于被测发射机功率和天线增益两个量值中只有一个是未知量的情况。

15.3.2　辐射方向特性试验

开展辐射方向特性试验时，为了全面表征天线的辐射场，需要测量以天线为中心的360°各个角度上的相对幅度，也就是方向图。完全测出天线的方向图是不现实的，只能固

定了工作频率和极化方式,在360°范围内连续测出所需要的天线特性,只要增量足够小,就可以得到趋于完整的实用方向图。

根据天线互易性定理,可将待测天线连接接收机做接收天线,对端利用标准发射天线连接信号源发射信号,也可将待测天线连接发射机做发射天线,对端利用标准接收天线进行信号接收。

当受试天线辐射信号照射到紧邻区域的构件上时,这些构件会改变受试天线的辐射场,因此如果系统内有多副天线以及机械结构,则需安装并将所有天线调整至正常工作状态,考核对受试天线辐射方向特性的影响。

辐射方向特性试验由于需要转动转台,因此是动态测试,应确保被测天线的中心投影与转台中心重合。其中带来最大的不确定性是转台角度信息与信号电平测量数据采集过程的实时性。由于天线是固定在夹具上,转台转到某个角度停下时必然有晃动,这会对测量值引入很大的不确定性。因此理想状态是转台匀速转动,利用软件同时读取角度值和接收机的测量值,这样才会有良好的对应关系。

在天线方向图测量中存在一个共性问题,即因场地周围的障碍物所引起的多径效应会导致天线方向图存在零点或极点。开阔场测试中一些其他因素如汽车、建筑物或电波反射体等也会导致上述问题。为最大限度消除多径效应,应采取如下方法:

(1)同一位置多次测量天线方向图,对所测结果进行互相关处理,以消除该位置的突发的多径效应。

(2)将测量系统移至另一位置,重复步骤(1),以消除第二个位置突发的多径效应。

(3)根据前两次测量结果求出方向图的平均值。

(4)若条件允许,可在第三个位置重复上述测量,并求出三次测得方向图的平均值。

辐射测量中一直存在采用近场和远场距离的问题。近场和远场表示距天线一定距离上天线辐射方向图的变化情况。天线方向图在无限远的地方将趋于极限值,但由于实际中测量距离总是有限的,因此应确定一个能够满足大多数工程和技术需求的远场距离指标,在所确定的距离上,辐射方向图应能逼近极限值。天线辐射方向图测量中常用的距离指标为 $2D^2/\lambda$ 和 D^2/λ,对于天线方向图测量图,测量距离应大于等于 D^2/λ,否则会产生不正确的测量结果。

天线辐射方向特性根据不同情况可按极坐标或直角坐标形式记录,极坐标方向图比较直观。根据它很容易看到在空间不同方向上的辐射是如何分布的,但不大适用于窄波束方向图的表示。直角坐标方向图灵活性较大,可以将窄波束的主瓣宽度、副瓣与零值位置等细节充分表示出来。

15.3.3 发射互调抑制特性试验

系统平台在集成后,不同类型的发射机天线在平台上密集布局,两台或多台发射机同时工作时,会产生非常复杂的互调信号。互调信号由射频电路器件的非线性作用而产生,当同时存在多个信号的时候,这些信号互相调制而产生增生的信号,经天线辐射后可能被放大,也可能会被抑制,这要具体看天线在其整个工作频段内的辐射特性以及互调信号的频率而定。通常发射机互调产生于距离较近的多部发射机同时工作的情况,若一个运载平台上配置有多部无线电发射设备，这类互调干扰便很容易就产生。

单设备的互调抑制性能指标测试中利用信号源产生干扰信号，这类干扰信号的样式多为单载波，测试时应确保信号源与被测发射机之间有着足够的隔离度，这样一是为避免信号源被发射机大功率信号烧毁，二是避免信号源本身可能产生出互调信号。目前常用的发射机互调测试方法主要有两类：一类是以环形器和隔离器为关键测试器件的测试方法；另一类是利用衰减器和定向耦合器为关键测试器件的测量方法。而实际使用时，装备在平台上集成后可能产生互调的信号种类复杂，且增加了天线对互调信号的附加影响，装备真正产生的互调影响不能用单设备状态来进行评估，因此需要在实装状态下，以开场测量的形式进行互调抑制特性的测试。

该项目可利用对系统辐射至空间的基频信号和互调信号电平进行测量并计算抑制度，得到在不同平台下产生的互调抑制特性，因此测量互调频率分量时，利用标准接收天线进行接收，将接收天线端口电压值换算成天线口面场强值，接收天线应定期校准并提供正确的天线系数。

开展发射互调抑制特性试验时，两部用频设备需要同时工作于发射状态，会衍生出很多互调频率，若要判断这些频率产生于哪台发射机，需要用带通或带阻滤波器对其中一台发射机的基频信号进行抑制，防止测量接收机或频谱仪也产生互调。在安装可调带阻滤波器后，若测量系统射频前端放大器仍然发生过载效应，则可考虑在测量接收机或频谱仪前端安装抑制网络，且将抑制网络调谐至发射机基频上，为了达到良好的抑制效果，抑制网络在调谐单点上的抑制度应不小于60dB（同时应重新校对测量系统）。当需要减小测量系统射频前端衰减量以测量基频附近的低电平发射时，采用抑制网络可用于提供所需的额外频率相关衰减，并防止测量系统射频前端放大器过载。

但是，如果利用抑制网络进行基频的抑制，不同型号的抑制网络也会相应地在通带内产生衰减，有些频段产生的衰减可达 5 ~ 10dB 左右，所以在使用抑制网络或带阻滤波器的同时，应对这类测试设备的滤波特性做好了解，工作频段内和非工作频段内的特性都要掌握，以便及时修正误差。

杂散频率的来源比较复杂，可能来自平台上装设备的开关电源噪声、晶振泄漏等，这种杂散频率也有可能会进入发射机产生互调，因此在测试前先对杂散频率进行测量，做好记录，在测试结束后排除杂散频率产生的互调抑制分量。

互调信号频点的选择，首先应确保可以覆盖两台发射机各自工作频段的低中高频段，再根据实际使用情况有重点的进行频率步进划分。

15.3.4 邻信号抑制特性试验

该项目首先建立被测用频装备在临界通信状态，一般以通信质量（话音质量、误码率或数传成功率）刚好达到一个刚好满足某一量值为标准。在此基础上调整有用信号提高3dB，再通过在相邻一个或几个信道上施加干扰信号。观察当被测用频装备的通信质量重新降至标准量值时，计算干扰信号电平与有用信号的电平差值来确定抑制度。

干扰信号的样式如果委托方有说明，则按照委托方的要求进行施加；若委托方没有说明，则按照系统内实际布局的用频装备的信号体制进行施加。

15.4 需要注意的问题

测量系统是否处于线性工作状态直接影响测量的准确性,但由于测量系统的工作状态通常难以感知。因此,需要测量人员经常确认测量系统是否工作在线性状态。

如果高功率信号能量通过空间耦合馈入(或泄漏)测量仪表电路,会严重影响测量结果的准确性。建议做好空间隔离,例如将测试仪表放入暗室之外的房间,通过转接口将线缆引入暗室,是可行的方法。

基频发射信号能量还有可能引起测量系统射频前端放大器过载,使得放大器进入非线性工作区,导致基频测量电平值显著降低。若基频附近的测量频谱电平值快速降低,则通常意味着发生了射频前端过载问题。为测量基频电平,需要减小测量系统射频前端衰减量。但在某些情况下,若该衰减量减小过多,则可能导致射频前端放大器因输入基频能量过大而发生过载。测量人员需要具备一定的诊断能力,来确认是否发生了射频能量馈入或前端过载问题,并具备解决问题的能力。可通过调整测量系统内部衰减器衰减量(如 10dB),若测量系统在内部衰减设置不同值时测得的功率值相同,则可证明测量系统处于线性工作区间。或者,当系统采用自动校准和外部衰减补偿机制时,测量系统在外部射频前端衰减量调整前后所测的功率值不变,均可证明测量系统处于线性工作区间。

从数据上看,系统级频谱特性试验结果无法做符合性判别,其最终目的并不是评判装备合格与否,而是通过对装备在系统集成后的发射特性性能进行测量,得到最真实可靠的抑制度结果,对系统安装环节中的天线布局、滤波器件规格选择等设计方面提供依据,并为选频用频时的兼容性分析提供数据支撑。

第 16 章　高功率微波试验

本章内容对应 GJB 8848—2016 中方法 1301“高功率微波试验方法”。该方法用于检验武器系统暴露于特定高功率微波环境下的生存能力及防护能力，适用于空中、水面和地面武器系统及其相关军械。本章介绍了系统 HPM 试验方法的类型及方法适用性，从 HPM 模拟源使用、试验场地布局、辐射场测量和结果评估等方面详细解读了威胁级 HPM 辐照试验方法、辐照等效试验方法和注入等效试验方法。对于辐照等效试验，当用于评估设备和分系统效应时，应进行等效辐射场测量，本章也给出了设备和分系统辐射场测量方法，可用于测量等效 HPM 环境。

16.1　方法适用性

系统 HPM 试验方法包括威胁级 HPM 试验方法和等效试验方法两种。而等效试验方法包括辐照等效试验方法和注入等效试验方法，辐照等效试验方法由设备及分系统辐照试验方法和辐照耦合传递函数测试方法组成，注入等效试验方法由设备及分系统注入试验方法和有效面积测试方法组成，如表 16 – 1 所列。

表 16 – 1　系统高功率微波试验方法组成

全系统威胁级辐照试验	整体辐照和局部辐照	
等效试验	注入等效试验	设备及分系统注入试验和有效面积测试
	辐照等效试验	设备及分系统辐照试验和辐照耦合传递函数测试

目前，验证武器装备的 HPM 易损性普遍采用全系统威胁级辐照试验方法和等效试验方法相结合的方式，两种方法各有优缺点：

（1）全系统威胁级辐照试验可以全面直观地获得 HPM 易损性，缺点是因系统构成和功能复杂，且只能进行小样本试验，对效能影响的准确评估非常困难。

（2）等效试验方法可以进行较大样本试验，建立效应数据库，进而推断武器系统的 HPM 易损性，缺点是 HPM 与系统的耦合过程复杂，如何科学地获取设备、分系统辐射或注入环境还需要进一步研究。

因此，根据具体试验方法的特点以及装备尺寸，给出试验方法选择基本依据如下：

（1）优先考虑进行威胁级辐照试验。对于不具备进行威胁级辐照试验条件的，可采用等效试验方法进行试验，并优先采用辐照等效试验方法。在设备和分系统辐射环境已知的情况下采用辐照等效试验方法，在设备和分系统具有微波输入端口的情况下采用注入等效试验方法。

(2) 必须满足系统尺寸需求。地面可移动系统、飞机和导弹等可在微波暗室内进行试验。地面可移动系统采用半电波暗室,其余装备采用全电波暗室。大型飞机、水面舰船等都必须在外部试验场中进行试验。

16.2 威胁级辐照试验

16.2.1 基本原理

威胁级辐照试验利用高功率微波模拟源产生威胁级环境对 SUT 进行辐照,使其执行实际或模拟的任务,并对效应结果进行监测。通过测量数据和功能监测数据的综合分析,对 SUT 的 HPM 效应进行评定。其试验配置如图 16-1 所示。

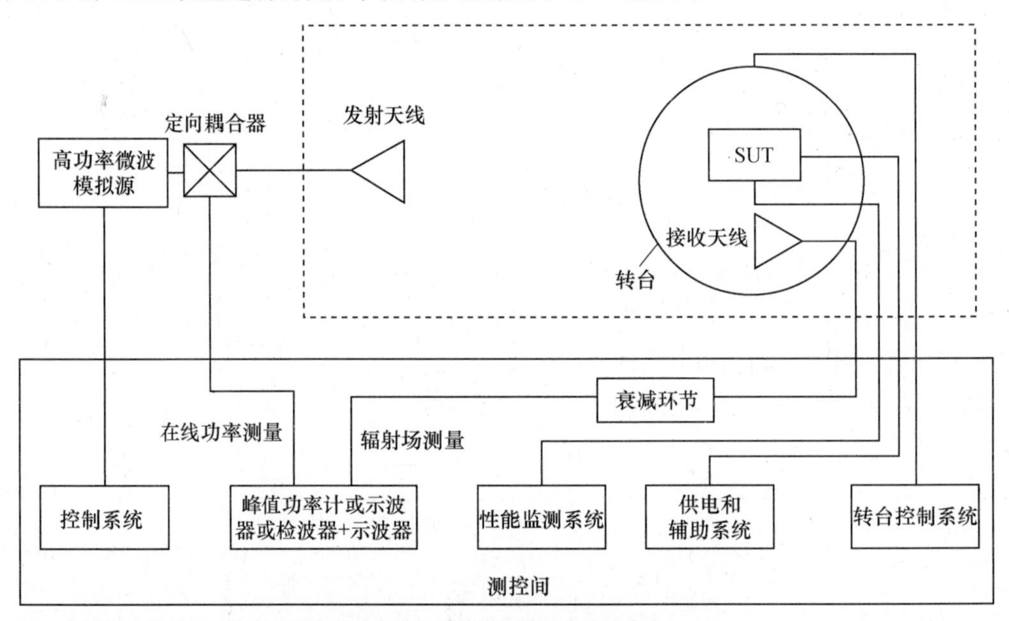

图 16-1 高功率微波威胁级辐照试验配置

辐照方式有整体辐照和局部辐照两种方式。在天线辐射的波束宽度能覆盖 SUT 的情况下,采用整体辐照。对于天线辐射的波束宽度不能覆盖 SUT 的情况,采用局部辐照方式,通过多次局部辐照试验完成全面辐照。对于不宜进行多次局部辐照的 SUT,局部辐照区域应优先选择在敏感区域。

16.2.2 实施要点

在进行试验时要注意以下几点:

1. 吉瓦级 HPM 模拟源的使用

在外场进行威胁级辐照试验需要吉瓦级 HPM 模拟源,其中窄谱 HPM 源主要是指利用脉冲功率技术产生的相对论强流电子束驱动以产生高功率(吉瓦量级)和短脉冲(小于微秒)的窄谱 HPM 脉冲的装置;超宽谱 HPM 模拟源与实验室模拟源组成结构相似,但功率更高，一般在 10GW 量级。

另外，对大型系统进行多角度辐射时，还需要可移动式 HPM 模拟源。

应预先对 HPM 模拟源进行性能调试，达到稳定输出，满足试验参数，并评估参数测量的不确定度。

在进行窄谱 HPM 试验时，不可能连续覆盖整个测试频率范围，通常根据频段选择频点进行测试，这需要根据高功率微波模拟源的辐射频率和被测系统的工作频率和谐振频率选择恰当的测量频率点。在未知的情况下，推荐的典型测量频率如表 16－2 所列，但实际测量频点应根据系统的电磁特征和所面临的电磁环境来确定。此外，如有特定的频率要求，还需要在指定频点开展测量。

表 16－2　推荐的典型测量频率

频段①/GHz	0.3～0.6	0.6～1	1～2	2～4	4～8	8～12	12～18	18～26.5	26.5～40
典型测量频点/GHz	0.45	0.93	1.3	2.8	4.3	9.3	15	24	35
①推荐在每一个频段选择一个频点，但实际测量频点以测试计划为准									

2. 实际情况模拟

模拟实际使用情况进行多角度入射是进行全系统威胁级试验的关键环节，可能实现的方式包括空中搭载平台、不同角度倾斜地面平台以及依靠地势条件建设辐射场。

在场强满足测试条件的情况下，若 3dB 波束能够覆盖整个被测系统，应选择整体辐照。整体辐照要求辐射场应当覆盖所有外部的导体。原则上，对车辆、舰船等地面或水面装备应开展 5 个方向的辐照，如图 16－2(a)所示；对飞机、导弹等空中装备应开展 6 个方向的辐照，如图 16－2(b)所示。

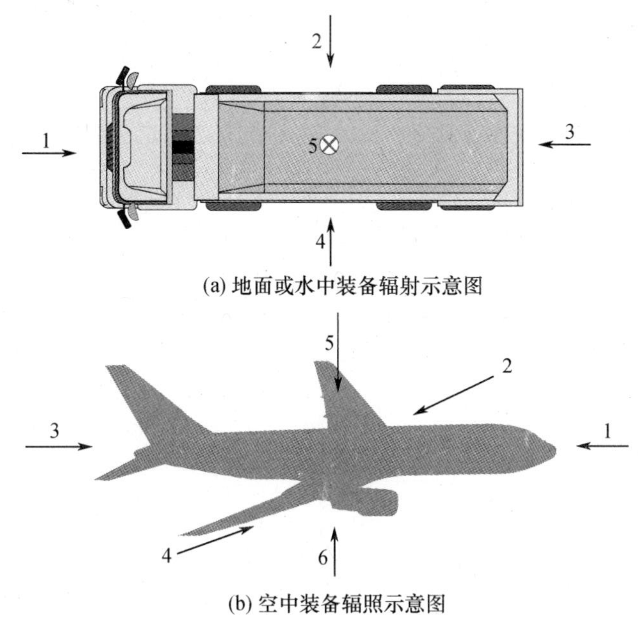

图 16－2　典型的整体辐照方向示意图

根据系统的耦合通道和谐振特征，还可开展特定辐照方向的测试（应写入测试计划）。例如，导弹的瞄准轴，飞机机翼与机身的夹角等。

如无特定的极化方向要求，对于辐射波为线性极化的情况，应开展水平极化和垂直极化的测试。对于辐射波为圆极化的情况，则不需要改变极化特征。

在场强满足测试条件的情况下，若 3dB 波束不能够覆盖整个被测系统，应选择局部辐照。局部辐照的位置应优先选择在耦合通道集中或谐振特征明显的区域。在整个测试过程中，必须确保被测系统的所有耦合通道均被照射，辐射波应当逐步覆盖系统的所有表面。局部辐照测试中，辐射波的极化方向与整体辐照测试要求相同。

可通过对 HPM 武器应用和使用场景分析预测，预估被试武器系统面临的实际入射面和入射角度。

试验中可以按照以下方式设置场地：

（1）依据 SUT 的尺寸、入射面和入射角度要求可以选取合适的搭载平台，包括空中搭载平台、地面平台的不同角度倾斜以及依靠地势条件建设的辐射场；并初步确定场地尺寸需求。

（2）依据 SUT 的具体应用场景，推断面临的威胁环境水平。

（3）根据均匀辐射面要求，可以推断其远场距离，结合远场距离条件和威胁环境水平可以科学设置 HPM 模拟源参数。

3. 辐射场测量

对于窄谱辐照 HPM 模拟环境，主要完成如表 16－3 所列参数的测量。典型的辐射 HPM 测量系统由角锥喇叭、耦合器、匹配负载、微波电缆、检波器等组成。

对于超宽谱辐照 HPM 模拟环境，主要完成上升沿在亚纳秒量级、脉宽在纳秒量级的窄脉冲的测量及相应系统的标定。超宽谱测量系统要求能够满足不失真条件，即测量系统的传递函数在超宽谱信号频率覆盖范围内幅频响应基本平坦，相频响应成线性变化。典型的测量系统主要由超宽谱测量天线、传输衰减分系统、高速示波器组成。

表 16－3 HPM 环境参数

参数	符号	单位	简要说明
微波频率	f	GHz	典型范围 0.8～40GHz
峰值功率	P	W	通常指由 HPM 源产生，并辐射到自由空间中的 HPM 脉冲的峰值功率
脉宽	τ	ns	通常指 HPM 功率包络脉冲的半高宽
上升时间	t_r	ns	通常指 HPM 功率包络脉冲峰值的 10%～90% 上升时间
重复频率	PRF	Hz	指在重复频率或脉冲串（burst）方式下工作时，相邻两个 HPM 脉冲之间的时间间隔的倒数，也可用 pps（pulses per second）为单位
工作时间	T	s	指在重复频率或脉冲串方式下工作的持续时间
脉冲能量	E	J	指脉冲所具有的能量。可以使用量热计测得，或对功率波形进行积分计算得出。若 HPM 脉冲具有较明显的平顶时，可以利用峰值功率 P 和脉宽 τ 的乘积进行粗略估算
平均功率	P_{avg}	W	指在重复频率或脉冲串（burst）方式下工作时所输出的 HPM 脉冲的平均功率，可以用下式进行粗略估算：$P_{avg}' = E \times N/T = P \times \tau \times \mathrm{PRF}$
功率密度	p	kW/cm^2	主要用于描述 HPM 辐射场中特定点处的 HPM 强度。由辐射系统的特性和该点与辐射天线之间的相对位置所决定

辐射场测量的技术关键在于高功率窄脉冲 HPM 环境条件下辐射参数测量技术。国家军用标准中已有可采用的测量标准，如 GJB 7052—2010《窄脉冲高功率微波频率和频谱特性测量方法》和 GJB 8221—2014《窄脉冲高功率微波外场功率测量方法》。

16.2.3 结果评估

全系统威胁级 HPM 试验方法的结果主要用于工程级或功能/平台级系统评估，威胁级辐照试验方法的开展根据 SUT 的应用场景会有不同，建议按照图 16－3 流程进行评估。

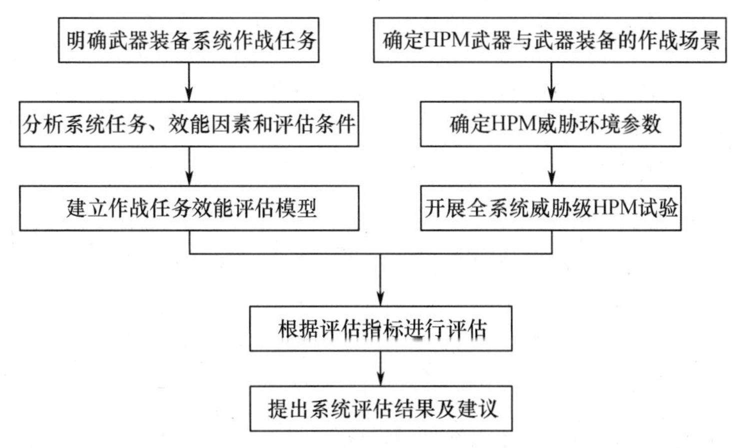

图 16－3 系统级 HPM 效应评估流程

在评估中最为重要的制定评估判据，以确保对 SUT 的可能效应现象进行准确的预估和试验结果评价，其中关键是分析不同等级的效应结果的具体 SUT 检测参数范围或效应现象。

如若已经有部分 SUT 效应研究结果时，试验判据的确定主要分为以下三步：

（1）通过已有效应结果的分析预估，首先确定 SUT 进行考核试验时的典型状态，分析 SUT 典型状态下的效应结果，给出评价不同等级效应的效应现象和判断依据。

（2）对 SUT 的系统结构进行拓扑分析，确定 SUT 典型状态下的电结构、内部连接图以及电磁加固防护措施，分析典型耦合途径，初步预估试验中的 SUT 内部耦合环境。

（3）整合分析典型状态中 SUT 的敏感或关键核心设备及器件的效应结果，给出 SUT 不同等级效应下敏感或关键核心设备及器件的效应现象，确定具体的监测检测方式，并预估不同等级监测检测参数范围。

如若从未对该类 SUT 进行试验，试验判据只能通过核心器件的效应结果进行预估：

（1）对 SUT 的系统结构进行拓扑分析，确定 SUT 典型状态下的电结构、内部连接图以及电磁加固防护措施，分析典型耦合途径和典型状态下的敏感设备或器件，初步预估试验中的 SUT 内部耦合环境。

（2）根据已有的 HPM 效应数据库，推断 SUT 的敏感或关键核心设备及器件的效应现象和结果，分析其对 SUT 典型状态的影响，并根据影响判定效应结果的等级。

（3）结合 SUT 任务需求，确定不同等级的效应结果对应的 SUT 的敏感或关键核心设备及器件效应现象，并确定具体的监测检测方式，并预估不同等级监测检测参数范围。

建议结合以下等级给出不同等级的监测检测参数范围及效应现象：

第Ⅰ等级：在 HPM 考核指标要求下进行考核试验，武器装备没有任何明显的影响。

第Ⅱ等级：在考核试验中武器装备受到一定的影响，但不妨碍其完成工作任务。

第Ⅲ等级：武器装备受到严重干扰或扰乱，在 HPM 作用期间不能完成任务，在 HPM 作用结束后可自行恢复或通过人为干预恢复。

第Ⅳ等级：武器装备关键器件或组件损伤，系统性能降级，或者系统受到严重扰乱，不能完成任务，必须维修或更换器件恢复。

第Ⅴ等级：武器装备分系统、设备或整机损毁，不可修复。

16.3 等效试验

16.3.1 辐照等效试验

1. 基本原理

HPM 与系统耦合过程中，存在“前门”和“后门”多种通道，因此等效试验优先采用辐照法。

辐照等效试验方法利用合适的辐射天线装置将性能较为稳定的 HPM 源产生的微波辐射出去，实现大区域均匀辐照，从而模拟 HPM 考核指标参数要求，试验步骤如下：首先，利用低功率微波进行测试，获得从系统外部到设备和分系统所在位置的辐射耦合系数；其次，根据全系统威胁级功率密度水平及辐射耦合系数，计算得到设备和分系统处的辐射场功率密度；然后，利用计算得到的辐射场功率密度对设备和分系统进行辐照试验，并对设备和分系统结果进行监测；最后，基于设备和分系统测试结果评定高功率微波对全系统的效应。HPM 辐照等效试验系统的典型配置如图 16－4 所示。

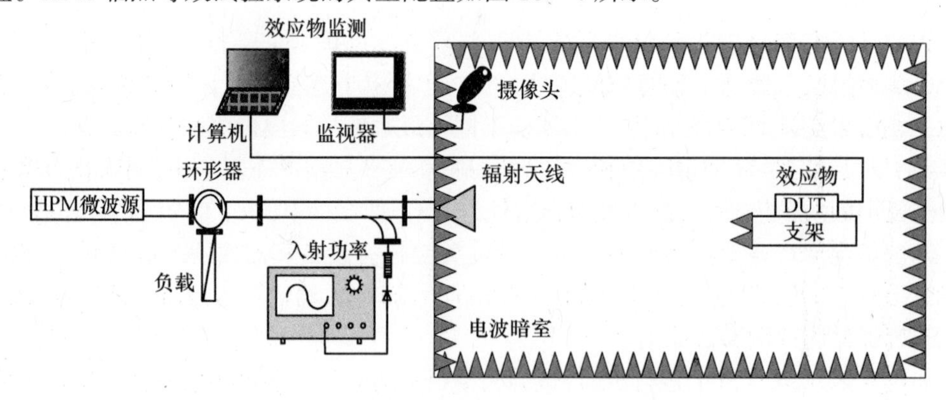

图 16－4　HPM 辐照等效试验系统的典型配置

2. 实施要点

1）辐照等效试验方法模拟源

辐射等效试验方法适用于不具备威胁级辐照试验条件的较为小型系统 HPM 试验，也可用于设备和分系统辐射环境已知情况下的试验，可依据 HPM 防护环境要求进行 HPM 效应模拟源选择。以 MIL－STD－464C 中飞机所面临 HPM 环境威胁源水平进行推断，选择尺寸为 20m×9m 的战斗机为典型目标，以 10km 典型距离，取辐射距离满足远场条件且满足系统尺寸内的辐照均匀度，垂直入射，内场以 10dB 矩形标准口径天线为例，计算得知对于系统试验，内场试验中窄谱微波模拟源功率要在十兆瓦量级至百兆瓦量级，超宽谱 HPM 模拟源 rE 值在十千伏量级（rE，Electric Field Strength – Distance Product，指超宽谱高功率微波辐射天线远场主轴峰值电场强度 E 与该点到辐射天线相位中心距离 r 的乘积，用于表征超宽谱高功率微波系统的辐射能力）。因此，一般采用基于真空微波电子管的各种频段的大功率窄谱 HPM 效应模拟源、基于半导体器件的高重频超宽谱 HPM 模拟源或基于快开关的高峰值超宽谱 HPM 模拟源。

2）辐射场地布局

辐照等效试验需配备控制转台用于实现多入射角度和多种极化方式的辐照试验。其中 HPM 辐射环境模拟能力是需要在微波暗室或混响室内能够产生等效的 HPM 模拟环境。图 16–4 所示的辐照试验系统组成，通常效应模拟源产生的 HPM 脉冲，通过辐射天线朝微波暗室辐射电磁波，在一定区域形成 HPM 模拟环境，考核该环境下受试设备或分系统的响应。

辐照等效试验中应注意分析清楚主要的耦合通道和路径，对于具有专门设计用以向外发射或接收微波信号的设备或分系统，应按照高功率微波环境标准对其接收天线进行辐照试验，一般有以下要求：

（1）高功率微波辐射通过接收机天线耦合进入被试设备内部。

（2）高功率微波应从接收天线主轴方向进入。

（3）接收机天线极化应与高功率微波极化匹配。

对于不具有专门设计用以发射或接收微波信号的设备或分系统，应按照高功率微波环境标准要求对不同形式、不同面进行辐照试验。对于典型的“后门”耦合路径为主的系统，如计算机、电台主机、电子引信、导弹伺服系统等，一般建议进行以下辐照面试验：

（1）主机：正面、背面。

（2）显示器：正面、背面、左侧、右侧、顶部。CRT 类显示器要求测试上述 5 个辐照面，液晶显示器测试正面、背面即可。

3）辐射场测量

辐射场测量与外场测量参数相同，可采用常规仪器进行测量，关键是窄脉冲的测量以及窄脉冲测量系统的标定。典型的窄谱 HPM 测量系统由角锥喇叭、耦合器、匹配负载、微波电缆、检波器等组成；超宽谱 HPM 测量系统需要完成上升沿在亚纳秒量级、脉宽在纳秒量级的窄脉冲的测量及相应系统的标定。另外，HPM 试验系统一般使用一路检波器在线测量 HPM 输出功率密度：

$$S = PG/4\pi R^2 \tag{16-1}$$

式中 P——检波器测得的功率（W）；

G——辐射天线的增益（无量纲）；

R——天线口面到受试设备或分系统的距离（m），应大于辐射天线的远场距离。

监测系统包括对效应物的显示面板监视和输出监视，可根据实际情况进行变化。

4）设备和分系统的等效辐射场测试

设备和分系统的等效辐射场通过 HPM 辐射耦合传递函数的测量方法获取，包括窄谱 HPM 测试方法、超宽谱 HPM 测试方法。

(1) 窄谱 HPM 测试方法。图 16-5 给出了窄谱 HPM 测试方法的测试系统示意图。设备连接区应尽可能放置于屏蔽室内,测量系统不应当破坏被测系统的电磁拓扑结构。如果传感器输出信号能够直接满足测量要求,则可不采用前置放大器。如果示波器能够直接测量,则也可不采用检波器。所需测试设备及要求如表 16-4 所列。

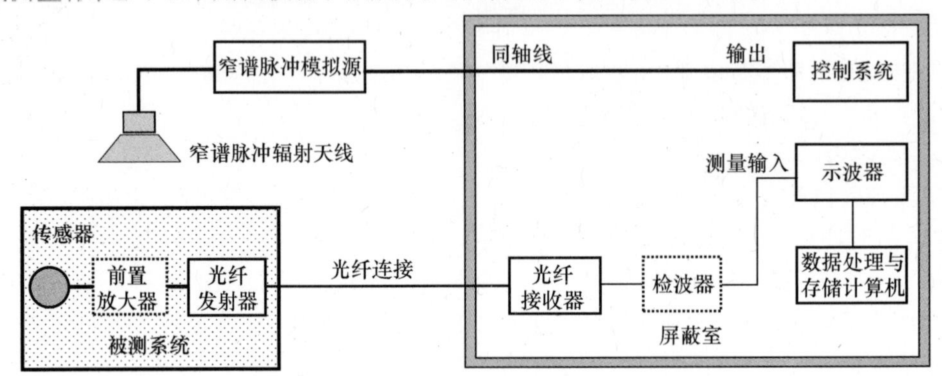

图 16-5　窄谱脉冲测试系统示意图

表 16-4　窄谱 HPM 测试设备

设备	特　征
窄谱脉冲模拟源	频率范围 0.1~40GHz,功率满足辐射场强度要求
窄谱脉冲辐射天线	频率范围 0.1~40GHz,满足防击穿要求,一般要求填充真空
传感器	频率范围 0.1~40GHz,灵敏度、响应时间满足测量要求
前置放大器	频率、带宽、增益、动态范围满足测量要求
检波器	具有峰值检波功能;频率范围 0.1~40GHz;上升沿时间满足要求
示波器	模拟带宽覆盖被测信号
光纤传输系统	满足被测信号的传输要求
数据处理与存储系统	满足数据分析、绘图与存储要求
各种电缆和衰减器	满足测试要求

窄谱 HPM 测试方法的测试程序示意图如图 16-6 所示,可将任务分为试验项和数据处理项两个部分。

测试具体步骤如下:

① 根据所需配置安装测量系统。

② 在模拟源打开的情况下,测量参考场,并进行记录和标识。

③ 放置被测系统,安装目标场测量传感器。

④ 利用匹配阻抗终端代替测量传感器或对传感器进行合理屏蔽,打开模拟源测量本底噪声。

⑤ 连接传感器,打开模拟源,测量目标场测量点信号,并进行记录和标识。

⑥ 选择下一个测量点,重复步骤⑤。

⑦ 旋转被测系统(或改变入射波方向)继续测量,重复步骤②~⑥,直到被测系统的所有方向都被测量。

⑧ 如果入射场为水平(垂直)极化,则改变入射场为垂直(水平)极化方向进行测量,

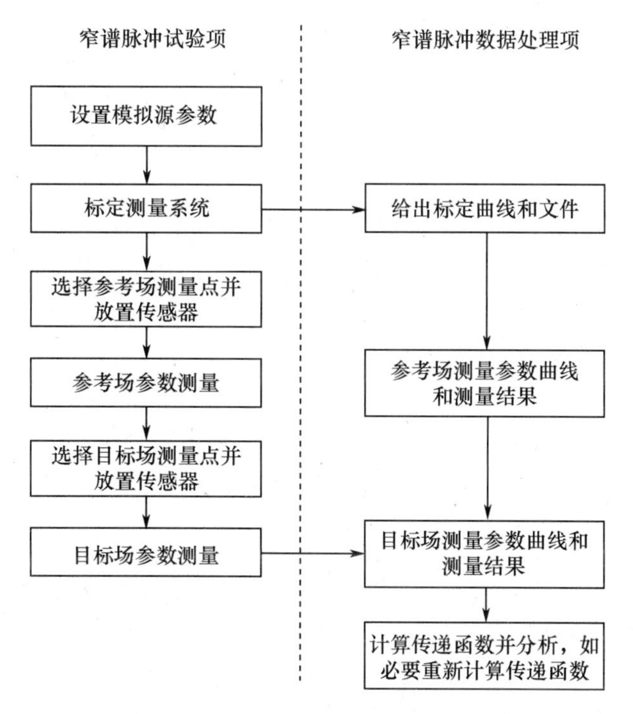

图 16－6　窄谱 HPM 测试程序示意图

重复步骤②～⑦。如果是入射场为圆极化波,则本步骤可不实施。

⑨ 选择下一个测量频率,重复②～⑧。

⑩ 完成被测系统测量,进行数据处理并按照要求撰写测试报告。

（2）超宽谱 HPM 测试方法。图 16－7 给出了超宽谱 HPM 测试系统示意图,其设备连接、测试流程及具体步骤可参照窄谱 HPM 测试方法。所需设备及要求如表 16－5 所列。

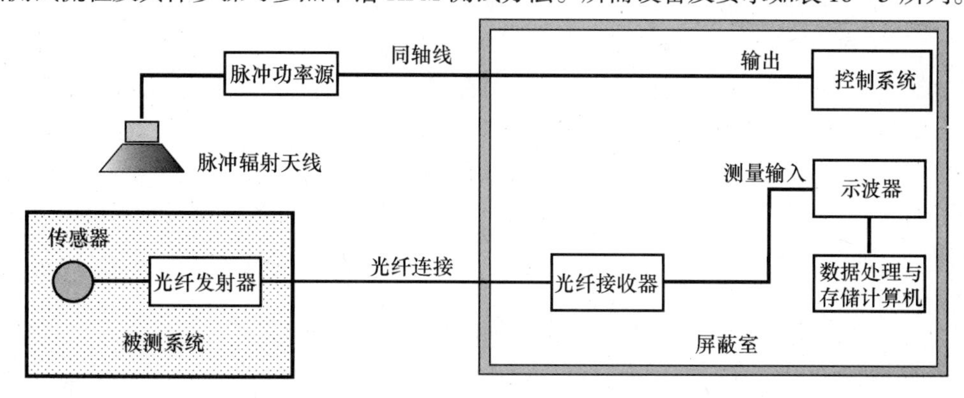

图 16－7　超宽谱 HPM 测试系统示意图

表 16－5　超宽谱 HPM 测试设备

设备	特　征
脉冲功率源	满足辐射功率和上升沿等参数要求
脉冲辐射天线	满足辐射频率带宽要求,通常为 TEM 喇叭天线
传感器	频谱范围覆盖 0.1～3GHz（接收天线,D－dot 探头）

（续）

设备	特　征
示波器	模拟带宽不小于 6GHz
光纤传输系统	满足测量信号传输要求
数据处理与存储系统	满足数据分析、绘图与存储要求
各种电缆和衰减器	满足测试要求

16.3.2　注入等效试验

1. 基本原理

注入试验方法通常用于开展元器件、部件的 HPM 效应研究，也可用于开展具有典型微波耦合端口的系统整机的效应研究，各种射频接收机是典型的微波“前门”耦合效应电子系统。注入等效试验工作原理是将 HPM 源信号通过注入耦合环节将 HPM 传导至具有射频接收机通道、耦合管脚等器件、组件、设备及分系统等，记录入射功率和反射功率，并对受试对象的工作状态或性能进行监测（实时测量或试验结束后测量），以获得器件、组件、设备及分系统等的 HPM 效应现象、效应阈值及加固水平等。根据源系统不同，注入试验分为窄谱 HPM 和超宽谱 HPM 注入试验。

注入等效试验方法分为四步：①利用低功率微波对从系统外部到设备和分系统敏感端口的有效接收面积进行测试；②根据全系统威胁级功率密度水平及有效接收面积，计算得到设备和分系统所需的注入功率；③利用计算得到的功率对设备和分系统进行注入试验，并对效应结果进行监测；④基于设备和分系统测试结果评定高功率微波对全系统的效应。

2. 实施要点

1）HPM 模拟源系统

注入等效试验一般通过任意信号发生器对标准的信号源进行调制，利用放大器进行微波功率放大，进而形成可以注入系统进行试验的环境信号。所需要的仪器包括任意信号发生器、标准信号源、微波功率放大器等。

2）系统布局及注入信号测试

图 16-8 为典型窄谱 HPM 注入试验系统原理图，受试系统为接收机。该试验系统主要包括：

（1）HPM 信号提供单元，包括激励信号源、任意信号发生器、计数器，以微波功率放大器为核心的 HPM 模拟源。激励信号源为 HPM 模拟源提供激励信号。计数器控制任意信号发生器和激励信号源，得到参数可调的模拟 HPM 信号。

（2）受试系统工作信号提供单元，包括作为参考信号源的射频信号源，用以提供电子侦察接收机工作用的模拟信号。

（3）注入单元，包括定向耦合器、环行器，完成 HPM 信号注入，同时提供入射、反射信号参数测量通道。

（4）信号监测单元，包括衰减器、检波器和示波器，也可以使用峰值功率计等测量脉冲信号的仪器替代，完成工作信号参数、HPM 注入参数的监测。

（5）效应检测系统，用以控制电子侦察接收机，并对其工作状态进行监测。

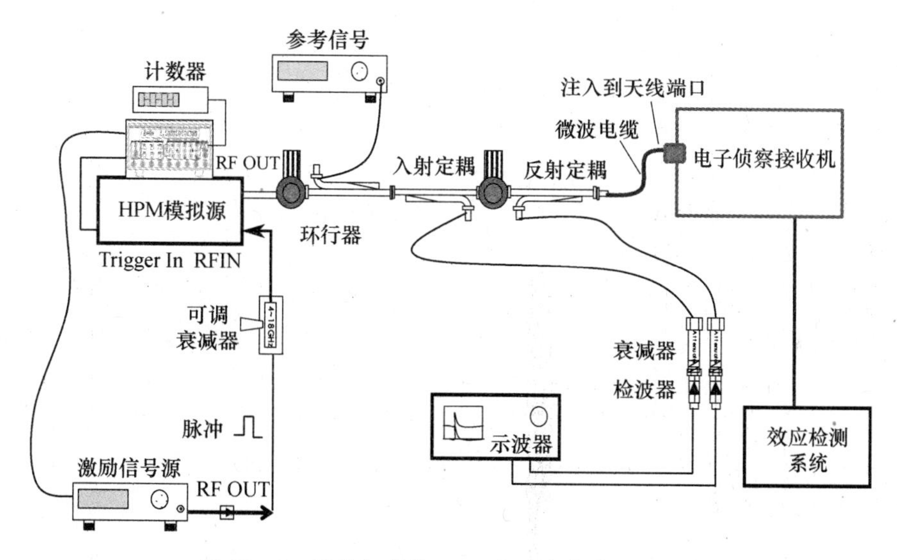

图 16-8 接收机窄谱 HPM 注入试验系统原理图

试验时,通过调节衰减器控制注入功率,实时观察电子侦察接收机工作状态。当电子侦察接收机工作发生异常时,停止功率调节。该功率就对应电子侦察接收机的效应阈值。改变微波参数,如微波频率、脉宽、重频等参数以获得效应阈值随微波频率、脉冲宽度、重复频率等的变化规律。

16.3.3 结果评估

在系统级 HPM 试验无法开展时,可通过设备及分系统试验评估系统 HPM 效应。如无特定测试评估流程要求,设备和分系统一般应通过下述测试,试验结果评估流程如图 16-9所示。

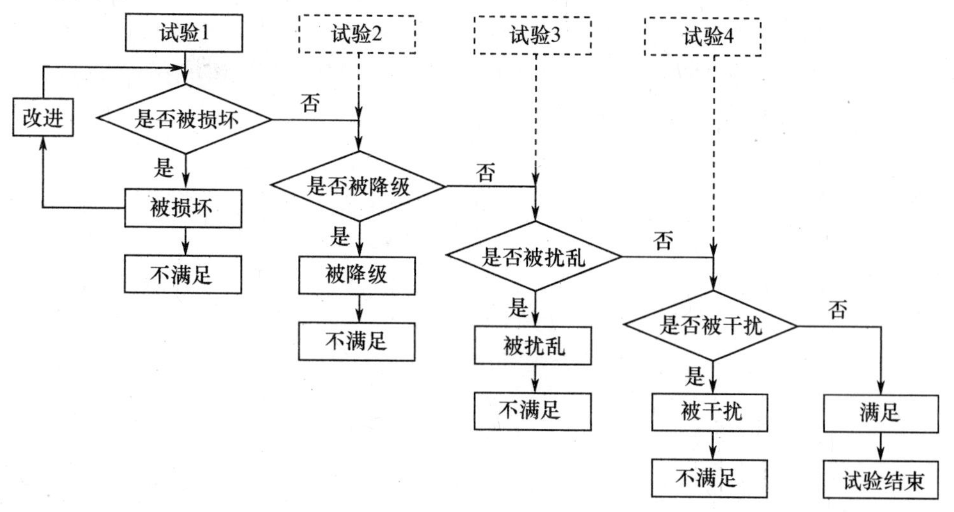

图 16-9 试验结果评估流程

(1) 损坏测试:被试目标在高功率微波环境下发生损坏,则被评估为不满足。

(2) 降级测试:被试目标在高功率微波环境下发生降级,则被评估为不满足。

(3) 扰乱测试:被试目标在高功率微波环境下发生扰乱,则被评估为不满足。

（4）干扰测试：被试目标在高功率微波环境下发生干扰，则被评估为基本满足；被试目标在高功率微波环境下不发生干扰，则被评估为满足。

如果试验大纲做出了具体要求，在（1）~（4）中任一项发生效应，那么应根据试验大纲确定最终是否合格或通过。例如，如果大纲要求允许发生干扰，但不能允许发生扰乱。在扰乱试验中受试系统未被扰乱，而在干扰试验中受试系统被干扰了，则试验结果按照试验大纲要求也属合格或通过。

如何基于设备和分系统试验结果对全系统威胁级试验结果进行评估，目前，研究尚未给出有力的技术支撑。建议利用故障树分析对全系统威胁级辐照试验结果进行初评估。如果采用等效试验方法对平台或系统中全部设备和分系统（相关的）进行等效试验，并且已获得了设备和分系统1、设备和分系统2，……，设备和分系统 n 的试验结果，那么，采用故障树的方法就可根据设备和分系统在平台和系统中承担的任务角色、相互关系等进行全系统威胁级辐照试验评估。

第 17 章　典 型 应 用

通过上述各章的分析可以看出,电磁环境效应包括了各种电磁环境因素,覆盖了各武器系统和平台,涉及面广、新技术多,由于武器系统的复杂性、电磁环境和效应的复杂性,准确把握和使用 GJB 8848—2016 标准难度大。尤其是针对多种类型武器系统,如何开展电磁环境效应试验,试验项目和方法如何选择是必须解决的重点问题。

本章结合舰船、飞机、地面、卫星和导弹等装备工程的实际,详细阐述了应用的具体问题,包括电磁环境的确定、试验项目的选择及要求的确定、试验大纲的编写、试验组织与实施程序等,并给出了典型应用示例。对于指标要求和试验项目确定,本章给出了分析方法和建议,正如 3.2.2 节中所强调的,这里并不规定是否此要素适用于此平台,要素的适用性应根据研制总要求确定。

17.1　舰　　船

17.1.1　电磁环境与指标分配

1. 电磁环境的确定

舰船系统所面临的电磁环境一般是指系统在预期的使用环境中,执行规定的使命任务时,可能遇到的辐射或传导的电磁能量在不同频率范围内强度和时间的分布。舰船系统实际上面临的电磁环境由自身、友方及敌方的地面、海上、水下、空中大量电磁信号共同构成,包含核电磁脉冲、高功率微波武器和静电放电、沉积静电、雷电等产生的电磁辐射,甚至还受到大气、海洋等环境的影响。

电磁环境指标内容的确定应根据舰船装备的使命任务,结合型号工程经验,采用仿真和试验分析等方法,开展相关的电磁环境分析,确定装备具体的指标项目和量值,应优先采用实测和预测的数据。

舰船电磁环境指标分析可通过数字仿真、缩比船模试验及 1:1 模型试验等进行电磁环境及指标量值的确定和评估。电磁环境指标具体包括总体电磁环境效应要求、装舰设备和系统电磁兼容性要求。总体电磁环境效应要求具体包括内部电磁环境要求、电磁干扰控制要求、电磁辐射危害控制要求及雷电防护要求、舰船与舰载机界面电磁兼容性要求等。装舰系统和设备电磁兼容性要求具体包括设备和分系统电磁发射和敏感度要求。总体单位应预测分析总体电磁环境,开展船模试验,完成总体电磁环境效应初步分析;确定系统及设备的电磁兼容性要求,对关键系统和设备提出安全裕度的要求。

2. 指标的分配

指标分配包括两个层面:一是将使用需求转化为战技指标;二是将战技指标转化为电磁环境效应指标,形成装备研制的目标。

从电磁环境效应工程的实践看，需从工程之初就系统地开展指标分解分配。在装备总体系统级提出电磁环境效应要求，将总体的要求分配到设备和分系统级。同时按一定的转换关系将使用要求转换成指标，写入研制合同，成为设计和验收考核的依据。通常指标分配过程如下：

(1) 对装备使用任务剖面和任务阶段及其使用环境进行分析，根据装备总体电磁环境效应要求和系统设备选型，提出舰船总体电磁环境效应初步指标。

(2) 结合不同使用要求，建立电磁环境效应数字模型，构建关联系统的电磁耦合和电磁安全关联矩阵，采用电磁数值计算、实（半）物仿真试验验证等将装备总体电磁环境效应指标逐级向平台系统进行量化分解，对各用频设备提出指标，并与总体要求进行优化协同。

(3) 依据舰船总体电磁环境效应数字模型，采用系统与总体协同分析的方式，对系统电磁环境效应进行量化分解验证。

(4) 对系统电磁环境效应指标进行全面验证，通过装备模型和检测数据，预测各系统性能对实现装备电磁环境效应顶层指标的影响。

(5) 用频设备指标分配之后，重新进行总体电磁环境效应分析和评估，根据评估结果对设备和系统指标、天线布局、设备布局等进行再调整和优化，解决分系统设计实现中优于原指标和劣于原指标的偏离对装备电磁环境效应的影响。

(6) 通过装备电磁环境效应仿真和验证测试；分系统与总体的协同设计；弥补系统和设备的缺陷，完成分析和指标分配。

17.1.2 试验项目选用及要求的确定

舰船电磁环境效应试验的目的是为了证明电磁环境效应要求得到满足，证明舰船在全寿命期中不会由于电磁环境效应的作用对舰船使用和安全造成影响。舰船的电磁环境效应试验项目应根据舰船装备研制总要求或合同中规定的技术要求来确定，是对研制要求符合情况的全面考核，按照研制要求分解需要考核的试验项目和指标，以确保通过试验全面评估装备电磁环境效应的符合情况。

按舰船装备研制要求及相关标准要求确定具体试验项目，对舰船电磁兼容性进行验证。试验项目选用可参考表 17－1。

表 17－1 舰船电磁环境效应试验项目选用及要求

序号	项目名称	适用要求	对应 GJB 8848 标准章节	说 明
1	系统安全裕度试验及评估	与安全和任务关键相关的设备分系统	5	安全或者完成任务有关键性影响的功能
2	军械安全裕度试验及评估	含有桥丝式电起爆装置的军械适用	6	需要确保系统安全的电起爆装置
3	系统内电磁兼容性试验	适用	7	考核系统集成后的整体自兼容性
4	外部射频电磁环境敏感性试验	适用	11	电磁环境场强幅度和频率范围需在研制要求或合同中规定

（续）

序号	项目名称	适用要求	对应 GJB 8848 标准章节	说 明
5	电磁脉冲试验	由订购方规定	14	订购方提出要求时，给出验收试验环境
6	舰船直流磁场敏感度试验	适用	16	分系统和设备
7	军械分系统静电放电试验方法	部分适用，人体静放电适用	19	
8	电磁辐射对人体危害的场强测量与评估方法	适用	20	给出适用的现行的国家军用标准
9	电磁辐射对军械危害试验	对军械适用	21	采用 GJB 7504
10	电搭接和外部接地试验	适用	22	在系统内电磁兼容性试验中开展
11	发射控制试验	适用	24	逐级考核的方法
12	频谱兼容性试验	适用	25	结合相互干扰试验
13	高功率微波试验	由订购方规定	26	订购方提出要求时，给出验收试验环境

1. 安全裕度

安全裕度包括系统安全裕度试验及评估和军械安全裕度试验及评估，符合性可以通过安全裕度试验、分析和评估获得，以验证舰船安全关键设备和任务关键设备具有足够的安全裕度。

2. 系统内电磁兼容性

系统内电磁兼容性试验是为验证舰船自身实现自兼容开展的试验，主要包括搭接和接地性能、电源线瞬变、电磁环境、金属体感应电压、天线间兼容性、互调干扰和相互干扰等试验，最终验证舰船自身兼容性满足舰船使用要求，也就是舰上设备在各种工作状态下不出现由于电磁干扰形成的对于系统功能性能的影响。兼容性包括本舰电子电气设备之间、射频大功率发射设备和其他电子电气设备之间、本舰微波收发设备之间等。

3. 外部射频电磁环境敏感性

系统应与规定的外部射频电磁环境兼容，通过试验证明舰船可以适应使用环境中的射频电磁环境，各种人为的电磁环境不应影响使用性能的发挥。主要保证舰船与外部系统的共存性。外部射频电磁环境场强幅度和频率范围等指标由订购方确认，并需在研制要求或合同中规定。

4. 电磁辐射危害

电磁辐射危害包括电磁辐射对人员和对军械的危害，其符合性通过系统电磁辐射对人体危害的场强测量与评估试验、电磁辐射对军械危害试验及分析得出，以证明舰船在使用过程中，电磁环境对人员、军械是安全的。电磁环境场强幅度和频率范围等指标由订购方确认，并需在研制要求或合同中规定。

5. 发射控制

对于舰船平台,无法在电波暗室或开阔试验场直接进行整体的 EMCON 测试,可按带天线电子信息系统、局部上层建筑模拟及实船测试验证等逐级进行。符合性通过发射控制试验及分析得到,以证明舰船的电磁辐射控制合理有效,无意辐射满足指标要求,同时不会由于辐射引起信息泄露的问题。

6. 电磁脉冲

仅在订购方有明确要求时,该要求才适用。在承受电磁脉冲环境以后,舰船系统应满足其工作性能要求。符合性通过试验验证,以检验舰船对电磁脉冲的防护加固能力和生存能力。提出该项要求时,订购方应给出电磁脉冲环境试验环境。

7. 高功率微波

仅在订购方有明确要求时,该要求才适用。在承受高功率电磁环境以后,舰船系统应满足其工作性能要求。符合性通过试验验证,以检验舰船在高功率微波环境下的生存能力和防护能力。提出该项要求时,订购方应给出高功率微波试验环境。

8. 频谱兼容性

符合性通过频谱兼容性试验和分析获得,以证明舰船及舰载设备满足国家和军队的电磁频谱相关规定。

17.1.3 试验大纲的编写

舰船系统电磁环境效应试验大纲是开展具体试验的依据,应在舰船系统研制总要求所规定的相关技术要求的基础上编写制定,经评审后执行。评审至少要订购方、舰船设计总体单位、电磁兼容专业技术人员参加,鉴定试验大纲同时应报订购方批复后方可实施。为保证试验的正确实施,试验大纲中应包含以下要素:

(1) 基本信息。文件编号、密级,SUT 名称、型号、编号、编制(日期)、批准(日期)及编制单位等主要内容。

(2) 签字页。试验大纲应有签字页,签字页主要包括对试验大纲内容的认可申明及各方代表的签字等内容。

(3) 任务依据。系统研制任务书及其研制总要求等试验大纲制定的依据。

(4) 试验目的。说明进行系统电磁环境试验的目的。

(5) 引用文件。主要包括参考引用的标准规范、要求以及相关技术资料。

(6) 试验项目。明确系统所要求进行对应 GJB 8848 标准 4.2 中的试验项目。

(7) 试验要求。明确 SUT 各试验项目的要求,包括:SUT 进行系统电磁环境效应试验应满足的基本条件及应保持的工作状态;试验地点及试验现场应具备的基本条件;所使用试验设备的要求。

(8) 试验布置与方法。系统试验的布置框图,具体试验项目的试验方法。测试频率点要求和数量、具体频率、受试系统工作状态、时序安排等。

(9) 限值要求。明确各试验项目的限值要求。

(10) 试验判据。规定具体试验项目的合格/不合格判据。

(11) 拟承试单位。包括拟承试单位与资质情况。

17.1.4 试验的组织与实施

试验的组织与实施是系统级试验中的重要环节。舰船电磁兼容性试验贯穿于研制过程的各个阶段,需要总体单位和设备技术责任单位、承造船厂等有关单位密切配合。

承担总体电磁兼容性验收试验的机构应具备要求的资质并经批准。

装舰系统和设备的电磁兼容性考核一般结合实际情况按舰船建造批次进行抽测,每型设备每批次首套设备必须进行检测。

测试实施阶段的主要工作包括受试系统的状态确认,现场试验组织、发现问题处理等。

1. 受试系统的确认

检查受试系统与标准的符合性,确认其技术状态,并进行记录。

2. 现场试验组织

对试验过程进行有效控制,确保安全性、试验结果的准确性。根据试验大纲和拟订的试验实施计划严格执行,并根据试验计划和进展情况编写进度安排。

试验现场应如实填写原始记录,对试验过程中的实施步骤及数据进行记录。试验的原始记录数据是反映试验结果的重要资料,必须真实准确、清晰完整。

3. 需要关注的问题

(1)舰船上所有与总体电磁兼容性试验有关的系统、分系统、设备必须依照规定的程序完成其全部的安装调试工作,单机性能和系统性能均符合战术技术任务书的要求,并在试验过程中保持技术状态的固化。

(2)舰船上需要进行测试的部位附近所有临时设施、无关的金属物品、管线材料等物品应清除干净。

(3)所有试验方法中详细规定的要求,在使用中都必须严格执行。若由于特殊原因需要调整变化时,必须事先经过协商并征得订购方确认,同时应在试验报告中详细说明改变的原因、新要求确定时讨论的结果、新要求实施后对试验结果的影响分析。

(4)试验过程中,不得破坏舰船上所有设备和器件的结构及质量。若由于试验方法的需要,必须对舰船上的设备、元件以及电源线路进行部分拆卸时,应由相关单位按确定的要求具体实施,并在试验结束之后立即按原技术状态予以恢复。

(5)试验期间,除舰船上应配置的系统、设备之外,其他的临时性检测仪表、设备以及相应的信号连接线和电源线均应停止加电工作并应拆除。若在试验时,进行监测的仪表、设备需要加电工作,应事先做出必要说明。

(6)试验期间,舰船上所有与试验有关的系统和设备均应在试验大纲规定的状态下工作(试验大纲中无明确要求的按常用状态工作),并按舰船实际工作要求配备现场操作人员,其他无关人员应主动回避。

4. 发现问题处理

试验应在规定的时间内完成,试验时要保证各项安全性,如试验过程中出现电磁兼容问题或异常情况,要认真分析,查找问题原因,并采用有效措施进行整改。整改结束后必须再次进行试验。如中止和变更试验计划,必须经上级有关部门的批准。

17.1.5 试验结果评定与验收

1. 试验结果评定

（1）完成试验后，对获取的试验数据进行分析，将试验结果按照试验大纲中规定的要求或 GJB 1389 的要求进行对比和判定，来确定 SUT 是否符合。

（2）若超标或不满足要求，需采用控制发射、调整布局、对敏感设备进行防护加固等更改措施，对试验中的不合格部位进行整改。

（3）结合系统实际使用情况，判断是非能够正常兼容工作，并满足 E3 要求。

（4）试验报告中应对不符合和出现敏感现象进行识别和分析。发现的任何异常情况都应评估，以确定是 E3 引起的 SUT 故障，还是其他类型的故障或响应。

（5）结合各测试部位的安装实际情况，结合系统全寿命周期中使用，分析可能存在的风险，进行分析并提出可靠的保持措施。

2. 试验结果验收

在验收、交付等阶段，组织进行电磁兼容性验收，评估舰船电磁兼容性能，在验收报告中应含有电磁兼容性评估的内容。

17.1.6 典型装备应用示例

1. 预测分析电磁环境和频谱需求

根据使命任务和功能需求，对被试舰船舰的预期活动区域的电磁环境进行了分析，主要分析了活动区域的自然干扰源和人为干扰源，其中人为干扰源是分析重点，并着重对人为无意干扰进行了详细分析论证。

为了充分利用有限空间和频谱资源，减少电磁干扰，根据该型舰使命任务以及配置电子设备，综合分析用频设备的电磁频谱需求，完成了电磁频谱规划。

其中，主要采用了电磁干扰预测方法和电磁干扰数学模型，如图 17－1 所示，研究了该型舰主要电磁辐射装备的工作频段和可能产生的二次、三次谐波范围，以及易受干扰的接收设备的工作频段，并绘出频谱图，明确设备工作频谱可能的分布情况，列出干扰矩阵表。根据设备干扰矩阵图，建立发射机模型、接收机模型、天线模型，通过干扰预测方程，逐对进行设备间干扰—响应的分析，预测可能存在的电磁干扰。

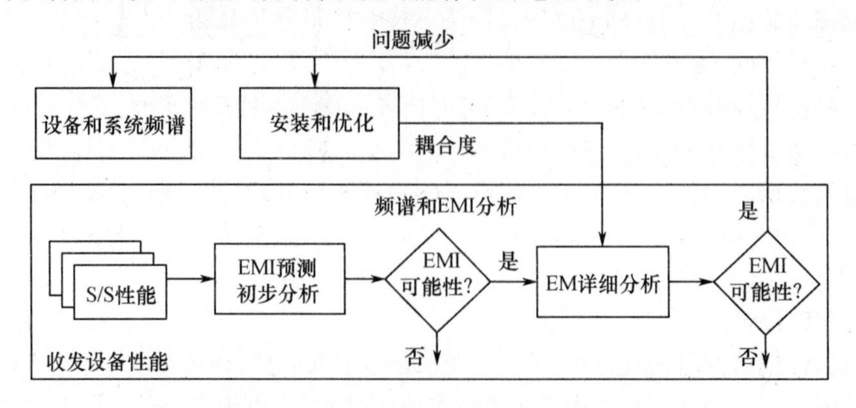

图 17－1 电磁干扰和频谱预测分析流程

2. 提出频谱要求和设计方案

据此论证提出了用频装备的电磁频谱特性指标，避免谐波干扰和带外干扰；对用频装备系统的波道/频道进行合理的规划，提出符合本舰使用性能要求的全舰频谱资源分配方案，尽量避免装备同频且同时工作的收发设备；提出电磁频谱使用管理方案，对用频装备进行频谱监视和使用管理，避免相互产生干扰。

此外，根据该型舰使命任务和功能需求，还开展了电磁兼容顶层设计，确定电磁兼容性设计总目标，制定适用于本型舰的电磁兼容性指标体系。针对装备配置，分析其特点，进行干扰源与敏感设备的指标匹配性设计，对总体、系统、设备提出电磁兼容性指标要求，完成指标分配，保证在电磁安全性的前提下，发挥全舰使用效能。

3. 电磁兼容性指标

运用频谱图表法及分析比较法对全舰发射机的功率、频谱进行分析，开展总体电磁兼容要求分析研究，结合标准选用，将电磁兼容性要求分解到指标，提出舰船总体电磁兼容性要求指标。根据舰船特点，进一步细化形成整套舰电磁兼容性指标，包括安装质量、电网特性、电磁环境、天线布置参数及电磁辐射危害5类，指标框图如图17-2所示。

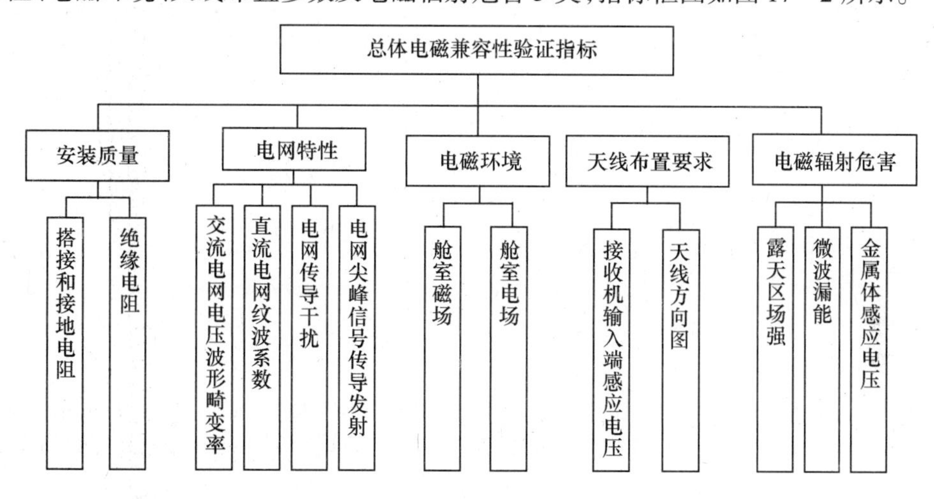

图17-2　总体电磁兼容性指标框图

4. 总体试验

根据舰研制要求，通过对舰电磁兼容性特点的分析，结合测试设备及设施，确定了试验内容，制定了试验大纲，在码头和海上进行了总体电磁兼容性试验，通过实际工况，短波发射机发射时，开展露天区电磁环境及天线方向图特性和隔离度等测试，试验获得了不同频率下500多组武器安装处、直升机停放平台、露天区人员活动区场强值、400多组天线端感应电压数据。

1）搭接和接地电阻

（1）测试限值。搭接、接地直流电阻值应满足小于10mΩ要求。

（2）测试位置。舰船露天区域的门、窗、盖、栏杆、梯、扶手、安全网等活动构件与舰体的搭接；武器发射装置与舰体的搭接；露天电气、电子设备的接地搭接；主要舱室内电子设备搭接。

（3）测试布置。搭接和接地电阻测量布置如图17-3所示。

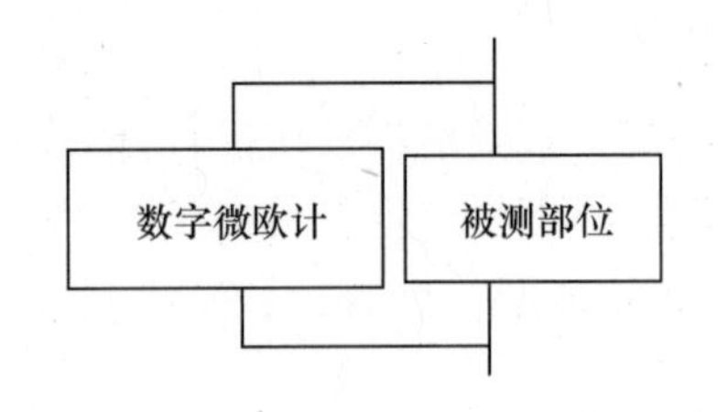

图 17－3 搭接和接地电阻测量布置图

（4）测试步骤。

① 选择要测量的部位。

② 按要求对仪器校准。

③ 将被测件的测点周围的污物及氧化层处理干净，直到露出金属光泽，使用微欧表测量连接点的直流电阻，读取稳定值。

2）露天区大功率短波发射时场强

（1）测试限值。露天区人员活动部位、武器安装等部位的场强值均满足规定要求。

（2）测试位置。短波双扇天线、短波双鞭天线、左、右舷短波单信道天线以及多副短波天线组合发射工作时，在大功率短波天线附近、甲板面人员活动区、武器发射装置部位、航空煤油舱通气口、敏感天线位置等 40 个点处测量。

（3）测量布置。露天区大功率短波发射时场强测量布置如图 17－4 所示。

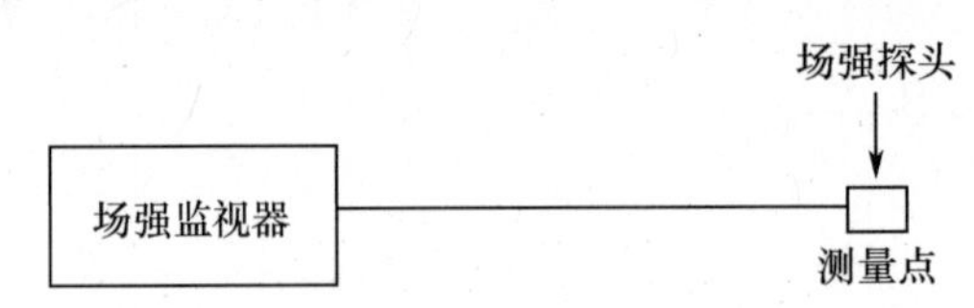

图 17－4 露天区大功率短波发射时场强测量布置图

（4）测量步骤。

① 在测量潜在危害场强前，应了解舰船的各种发射源的性质及布置情况，做好测试前的准备，测试人员应采取必要的安全防护措施。

② 选择场强探头进行测试。

③ 测量仪器通电预热，使其达到稳定的工作状态。

④ 按照试验大纲中的发射频率要求发射工作，在这些频率上工作的发射源必须以设计最大功率或额定功率发射。

⑤ 选择测量位置，将测量仪表的探头放置于选择的测量位置，探头距周围的金属物体应不小于 30cm。按照不同的测量部位寻找最大值，从监视器上读出并记录数据。

3）金属体感应电压

（1）测试限值。所有位置测得金属体感应电压值应满足技术要求。

（2）测试位置。短波低口宽带双扇天线发射时，在天线附近人员活动部位的门把手、栏杆、扶手等位置测量金属体感应电压。

短波高口宽带双鞭天线发射时，在天线附近人员活动部位的门把手、栏杆、扶手等位置测量金属体感应电压。

（3）测量布置。金属体感应电压测量布置如图 17－5 所示。

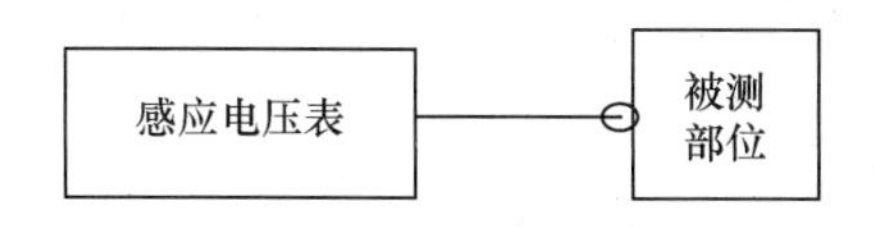

图 17－5　金属体感应电压测量布置图

（4）测量步骤。

① 按试验大纲的要求，在露天区域选择测量部位。

② 将选定的测量点周围的污物及油漆处理干净，直到露出金属光泽，保证探针与被测金属体有良好接触。

③ 测量人员双手握住感应电压表，直接从感应电压表上读出测量数据。

4）露天区域雷达工作时功率密度

（1）测量布置。露天区域雷达工作时功率密度测量布置如图 17－4 所示。

（2）测量步骤。

① 在测量潜在危害场强前，应了解舰船的各种发射源的性质及布置情况，做好测试前的准备，测试人员应采取必要的安全防护措施。

② 选择电场探头进行测试。

③ 测量仪器通电预热，使其达到稳定的工作状态。

④ 按照试验大纲中的雷达工况发射工作。

⑤ 选择测量位置，将测量仪表的探头放置于选择的测量位置，探头距周围的金属物体应不小于 30cm。按照不同的测量部位寻找最大值，从显示器上读出并记录数据。

5）雷达舱室部位功率密度

（1）测试限值。雷达舱室各测试点部位微波功率密度应满足技术要求。

（2）测试位置。雷达高频室、放大器机柜、天线主馈线处等。

（3）测量布置。雷达舱室部位功率密度测量布置如图 17－4 所示。

（4）测量步骤。

① 选择电场探头进行测试。

② 测量仪器通电预热，使其达到稳定的工作状态。

③ 按照试验大纲中规定的雷达工况发射工作。

④ 选择测量位置，将测量仪表的探头放置于选择的测量位置，探头距周围的金属物体应不小于 30cm。按照不同的测量部位寻找最大值，从显示器上读出并记录数据。

6）舱室场强

（1）测试限值。舱室场强应满足不大于 120dBμV/m 要求。

（2）测试位置。第一报房、第二报房、第三报房、第四报房、译电员室等。

（3）测量布置。

① 测量天线置于测量位置，天线距金属物体应不小于 30cm。

② 天线架设高度为地网距地板 60cm。

③ 测试仪器与人员应尽量远离测量用天线，以避免仪器和人员影响测量点的场分布。舱室场强测量布置示意图如图 17－6 所示。

（4）测量步骤。

① 测量仪器通电预热，使其达到稳定的工作状态。

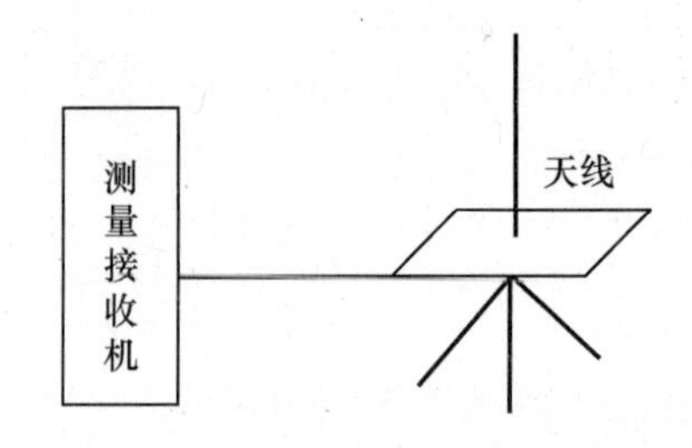

图 17-6　舱室场强测试布置示意图

② 所测量舱室内的设备开机按要求正常工作，发射源按规定要求发射工作。

③ 采用测频谱分析仪、接收天线，按规定的检波方式、测量带宽，在 10kHz ~ 1GHz 频率范围扫频测量，记录短波发射频率的基波值及测试波形。

④ 在短波发射时，分别在门窗关闭和开启两种状态下测量。

7）电网传导干扰

（1）测试限值。舰船共用电网传导发射测量值应满足规定的技术要求。

（2）检测位置。武备、通信等分配电箱各选一处。

（3）测试仪器。频谱仪和耦合装置。

（4）测试方法。

① 对需要测量的电源线，按图 17-7、图 17-8 布置连接，测试在电子、电气设备正常工作并稳定后进行。实船测试布置如图 17-9 所示。

② 舰船上共用电网的设备通电，所测分电箱的分系统或设备通电。

③ 测量仪器通电预热，使其达到稳定的工作状态，按仪器使用说明书操作仪器，必要时可接同轴衰减器以保护测量接收机。

④ 使测量接收机在整个适用的频率范围内扫描。

⑤ 对其他每根电源线按步骤② ~ ④重复测试。

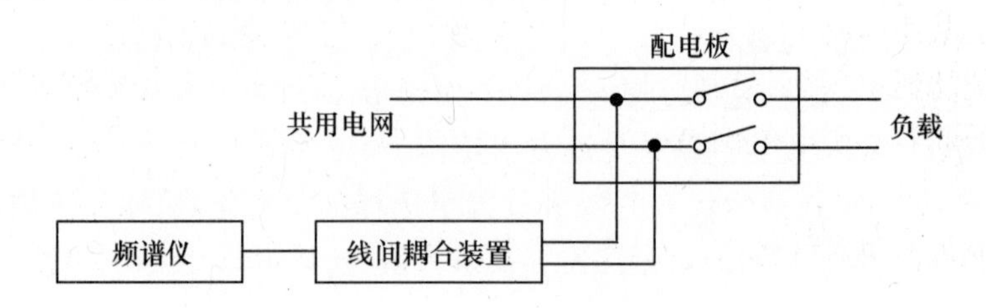

图 17-7　电网传导干扰测试布置图（50Hz ~ 15kHz）

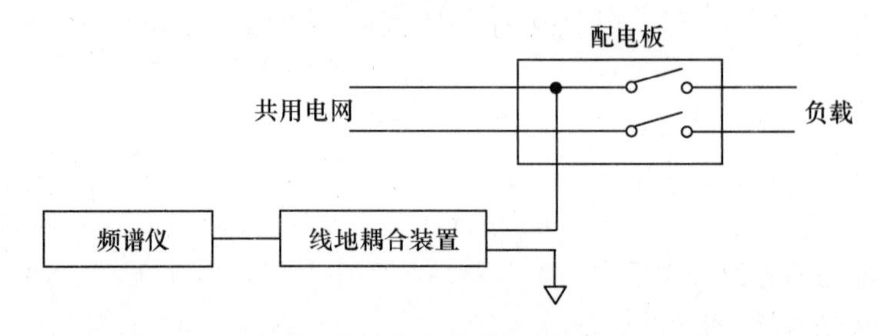

图 17-8　电网传导干扰测试布置图（15kHz ~ 30MHz）

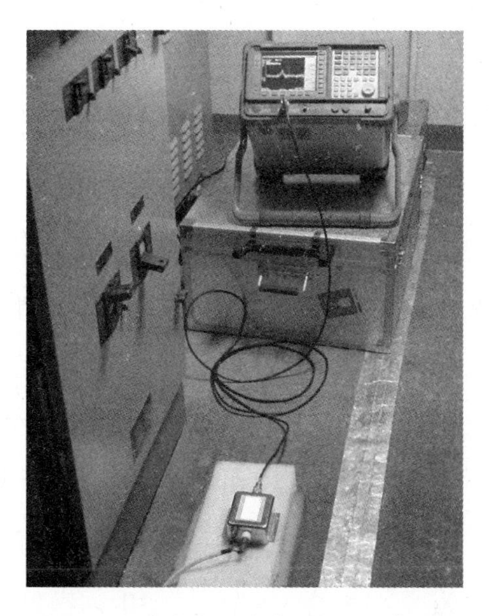

图 17－9　实船电网传导干扰测试布置图

8）电网尖峰信号传导发射

（1）测试限值。舰船电网尖峰信号传导发射测量值应满足规定的技术要求。

（2）检测位置。武备、通信等分配电箱各选一处。

（3）测试仪器。

① 示波器和高通滤波器。

② 电力品质分析仪。

（4）测量步骤。

① 对需要测量的电源线，按图 17－10 布置连接；测试应在电子、电气设备正常工作并稳定一段时间后进行。由于示波器或电力品质分析仪浮地，测试时应注意人员安全。

② 舰船上共用电网的设备通电，所测分电箱的分系统或设备通电。

③ 测量仪器通电预热，使其达到稳定工作状态；按仪器使用说明书操作仪器。

④ 依次通断容易引起电网瞬变的设备；记录每次通断时的电网尖峰信号传导发射时域波形。

⑤ 对其他每对电源线按上述步骤②～④重复测试。

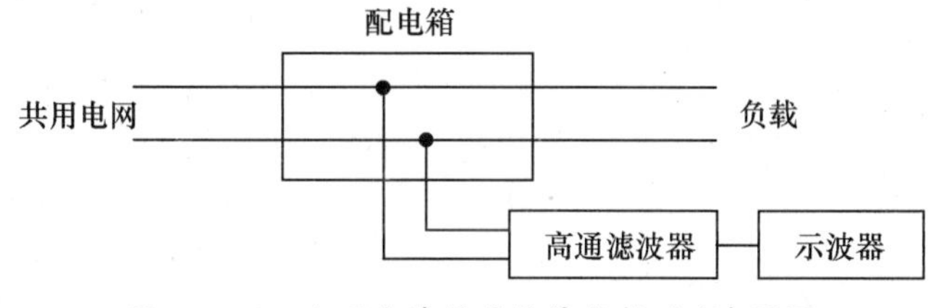

图 17－10　电网尖峰信号传导发射测试布置图

5. 结果评估

针对总体电磁兼容性要求，开展总体评估。对获取的试验数据进行分析，分析舰面天线布置的收发共存问题，避免上层建筑、桅杆、天线布置不当引发严重干扰，通过试验和全舰强电磁环境数值化预测，分析研究全舰的电磁环境、天线隔离度和方向性，评估了上层建筑、桅杆、天线不同布置方案，对舰面电磁环境影响以及对舰载系统的影响。将试验结果按照试验大纲中规定的要求或 GJB 1389 等标准要求进行对比和判定，若超标或不满足要求，需采用控制发射、调整布局、对敏感设备进行防护加固等更改措施，对试验中的不合格部位进行整改。结合系统实际使用情况，判断是非能够正常兼容工作，并满足 E3 要求。

开展了电磁兼容评估，针对指标可能出现不能满足电磁兼容性要求的情况，以及可能出现的电磁干扰进行评估，分析其对任务完成能力的影响。通过对复杂的电磁干扰产生、传播、感应以及对危害的量化分析，在总体、系统、设备多层面研究对策，评估设备、系统、总体的电磁兼容性指标不满足要求带来的影响，研究解决方法。例如对于不满足指标的设备和系统，定量评估其超标值和敏感阈值，结合实际使用需求，评估其是否可装艇；在尽量减少天线间的电磁干扰的同时，分析其对设备正常工作的影响，研究解决措施。通过试验和实际使用，其电磁环境效应指标论证和控制是合理的，达到了预期目标。

17.2 飞　　机

17.2.1 电磁环境与指标分配

1. 研制流程

飞机的研制通常划分为论证阶段、方案阶段、工程研制阶段和鉴定定型阶段，但如果按过程划分也可简单地分为设计研制和验证评估两个大的阶段，这两个阶段并不是按照时间轴排列，而是反复迭代的归一过程，贯穿于飞机研制始终，如图 17 – 11 所示。设计研制阶段主要是针对系统指标要求开展设计和研制，验证评估阶段是对系统指标的符合性进行验证。设计指标“自顶向下”分解，验证评估“自底向上”开展。任何飞机的研制都需要电磁环境效应技术人员全过程参与，规划落实电磁环境效应技术措施，分解电磁环境效应对于各个分系统和设备的指标，开展电磁环境效应相关的技术设计，为各个专业设计提供技术支持，审核各个专业和系统的设计内容的电磁兼容性，分析飞机电磁环境效应相关的技术实现。在各个阶段评估电磁环境效应指标的风险，规划实施电磁环境效应验证，解决试验中出现的电磁环境效应问题。飞机服役后还要跟踪使用问题，协助大修过程的电磁兼容控制。电磁环境效应技术人员在方案设计阶段就应该对电磁环境效应每一个设计指标提出其验证方法和手段，落实在如电磁环境效应项目开发计划、电磁环境效应控制计划、电磁环境效应大纲、电磁环境效应试验计划等文件中，并在其后的过程中逐一实施。验证过程持续贯穿研制阶段，并实现全寿命期电磁环境效应管控。

2. 电磁环境的确定

电磁环境是提出系统电磁环境效应设计要求的输入依据，是开展电磁兼容性设计的前提条件。相对准确全面的电磁环境，对于系统电磁兼容设计的成败至关重要。

对于系统电磁环境效应设计，系统在保证自兼容的同时应保证与外部电磁环境兼容。外部电磁环境的确定应根据系统的使命任务，进行使用场景分析，分析全任务剖面全寿命期所面临的各种电磁环境，包括平台、场站、编队和各种民用电子设备等发射产生的电磁环境，电磁装备、各种探测和火控雷达等产生的威胁电磁环境以及雷电、静电等自然电磁

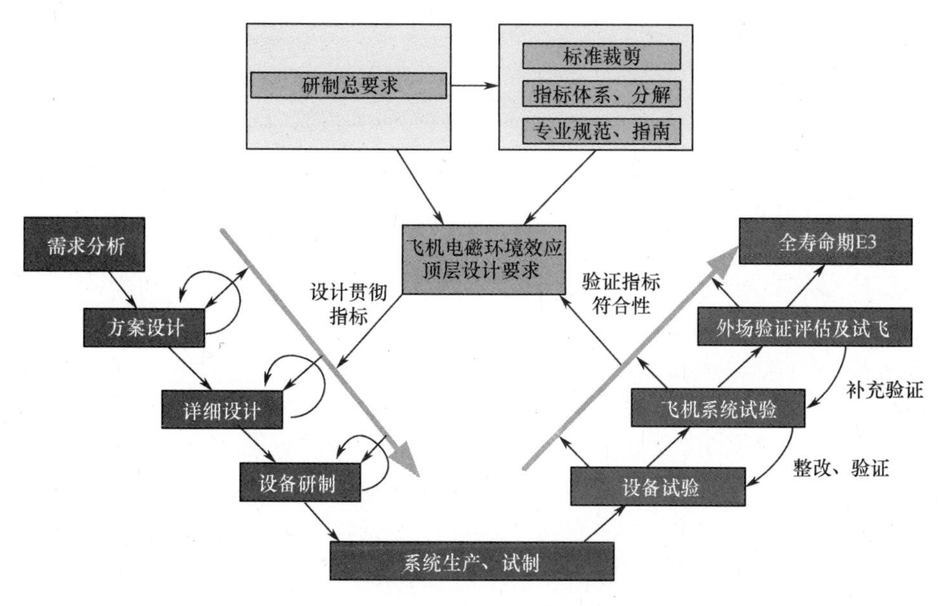

图 17－11　飞机电磁环境效应研制流程

环境。电磁环境的选择应优先采用订购方同意的实测或预测分析数据，当无相应数据时可采用 GJB 1389A—2005 或特定系统的规范中明确的电磁环境要求。

对于设备和分系统设计，其电磁环境的确定取决于系统的外部电磁环境、系统的材料屏蔽特性、设备和分系统的安装位置、系统自身电子电气设备的辐射特性以及天线布局等因素。电磁环境的选择应优先采用订购方同意的实测或预测分析数据，当无相应数据时可采用 GJB 151B—2013《军用设备和分系统电磁发射和敏感度要求与测量》或特定系统的规范中明确的电磁环境限值要求。

3. 指标的分配

指标包含两层含义：第一层是来源于订购方提出的研制总要求，是对订购的装备研制提出的总体要求。其制定依据是基于装备的使命任务、外部电磁环境和未来使用的考虑。其侧重点在于技术要求和指标的制定。第二层是工程总体承研单位基于订购方提出的研制总要求，对于产品的工作特性、工作时段、重要度、技术水平、经费及进度等因素综合规划，统筹设计，制定满足使用和功能性能发挥的最佳的技术要求，以期达到最佳费效比。其彻重点在于指标的分配和落实，最终形成系统电磁环境效应设计要求和各级规范中电磁环境效应相关要求。

研制总要求对电磁环境效应的要求通常优先采用的标准是 GJB 1389A—2005，同时依据装备的特点和特殊性采纳其他国际标准、国军标、国标、行业标准以及特殊要求。标准的确定不仅限于明确标准的名称，还应研究标准的适用性，分析它的条款，通过确认和剪裁，对标准涉及的要素一一明确要求。通常包含以下要素：

（1）系统自兼容要求。

（2）安全裕度要求。

（3）外部射频电磁环境适应性要求。

（4）雷电防护要求。

（5）静电防护要求。

（6）电磁辐射危害防护要求。

（7）搭接接地要求。

（8）设备和分系统电磁干扰控制要求。

（9）频谱兼容性要求。

（10）发射控制要求。

（11）全寿命期 E3 控制要求。

（12）电磁脉冲防护要求。

（13）高功率微波防护要求。

系统电磁环境效应设计要求和各级规范中电磁环境效应相关要求设计要素及指标的确定需要综合考虑来源于相关专业的需求，如系统安全性的要求、隐身性能要求等。

指标分配是体现对指标的分解量化和对标准裁剪的结果，是工程项目形成具体电磁环境效应要求的过程。需要工程总体承研单位在预测分析和工程经验的基础上，在与飞机设计相关各专业充分协调、分析、审查、评估的基础上，综合权衡设计难度、周期、成熟度、费用等因素，对总体指标要求进行的分解，形成量化的分解指标。飞机系统指标的分配包括但不限于在以下要素中体现：

（1）对机体结构及机体屏蔽要求。

（2）材料特性要求。

（3）对机电系统、飞控系统、航空电子系统、武器系统等分系统的要求。

（4）天线布局要求。

（5）射频兼容性要求。

（6）设备布局和安装的要求。

（7）电缆敷设要求。

（8）结构件、设备、附件的搭接要求。

（9）接地要求。

（10）机载设备和地面保障设备的电磁兼容性要求。

（11）电缆及电连接器屏蔽和选用要求。

（12）电源线尖峰和浪涌抑制要求。

（13）静电防护要求等。

对于机载分系统和设备的电磁兼容性要求主体通常还是基于 GJB 151A—1997 或 GJB 151B—2013 进行剪裁的，剪裁包括对技术要求的取舍，对指标限值的改动，对于晶振频率、限幅、带外抑制等特殊要求。对于有适航要求的机载设备和分系统还要基于DO 160进行要求和限值的剪裁。对于特定系统或平台内使用的设备或分系统，应依据电磁环境特性和具体应用分析，对标准的要求进行剪裁，加严或放宽要求，以满足整个系统的性能，提高效费比，降低成本。当标准中的试验方法手段无法适用时，也可利用特定的环境和设施，提出试验方法，开展试验。但这些特定的要求和方法需经过评审并经订购方同意，并列入设备或分系统的规范和合同中。

以某型飞机为例说明对于机载分系统和设备的电磁兼容性指标的分配原则。例如某机载设备安装于独立舱室，该舱室相对密闭，且没有其他电子电气设备和设备电缆，那么对于该项设备的 RE102 项要求可以取消或根据预测分析结果适当放宽限值。例如对于电磁环境分析显示某空军飞机在 2 ~ 30MHz 频率范围内具有较大的外部电磁场强，而 20 ~ 40GHz 频率范围内本机辐射和外部场强都很小，对于其上的机载设备 RS103 项要求的频率范围应剪裁为 2MHz ~ 20GHz。

17.2.2 试验项目选用及要求的确定

飞机整机电磁环境效应验证的目标就是证明飞机的适用性，证明飞机在停放、维护、使用全过程中不会由于电磁环境的作用对他的使用性能和安全造成影响。飞机的电磁环境效应验证需要根据飞机研制的具体技术指标要求来确定，试验项目的选用和要求的确定应分两个层面考虑，对于订购方来说，试验项目的选用及要求的确定源于订购方提出的研制总体要求，是对研制要求符合情况的全面考核，需按照研制要求分解规划需要考核的试验项目和指标，以确保通过试验可以全面评估装备电磁兼容性的符合情况。对于总体研制单位来说，在研制过程中除完成上述试验项目外，还需要对为完成总体指标要求进行分解的分指标进行考核或测试。如图 17 - 12 所示，从设备级到装备级的设计指标一一验证。

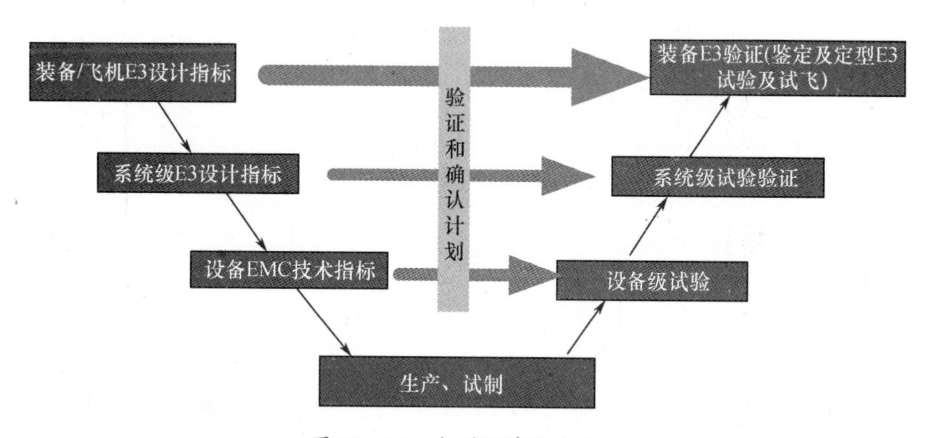

图 17 - 12　电磁环境效应验证

1. 机载设备分系统电磁干扰控制

机载设备和分系统按照 GJB 151 及相关标准开展试验验证，设备分系统电磁兼容性试验是为了证明该产品符合飞机设计总体分配给产品的技术指标要求的过程。飞机总体研制单位对于要求的剪裁体现在合同和规范中。

2. 系统自兼容性

通过搭接电阻试验、接收机输入端耦合信号试验、电磁环境试验、电源线瞬变试验和相互干扰检查试验来进行验证。最终证明飞机自身兼容性满足飞机战术使用要求，也就是机上设备在各种工作状态下不出现由于电磁干扰形成的对于设备功能性能的影响。兼容性包括本机电子电气设备之间、本机射频设备和其他电子电气设备之间、本机射频收发设备之间、工作的发动机与本机电子电气设备之间等。

3. 外部射频电磁环境适应性

符合性通过外部射频环境敏感度试验验证。证明飞机可以适应停放、维护、飞行和使用环境中的射频电磁环境，各种人为的电磁环境不应影响使用性能的发挥，主要保证飞机与周围系统的共存性。外部射频电磁环境指标由订购方确认。

4. 自然电磁环境适应性

符合性通过飞机雷电试验、静电放电试验验证。证明飞机在停放、维护、飞行和使用中，自然电磁环境不影响飞机使用性能的发挥。雷电试验包括直接效应试验和间接效应试验。静电试验包括人体静电试验和沉积静电试验，对于垂直起吊飞机和空中加油飞机还包括300kV静电放电试验。验证指标要求按照GJB 1389A—2005。

5. 电磁辐射危害防护

电磁辐射危害包括电磁辐射对人员、对军械和对燃油的危害，其符合性通过系统电磁辐射对人体危害的场强测量与评估试验、电磁辐射对军械危害试验以及对设备或样件试验及分析得到，以证明飞机在停放、维护、飞行和使用过程中，电磁环境对人员、燃油、军械是安全的。验证指标要求按照GJB 1389A—2005或订购方明确的指标。

6. 电磁辐射控制

符合性通过发射控制试验及分析得到，以证明飞机的电磁辐射控制合理有效，无意辐射满足指标要求，同时不会由于辐射引起信息泄漏的问题。

7. 电磁武器防护

符合性通过电磁脉冲试验和高功率微波试验验证，以证明飞机具备未来使用环境中电磁脉冲、高功率微波的防护，检验飞机的生存能力。

8. 安全裕度

符合性可以通过安全裕度试验和分析、评估获得，以证明飞机安全关键设备和任务关键设备具有足够的安全裕度。

9. 频谱兼容性

符合性通过频谱兼容性试验和分析获得，以证明飞机及机载设备分系统满足国家和全军的电磁频谱相关规定。

除以上试验之外，飞机系统通常还开展以下相关试验项目以证明作为研制的过程输入和阶段性指标验证：

（1）天线隔离度测试。

（2）屏蔽效能测试。

（3）射频兼容性试验。

（4）天线性能测试。

（5）雷电分区试验等。

上述试验不一定集中进行，可以分布在研制过程当中的不同阶段开展，有的试验分布在生产试制过程中，有的试验需要成品研制单位进行。最终的指标符合性评估可以采信前期的试验结论。

17.2.3 试验大纲的编写

试验大纲的编写应按照相关标准的规定格式完成，试验大纲应通过评审，评审至少要订购方、飞机设计总体单位、电磁兼容专业技术人员参加，鉴定试验大纲同时应报订购方批复后方可实施。为保证试验的正确实施，在试验大纲中应包含以下要素：

（1）任务来源。

（2）试验目的和性质。

（3）系统组成和技术状态。

（4）工作状态。

（5）试验项目和方法。

（6）性能判别准则和方法。

（7）试验中断的处理与恢复。

（8）试验组织与分工。

（9）试验保障。

（10）试验安全。

（11）试验计划。

试验项目的选择要以充分验证飞机从停放、维护、飞行和使用全过程的电磁环境适应性和电磁安全性以及飞机的自兼容性为目标，试验项目要覆盖研制总要求提出的指标内容，包括一些隐含的指标。试验大纲应详述验证手段和验证方法，必要时应给出编制说明。

试验大纲中要明确被试飞机的配套技术状态，当与定型状态不一致或试验状态不完整时，要说明差异和试验结果的适用范围、不确定性，对于飞机上加装的非定型技术状态的设备或系统应明确，并对加装设备对于试验结论的影响予以分析评估。

受试品工作状态的选择应充分考虑各任务阶段和使用阶段的工作状态，当不能穷尽时，应充分分析，选取典型的工作状态，选取的原则应遵循全面但不过度的原则，如同一使用环境应选取最严格的工作状态，不同使用环境应分别选取，尽量包含各种典型状态，但也要避免过度考核。在工作状态选择时需特别注意在空中某些特定条件下才能出现的工作状态，尤其对飞行安全构成重大影响的状态如发动机进气道调节系统。另外，发动机传感器和综合调节控制电路仅在发动机工作时才有效，因此在电磁环境效应试验中应有单独的发动机开车下的试验。

大纲中应明确性能降级准则和方法，性能降级准则要能够对被试系统受影响和性能降低给出全面评价，指标要量化，可测。性能评价准则的制定需要飞机设计单位、机载产品研制单位、订购方论证部门以及电磁兼容专业设计师共同完成。仅由试验承研部门的电磁兼容设计师或机载产品研制单位设计师制定性能评价准则是不可取的。

17.2.4 试验的组织与实施

系统电磁环境效应试验涉及飞机系统、平台（舰基平台或陆基平台）、飞机模拟激励设备、飞机监测设备、飞机地面保障设备、测试仪器和系统等，参试人员包括飞机设计单位、飞机承制单位、成品研制单位、试验实施单位、订购方代表等，因此试验的组织实施需要有明确的分工和责任。通常大型试验要成立试验领导小组，试验领导小组是试验的领导机构，负责对整个试验工作进行策划、组织，解决试验过程中发生的重大问题。下设现场指挥部、质量监督组、安全管理组、试验保障组、试验技术组等共同完成试验的组织与实施。

试验前，应针对飞机配套状态、试验环境、测试系统、地面支持设备状态等方面开展试验准备工作。

1. 飞机状态

试验前应确认被试飞机的状态，重点包括以下方面：

（1）首先应根据飞机文件中规定的配套技术状态逐条落实被试飞机上的设备是否装机，软件硬件是否固化和正确（鉴定试验需确认是否为定型状态），功能是否正常和满足要求。当有设备缺装、结构不完整时，应分析对飞机整体电磁兼容性影响，一般应考虑是否破坏了飞机总体屏蔽效能；是否增加或降低了飞机平台的电磁辐射强度、频段及其他干扰特性参数；是否使飞机部分敏感参数得不到监测和验证等。如果不能采取有效的替代手段时，试验结果应判为无效。当设备软件硬件状态不正确，应分析评估不一致对电磁兼容性带来的影响，如无足够证据证明无影响，试验结果应判为无效。

（2）机载火工品参试前应已经通过了设备级的相关试验，并保证安全可靠，在不能确认机载设备辐射时机载火工品足够安全的情况下，试验时应将炸药拆除只保留底火后再安装到飞机上，装前需测试电起爆装置是否未失效，试验结束后还要进行测试，以确认是否在试验中被误引爆或失效。

（3）飞机口盖的状态直接影响试验时机载天线对机载设备、电缆的辐射耦合强度，进而影响试验的结果，因此试验时应尽量关闭所有飞机口盖，起落架应收起，用千斤顶支起飞机。但在发动机开车状态时不收起起落架以保证安全。

（4）与飞机无关的测试设备及电缆应该拆除，出于某种需要飞机上的加改装测试设备，如果试验目的不是评估测试设备与飞机的兼容性，试验前应尽量拆除，如不能拆除，应评估对试验结果的影响。

2. 地面支持设备

绝大部分机载设备都需要地面设备支持才能正常工作。因此，开始试验前必须为被检查设备配置地面模拟设备和地面保障设备是非常重要的一项工作。

地面保障设备主要包括飞机地面电源、地面液压源、地面通风冷却设备等。要能够模拟飞机发动机工作时所能提供的电源、液压和通风需求。

地面模拟设备一般拥有两个功能：一是为机载设备提供模拟激励信号；二是检查机载设备的工作参数是否正常。地面模拟设备可以利用机场真实的地面台或其他载机的设备，也可以使用飞机维护用的简易检查仪。无论采用哪种模拟设备，一般都需要具备如下功能：

（1）能够为机载设备提供模拟一定高度的动压、静压的气压信号。

（2）能够识别机载设备发出的询问信号，也要能够向机载设备发出询问信号，并能够显示机载设备的应答信号是否满足性能要求。

（3）能够发出窄波束、定时发射的扫描信号，以使飞机机载设备解算出飞机下滑角和方位角信息。

（4）导弹模拟器设备应具备真实导弹所具备的电气功能，使机内武器部分与外挂模拟器完成导弹各种状态的加电检查、发控流程检查等反映武器系统是否正常工作的程序。

（5）能够模拟机场罗盘台、塔康台、信标台发出的信号，需要改变频点的地面台要具备模拟改变波道的功能。

（6）能够监控飞机飞控系统的工作状态。

（7）能够与机载电台相同工作频段和信号制式的发射功能，同时可以监听机载电台的话音发射质量。

（8）能够向被检查数据链路类机载终端发送信息，监测终端的发送信息，同时可以实时显示与机载设备的通信链路是否正确。

（9）能够把机载雷达的发射信号延时并反馈给雷达接收机，并提供一定速度的目标信号，使机载雷达截获。

（10）能够实时显示和记录机载参数记录设备采集到的参数等。

3. 试验环境

全电波暗室是最能够真实模拟飞机飞行时自由空间无反射环境，优先选择。由于条件和资源的限制，也可在开阔试验场或现场试验场地开展试验，但对于环境的影响因素应充分考虑，并采取措施消除，不能消除的应对其影响进行充分评估分析。地面反射及周围高大建筑物的反射可能造成机载接收机误响应，甚至出现虚假干扰。大功率设备辐射经地面反射可能烧毁机载接收设备。外部电磁环境可能导致虚假信号的产生，甚至出现干扰。

4. 测试系统

测试系统应保证试验精度和准确性。

17.2.5 性能降级准则

性能降级准则是判断一个设备在一定电磁环境中工作是否受影响以及影响是否涉及飞机整体性能能力降低的判断方法，所有涉及飞机系统、分系统及设备工作性能的评价的试验都应建立明确的性能评价准则，对于系统通常称为性能降级准则，也有称为敏感性判据。建立性能降级准则是设备及分系统电磁兼容试验和飞机系统电磁环境效应试验的基础，性能降级准则应是可量化、可测量的，并且要涵盖多种工作状态。

飞机上任何系统的性能降级准则都是和该系统使用性能相关，建立性能降级准则的基本原则要考虑状态需要覆盖使用过程的各个模式，指标要对应战术使用的最低性能能力，过程需要考虑系统响应时间。飞机系统性能降级准则通常分为以下类型：

1. 射频接收机类

对于射频接收机类，制定性能降级准则时通常要考虑以下要素：

（1）耳机噪声增强。

（2）正常收听影响。

（3）通信误码增高。

（4）雷达退出跟踪。

（5）雷达失去目标。

（6）雷达虚假目标。

（7）应答概率降低。

（8）识别概率降低。

（9）高度表数据无效。

（10）雷达告警丢失。

（11）雷达告警误告。

（12）电子对抗干扰输出变化。

（13）罗盘摆动超差。

（14）微波偏差无效等。

2. 计算机类

对于计算机类，制定性能降级准则时通常要考虑以下要素：

（1）非正常输出。

（2）重新启动。

（3）输出中断。

（4）显示跳变。

（5）非易失数据丢失。

（6）机内自检判断。

3. 传感器类

传感器类设备的性能降级准则就是产品自身的技术指标要求。

4. 系统控制类

系统控制类设备核心都是计算机，所以计算机类的判别准则同样适用，考虑到重要性将其单独列出，在制定其性能降级准则时还要考虑其他要素。飞行控制系统主要考虑舵面偏转变化量、飞控计算机的控制输出、故障告警等要素；武器管理系统主要考虑开关量信号输出；显示控制系统主要考虑显示字符的跳动扭曲、字符迟滞、状态转换、控制响应不跟随等。

5. 光电探测类

光电探测类设备多是计算机与光电传感器的组合，所以计算机类的判别准则同样适用。针对光电传感器的特殊性，在制定其性能降级准则时还要考虑其他要素：

（1）正常目标丢失。

（2）虚假目标产生。

（3）图像失真。

6. 告警类

告警类设备的性能降级准则要考虑以下要素：

（1）误告警。

（2）告警逻辑错误。

（3）不能告警。

7. 音频类

音频类设备的性能降级准则要考虑以下要素：

（1）耳机噪声增加。

（2）通信对方耳机噪声增加。

（3）发射断续。

8. 飞机结构

主要考虑雷电对于天线罩、飞机蒙皮等结构产生的损毁。

17.2.6 典型装备应用示例

1. 试验场地

飞机整机E3试验场地优选全电波暗室，全电波暗室可以最大程度模拟飞机真实的飞行环境,避免地面反射的影响,排除外界环境的干扰。全电波暗室如图 17 - 13 所示。其次试验场地可以选择半电波暗室,在需要时部分铺装吸波材料以消除地面反射的影响。由于条件限制和发动机开车对场地的要求限制,开阔试验场和发动机开车专用场地也可以开展飞机系统 E3 试验,但需要对结果进行分析,确认外界电磁环境、地面、附近高大建筑物的反射对试验结果没有造成影响,同时还应注意不应由于地面反射造成机载接收机烧毁或错误显示。例如,无线电高度表在地面无吸波材料的试验环境开展试验时要接延时线。

图 17 - 13　飞机系统测试用全电波暗室

2. 环境模拟设备

环境模拟设备用于系统电磁环境效应试验敏感度试验项目中,用于模拟产生各类电磁环境和电磁干扰,试验项目包括外部电磁环境敏感性试验、静电放电试验、雷电效应试验、安全裕度试验、电磁辐射对军械危害试验、电磁脉冲试验和高功率微波试验等。

环境模拟设备从原理上看主要包括以下几类:

(1) 信号源,主要用于产生特定信号特性的信号;

(2) 放大器,主要用于信号的放大,有些试验设备也会将信号源和放大器合二为一;

(3) 辐射天线和电流探头,用于信号的发射;

(4) 储能设备,用于静电放电模拟和雷电模拟。

图 17 - 14 ~ 图 17 - 16 是一些典型的环境模拟设备。

3. 发射测试设备

发射测试设备主要用于飞机系统辐射发射的测试,包括耦合信号测试、电磁环境测试、发射控制试验和频谱兼容性试验等。

发射测试设备从原理上看主要包括以下几类:

(1) 测量接收机和频谱分析仪,用于信号的频域测量;

(2) 示波器,用于信号的时域测量;

(3) 接收天线和探头,用于信号的接收;

(4) 预放,用于弱信号的放大。

4. 性能监测设备

性能监测设备用于敏感度试验时飞机性能的监测,判断和评价系统是否出现性能降

图 17-14　辐射天线

图 17-15　功率放大器

图 17-16　300kV 静电放电模拟装置

级现象。单纯通过飞机上的仪表和显示器进行性能降级判断和评价是不可行的，还需要借助设备进行测试。性能监测设备有多种，对于飞机系统而言，主要包括利用总线进行数据监测、利用专用和通用测试设备进行离散信号监测、利用显示器视频接口进行显示画面监测、利用传感器进行舵面位移监测、利用音频接口进行话音质量和语音告警监测、利用模拟设备进行设备性能监测、利用数据记录进行过程监测等。

飞机的电磁环境效应试验是每型飞机必须开展的试验，试验内容可依据用户要求和研制目标进行剪裁。随着技术的进步，电磁环境效应试验试验能力不断发展，试验技术不断进步，目前飞机系统电磁环境效应试验更加系统完善。

17.3 车　　辆

17.3.1 电磁环境与指标分配

1. 电磁环境的确定

地面车辆具有种类多、功能差异性大、使用范围广、火力打击模式多样等特点，其面临的使用环境为整个陆基全天候环境。由于其功能特点和使命，涉及敌方电磁打击、自然电磁环境、城市运输电磁环境、集结训练等各种电磁环境，面临的电磁环境多样且复杂。确定装备的电磁环境效应要求时，遇到的难点是装备预期使用的电磁环境是未知的。由此电磁环境基本要求首先可以通过查询资料、标准、预测分析或实际测试进行分析，然后结合任务需求、能力和装备的系统组成进行进一步分析确定。依据任务需求对电磁环境指标构建过程如图 17-17 所示。

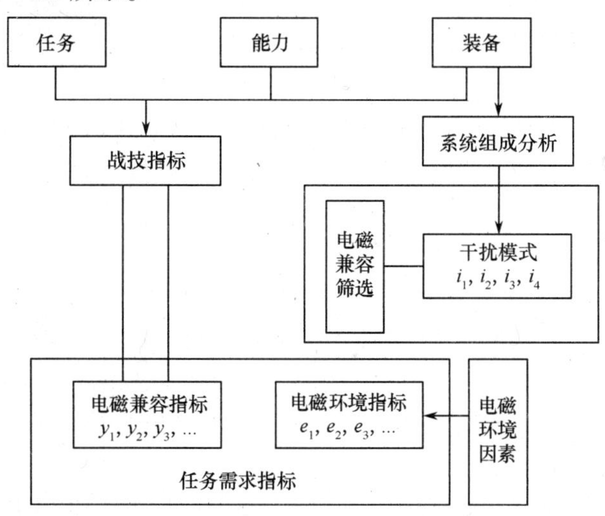

图 17-17　指标分析构建过程

预测分析系统和设备面临电磁环境时，应考虑以下几个方面：

1）环境剖面

在确定装备的性能要求之前，就应确定其在寿命期内可能暴露其中的电磁环境。应了解和确定电磁环境电平，特别是最恶劣的电磁环境电平。例如，战术车辆在运输、集结、演习、训练和使用时，都会暴露于不同的电磁环境电平。GJB 1389A—2005 和 MIL-HDBK-235 等标准，给出了不同电磁环境特性的通用信息。可以参照标准，确定装备使用的典型电磁环境的功率电平，用于指导系统的防护设计。在特殊应用情况下，可以结合实际测试分析数据对标准中给出的电磁环境电平进行裁剪。如果规定的电磁环境电平过于严酷，可能导致不必要的额外成本。

2）使用位置

装备的物理技术状态可能随其使用位置而变化，装备对电磁环境的敏感特性也可能随预期使用电磁环境的位置而变化，因此，当确定电磁环境效应控制要求时，既要考虑装备的物理技术状态，也应考虑在每个预期使用位置中的电磁环境。

3）工作和生存电磁环境

通常，造成装备性能降级的电磁能量电平与造成装备永久损坏的电磁能量电平存在很大差异。在所有电磁环境下控制电磁环境效应的要求，应比造成装备永久损坏的电磁环境电平更严酷一些，应考虑装备功能及与预期任务的关键程度。例如，当设备不工作时，能采用许多预防措施防止其受电磁干扰的损害，而在设备工作时却很难做到。

在确定使用电磁环境的主要影响源时，与装备有关的功率电平和辐射源的位置是两个主要考虑的因素。例如，非战斗使用时，主要的电磁能量来源于己方的有意和无意发射；在作战使用时，敌方的发射可能是另一主要发射源。因此，装备必须使用和生存的电磁环境既与任务有关，也与使用场景有关。

4）敏感性

装备的敏感性依赖于其设计特性。例如，装备可能是宽频带响应的，或者是频率选择性响应的；可能某些装备只有微秒级的响应时间，受到短时峰值功率电平的影响；另外，一些装备可能受到热效应的影响，对信号平均功率电平产生响应。在评估电磁环境效应时，所有这些特性以及元件和材料的选择、屏蔽和滤波技术的应用均应予以综合考虑。

5）环境电平

虽然一般仅用场强值或功率密度规定环境电平，但还存在许多能改变电磁环境对系统影响的参数，如信号调制类型、脉冲重复频率和宽度、频谱覆盖范围、天线主瓣和副瓣方向、天线极化等。确定环境电平时，应考虑可能消除这些电平影响的任何操作程序或安装条件，以及系统和环境方面的其他因素。

确定系统可能遇到的电磁环境时，应同时考虑系统或设备未来任何可能的应用和环境变化，如设计在某种环境中工作的设备或系统可能被安装或工作在其他环境中，或是执行不是最初设计的功能和任务。因此，尽管预测和分析较多的电磁环境会造成设备或系统的成本增加，但从未来应用的适用性来考虑，这种增加已证明是有价值的。

2. 指标的分配

根据整个系统的电磁环境的总体要求，研究在保证系统 EMC 性能的情况下，电磁兼容需要达到的程度。将整车装备的部件、分系统按电磁兼容特性进行划分、分类；分析系统承受的内外部复杂电磁环境并预估对系统产生的效应；充分考虑分系统电磁兼容特性及接口匹配、相互协调关系；建立主要试验项目的指标估算流程并确定系统技术指标；根据各分系统的总体布置及使用情况合理分配指标，细化各项试验项目指标要求并通过仿真、试验的方法验证确定其有效性。指标分配和限制确认方法流程如图 17 – 18 所示。

17.3.2 试验项目选用及要求的确定

1. 试验项目选用及要求的确定

车辆电磁环境效应试验的目的是为了验证车辆在全寿命期不会由于电磁环境效应的作用对其功能使用和安全造成影响。为了合理制定试验项目，依据装备研制总要求及相

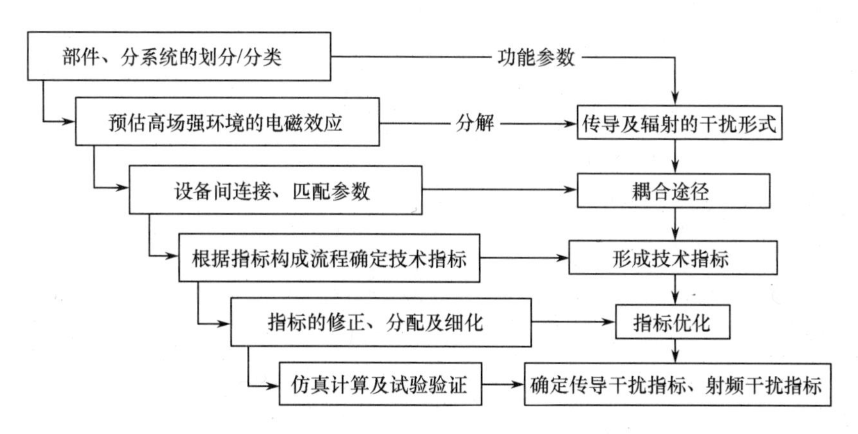

图 17－18 指标分配和限制确认方法流程

关标准要求，及时开展实装调研，了解受试系统的研制情况，熟悉了解战术技术指标，掌握受试系统的关键技术，研制过程中对一些技术问题的分析处理结果及采取措施的落实情况等，初步确定关键任务系统及关键测试位置。收集与试验有关的信息，如相关标准资料、受试系统前期出厂（所）检验情况、产品规范等。综合相关信息确定具体试验项目，试验项目选用及试验方法如表 17－2 所列。

表 17－2 地面电磁环境效应试验方法及验证程序

方法代号	方法名称	对应军用标准章节		地面系统适用要求	适用范围
		GJB 1389A—2005	GJB 8848—2016		
101	系统安全裕度试验及评估方法	5.1	5	与安全和任务关键相关的设备分系统	车载控制器 6dB
102	军械安全裕度试验及评估方法	5.1	6	含有灼热桥丝式电起爆装置的军械适用	16.5
204	地面系统电磁兼容性试验方法	5.2	10	全部适用（区分车载功能一般车辆与通信指挥车项目可选择裁剪）	考核安装集成后的兼容性
301	外部射频电磁环境敏感性试验方法	5.3	11	适用（瞬态干扰场强和频率范围需在合同中注明）	瞬态场强 2500V/m 慎重使用
402	地面系统雷电试验方法	5.4	13	一般车辆不适用，除非订购方特殊要求的地面系统和军械	具有雷电防护设计的系统
501	电磁脉冲试验方法	5.5	14	一般不要求，除非订购方特别要求，并且规定试验波形	特别关注后门效应
601	分系统和设备电磁干扰试验方法	5.6	15	适用	方法结合 GJB 151B—2013
703	军械分系统静电放电试验方法	5.7	19	部分适用，人体静放电适用	25kV

（续）

方法代号	方法名称	对应军用标准章节号		地面系统适用要求	适用范围
		GJB 1389A—2005	GJB 8848—2016		
801	电磁辐射对人体危害的场强测量与评估方法	5.8	20	适用	
802	电磁辐射对军械危害试验方法	5.8	21	对军械适用,注意是否对车载设备产生风险	试验仅评估军械
901	电搭接和外部接地试验方法	5.10,5.11	22	适用,重点是系统安装的电搭接	分类型、分等级
1011	发射控制试验方法	5.13	24	适用	可结合 RE102
1201	频谱兼容性试验方法	5.14	25	适用(根据频谱兼容性要求)	关注通信系统间
1301	高功率微波试验方法		26	不适用(除非订购方特殊要求)	特殊防护设计

调研结束后,应搜集掌握以下内容:

(1) 系统研制总要求。

(2) 系统产品规范。

(3) 系统工作原理及使用方式。

(4) 系统组成及布局框图。

(5) 上装设备的电磁兼容性测试结果。

(6) 上装用频设备的用频情况。

(7) 根据设备对系统的重要性而进行的分级。

通过以上内容的整理,开展电磁兼容性分析,电磁兼容性分析过程需要与受试系统研制总体单位、集成厂家、上装装备生产单位进行充分的沟通,根据所掌握的具体情况,进行深入研究,包括以下几点:

(1) 分析电磁干扰源、敏感设备和干扰耦合途径。

(2) 分析影响系统电磁兼容性能的关键点。

(3) 确定关键任务系统及主要测试对象。

(4) 确定影响系统的电磁兼容性能的最关键的工作方式。

通过电磁兼容分析,有针对性地选择试验项目,一方面来弥补前期试验过程中未考核的方面;另一方面避免开展与前期试验阶段相重复的项目,增加试验成本。

2. 战术指标与技术指标关系及转化要求

战术指标的实现是由装备的一组技术指标来保障的。以用频装备为例,对于用频装备试验定量测试主要是对技术指标的测量,这样就有一个把战术指标转化为技术指标的过程。

与用频装备有关的电磁环境效应指标项分为战术指标项和技术指标项。通信装备基本战术指标项是通信距离,在这个指标项前面加上不同电磁环境状态,就构成了一组不同电磁环境条件下的电磁环境适应性指标。通信距离是战术指标,而支撑这个战术指标的有三个基本的技术参数：一是发射信号场强；二是传播损耗；三是接收系统灵敏度。

对通信系统而言，对通信是否产生影响，不但要看干扰强度的大小，也要看信号的大小。信干比（射频保护比、抗扰度、保护率、干扰容限等）是表征是否产生影响的分界点。对于接收系统特别是数字接收机，由于内部设计不同，因而对不同的干扰信号处理能力也不同。在同样的干扰场强条件下，不同的干扰波形（即不同体制的干扰信号），其信干比也不同。信干比与接收信号和干扰信号的相关性有关。这说明了在复杂电磁环境中，干扰模式不同，信干比也不同。在分析装备复杂电磁环境适应性时，需要测出不同干扰环境下的信干比。

17.3.3 试验大纲的编写

试验大纲是体现试验意图的基本文件，是组织实施试验和编写试验总结报告的主要规范和依据。由于缺乏相应的试验标准、限值要求等，导致系统级电磁兼容性试验难度较大。因此，大纲的编制是一项涉及知识广、要求高的技术工作。

试验大纲应以产品的研制总要求、战术技术指标要求、国家军用标准为依据，编写要科学、严谨、翔实、准确。其主要内容如下：

（1）任务来源。

（2）被测系统（含配套设备）数量和技术状态描述。

（3）试验性质和目的。

（4）试验组织实施的分工。

（5）试验计划安排。

（6）试验依据。

（7）对试验过程的简要描述。

（8）试验项目和方法。

（9）应用的限值。

（10）选择的关键测试点。

（11）敏感判据。

（12）试验数据处理方法。

（13）主要测试设备名称和数量。

（14）要求的试验报告和文件。

（15）试验保障措施等。

17.3.4 试验的组织与实施

试验的组织与实施阶段是试验的关键。试验现场组织是否严密有效、指挥协调是否得力、试验条件控制是否严格、试验过程中发生问题的分析与处理是否正确及时都与试验质量、试验安全及试验成败紧密相关。现场组织实施阶段的工作专业性、技术性很强，是试验工作的核心。

试验实施阶段的主要工作包括受试平台系统的交接、现场组织试验实施、及时处理试验过程中出现的各种问题、收集记录试验数据、试验撤收等。

1. 受试平台系统的交接

被试车辆到试验区后,应与实验室进行交接手续,首先检查车俩情况,核对被试车辆状态,包括随车附带的附件、陪试设备、手册、资料、产品规范等信息,并进行记录。

2. 现场试验

现场组织试验实施是装备试验的关键环节,对试验过程的安全性、试验数据的准确性,对装备能否完成试验进入定型都至关重要。

1)组织协调

现场组织协调关系复杂、技术性强、制约条件多,必须严肃认真、精心操作、大力协同,以确保安全。现场试验时,应协调受试系统相关单位技术人员在现场进行配合,负责被试装备的调试及敏感性监测系统的搭建。

2)试验记录

现场试验包括系统环境搭建、仪表软件操作、敏感现象判别。要根据试验大纲和拟订的试验实施计划严格执行,并根据试验计划和试验进展情况编写进度安排。

试验现场应如实填写原始记录,对试验过程中的实施步骤及数据进行记录。试验的原始记录数据是反映试验结果的第一手资料,必须真实可靠、清晰完整。

3)异常情况处理

试验一般应在规定的时间内完成,试验时要保证人机安全,如试验过程中出现异常情况,试验人员要冷静分析,及时处理。需要整改的,整改结束后再次试验。复查车辆在试验过程中如出现不合格,应停止试验。如中止和变更试验计划,报请有关部门批准。

17.3.5 试验结果评定与验收

从现场试验结束到试验结果处理、编写试验总结报告是试验结果评定与验收阶段。试验结果处理是科学性、规范性、系统性和技术性要求很高的工作。通过试验获取的大量试验数据和试验记录是评定装备质量的基本依据,在试验数据分析处理中应严格按照相关标准和规定进行。编写试验总结报告要依据各项国家军用标准和试验大纲,对获取的试验结果进行全面、系统的分析处理,对装备各分系统、全系统按照试验项目逐项进行客观、准确的判定,最后对被测车辆做出全面评价。

1. 数据分析

对受试系统的试验数据进行数据分析、处理、显示和存储,生成表格或绘出曲线图,把统计处理后的试验数据按照试验报告的格式要求填入表格,仔细的对比分析,得出试验结论。

数据分析处理必须严格按规定进行,确保试验数据的可靠性。

2. 撰写报告

试验结果要形成文档——试验报告并及时上报审批。试验报告是完成试验任务的重要技术文件和成果。它既是确保被试装备能否定型、生产的依据,又是研制单位改进产品的重要信息资料。因此,试验报告质量的好坏、结论的正确与否直接关系到一个试验装备能否顺利定型。

试验报告主要包括如下内容:

(1)受试系统相关信息。

(2)受试系统全貌图。

（3）试验依据。

（4）符合性判据。

（5）试验环境及布置。

（6）测试设备信息及设置。

（7）试验结果数据及图表。

（8）试验结论及有关说明。

试验人员一定要实事求是、认真负责地编写。试验报告须有校核人员对试验数据、计算公式、符号、量纲、解释说明等进行认真核对。

3. 结果评审

试验结果对评定装备质量的优劣十分重要。一般应由专家组进行审核和验证，提出结论性的意见。

4. 信息归档

试验信息是试验过程的忠实记载，是后续试验的参考，也是一种技术和组织指挥的积累。试验任务结束后，应按时将所有实物、表格、文书、技术资料和文件归档。主要包括依据性、原始及中间性和成果性三类。

17.3.6 典型装备应用示例

以指挥车为应用示例。指挥车主要由信息处理分系统、视音频分系统、网络通信分系统、安全保密系统、识别定位系统、供配电系统和环境保障系统等设备组成。下面，着重对该车电磁环境效应试验方法中搭接和接地性能、电源线瞬变、电磁环境、天线间兼容性、相互干扰、系统内电磁敏感性六项试验内容进行介绍。

1. 搭接和接地

1）测试限值

设备接地端到车体间电阻应不大于 20mΩ，属于电气连接的点，搭接直流电阻值应不大于 2.5mΩ。

2）测试部位

搭接点测试部位（测试大纲或测试指导书规定的）：

（1）机柜与车体焊接点。

（2）空调机架与车体焊接点。

（3）车载加固大屏显示器支架与车体焊接点。

接地点测试部位：

（1）加固计算机、便携计算机接地柱与车体地之间的直流电阻。

（2）加固以太网交换机接地柱。

（3）车载网络综合控制设备接地柱。

（4）多业务传输设备接地柱。

3）测试设备

搭接测试：微欧表。接地测试：毫欧表。

4）测试步骤

（1）关闭指挥车电源，将市电、油机等一切供电系统关闭。

（2）毫欧表、微欧表通电预热，使其达到稳定工作状态，并对仪器进行校准（参见仪器使用手册）。

（3）按照大纲或指导书规定的测量点。测量点应尽量靠近零件、组合件或构件的结合处，一般距结合处不应大于20mm；如需要，对被测部位的测量点周围的保护涂层、污物及氧化层进行清理，使仪器探针与测量点的接触电阻达到最小。

（4）使用微欧表测量搭接或接地结合处的直流电阻，读取并记录测量值，即为搭接电阻。

（5）如果搭接表面涂层经测试后有所破损，应在规定时间内采用原有涂料或与其等效的涂料重新进行表面涂封。

2. 电源线瞬变

1）测试限值

手动或自动开关操作产生的直流电源线瞬变不应超过额定电压的 +50%，-150%，由于本车直流供电电压24V，因此限值在16～36V。

2）测试部位

（1）加固计算机电源线。

（2）高速数据电台电源线。

（3）卫星智能适配器电源线。

（4）局域网车载台电源线。

3）测试设备

（1）示波器。

（2）电流监测探头。

4）测试步骤

（1）按 GJB 8848—2016 中图 B.2 连接设备。

（2）确定 SUT 电源线瞬变信号的测试位置，尽量选取靠近 SUT 电源线输入端。

（3）将示波器和 SUT 通电预热，使其达到稳定工作状态。

（4）将电流监测探头钳在被测电源线上，并将电流探头连接到示波器，将示波器输入阻抗设置为50Ω。

（5）SUT 在正常工作状态下通断各种开关及负载状态翻转，每种操作至少重复 5 次，测量 SUT 在开关操作或负载状态翻转过程中电源线上产生的瞬变电流脉冲信号的最大值，记为 U_p。当可能同步时，SUT 开关的切换应设在供电电源的峰值和零值处。

（6）按下式将存储示波器测量的电压值转换为 SUT 电源线上的电流值；

$$I_p = F \cdot U_p \tag{17-1}$$

式中 I_p——瞬变电流脉冲（A）；

F——电流探头时域转换系数（或电流灵敏度）（1/Ω 或 A/V）。

3. 电磁环境

1）测试限值

GJB 5313—2004《电磁辐射暴露限值和测量方法》给出的作业区短波、超短波、微波连续波连续暴露限值。

2）测试部位

副驾驶位置和车内后部两个作业位置。

3）测试设备

（1）场强探头（低频）。

（2）场强探头（高频）。

（3）场强监视器。

（4）宽带场强计。

（5）频谱分析仪。

（6）测试天线。

4）测试步骤

（1）宽带场强计放置于被测环境中，并把场强计固定牢固；将舱内设备开机正常工作，短波电台、超短波电台、高速数据电台、车载台处于大功率发射状态。

（2）首先对舱内环境进行扫描，分别模拟操作人员的头部、胸部和腹部等部位，多次测量取场强平均值作为结果，如果测试区域总场强满足测试标准要求，则该项通过，分别调整各电台在低、中、高频段范围内的发射频点一一测试。

（3）若场强超过表限值要求，则用频谱分析仪连接天线、衰减器读取发射频点并记录。

（4）对表规定的每个频段进行测量，从中筛选出各段幅值最高的频点，将探头摆放在头部高度位置，场强监视器依次调节到这些频点上进行测量，每一个高度、每一个频点分别进行 3 次测量取平均值。

（5）改变探头位置，分别模拟操作人员的胸部、腹部，重复步骤（3）、（4）。

（6）记录测试数据，对于电台状态进行详细记录。

4. 天线间兼容性

1）天线间隔离度

（1）测试部位。短波天线、超短波天线、高速电台天线、局域网车载台天线之间两两组合，共有 6 种组合方式：短波——超短波天线、短波——高速台天线、短波——局域网车载台天线、超短波——高速台天线、超短波——局域网车载台天线、高速台——局域网车载台天线。

（2）测试设备。

① 信号发生器。

② 频谱分析仪。

③ 衰减器。

（3）测试步骤。

① 按照大纲规定选定测试顺序和天线对进行连接。

② 打开信号发生器输出，频谱仪在测试频段内进行测量，记录频谱仪收到的信号电平值和信号源的输出幅度。

③ 经修正后计算天线在该频点的耦合度。

④ 更换信号源发射频率，计算下一个频点的耦合度。

⑤ 更换天线对，重复步骤（2）~（4）。

2）天线端口干扰电压

（1）测试部位。双频段电台短波天线、超短波天线端口、高速数据电台端口。

（2）测试设备。

① 频谱分析仪。

② 综合测试仪。

③ 陪试高速电台及测试笔记本。

（3）测试步骤。

① 短波电台天线端口。

（a）采用蓄电池供电方式，开启双频段电台，使其工作于短波模式，按照短波电台天线调谐系统中的滤波器设置短波电台工作频率为 29.99MHz 并调谐。

（b）断开短波电台与天线连接（保持短波电台始终开机，以确保天调正常工作），用同轴线缆连接短波天线和频谱仪。

（c）逐个开启上装设备，频谱仪在短波频段范围内进行扫描，分辨率可设置为 1kHz 或 3kHz，对在频谱分析仪上显示超过短波电台灵敏度 3dB 的干扰信号频谱特征、干扰源进行记录。

（d）频谱分析仪设置为 50kHz 或 100kHz，观察频谱仪是否出现瞬态的高电平干扰信号，如果有，则对该干扰信号频谱特征、干扰源进行记录。

（e）评估方法：将短波电台工作频点调整到在步骤（3）中记录的干扰频点，与综测仪按照接收性能测试连接，调整至灵敏度状态，由于短波电台是单边带模式，因此综测仪设置的频率与电台工作频率相差 1kHz。打开产生该干扰频点的设备，记录此时实际的灵敏度，若灵敏度未下降，则将该干扰设备从干扰源列表中删除；若灵敏度下降，则进一步查找干扰来源。

② 非短波电台天线端口。

（a）断开受试电台与天线，用同轴线缆连接天线和频谱分析仪，跳开四合一超短波天线合路器。

（b）根据受试电台的工作频段范围设置接收设备起始扫描频率和终止频率，逐个开启上装设备，对在接收设备上显示超过该受试设备灵敏度的干扰信号频谱特征、干扰源进行记录；对于超短波电台，超过 -110dBm 的信号频率为干扰频率。对于高速电台，超过 -99dBm 的信号频率为干扰频率。

（4）评估方法。

① 双信道超短波电台（双频段电台）与综测仪达成通信，综测仪输出调制频率 1kHz、电平比灵敏度高约 3dB 的音频信号进电台，电台解调后将音频输出至综测仪，进行信纳德（SINAD）的测量，开启干扰设备后，若 SINAD 未低于 12dB，则判定合格；反之，则判为敏感。

② 高速数据电台工作频率设置为 b）中确定的干扰频率，与陪试电台以定频方式达成有线或者无线临界通信状态后，提高受试电台接收到的有用信号 3dB，发送测试数据包，设置 ping 包大小 100B，包数量 100，速率 256Kb/s，打开干扰设备施加干扰后，若网络协议（IP）数据通信平均时延不大于 5s，数传成功率不小于 90%，则判为合格；反之，则判为敏感。

5. 相互干扰

1）测试矩阵

建立测试矩阵对，如表 17 –3 所列。

表 17 –3　测试矩阵对

潜在干扰源 潜在敏感设备	超短波电台	高速数据电台	车载综合电源	加固便携计算机	局域网车载台	携行以太网交换机
车载/携行加固服务器						
加固便携计算机						
…						
车载设备集中控制器						

2）测试设备

（1）综合测试仪。

（2）陪试高速电台及测试笔记本。

3）测试步骤

（1）在电源壁盒“交流 220V 输入”输入口接入 220V、50Hz 交流电源，将综合电源各控制开关逐个开启。

（2）对照表 17 –3 中所列的干扰矩阵关系，打开其中一个潜在敏感设备，调整使其满足符合性判据要求的工作状态。

（3）逐个开启表 17 –3 中的潜在干扰设备，所有发射机均应工作在设计最大功率发射状态，同时应满足发射机、多路耦合器和天线的频率间隔要求，如果产品规范没有规定频率间隔要求，可参考“设备用频保护间隔测试结果”设置试验频率，且至少应在发射机工作频率范围内选取高、中、低各一个作为试验频率，同时还应选取干扰或威胁较大的特殊频率，如接收设备的各级中频、晶振频率、时钟频率等。监测记录被测敏感设备是否满足符合性判据要求。

（4）关闭被测敏感设备，依次对表中的所有潜在敏感设备分别重复测试步骤(3)。

（5）对干扰试验中敏感设备出现的敏感现象，应通过关闭干扰设备等方法确定干扰信号来源。

（6）关闭车内所有设备，断开 220V 交流电源，采用油机供电方式，重复步骤(2)～(6)。

（7）关闭车内所有设备，断开油机供电方式，启动汽车发动机，断开壁盒“安全地”与暗室接地点的连接，待发动机转速稳定后，打开硅发开关，“硅发”指示灯亮后，重复步骤(2)～(6)，在此情况下，仅对具有“动中通”功能的设备进行干扰试验。

4）干扰判据

（1）高速数据电台与陪试电台以定频方式达成有线或者无线临界通信状态后，提高受试电台接收到的有用信号 3dB，发送测试数据包，设置 ping 包大小 100B，包数量 100，速率 256Kb/s，施加干扰后，若网络协议（IP）数据通信平均时延不大于 5s，数传成功率不小于 90%，则判为合格；反之，则判为敏感。

（2）设置携行以太网交换机以太网口的网络协议（IP）地址，终端地址应与连接的以太网交换机的以太网口网段一致，终端与终端之间发送测试数据包，各测试200组，记录数据成功率，试验过程中成功率若大于等于97%，则判为合格；反之，则判为敏感。

（3）试验过程中，电源系统输出正常，安全保护模块没有出现过流、过压保护等误动作，则判为合格；反之，则判为敏感。

6. 系统内传导敏感度

1）电缆束注入传导敏感度

（1）测试频段。10kHz～400MHz。

（2）测试设备。

① 测量接收机。

② 射频信号源。

③ 功率放大器。

④ 定向耦合器。

（3）测试布置。系统的测试连接如图17－19所示。

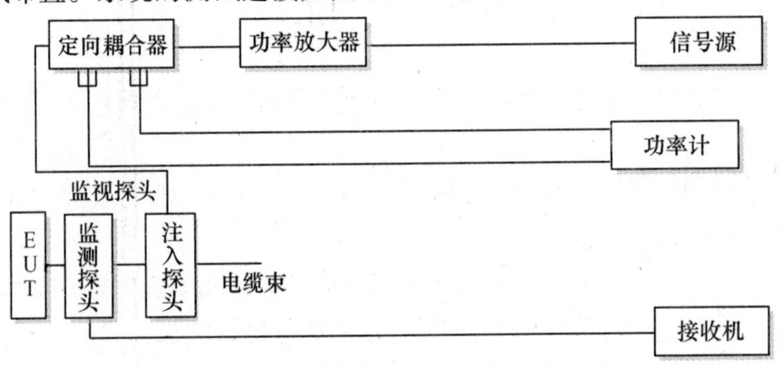

图17－19　电缆束注入传导敏感度测试连接示意图

首先使得EUT正常工作，然后将注入探头（低频）钳在电缆上，再将监测探头钳在电缆上，并且靠近EUT一端。

根据测试时的软件提示（5MHz频率点），更换注入探头。

（4）测试步骤。

① 按照图17－19完成测试连接布置。

② EUT通电预热，等待其达到正常工作状态。

③ 运行测试软件，进入电缆束注入传导敏感度测试界面。

④ 根据软件提示打开功率放大器。

⑤ 软件控制射频信号源（采用1kHz占空比50%脉冲调制）按照导入的校准数据在10kHz～400MHz频段内依次输出校准获得的频率—幅值对，接收机监测获得EUT上对应频率点的电流值。

⑥ 当开始5MHz以上测试时，手动更换注入探头。

⑦ 测试过程中，人工观察EUT的工作状态是否正常。

⑧ 测试过程中，软件界面上将显示一个“敏感”点击框，当发现敏感时，手动点击该框，射频信号源暂时停止信号输出。当EUT恢复或者手动恢复正常工作状态后，点击“继续”，射频信号源在该频率点的输出幅值自动降低6dB，从该幅值开始逐渐增加，直到校准

数据的幅值。增加的过程中,观察 EUT 的工作状态,如果出现同样的敏感现象,点击“敏感”,软件自动记录该频率点的敏感电平,同时应手动记录出现的敏感现象和 EUT 工作状态等重要信息。

⑨ 测试完毕,保存测试报告。

2）电缆束注入脉冲激励传导敏感度

（1）测试设备。

① 脉冲信号发生器。

② 示波器。

③ 注入探头。

（2）测试布置。系统连接如图 17－20 所示。

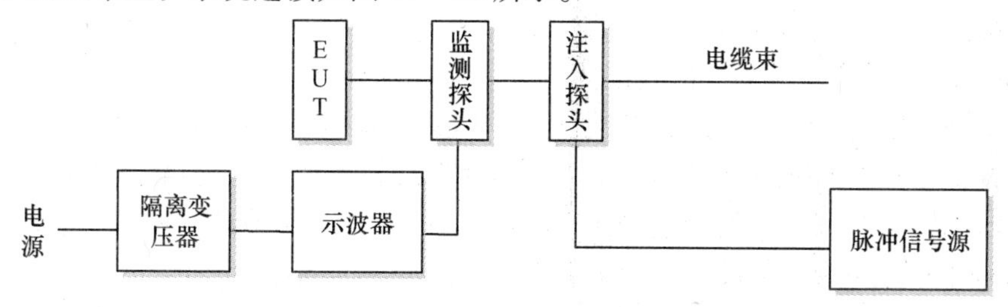

图 17－20　电缆束注入脉冲激励传导敏感度测试连接示意图

脉冲信号源通过专用电缆连接到注入探头,注入探头钳在 EUT 的互连电缆上,示波器通过电缆和高压衰减器连接到监测探头,监测探头钳在 EUT 的互连电缆上,并靠近 EUT 一侧。

（3）测试步骤。

① 按照图 17－20 完成测试连接布置。

② EUT 通电预热,等待其达到正常工作状态。

③ 手动操作脉冲信号源为 30pps 输出,逐渐增加幅值直到校准获得的电压指示值。

④ 在增加幅值的过程中观察 EUT 的状态,如果出现敏感现象则降低幅值直到敏感现象刚好消失,此时示波器监测获得的电流值(将衰减器的衰减修正后)就是敏感门限,同时应手动记录出现的敏感现象和 EUT 工作状态等重要信息。

3）电缆和电源线阻尼正弦瞬态传导敏感度

（1）测试频率。10kHz、100kHz、1MHz、10MHz、30MHz 和 100MHz 共 6 个频率点。

（2）测试设备。

① 阻尼正弦信号源。

② 示波器。

③ 注入探头。

④ 监测探头。

（3）测试布置。系统连接如图 17－21 所示。

选择阻尼信号源的一个频率输出端口通过专用电缆连接到注入探头,注入探头钳在 EUT 的互连电缆上,示波器通过电缆和高压衰减器,连接到监测探头,监测探头钳在 EUT 的互连电缆上,并靠近 EUT 一侧。

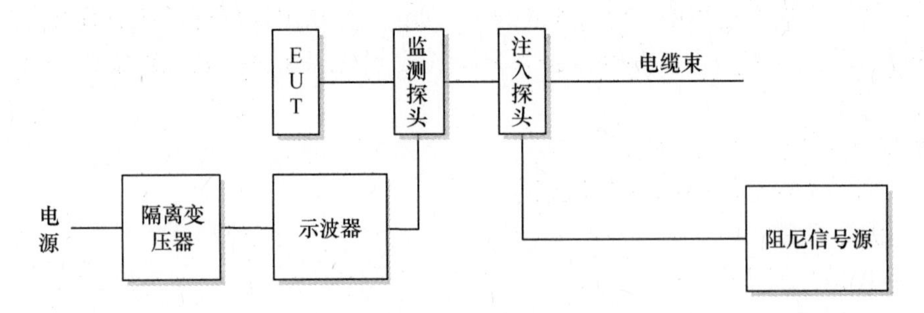

图 17－21　电缆和电源线阻尼正弦瞬态传导敏感度测试连接示意图

（4）测试步骤。

① 按照图 17－21 完成测试连接布置。

② EUT 通电预热，等待其达到正常工作状态。

③ 手动操作阻尼信号源输出较低的电压，逐渐增加直到校准时获得的电压指示值。

④ 在增加输出电压的过程中观察 EUT 的状态，如果出现敏感现象则降低幅值直到敏感现象刚好消失，此时示波器监测获得的电流值（将衰减器的衰减修正后）就是敏感门限，同时应手动记录出现的敏感现象和 EUT 工作状态等重要信息。

⑤ 对 10kHz、100kHz、1MHz、10MHz、30MHz 和 100MHz 这几个频率点都进行以上的测试步骤。

7. 系统内辐射敏感度

1）测试场地

该项目考核在电波暗室内进行。

2）测试设备

（1）射频信号源。

（2）功率放大器。

（3）场强探头。

（4）发射天线。

3）测试位置

车体电源壁盒、信号壁盒。

4）测试频段

10kHz～40GHz。

5）测试配置

测试配置如图 17－22 所示。

6）测试限值

按表 17－4 中规定施加辐射场强电平。

7）测试步骤

（1）按图 17－22 连接系统，设备加电工作正常后，将被测设备和分系统调整至符合性判据要求的测试状态。

（2）发射天线正对信号壁位置，并保持场强探头与信号壁的距离等于探头外壳的几何尺寸，发射天线距离场强探头约 1m，调节信号源频率、电平和功率放大器增益，信号调

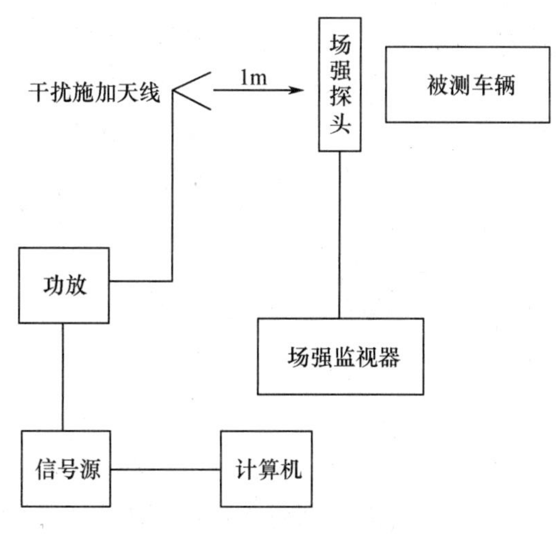

图 17-22　系统内辐射敏感度测试连接

表 17-4　系统内辐射敏感度电磁环境要求

频率/Hz	电场(平均值)/(V/m)
10k～2M	25
2～250M	50
250M～1G	50
1～40G	50

制方式为频率 1kHz,占空比为 50% 的脉冲调制。

(3) 按表 17-4 中要求施加场强,频率步进按照 GJB 151B—2013 中表 3 要求,剔除工作保护频段,缓慢调整信号源输出功率,同时观察场强监视器,慢慢增加至 50V/m,并判定被测系统是否出现敏感现象(对于上装设备的晶振、中频频率点重点考核)。

(4) 改变测试位置至电源壁盒,并保持场强探头与电源壁的距离等于探头外壳的几何尺寸,发射天线距离场强探头约 1m,调节信号源频率、电平和功率放大器增益,信号调制方式为频率 1kHz,占空比为 50% 的脉冲调制。

(5) 如果系统出现敏感现象,但此时场强监视器的读数未达到规定限值要求,则说明被测系统该项不合格,在表中记录下敏感频率、敏感门限电平和敏感现象。

8) 符合性判据

(1) 高速数据电台与陪试电台以定频方式达成有线或者无线临界通信状态后,提高受试电台接收到的有用信号 3dB,发送测试数据包,设置 ping 包大小 100B,包数量 100,速率 256KB/s,施加干扰后,若网络协议(IP) 数据通信平均时延不大于 5s,数传成功率不小于 90% ,则判为合格;反之,则判为敏感。

(2) 局域网车载台与陪试车载台的网络协议(IP)参数在同一网段内,选择频率相同的信道号,建立临界通信状态,提高有用信号 3dB,受试车载台为主台,陪试车载台为属台,终端 1 与终端 2 之间发送测试数据包,测试 100 组,记录数据通信成功率,试验过程中,成功率若大于等于 90% ,则判为合格;反之,则判为敏感。

(3) 设置加固以太网交换机以太网口的网络协议地址,终端地址应与连接的加固以太网交换机的以太网口网段一致,终端与终端之间发送测试数据包,各测试 200 组,记录数据成功率,试验过程中成功率若大于等于97%,则判为合格;反之,则判为敏感。

（4）试验过程中,电源系统输出正常,安全保护模块没有出现过流、过压保护等误动作,则判为合格;反之,则判为敏感。

（5）试验过程中,显示控制设备工作正常,能够正常传输高清图像,进行视频会议,大屏幕显示器没有出现闪屏、黑屏、死机等现象,则判为合格;反之,则判为敏感。

17.4 卫　　星

17.4.1 电磁环境与指标分配

卫星的电磁环境由外部和内部两部分组成。外部电磁环境又可细分为发射阶段的运载火箭和发射场电磁环境、在轨飞行的空间电磁环境和编队飞行的卫星间电磁环境3种,主要是由各类测控、通信和雷达等无线发射设备产生的辐射电磁环境。其中,运载火箭和发射场的电磁环境数据可参考运载火箭手册中电磁兼容的相关章节;空间轨道的电磁环境数据可参考航天标准的相关要求;编队飞行的卫星间电磁环境数据需要进行针对性的分析计算。内部电磁环境主要是各类星载电子设备工作时产生的辐射和传导电磁环境,包括频域和时域的电磁特性等。要特别关注星载设备自身的电磁特性参数,如发射机的调制方式和传导干扰的时域特性等;同时,通过设备级的电磁兼容性试验,获取系统中无线接收设备和传感器等敏感设备的阈值,为在系统试验中验证关键系统的电磁干扰安全裕度和组合干扰的兼容性打好基础。

卫星系统的电磁环境效应指标一般包括电磁干扰安全裕度、搭接接地电阻值、负载变换时电源线电压/电流的瞬变特性、天线间隔离度、射频线缆和波导等的屏蔽效能和外部电磁环境等方面。因为卫星在研制和使用中会有不同的设备工况组合和环境包络,在指标分配中既要考虑电子系统可能经历的最恶劣电磁环境包络,又要识别不同时段的电子设备工况组合。在电磁环境效应指标分配时,一般需要参考卫星总体方案报告、星载电子设备组成和布局、关键电子设备详细设计文件,以及前期的系统级电磁环境效应测试数据和相关航天电磁兼容标准规范等。

17.4.2 试验项目选用及要求的确定

卫星系统级电磁环境效应的试验项目和要求,一般是基于GJB 1389A—2005和GJB 3590—1999等标准,试验方法一般按照GJB 8848—2016等标准,通用的试验项目及方法如表17-5所列,试验项目选用及要求确定的基本方法如下:

（1）分析卫星外部和内部的电磁环境,参考相关EMC标准规范中的试验项目,在确定典型工况的最严酷电磁环境包络的同时,明确被试验的关键电路及其工况。

（2）针对有意的电磁收/发信号进行频率和组合干扰分析,确定天线间隔离度和带外抑制的技术要求。

（3）分析星载设备工作需求,确定设备搭接、接地、屏蔽和隔离的指标要求。

（4）列出潜在的电磁干扰源和敏感设备,对相关设备间可能的耦合方式和传播路径进行分析并初步确定相互干扰试验矩阵。

（5）识别卫星特有的电磁环境效应需求，如二次电子倍增等，确定相应的待测设备清单。

（6）评估星载安全性和任务关键设备的单机电磁兼容性测试数据，明确关键设备的电磁兼容干扰降级准则，确定系统级的试验项目和裕度要求。

（7）评估继承性和产品化的设备能否适应新型号的电磁环境包络，确定相应的试验验证项目和要求。

（8）汇总各分系统和设备的 EMC 工作，针对研制、生产、测试中暴露的电磁环境效应问题在系统级进行兼容性验证。

（9）确定卫星系统级电磁环境效应试验项目、要求并明确相应的设备组合和系统工况。

表 17－5　卫星系统级电磁环境效应试验项目及方法

<table>
<tr><th>类别</th><th>试验项目</th><th>试验方法</th><th>验证场地</th></tr>
<tr><td rowspan="7">系统内 EMC</td><td>二次电子倍增</td><td>二次电子倍增（微放电）试验方法</td><td>微放电实验室</td></tr>
<tr><td>搭接和接地性能</td><td>搭接接地电阻试验方法</td><td rowspan="3">AIT 厂房</td></tr>
<tr><td rowspan="2">电源线瞬变</td><td>系统电源母线传导瞬态电流试验</td></tr>
<tr><td>系统电源母线传导瞬态电压试验</td></tr>
<tr><td rowspan="2">天线间兼容性</td><td>天线间隔离度试验方法</td><td>暗室</td></tr>
<tr><td>接收机输入端耦合信号试验方法</td><td>EMC 暗室</td></tr>
<tr><td>相互干扰</td><td>相互干扰试验方法</td><td>EMC 暗室</td></tr>
<tr><td rowspan="2">系统与外部电磁环境</td><td rowspan="2">外部电磁环境</td><td>卫星与运载火箭和发射场之间的电磁兼容性试验</td><td>EMC 暗室/发射场</td></tr>
<tr><td>卫星间的电磁兼容性验证</td><td>EMC 暗室/发射场</td></tr>
<tr><td>关键设备裕度</td><td>裕度验证及评估</td><td>卫星关键设备的 EMC 裕度验证</td><td>AIT 厂房/EMC 暗室</td></tr>
</table>

下面以卫星特有的二次电子倍增试验为例，说明试验项目的选取和要求的确定。

二次电子倍增（又称微放电）效应是在射频交变场的两个面之间所产生的真空放电现象，由二次电子辐射引起。

对于卫星的射频部件与设备而言，该现象发生的敏感部位一般是在有交变电场存在的小缝隙处。因此，确定一个射频部件与设备是否需要进行二次电子倍增效应的试验验证，首先是要检查其射频传输通路上是否存在小的缝隙或间隙，其次是确认射频交变场是否加载在间隙上。

（1）如果射频传输通路上无间隙，或者射频交变场是顺着间隙方向的，则不必考虑二次电子倍增效应的试验验证的问题。

（2）如果射频传输通路上存在间隙，且间隙上确有射频交变场加载，就需要根据射频交变场功率或者电压的量级，进行二次电子倍增效应的分析，以确定是否需要实施相应的试验验证。

二次电子倍增效应分析的基本条件如下：

（1）新研射频器件的微放电敏感区域和某个经过验证的产品相同。

（2）已实施验证的产品的分析和试验结果之间已经有对应关系。

（3）可获得新射频器件的几何结构参数，便于开展精确的电场计算。

为了验证产品在系统或分系统环境下的工作情况，可在系统或分系统级进行二次电子倍增（微放电）效应的验证试验，但验证试验的裕度一般不超过3dB。卫星射频部件和设备的验证裕度与产品分类和载波工作状态有关。

1. 产品分类

卫星射频部件与设备可划分为以下三类产品。

第一类：产品射频传输路径均由二次电子发射性能已知的金属所构成，或者金属表面经过非有机处理以提高微放电阈值。

第二类：产品射频传输路径中包含二次电子倍增效应已知的介质或其他材料。

第三类：除第一类、第二类以外的其他类产品。

2. 单载波产品工作状态的验证裕度要求

单载波工作状态产品二次电子倍增效应（微放电）验证裕度如表17-6所列。

表17-6 单载波工作状态产品二次电子倍增效应（微放电）验证裕度

	验证途径	验证裕度/dB		
		第一类	第二类	第三类
1	分析验证	8	10	12
2	鉴定级验证	6	6	10
3	验收级验证	3	3	4

3. 多载波产品工作状态的验证裕度要求

对于多载波工作状态的产品，目前仅针对第一类产品提出验证裕度要求，如表17-7和表17-8所列。对第二类和第三类产品，需增加验证裕量要求。

表17-7 多载波二次电子倍增效应（微放电）验证裕度（阈值高于峰包功率）

	验证途径	验证裕度（相对峰包功率）/dB
1	分析验证	6
2	鉴定级试验验证	3
3	验收级试验验证	0

表17-8 多载波二次电子倍增效应（微放电）验证裕度（阈值低于峰包功率）

	验证方法	验证裕度（相对P_{20}功率或P_V中更高的功率值）/dB
1	分析验证	6
2	鉴定级试验验证	6
3	验收级试验验证	4

对第一类产品，当二次电子倍增效应（微放电）阈值高于峰包功率（n^2P）时，以相对峰包功率为基准确定二次电子倍增效应（微放电）的验证裕度；当二次电子倍增效应（微放电）阈值低于峰包功率（n^2P）时，取P_{20}功率或平均功率P_V中更高的功率值为基准，确定二次电子倍增效应（微放电）的验证裕度。

其中P_{20}功率的定义为：对应电子在缝隙间渡越20次的时间T_{20}，在一个合成包络周

期内具有 T_{20}驻留时间的最大功率电平为 P_{20}功率。

可采用电磁场全波数值仿真计算软件,进行产品内射频通路中的场强值仿真分析,要求针对产品的工作频率进行场强值的计算。以确定裕度是否满足要求。

对于关键性的射频部件与设备,除非确实不具备试验验证条件,一般不允许只采用分析方法进行二次电子倍增效应(微放电)的验证。通常对于具备试验验证条件的产品,除进行设计初期的分析外,均需通过试验的途径进行二次电子倍增效应(微放电)的验证。

17.4.3 试验大纲的编写

卫星系统级电磁环境效应试验大纲的编写需要以技术要求为依据,一般要求如下:

(1) 列出采用的试验标准和技术要求。

(2) 说明试验项目和限值剪裁的理由。

(3) 列出系统级电磁环境效应试验要求。

(4) 说明对资源的要求,如模型、功能测试设备、测试设施、电缆、模拟器、负载和软件等。

(5) 功能性能要求的说明。

(6) 确定如果试验中出现故障的处置程序。

(7) 试验期间和之后的报告程序说明。

试验大纲中的方法大多依据标准的方法实施,为保证测试的可重复性,需要详细说明被测系统的配置组成、供电方式、信号的特性和相关机电负载的性能等,一般内容如下:

(1) 被测件的详细信息:如供电要求、输出参数、工作模式、机电负载、设备接口的必要功能、连接器和电缆、设备的尺寸和重量、软硬件版本和操作中的安全注意事项等。

(2) 试验布局的描述:包括电缆长度、电缆类型、路径和接地搭接安排等。

(3) 说明试验项目、限值和步骤。

(4) 说明敏感度测试中要求的调制方式。

(5) 测试设备的扫描的速度和驻留的时间等。

(6) 每项试验的限值和敏感度测试的降级准则等。

(7) 功能监测设备的隔离要求。

(8) 管理方面包括:测试实验室的认可情况、测试中故障的处置、测试中是否需要质量代表监督、测试报告的分发、测试的起始和结束日期、报告的密级等。

(9) 提供用于指导试验的频率分析结果和资料,如运载火箭和发射场电磁环境效应指标要求等。

17.4.4 试验的组织与实施

卫星系统自身的电磁环境效应试验一般涉及卫星系统总体和配套单机研制单位、运载火箭总体和测控设备研制单位及发射场运行保障单位。多星发射或在轨编队飞行及载人航天等复杂系统还会涉及其他卫星或航天员等相关的多个系统。为保障系统试验的有序实施,需要在测试大纲中明确各参试单位在每项试验中的职责,并通过现场的组织协调对发现的新问题进行及时处置。

现场试验的信息沟通是试验组织的关键点,各参试单位的人员应能有效沟通,确保在规定的时间内,按大纲设置相应的工作状态,完成规定的试验项目。现场的通信设备应进行兼容性评估,注意某些有线通信设备会将外界的电磁信号引入屏蔽暗室测量区,某些无线通信和转发设备会有带外信号落入被测系统工作频段,都可能对试验构成影响。

17.4.5 试验结果评定及验收

卫星系统电磁环境效应的试验结果评定和验收一般以试验报告的评审为主。系统级试验报告应重点对测试大纲的符合性进行说明,应包含如下内容:

(1) 军用认可实验室按照技术要求和测试大纲对被测系统相关符合性的测试结果。

(2) 报告应提供足够多的技术信息和数据,确保试验覆盖了典型工况并能在相同条件下具有数据和现象的可重复性,同时为复杂卫星系统的集成分析和验证提供技术输入。

(3) 报告应有被测系统的编号,包括序号和使用软件的版本,说明进行了哪些试验以及试验过程中是否有异常情况。对照测试大纲和细则,逐条进行确认,如果有项目偏离应说明原因。测试报告应提供必要的测量设备校准数据,证明测试结果与测量限值之间的关系。

(4) 报告应有测试布局的照片、电缆布局和搭接接地的描述、测量设备的校准日期、计算机软件的版本、测量设备的信息(测量带宽、检波方式、扫描速率、驻留时间等)、测试与大纲和细则的符合性等。

(5) 试验结果应有测试结果汇总表、测试结果和限值的图表、从测试结果中获得的结论、针对测试未通过项目的改进措施建议等。

(6) 系统在全寿命期的最恶劣电磁环境下不仅满足电磁自兼容的要求,同时具有相应的安全裕度。

试验报告的评审是对试验项目与大纲的符合性,试验结果与技术要求的符合性进行评定和验收。通常会在试验报告的基础上,通过试验数据、分析数据或其组合给出卫星系统能否满足其预期电磁环境要求并具有一定裕度的结论。如果有遗留问题,需要进行补充试验或分析,确保满足系统的电磁环境效应技术要求。

17.4.6 典型装备应用示例

1. 卫星电磁环境效应试验项目选用及要求的确定

卫星电磁环境效应试验项目的选用一般按照 GJB 8848—2016 方法 203 空间系统电磁兼容性试验方法。其方法如下:

(1) 搭接和接地电阻试验方法。

(2) 电源线瞬变试验方法。

(3) 电磁环境试验方法。

(4) 天线间隔离度试验方法。

(5) 接收机输入端耦合信号试验方法。

(6) 二次电子倍增(微放电)试验方法。

(7) 相互干扰试验方法。

卫星系统电磁环境试验要求的确定一般参照 GJB 1389、GJB 3590 和卫星系统级电磁环境效应分析报告和试验要求。卫星系统电磁环境效应工作流程如图 17-23 所示,其中包括试验项目的选用及要求确定的相关方面。

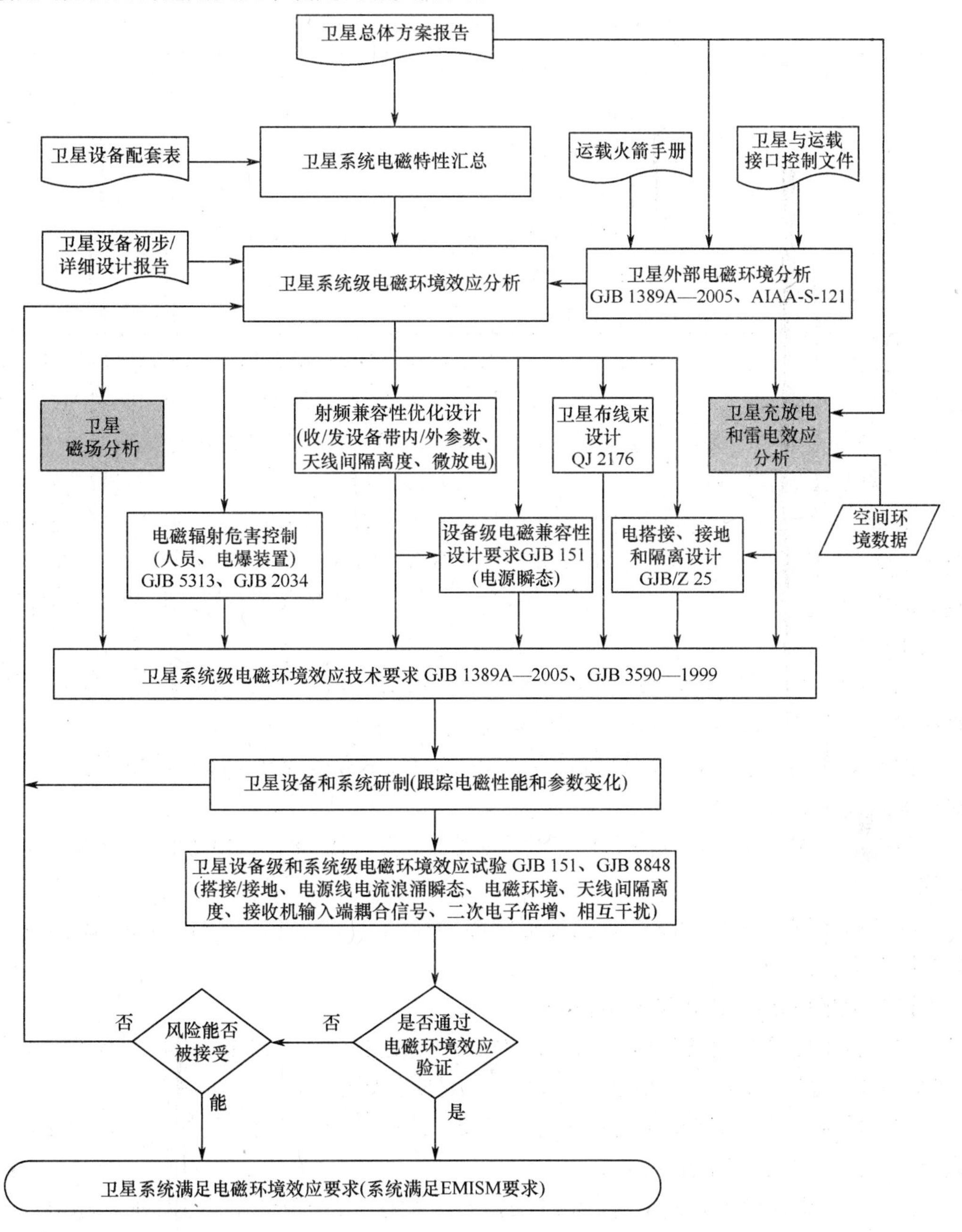

图 17－23　卫星系统电磁环境效应工作流程示意图

2. 搭接和接地电阻试验

卫星电搭接接地要求的测试分别在装配阶段和验收阶段实施。

部分设备装配面和连接器尾罩接触面等的搭接电阻可在装配阶段进行测试。一般从屏蔽层到设备机壳的搭接电阻是 10mΩ，每个搭接点的电阻不应超过 2.5mΩ。如果搭接采用铆接方式，需要确保三个搭接点中的最低值满足搭接要求。

验收阶段因为测量搭接通路上的每个点工作量较大，一般通过采样测试进行验证，通常是测量搭接通路两端的电阻。各类型搭接阻抗的要求如表 17 –9 所列。

表 17 –9　航天器验收阶段搭接电阻要求

搭接类型	搭接阻抗
天线安装(A 类)	直流电阻 <2.5mΩ
电击危害(H 类)	直流电阻 <100mΩ
射频参考(R 类)	直流电阻 <2.5mΩ; 阻抗 <100mΩ 小于 1MHz
静电充电(S 类)	<1Ω(导电结构);<1kΩ(复合材料); <1kΩ(导电部件);<1Ω(管路)

搭接测量以微欧表等设备为主,按照 GJB 8848—2016 标准第 22.1 节搭接电阻试验方法实施。接地测量以欧姆表、接地电阻测量仪等设备为主,参照 GJB 8848—2016 标准第 22.2 节的两端电压降测量法实施。依次测量各点间的搭接、接地电阻并记录。

3. 电源线瞬变试验

卫星内部的电磁环境包括电源品质相关的浪涌电流、纹波电压和尖峰电压等,最坏情况类似大负载切换时的开关动作和雷达、通信载荷 TDMA 工作模式时功率放大器开、关状态的影响。应针对航天器上功率较大的负载且开关、工作模式变化较多的设备进行瞬态电压或电流的测量。

测量瞬态电流需要确定被测件的位置、接插件的编号和相应线缆的位置信息等,可以直接对电缆束测量,也可以串接电缆转接盒后对相应芯线进行测量;

测量瞬变电压需要确定被测电缆的位置和状态,串接电缆转接盒后将电压探头串入对应被测通路的芯点中。

瞬态电流测量使用电流探头和存储示波器,参照 GJB 8848—2016 附录 B.3 的方法实施。

瞬变电压测量使用电压探头、高通滤波器和存储示波器,参照 GJB 8848—2016 附录 B.2 的方法实施。

以某卫星设备加、断电瞬态电流测试为例:

(1) 技术要求对设备加电时的瞬态电流限值要求是 3A,图 17 –24 的测量峰值是 1.5A,图 17 –25 的电流变化率是 14mA/μs,满足限值要求。

(2) 技术要求对设备断电时的瞬态电流要求是 3A,图 17 –26 的测量峰值是 1A,电流变化率是 4mA/μs,满足限值要求。

测量瞬态电流建议对使用的电流探头进行绝缘处理,避免使用接线盒时因电流探头外壳金属卡口部分造成意外短路。

4. 天线间隔离度试验

卫星天线间兼容性与天线间隔离度和收发设备的带通、带阻特性相关。天线间的隔离度试验一般在初样阶段电性星上实施,发射设备的带外抑制特性和接收设备的通带特性一般采用研制单位的测试数据。

卫星天线间隔离度试验一般在屏蔽暗室环境中实施,以尽量避免周围环境的意外反射对测试结果的影响。卫星的天线阵关系如图 17 –27 所示。试验方法按照 GJB 8848—

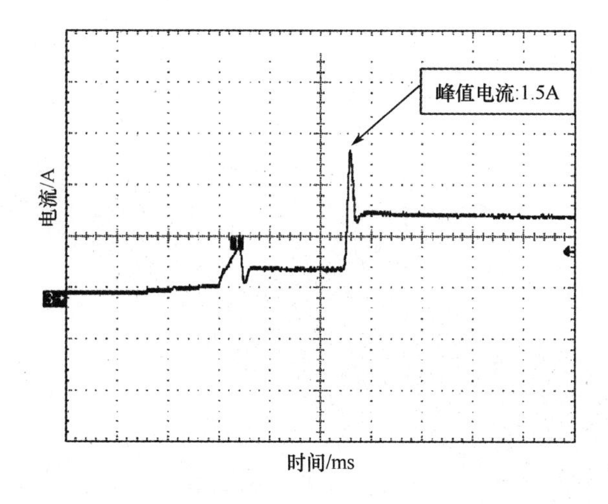

图 17－24　航天器设备开机浪涌瞬态特性示意

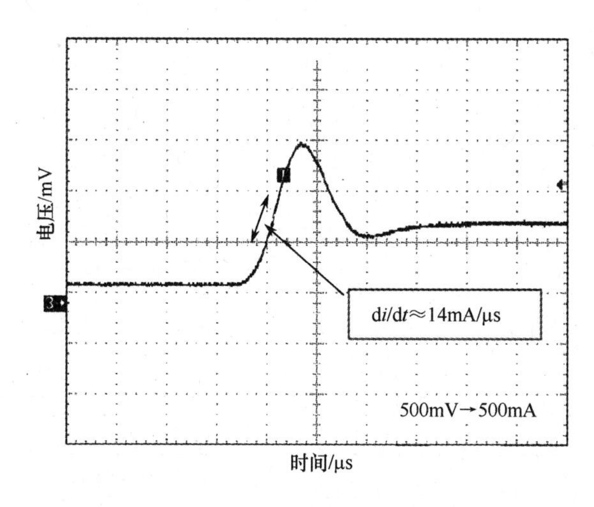

图 17－25　航天器设备开机浪涌瞬态特性局部放大示意

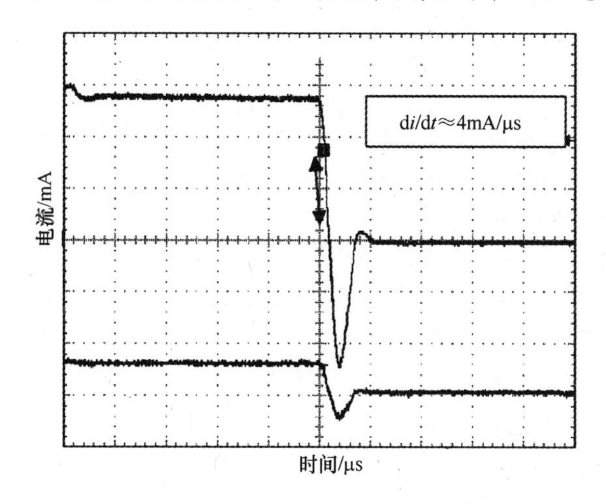

图 17－26　航天器设备关机浪涌瞬态特性示意

2016 附录 D. 2 实施，测量设备主要是相应频段的网络分析仪或信号发生器和频谱仪等。测试数据如表 17－10 和表 17－11 所列。

图 17－27　卫星天线阵关系示意图

表 17－10　天线收发隔离度测试数据示意

端口连接状态	指标要求/dB		测量数据示意/dB		结论
	下行频带	上行频带	发射频带	接收频带	
A 发——A 收	≥45	≥60	≥89.9	≥83.0	符合
B 发——B 收			≥92.0	≥69.9	符合
C 发——C 收			≥90.0	≥77.5	符合
D 发——D 收			≥92.5	≥81.2	符合
E 发——E 收			≥91.8	≥74.2	符合

表 17－11　天线 C 与 A、B、D、E 天线间隔离度测试数据示意

端口连接状态	指标要求/dB		测量数据/dB		结论
	发射频带	接收频带	发射频带	接收频带	
C 发——A 收	≥45	≥60	≥89.8	≥90.2	符合
C 发——B 收			≥92.7	≥90.1	符合
C 发——D 收			≥91.5	≥91.3	符合
C 发——E 收			≥90.9	≥89.9	符合

5. 二次电子倍增（微放电）试验

1）试验条件

（1）洁净度。航天器射频部件与设备在产品装配、试验、交付等各阶段均需在符合洁净条件的环境中进行。二次电子倍增（微放电性能）的试验环境，还需具备相应的防污染措施，如配备防尘保护罩，接触产品需戴符合洁净度要求的手套等。

（2）真空度。真空度要求如下：

① 真空罐体内的环境真空度应低于 1.5×10^{-3} Pa。

② 产品射频通路内部关键区域的真空度也应低于 1.5×10^{-3} Pa，因此环境真空度应保持一段时间再进行微放电试验。

③ 对开放式结构的射频部件和设备，如天线等被测件，一般环境真空度应保持 2h 后，再进行微放电试验。对封闭式射频部件与设备，一般环境真空度应保持一段时间后(对于封闭波导型被测件为 4 ~6h，对于同轴系统为 24h)，再进行微放电试验。

④ 对由大量复合材料构成的射频部件与设备，试验真空度要求可降低至 1.3×10^{-2} Pa，真空度保持应大于 24h。

(3) 试验温度。试验温度要求如下：

① 微放电试验分为低温、常温和高温三个试验温度状态进行。

② 低温和高温两个状态的试验温度，一般由热控设计师根据射频部件与设备实际在轨工作状态进行计算，确定可能达到的最低和最高工作温度。

(4) 试验频率。如果在设计初期进行了二次电子倍增效应(微放电性能)的详细分析，则选取分析结果中微放电阈值最差的频点进行试验；如果未进行分析工作，则根据如下两种情况选择试验频率：

① 对于非谐振工作模式的产品，如馈电网络等，应选取最低工作频率进行试验。

② 对于具有谐振工作特性的产品，如多工器等，应选择中心频率以及频带边缘的各频率分别进行试验。

(5) 自由电子。自由电子的要求如下：

① 在一个微波脉冲峰值持续的时间内，保证产品内部关键区域至少存在 102 个自由电子；如果采用连续波进行试验，则无须加入自由电子。

② 为保证足够的低能自由电子均匀度，应在自由电子发射源工作一定时间后，再进行微放电试验。

③ 对开放式结构的射频部件及设备，如天线等被测件，一般应在自由电子发射源工作 2h 后，再进行微放电试验；对封闭式射频部件及设备，一般应在自由电子发射源工作一段时间后(对于封闭波导型被测件为 4 ~6h，对于同轴系统为 24h)，再进行微放电试验。

④ 允许使用以下任一种自由电子源进行试验：

(a) 放射 β 源，可提供高能电子，高能电子可穿过产品表面的金属盖板进入产品射频通路内部关键区域，在关键区域形成诱发电子二次培增效应的低能电子。

(b) UV 激光源，可通过光纤将 UV 激光从产品的通气孔等处，送至产品射频通路内部关键区域，UV 激光在局部的光电效应产生诱发电子二次培增效应所需自由电子。

(c) 电子枪，可产生一束能量和通量特性已知的自由电子。

(d) 钨丝点发射，通过给钨丝加几千伏负压，使得钨丝点发射自由电子，经多次碰撞后，形成诱发电子二次培增效应的低能电子。

2) 试验方法

微放电现象的检测方法包括：调零检测法、反射功率检测法、二次或三次谐波检测法和输出辐射功率检测法等。在 GJB 8848—2016 中重点介绍了调零检测法、反射功率检测法和二次或三次谐波检测法。

为了避免误判，试验中一般应至少同时采用两种检测方法。以下针对各种检测方法逐一给出相应的试验方法。

(1) 调零试验法。

① 试验原理。信号源发出射频连续波信号，经过调制单元形成顶电平和低电平可调

的脉冲信号,由微波功率放大器件放大后,通过双定向耦合器,再经过密封波导窗或密封同轴接头进入真空罐内,通过波导或同轴电缆馈入被测件。

将双定向耦合器耦合的入射、反射功率送调零单元,通过对调零信号的突跳现象的检测判断信号传输状态的变化及微放电现象的发生。

② 试验仪器及设备要求。

(a) 信号源:频率范围覆盖测试频率。

(b) 微波信号调制单元:占空比1% ~10%可调,底电平和顶电平可调。

(c) 微波功率放大器:配有大功率隔离器。

(d) 双定向耦合器:能够承受微波功率放大器输出的大功率信号。

(e) 平均功率计:量程能覆盖 -70 ~20dBm,试验频率范围应满足要求。

(f) 峰值功率计:量程能覆盖 -70 ~20dBm,试验频率范围应满足要求。

(g) 调零单元:含功率分配功能(可选用),调零电平小于 -60dB。

(h) 频谱分析仪:灵敏度低于 -100dBm。

(i) 真空试验设备:极限抽真空能力为 10^{-5} ~ 10^{-4}Pa。

(j) 功分器:一分二和一分三两种类型。

(k) 大功率衰减器:衰减值不小于30dB。

(l) 喇叭天线:工作在测试频段。

(m) 数字示波器(选用)。

(n) 滑动短路器(选用)。

③ 试验前准备。

(a) 清洁被测件,清洁真空罐体,若使用钨丝冷发射方式产生自由电子,需清洁钨丝表面。

(b) 将被测件放置在真空罐内,按试验框图连接好试验系统,按大纲要求在试件上安装好测温器件。

(c) 若使用放射源作为自由电子源,则在被测件表面贴敷放射源。

(d) 先断开被测件,连接功率计和大功率衰减器到试验设备射频输出端口,将信号源频率设置为测试频率,开启信号源射频输出,标定被测件入口功率,并记录微波功放耦合口功率,之后关闭信号源射频输出。

(e) 重新连接被测件到试验设备射频输出端口,关闭真空罐。

(f) 断开真空罐外的射频输入端口,检查系统射频连接状态,测试并记录系统罐外驻波比。

(g) 重新恢复罐外射频连接状态。

(h) 依次开启抽真空设备,直到气压低于规定气压;开启自由电子产生设备,加入自由电子;真空保留时间及自由电子保留时间计时开始。

(i) 开启热沉设备,将罐内环境温度和被测件温度升降到规定的试验温度。

(j) 按照要求保持规定的时间后,打开调制单元,设置调制单元脉冲宽度,调整调制单元的顶电平和低电平输出。

(k) 设置初始试验功率,对于鉴定级被测产品,一般初始试验功率的设定需比试验所需功率低10dB作为初始试验功率,对于验收级被测产品,初始试验功率可以比试验所需功率低 3dB 作为初始试验功率。

④ 试验步骤。

(a) 打开信号源射频输出,使系统至初始试验功率,逐步增加信号源射频输出功率到所需的试验功率。在增加试验输入功率时,开始时以 1dB 的挡次增加,当射频功率达到试验所需功率的 1/2 时改为以 0.5dB 的小挡次增加,在每一个挡次功率上,保持 10min 左右的时间。

(b) 对驻波状态的试验,需调节滑动短路器位置或调节频率,将驻波波峰调至被测件关键局部位置。

(c) 调节调零单元的幅度相位进行调零。

(d) 按规定的时间间隔记录调零电平,直至 30min 试验结束。

(e) 试验过程中观察调零电平的变化,判断是否有微放电现象发生。若有异常现象发生,应按降低信号源射频输出功率,重新核对微放电阈值。

(f) 试验结束后,关闭信号源射频输出,关闭自由电子产生设备,关闭热沉设备。

(g) 断开真空罐外的射频 输入端口,测试并记录热试验状态的系统罐外驻波比。

(h) 待罐内温度降到室温后,再测试并记录系统罐外驻波比。

(i) 开启真空罩,取出被测产品。

⑤ 试验框图。使用透波真空罐的辐射式试验框图如图 17-28 所示,更适用于辐射状态被测产品,如航天器天线等。

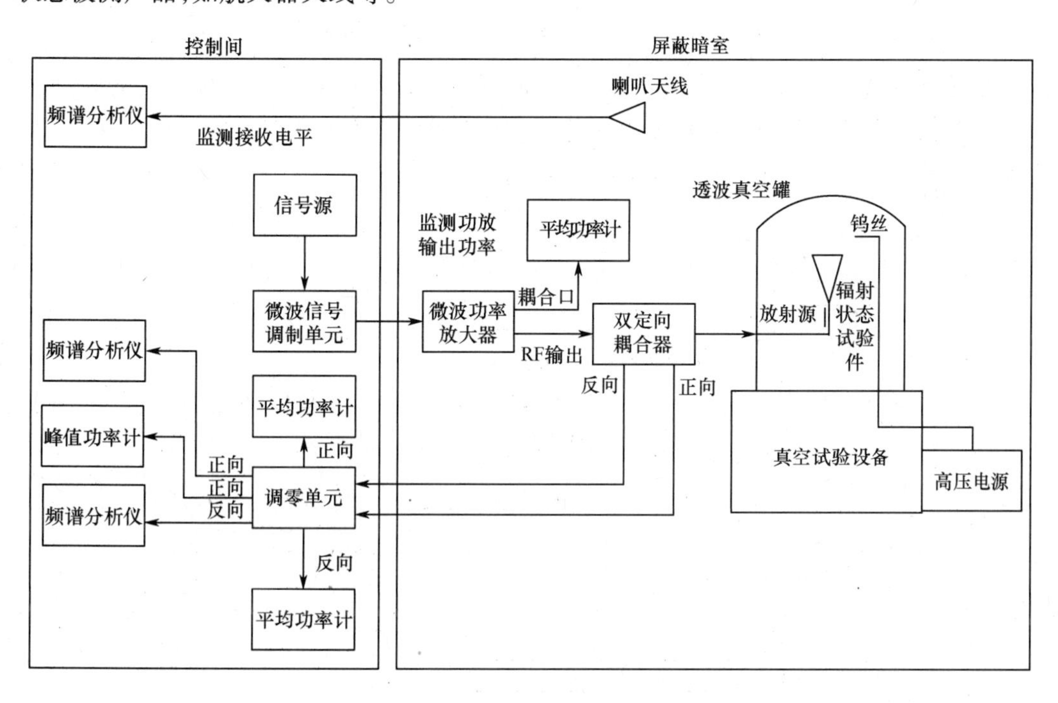

图 17-28 采用透波真空罐的辐射式试验框图

使用金属真空罐的辐射式试验框图如图 17-29 所示,对于辐射状态被测产品,如航天器天线等,需在罐内使用低出气率无污染性吸波材料,如铁氧体吸波材料或碳化硅吸波材料,使得被测天线等产品处于可接受的正常工作状态。

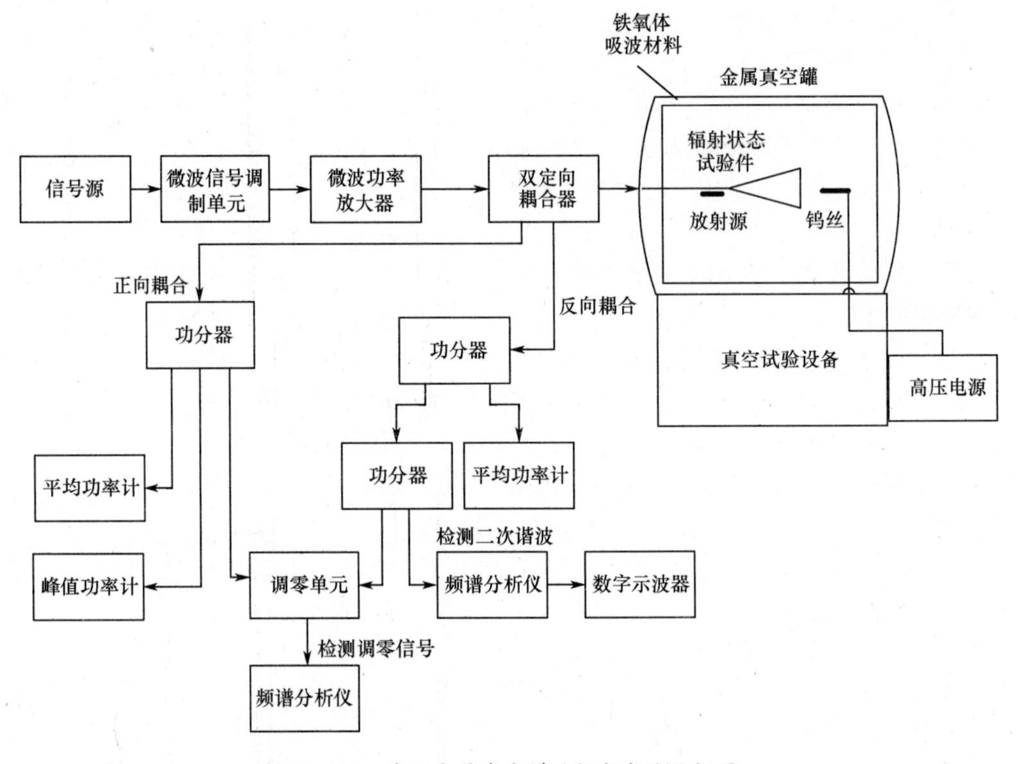

图 17－29　采用金属真空罐的辐射式试验框图

单端口输入试验框图如图 17－30 所示，适用于单端口输入、单端口输出的被测产品，如正交模变化器等。该方法可以通过调节滑动短路器位置有效提高施加在被测件关键局部位置的功率值。

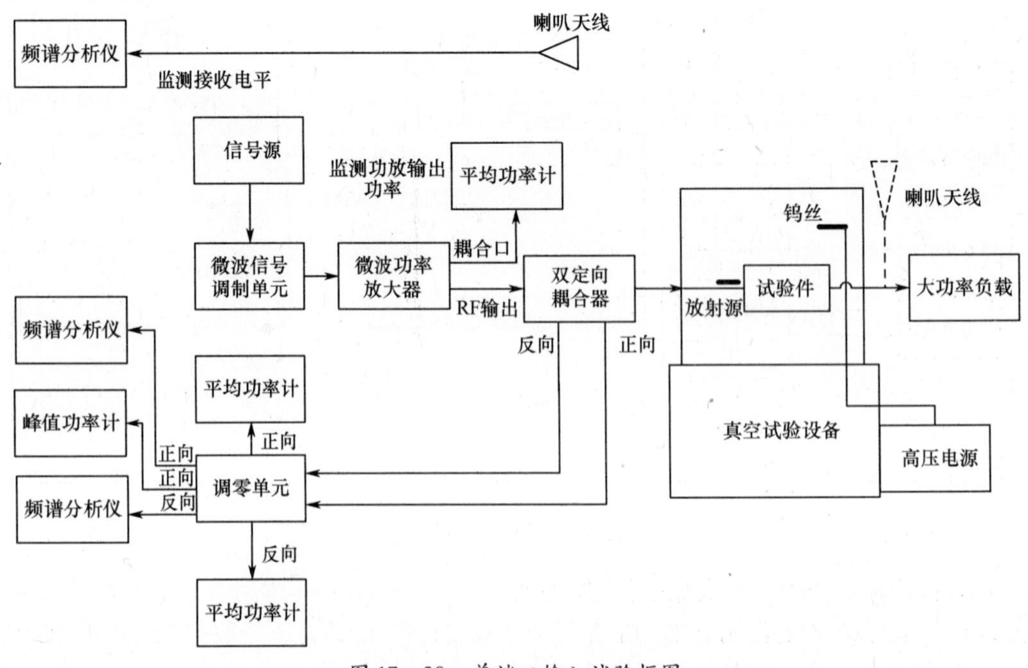

图 17－30　单端口输入试验框图

驻波状态试验框图如图17－31和图17－32所示，图17－33适用于多端口输入、单端口输出的被测件，如多工器等，该方法可以通过调节频率有效提高施加在被测产品关键局部位置的功率值。

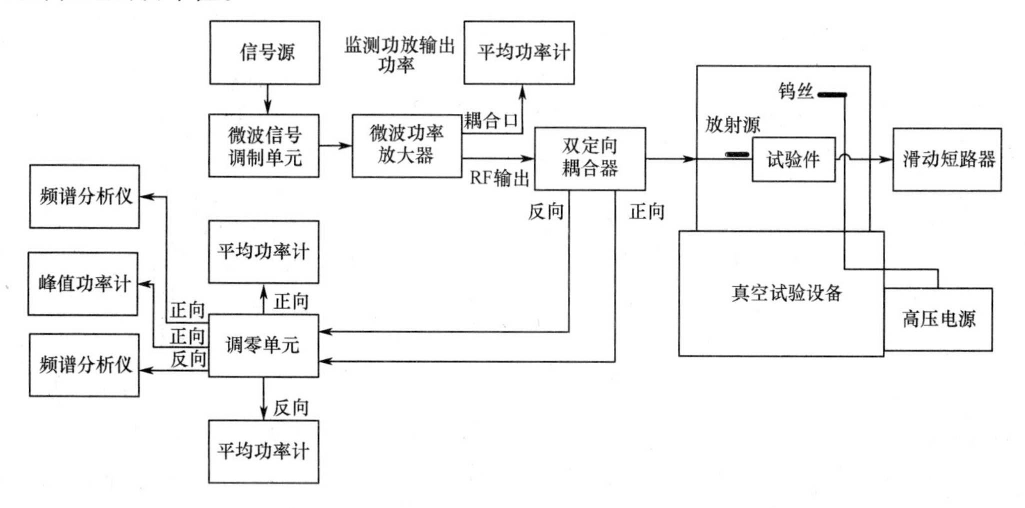

图17－31　驻波状态试验框图（从输入端输入）

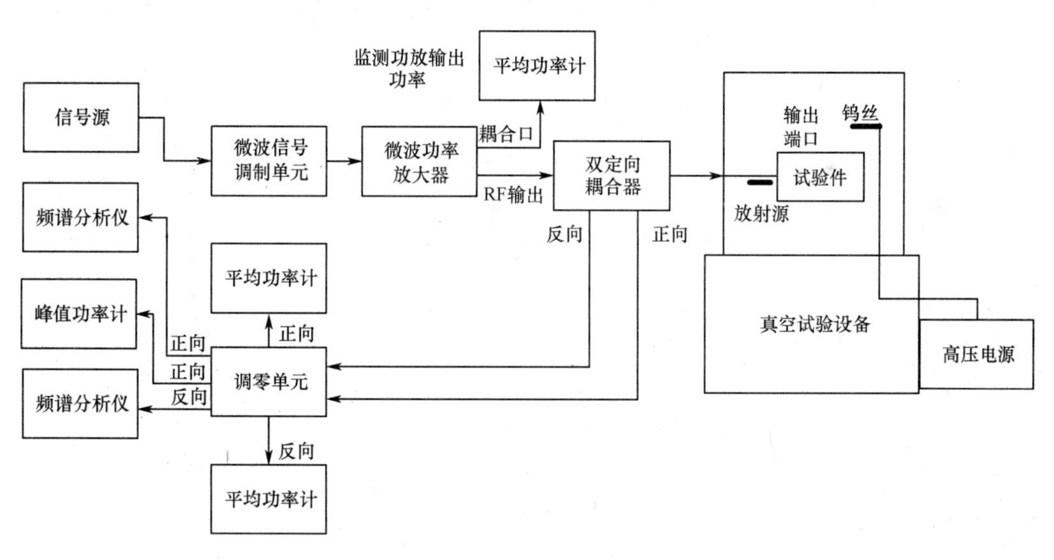

图17－32　驻波状态试验框图（从输出端输入）

（4）反射功率的试验方法。

① 试验原理。信号源发出射频连续波信号，经过调制单元形成顶电平和低电平可调的脉冲信号，由微波功率放大器件放大后，通过双定向耦合器，再经过密封波导窗或密封同轴接头进入真空罐内，通过波导或同轴电缆馈入被测件。

观察双定向耦合器耦合入射、反射功率，根据试验过程中反射功率逐渐增加的趋势判断信号传输状态是否有显著的变化，从而判断微放电现象的发生。

② 试验仪器及设备同调零试验法。

③ 试验前准备同调零试验法。

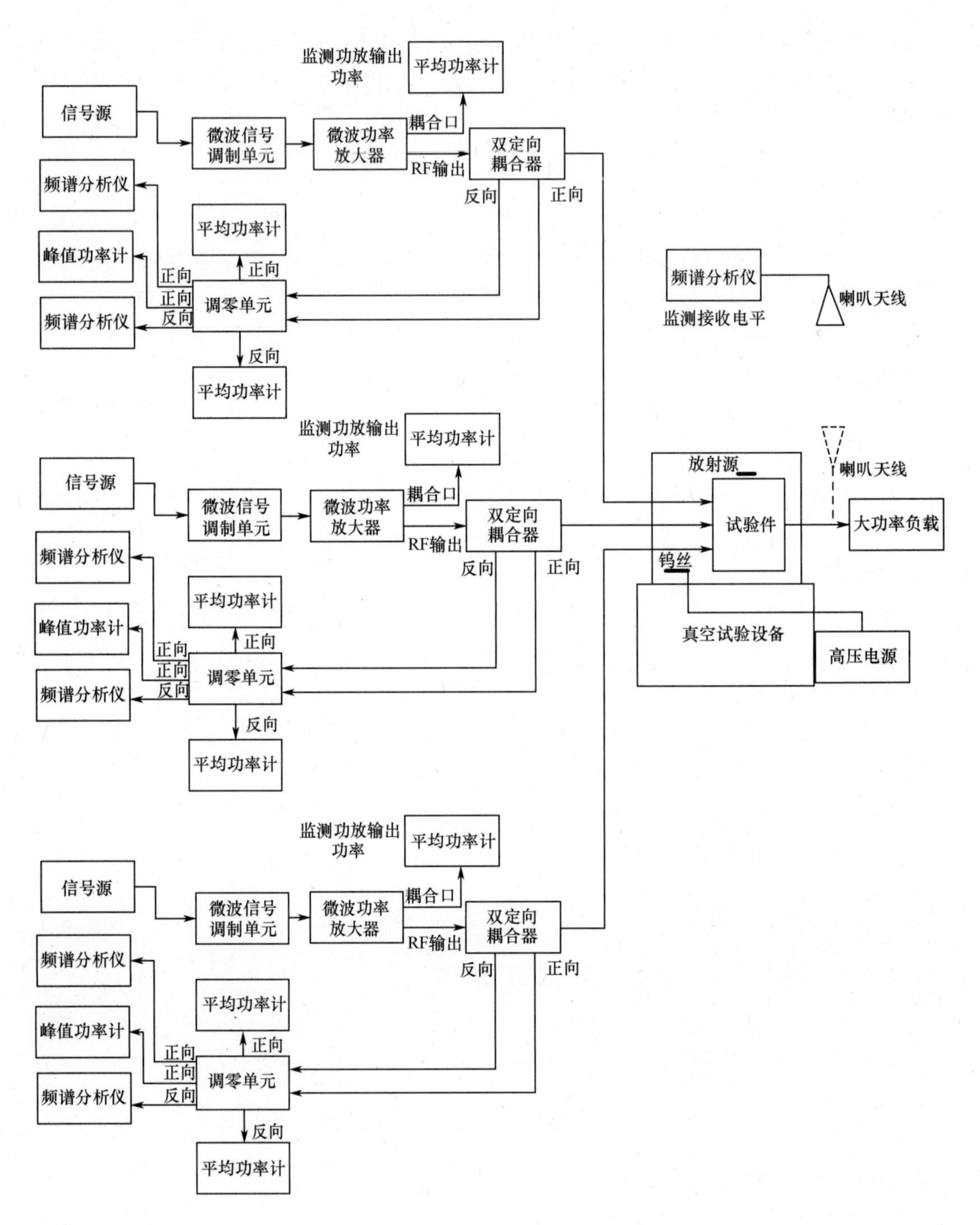

图 17－33　多端口输入试验框图

④ 试验步骤。

(a) 打开信号源射频输出,使系统至初始试验功率,逐步增加信号源射频输出功率到所需的试验功率。在增加试验输入功率时,开始时以 1dB 的挡次增加,当射频功率达到试验所需功率的 1/2 时改为以 0.5dB 的小挡次增加,在每一个挡次功率上,保持 10min 左右的时间。

(b) 对驻波状态的试验,需调节滑动短路器位置或调节频率,将驻波波峰调至被测件关键局部位置。

(c) 按规定的时间间隔记录入射功率、反射功率,直至 30min 试验结束。

(d) 试验过程中观察入射功率、反射功率的变化,判断是否有微放电现象发生。若有异常现象发生,应降低信号源射频输出功率,重新核对微放电阈值。

(e) 试验结束后,关闭信号源射频输出,关闭自由电子产生设备,关闭热沉设备。

(f) 断开真空罐外的射频 输入端口,测试并记录热试验状态的系统罐外驻波比。

(g) 待罐内温度降到室温后,再测试并记录系统罐外驻波比。

(h) 开启真空罩,取出被测产品。

⑤ 试验框图同调零试验法。

(3) 二次或三次谐波试验法。

① 试验原理。信号源发出射频连续波信号,经过调制单元形成顶电平和低电平可调的脉冲信号,由微波功率放大器件放大后,通过双定向耦合器,再经过密封波导窗或密封同轴接头进入真空罐内,通过波导或同轴电缆馈入被测件。

双定向耦合器耦合的反射信号,分一路送频谱分析仪,检测二次或三次谐波信号是否有显著的变化,从而判断微放电现象的发生。

② 试验仪器及设备同调零试验法。

③ 试验前准备调零试验法。

④ 试验步骤:

(a) 打开信号源射频输出,使系统至初始试验功率,逐步增加信号源射频输出功率到所需的试验功率。在增加试验输入功率时,开始时以 1dB 的挡次增加,当射频功率达到试验所需功率的 1/2 时改为以 0.5dB 的小挡次增加,在每一个挡次功率上,保持 10min 左右的时间。

(b) 对驻波状态的试验,需调节滑动短路器位置或调节频率,将驻波波峰调至被测件关键局部位置。

(c) 按大纲规定的时间间隔记录二次或三次谐波电平,直至 30min 试验结束。

(d) 试验过程中观察二次或三次谐波电平的变化,判断是否有微放电现象发生。若有异常现象发生,应降低信号源射频输出功率,重新核对微放电阈值。

(e) 试验结束后,关闭信号源射频输出,关闭自由电子产生设备,关闭热沉设备。

(f) 断开真空罐外的射频 输入端口,测试并记录热试验状态的系统罐外驻波比。

(g) 待罐内温度降到室温后,再测试并记录系统罐外驻波比。

(h) 开启真空罩,取出被测产品。

⑤ 试验框图同调零试验法。

6. 相互干扰试验

卫星系统内电子设备相互干扰试验按 GJB 8848—2016 的 9.6 方法实施。因为实验室或现场的试验验证会有地面设备和外界环境的影响,需要排除这些因素对试验结果的干扰。如采取地面电缆屏蔽包覆、有辐射干扰特性的设备远离被测系统等隔离措施。同时,注意航天器的地面测试工况与实际发射和在轨状态的差异,如太阳帆板在实验室没有展开、天线没有进行角度旋转等动作,必要时需要对验证结果进行补充分析和完善。

电磁相互干扰试验前，首先要建立试验矩阵。应根据卫星系统内频谱兼容性分析和设备单机 EMC 试验结果确定潜在的干扰源和敏感设备清单，并根据卫星不同工况确定应当进行相互干扰试验的设备矩阵表，示例如表 17－12 所列。

表 17－12　卫星设备相互干扰试验矩阵示例

干扰源 \ 受扰设备	陀螺	星敏感器	测控 C 频段应答机	载荷 C 频段接收机	载荷 Ku 频段接收机	载荷 UHF 接收机	数传发射机	Ku 频段散射计
陀螺	不适用	兼容	兼容	兼容	电源线传导干扰	兼容	兼容	兼容
星敏感器	兼容	不适用	兼容	兼容	兼容	带内辐射干扰	兼容	兼容
测控 C 频段应答机	兼容	兼容	不适用	本振泄漏辐射干扰	兼容	兼容	兼容	兼容
载荷 C 频段接收机	兼容	兼容	兼容	不适用	兼容	兼容	兼容	兼容
载荷 Ku 频段接收机	兼容	兼容	兼容	兼容	不适用	兼容	兼容	兼容
载荷 UHF 接收机	兼容	兼容	兼容	兼容	兼容	不适用	兼容	兼容
数传发射机	兼容	兼容	兼容	兼容	兼容	线缆杂波辐射干扰	不适用	兼容
Ku 频段散射计	兼容	兼容	兼容	兼容	兼容	兼容	旋转天线多径干扰	不适用
电磁环境	兼容	兼容	兼容	兼容	兼容	带内杂波辐射干扰	兼容	兼容

7. 外部电磁环境

卫星的外部电磁环境主要是运载火箭和发射场的测控和跟踪雷达信号，卫星编队飞行中有意发射信号构成的电磁环境等。

1）卫星与运载火箭的 EMC 试验验证

卫星在 AIT 出厂和发射前均需验证与运载火箭和发射场的电磁兼容性能，首发卫星通常还会安排发射场合练等专项试验，一般包括如下两个方面：

（1）卫星测控和无意辐射发射信号对运载火箭接收机的干扰试验。

（2）运载火箭、上面级和发射场的发射信号对卫星接收机的干扰试验。

卫星与运载火箭和发射场电磁环境兼容性测试的依据多是运载手册或星箭接口文件中电磁兼容的相关曲线和表格；发射场测试的依据多是星箭 EMC 合练大纲或总检查的相关技术文件。

（1）电场辐射发射试验。卫星系统电场辐射发射试验，通常是在卫星与运载火箭的对接面处获取数据。例如，运载火箭在星箭分离面处的电磁辐射要求示例如图 17－34 和表 17－13 所示。

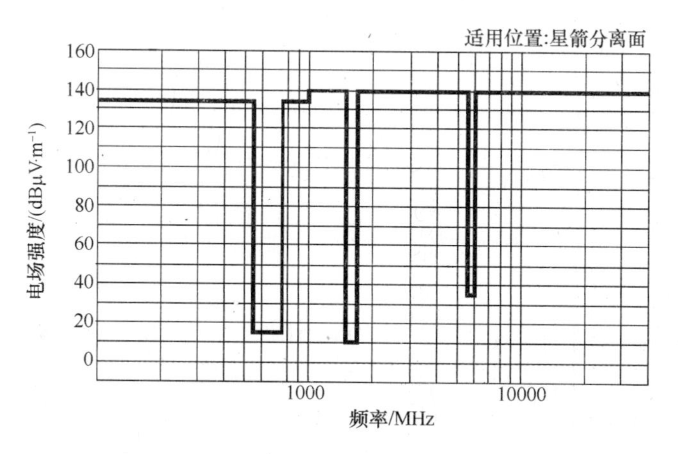

图 17－34　星箭分离面处的电磁辐射要求示例

表 17－13　星箭分离面处的电场辐射发射限值示意

频段/MHz	电场强度/(dBμV/m)	备注
0.01～550	134	
550　750	15	安全指令接收频段
750～1000	134	
1000～1500	140	
1500～1700	10	导航定位频段
1700～5580	140	
5580～5910	35	C 波段遥控频段
5910～40000	140	

卫星电磁环境辐射发射测试可按照 GJB 8848—2016 标准附录 C 的天线法实施，如图 17－35 所示，同时注意如下方面：

① 屏蔽暗室内测试前应采集关键频段环境电平的数据，在发射场、塔架等外场测试中，要同步监测相应频段环境电平的数据，减少外接干扰对测试结果的影响。

② 测量天线通常放置在距离星箭对接面 1m 远处（测量天线取 1m 的天线因子），注意接收天线 3dB 波束的覆盖范围，必要时需增加测量位置；具体测量方位和高度可参考

图 17－35　卫星系统辐射发射测试示意图

运载火箭接收天线的安装位置。

③ 建议定制航天器发射频段的带阻滤波器和接收机频段的带通滤波器,保护测量接收机并减少非线性虚假信号;外场测试要对已知强信号进行抑制。

④ 如果航天器采用地面电源供电,可能需在必要时转航天器内部蓄电池供电,以排查外部供电电缆对测试结果的影响。

⑤ 如果在运载火箭接收带内测量的发射信号超出限值要求,应逐一排查干扰源并落实相应的防护措施。

(2) 系统电场辐射敏感度试验。运载在发射状态有遥测、天基测控等发射信号,发射功率较大。卫星在发射状态要能够承受这些电磁信号的干扰,航天器系统电场辐射敏感度测试应在屏蔽暗室内进行。例如,运载火箭的发射信号在 2.2 ~ 2.3GHz 的电场强度要求为 50V/m,如表 17 – 14 所列。则卫星需要按照 GJB 8848—2016 标准第 11 章的方法 301 对发射工况的效应进行验证,如图 17 – 36 所示。

表 17 – 14 卫星发射阶段星箭分离面处的辐射敏感度限值示例

频段	环境场强/(V/m)	调制方式
2MHz ~ 18GHz	20	脉冲调制,1kHz 50% 占空比
18 ~ 40GHz	20	连续波
2.2 ~ 2.3GHz	50	连续波
5.4 ~ 5.9GHz	100	脉冲调制,1kHz 50% 占空比

图 17 – 36 航天器系统辐射敏感度测试框图示意

建议对地面功率放大器配置谐波滤波网络,防止放大器的谐波信号落入航天器接收带内造成意外干扰或受损。

2) 在轨运行航天器间兼容性试验

在轨运行的航天器间 EMC 验证一般考虑两种情况:一是编队飞行航天器;二是空间站等需要空间交汇对接的航天器。

(1) 编队飞行的航天器间兼容性验证。编队飞行的卫星间电磁环境主要根据星载发射机的功率、天线波束特性和卫星间的距离进行计算获得,如图 17 – 37 所示。

A、B 双星按双曲线飞行,卫星工作频率都在 X 波段,SAR 雷达射频辐射功率 2kW,占

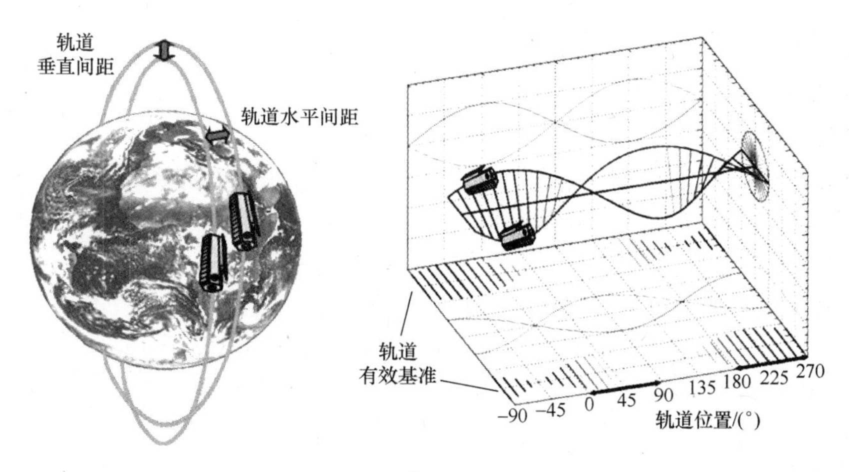

图 17－37　编队飞行航天器状态示意

空比为 20%，卫星间的最近距离是 150m，会分别飞入另一颗卫星的雷达波束中。

经分析计算，卫星在另一颗星主波束内的场强约为 200V/m，旁瓣的场强约为 50V/m，则航天器需要按照 GJB 8848 标准第 11 章的方法 301 对在轨工况的效应进行验证。

（2）交会对接的航天器。在空间进行交会对接的卫星或飞船，需要进行射频兼容性验证。尽量将相关的舱段放置在 EMC 暗室内进行射频兼容性实测，注意尽量使参试设备处于在轨工作状态，包括扫描天线的运动状态等。

如果在 EMC 暗室内难以实现对接卫星或飞船的布局，则可采用电磁接口法进行兼容性测试。测试方法同系统电场辐射发射和辐射敏感度测试方法，先分别进行辐射发射测量，再将测试数据增加一定裕度后作为辐射敏感度的限值，验证多星间的相互兼容性。

17.5　导　　弹

17.5.1　电磁环境的确定

1. 电磁环境指标的确定

导弹武器系统具有多平台发射、全天候应用和电磁对抗强的特点，在电磁环境效应试验项目的选择时要考虑导弹全寿命期面临的电磁环境。在电磁环境效应试验指标的确定和分配时，考虑不同任务的典型电磁环境和多平台应用时的最严酷电磁环境以及平台、系统提供的额外电磁防护。在制定电磁环境效应试验方法、试验评估准则时，要分析试验方法的“天地一致性”，尽量做到真实、全面。同时，针对导弹武器系统的特点，在开展试验时要进行必要的电磁安全性分析，采取必要的安全防护措施，确保人员、装备和试验设施的安全。

对导弹武器系统，考虑其全寿命期工作环境，根据预期使用要求，首先确定其任务剖面，然后根据其任务剖面，分析面临的电磁环境，确定其电磁环境剖面。这种电磁环境包括人为电磁环境，也包括自然电磁环境，包括辐射电磁环境，也包括传导电磁环境。

导弹系统典型电磁环境一般包括储存和加电电磁环境、发射平台电磁环境、飞行电磁环境、目标电磁环境等。

根据导弹的发射平台不同，一般分为地面电磁环境、机载电磁环境、舰载电磁环境、水下电磁环境等。

地面电磁环境指地面及车载的导弹电磁环境，一般分为暴露在外部电磁环境中的导弹电磁环境和发射筒（箱）内部的导弹电磁环境。机载电磁环境包括固定翼飞机和直升机电磁环境，分为机载外部电磁环境和机舱内部电磁环境。舰载电磁环境包括舰船甲板上的暴露电磁环境和发射筒（箱）内部的导弹电磁环境。水下电磁环境主要指潜艇电磁环境。

因此，对于导弹系统的电磁环境，主要是地面、飞机、舰船上的雷达、通信等大功率发射机产生的外部射频电磁环境和面临的电磁脉冲、高功率微波电磁环境以及雷电和静电电磁环境。

1）外部射频电磁环境

对于导弹系统的外部射频电磁环境，舰载导弹、地面和车载导弹、机载导弹可参考 GJB 1389A—2005 给出的舰船甲板上的电磁环境、地面系统的外部电磁环境、直升机和固定翼飞机的外部电磁环境。对于舰载导弹发射后，导弹穿越发射机主波束的外部射频电磁环境可参考 GJB 1389A—2005 给出的舰船上发射机主波束的电磁环境。对于空间飞行的导弹，其外部射频电磁环境可参考 GJB 1389A—2005 给出的空间和运载系统的外部电磁环境。

由于 GJB 1389A—2005 给出的外部射频电磁环境是一个参考值，不同导弹的实际外部射频电磁环境与平台上发射机的数量、功率、频率、天线增益、天线方向图以及与导弹的位置关系密切相关，因此在确定导弹电磁环境指标时要进行分析和测量，尽量避免直接套用。

导弹外部射频电磁环境指标的确定方法如下：

（1）研制任务书规定的战技指标和平台电磁环境要求。

（2）确定导弹预期的任务剖面，根据任务剖面，确定不同任务剖面对应的电磁环境剖面，至少给出导弹发射外部射频电磁环境和飞行外部电磁环境。对于多平台发射的导弹，要考虑不同平台中严酷的电磁环境。

（3）优先采用实测数据。测试各个发射机在导弹位置处的电磁环境频率和量值，记录相关调制和极化信息，对于扫描的发射机要记录驻留时间。对于尺寸较大的导弹，要测量不同位置的电磁环境。另外，对于导弹的关键位置，如制导系统、接收天线、电爆装置等部位也要进行测量。

（4）利用分析预测技术，对发射机和天线进行建模，考虑平台的电磁效应，给出导弹位置处的电磁环境，作为试验和验证的依据。

（5）标准中的电磁环境。

2）电磁脉冲环境

导弹系统的电磁脉冲环境可参考 GJB 1389A—2005 给出的电磁脉冲环境。

3）高功率微波电磁环境

导弹系统的高功率微波电磁环境根据导弹系统的实际使用情况和高功率微波源的功率及与导弹的防护距离等要求确定。根据使用场景，确定导弹的防护距离，计算导弹承受的高功率微波电磁环境，作为试验考核的环境指标。

4）雷电电磁环境

导弹雷电电磁环境分为地面环境和飞行环境两种情况。对于导弹处于地面值班、发射准备等，雷电电磁环境参照地面设备的雷电试验环境要求和方法。

对于在大气层内飞行的导弹的雷电电磁环境可参照飞机雷电电磁环境要求和试验方法。

2. 指标的分配

指标的分配是基于导弹在使用任务和预期使用电磁环境的基础上对总体指标的分解，通过指标的分配，对系统各个关键环节的电磁兼容性提出量化指标和设计要求，使各个设备和分系统满足总体要求，保证系统兼容且满足使用环境要求。

例如，导弹外部射频电磁环境在指标分配时，要考虑导弹的不同任务和装载平台。导弹在值班和发射准备时，一般有暴露和不暴露两种情况，当导弹直接暴露在电磁环境中时，例如，在发射架上，发射箱（筒）开盖状态，外部射频环境即是导弹的外部电磁环境。当导弹处于不直接暴露在电磁环境中时，例如，在密闭的发射筒（箱）内、在舰船的金属甲板下的弹库内、在飞机的机舱内时，导弹外部发射筒（箱）及金属甲板、机舱提供了额外的电磁屏蔽，导弹的外部电磁环境是去除额外电磁屏蔽之后的外部电磁环境。

同样，对于导弹内部设备的电磁环境应是去除弹体屏蔽之后的导弹电磁环境，对于安装在导弹表面或在非金属材料内部的设备，其电磁环境按导弹外部电磁环境考虑。

对于导弹外部射频电磁环境一般至少提出平台发射电磁环境和飞行电磁环境。

17.5.2 试验项目选用及要求的确定

根据导弹全寿命期环境和技战术指标要求，导弹系统一般的电磁环境效应试验项目及要求如表 17－15 所列。

表 17－15 导弹电磁环境效应试验项目及要求

项目代号	项目名称	适用性	要求
101	系统安全裕度试验及评估方法	Y	适用外部射频、电磁脉冲、高功率微波试验
102	军械安全裕度试验及评估方法	Y	适用使用灼热桥丝式电爆装置的导弹的外部射频、电磁脉冲、高功率微波试验
203	空间系统电磁兼容性试验方法	Y	二次电子倍增不适用
301	外部射频电磁环境敏感性试验方法	Y	优先采用全电平辐照试验方法
401	飞机雷电试验方法	L	当机载导弹或在大气层内飞行的导弹有要求时，可参照执行
402	地面系统雷电试验方法	L	当地面或车载导弹有要求时，可参照执行
501	电磁脉冲试验方法	L	有要求时适用，优先采用威胁级辐照试验方法
601	分系统和设备电磁干扰试验方法	Y	
703	军械分系统静电放电试验方法	Y	人体静电放电试验适用
802	电磁辐射对军械危害试验方法	Y	
901	电搭接和外部接地测量方法	Y	
1201	频谱兼容性试验方法	Y	
1301	高功率微波试验方法	L	优先采用威胁级辐照试验方法
注：Y 为适用；L 为有要求时适用			

17.5.3 试验大纲的编写

试验大纲由试验提出单位负责编制,试验实施单位、各参试单位会签。

试验大纲一般应包括以下内容,可以根据需要进行调整:

(1) 任务来源。对试验任务来源等作简要说明。

(2) 试验目的。说明试验性质、提出试验验证或考核的目标。

(3) 试验地点和时间。

(4) 试验依据。列出试验的依据性文件和标准规范,以及产品技术状态文件。

(5) 受试产品系统组成或技术状态。描述受试产品的组成和示意图,简述系统的工作原理。说明试验产品的技术状态、数量和配套清单;描述产品具备的技术状态,包括硬件状态和软件状态,以及电缆与连接状态。描述试验中系统的工作状态和运行流程。描述系统与测试设备及电源供电设备连接状态。

(6) 陪试品及其技术状态。描述参试陪试品配套组成和与参试品的连接关系,及其工作状态。

(7) 试验条件。描述试验场地的电磁环境电平、接地、供电等要求。

(8) 主要仪器设备。列出主要的试验仪器和设备的名称、主要指标和检定情况。

(9) 试验项目。说明测试项目、参数及其准确度要求。

(10) 试验方法和程序。描述试验的方法、步骤和实施程序。

(11) 被试件监测方法和合格判据。描述被试产品的性能指标检测方法,列出受试产品的性能检查和指标测试参数及合格判据。

(12) 数据记录及报告。必要时设计记录表格,明确试验中应详细记录试验过程和试验数据,试验过程多媒体记录项目和工作要求,试验人员、日期等。

(13) 中断处理与恢复。说明试验中断的情形和处理方法,试验恢复的条件和程序。

(14) 参试单位与任务分工。明确试验任务承担单位、参加单位、任务分工,以及管理接口关系。

编写试验大纲还应重点对试验的真实性、覆盖性进行分析,将试验状态和试验条件的模拟情况与实际飞行(工作)状态、工作条件进行比较,对无法真实模拟或覆盖实际工作条件的因素进行甄别,分析对试验有效性的影响,采取必要措施,确保试验的真实性、覆盖性得到有效策划。涉及危险作业的试验,由试验提出单位编制试验安全性分析报告。

17.5.4 试验的组织与实施

建立试验组织机构,一般成立试验领导小组、技术组、调度组、质量组、保障组、技安组,由导弹总体单位、分系统单位、总装厂、订购方和试验承担单位等组成,确定现场指挥,明确各机构职责。

导弹总体单位负责编制试验大纲,试验承担单位编制试验方案或实施细则,对于导弹带火工品或进行强场电磁辐射等对安全性要求较高的试验项目,要编制试验安全保障措施。

导弹进入试验场地,试验前首先按试验大纲对导弹进行试验状态检查,对试验设备状态进行检查,经各方确认,再按试验大纲和实施细则开展试验。

17.5.5 试验结果评定与验收

完成试验大纲规定的所有内容,获取有效数据后,即开始进行试验结果的评定工作。通过试验数据和导弹性能参数数据,对导弹武器系统的电磁兼容性进行评估,编写试验结果分析报告,明确符合性结论,对于不满足要求的部分,进行原因分析,根据对装备的影响,提出改进措施和后续验证的要求。

17.5.6 典型装备应用示例

1. 试验目的

获取车载导弹系统在 50kV/m EMP 环境中的效应数据,评估车载导弹系统在加电工作状态下的 EMP 生存能力。

2. 试验设备

车载导弹系统 EMP 试验所需试验设备及技术指标如下:

(1) 威胁级水平极化辐射波 EMP 模拟器:入射场:双指数波,峰值场强:≥50kV/m,上升时间:2.5 ±0.5ns,半高宽:23 ±5ns,均匀性:0 ~ +6dB,工作空间能容纳车载导弹系统。

(2) 电场测量系统:100kHz ~ 500MHz。

(3) 磁场测量系统:带宽 100kHz ~ 500MHz。

(4) 电流测量系统:带宽 100kHz ~ 200MHz。

(5) 示波器:模拟带宽≥500MHz,采样率≥2GS/s。

(6) 计算机:满足试验要求。

(7) 测量屏蔽室:屏蔽效能≥80dB(10kHz ~ 1GHz)。

3. 被试系统与陪试系统

被试系统为车载弹发射系统,其各项性能指标应符合设计要求。陪试系统为导弹遥测系统,用以检测试验前后导弹系统的各项性能参数。

4. 车载导弹系统 EMP 易损性分析

试验前,对车载导弹系统的 EMP 易损性进行分析,找出 EMP 耦合通道,找出敏感设备;确定导弹系统的任务剖面和敏感设备的工作状态;确定参考场、辐照场、系统内部耦合场、外部天线或线缆耦合电流及内部残余电流的测点;确定车载导弹系统在威胁级水平极化辐射波 EMP 模拟器中的布放方位,可取车载导弹系统的纵轴平行天线轴线方向和垂直于天线轴线方向的两种布放方位。

5. 参试系统和试验设备准备

(1) 车载导弹系统为最终技术状态,测试合格;导弹系统的 EMP 加固措施完整,处于良好的技术状态。

(2) 导弹遥测系统进行 EMP 加固,在 EMP 环境中能正常运行。

(3) 威胁级水平极化 EMP 模拟器处于正常运行状态,技术指标符合试验要求。

(4) 电场、磁场、电流测量系统的技术指标满足试验要求,并进行现场校准,示波器检定合格。

6. 试验实施

1）模拟器场分布测量

确定参考场测点的位置，对威胁级水平极化辐射波 EMP 模拟器的场分布进行测量。根据测量数据，确认 EMP 模拟器工作空间的入射场满足试验要求，确定车载导弹系统的布放位置，确认车载导弹系统的辐照场均匀度满足 0～6dB 要求。

2）车载导弹系统的布放

车载导弹系统按其纵轴平行于天线轴线方向的方位布放在规定位置；然后在导弹头部及尾部、导弹内部控制计算机和引信处布放电场或磁场探头，在接收天线、连接电缆处布放电流测量探头；之后使导弹系统加电，并处于某一任务剖面，正常工作；最后，所有人员撤离至电磁安全区域。图 17－38 为文献[41]给出的导弹发射车 EMP 试验图片。

图 17－38　导弹发射车 EMP 试验图片（文献[41]）

3）车载导弹系统 EMP 效应观测

威胁级水平极化辐射波 EMP 模拟器的脉冲高压源在给定的充电电压下放电，使车载导弹系统中心位置处的入射场为 10kV/m，然后记录各测的电场、磁场、电流测量数据，记录车载导弹系统的性能测量数据和弹上遥测数据，观测效应现象，确认导弹系统是否工作正常，如出现扰乱现象，导弹系统重新启动，并确认是否运行正常。在这个试验状态下，重复三次试验，如果导弹系统没有出现异常现象，提高脉冲源充电电压，重复场强为 10kV/m 的试验过程，进行场强 25kV/m 和 50kV/m 的辐照试验。

完成第一种方位的试验后，车载导弹系统旋转 90°，使其纵轴垂直于天线轴线方向，重复上述试验过程，完成车载导弹系统第二种方位的试验。

在试验过程中，如果车载导弹系统运行出现异常，记录异常现象及试验条件，现场相关人员确定是否终止试验，还是修复后继续试验。

4）试验数据处理与分析

威胁级辐照试验数据包括导弹系统的组成、布放位置及方位，测量系统及数据采集系统的组成，测量系统的位置，现场照片和相关视频数据，关键部位电场、磁场、电流测量数据，导弹系统性能参数测试数据与干扰或损坏现象等。

每一发次试验结束后，原始测量数据要根据测量系统的转换系数转换成相应的物理量。然后通过测量数据分析，确定车载导弹系统的 EMP 防护性能，并提出加固建议；通过性能参数测试数据与效应现象确定车载导弹系统的 EMP 环境生存能力。图 17－39 为文献[42]给出的一个电缆 EMP 耦合电流测量数据及频谱分析。

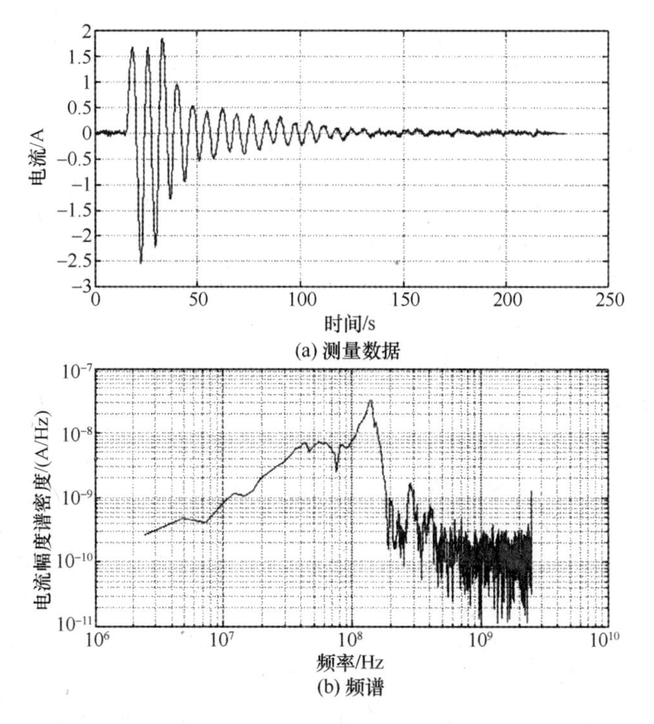

图 17-39 电缆 EMP 耦合电流测量数据及频谱分析（文献[42]）

7. 试验结果评估

根据系统内部的感应电场、磁场、电流或电压测量结果及数据分析，确定车载导弹系统防护措施的防护指标和任务关键设备的安全裕度是否满足研制要求。

根据试验过程中弹性能测试参数以及是否产生导致任务中断的干扰或损坏，确定车载导弹系统在 EMP 环境中的生存能力。满足下列条件，可认为车载导弹系统能够在 EMP 环境中生存：

（1）加电状态下的车载导弹系统在规定幅度的 EMP 辐照之时和之后能够工作正常，检测和遥测数据正常。

（2）加电状态下的车载导弹系统在规定幅度的 EMP 辐照后，可采用重启的方式恢复正常运行。

缩略语

英文缩略语	英文全名	中文译名
AC	Alternating Current	交流
ADF	Automatic Direction Finder	自动测向仪
AIT	Assembly Integration and Test	总装、集成和测试
AM	Amplitude Modulation	调幅
ANSI	American National Standards Institute	美国国家标准协会
ATL	Actual Transient Level	实际瞬态电平
AVF	Antenna Validation Factor	天线确认系数
BIT	Built - in Test	机内自检
C^4I	Command, Control, Communications, Computers, and Intelligence	指挥、控制、通信、计算机和情报
C^4ISR	Command, Control, Communications, Computers, Intelligence, Surveillance, and Reconnaissance	指挥、控制、通信、计算机以及情报、监视和侦察
CAN	Controller Area Network	控制器局域网
CE	Conducted Emission	传导发射
CFRP	Carbon Fiber Reinforced Polymer	碳纤维增强聚合物
CISPR	International Special Committee on Radio Interference	国际无线电干扰特别委员会
CRT	Cathode - ray Tube	阴极射线管
CS	Conducted Susceptibility	传导敏感度
CVF	Chamber Validation Factor	混响室确认系数
CW	Continuous Wave	连续波
DC	Direct Current	直流
DoD	Department of Defense	国防部
DoDD	Department of Defense Directive	国防部指令
DoDI	Department of Defense Instruction	国防部指示
E3	Electromagnetic Environmental Effects	电磁环境效应
ECU	Electronic Control Unit	电子控制单元
EID	Electrically Initiated Device	电起爆装置
EM	Electromagnetic	电磁
EMC	Electromagnetic Compatibility	电磁兼容性
EMCON	Emission Control	发射控制
EME	Electromagnetic Environment	电磁环境

英文缩略语	英文全名	中文译名
EMI	Electromagnetic Interference	电磁干扰
EMP	Electromagnetic Pulse	电磁脉冲
EMRADHAZ	Electromagnetic Radiation Hazard	电磁辐射危害
EMS	Electromagnetic Susceptibility	电磁敏感性
EMV	Electromagnetic Vulnerability	电磁易损性
ESD	Electrostatic Discharge	静电放电
ESDA	Electrostatic Discharge Association	静电放电协会
ETDL	Equipment Transient Design Level	设备瞬态设计电平
EUT	Equipment Under Test	受试设备
FAA	Federal Aviation Administration	联邦航空管理局
FDTD	Finite Difference Time Domain	时域有限差分
FFT	Fast Fourier Transform	快速傅里叶变换
FM	Frequency Modulation	调频
GPS	Global Positioning System	全球定位系统
GTEM	Gigahertz Transverse Electromagnetic	吉赫兹横电磁
HEMP	High Altitude Electromagnetic Pulse	高空电磁脉冲
HERF	Hazards of Electromagnetic Radiation to Fuel	电磁辐射对燃料的危害
HERO	Hazards of Electromagnetic Radiation to Ordnance	电磁辐射对军械的危害
HERP	Hazards of Electromagnetic Radiation to Personnel	电磁辐射对人体的危害
HESD	Helicopter Electrostatic Discharge	直升机静电
HIRF	High Intensity Radiated Fields	高强度辐射场
HPEM	High Power Electromagnetic	高功率电磁
HPM	High Power Microwave	高功率微波
IEC	International Electrotechnical Commission	国际电工委员会
IEEE	Institute of Electrical and Electronics Engineers	电气与电子工程师协会
IMI	Intermodulation Interference	互调干扰
I/O	Input/Output	输入 / 输出
IP	Intermediate Pulse, Internet Protocol	中等宽度脉冲,网络协议
LAN	Local Area Network	局域网
LEMP	Lightning Electromagnetic Pulse	雷电电磁脉冲
LISN	Line Impedance Stabilization Network	线路阻抗稳定网络
LLSC	Low Level Swept Current	低电平扫描电流法
LLSF	Low Level Swept Field	低电平扫描场法
LP	Long Pulse	长脉冲
LUF	Lowest Usable Frequency	最低可用频率
MHD	Magneto Hydro Dynamic	磁流体
MNFS	Maximum No - fire Stimulus	最大不发火激励

英文缩略语	英文全名	中文译名
MTLL	Modified Transmission Line Model With Linear Current Decay	电流线性衰减的改进传输线模型
NASA	National Aeronautics and Space Administration	(美国)国家航空和航天管理局
NATO	North Atlantic Treaty Organisation	北大西洋公约组织
NDI	Non – developmental Item	非开发产品
NEMP	Nuclear Electromagnetic Pulse	核电磁脉冲
NSA	Normalized Site Attenuation	归一化场地衰减
OATS	Open – area Test Site	开阔测试场地
OBD	On – board Diagnostic	车载诊断系统
PCM	Pulse Code Modulation	脉冲编码调制
PEL	Permissible Exposure Limits	允许暴露限值
PESD	Precipitation Electrostatic Discharge	沉积静电
POE	Point of Entry(or Exit)	引入(或引出)点
P – static	Precipitation Static	沉积静电
RBW	Resolution Bandwidth	分辨率带宽
RE	Radiated Emission	辐射发射
REF	Reference	参考
RF	Radio Frequency	射频
RFI	Radio Frequency Interference	射频干扰
RMS	Root Mean Square	均方根
RS	Radiated Susceptibility	辐射敏感度
RTCA	Radio Technical Commission for Aeronautics	航空无线电技术委员会
SAE	Society of Automotive Engineers	汽车工程师学会
SAR	Synthetic Aperture Radar	合成孔径雷达
SINAD	Signal – to – noise and Distortion Ratio	信噪失真比,也称为“信纳德”
SP	Short Pulse	短脉冲
SUT	System Under Test	受试系统
TCAS	Threat Alert and Collision Avoidance System	危险报警和防撞系统
TCL	Transient Control Level	瞬态控制电平
TDMA	Time Division Multiple Access	时分多址
TEM	Transverse Electromagnetic	横电磁
UHF	Ultra High Frequency	特高频
UWB	Ultra Wide Band	超宽带
VAN	Vehicle Area Network	车辆局域网
VHF	Very High Frequency	甚高频
VOR	Very High Frequency Omnidirectional Radio (range)	甚高频全向无线电信标,简称“伏尔”

参考文献

[1] 汤仕平,张勇,万海军,等. 电磁环境效应工程[M]. 北京:国防工业出版社,2017.

[2] RAKOV V A , UMAN M A. Lightning: physics and effects[M]. Cambridge: Cambridge University Press, 2004.

[3] RAKOV V A , UMAN M A. Review and evaluation of lightning return stroke models including some aspects of their application[J]. IEEE Transactions on Electromagnetic Compatibility, 1998, 40(4): 403 - 426.

[4] LI X J, ZHOU B H, YU T B, et al. Coupled field inside shielding enclosure with an aperture due to nearby lightning[J]. IEEE Transactions on Electromagnetic Compatibility, 2007, 49(1): 133 - 142.

[5] 王春, 宋文武, 潘涵. 固定翼飞机静电分布及电容求解[J]. 河北大学学报(自然科学版), 2008, 28(5): 490 - 493.

[6] 李登登. 飞机静电的产生与防护[J]. 军民两用技术与产品, 2017, 14:19,75.

[7] 刘尚合, 宋学君. 静电及其研究进展[J]. 自然杂志, 2007, 29(2): 63 - 68.

[8] 陈穷,等. 电磁兼容性工程设计手册[M]. 北京:国防工业出版社,1993.

[9] 王明皓. 飞机设计中的电磁环境效应[M]. 北京:航空工业出版社,2015.

[10] 赵晓凡. 系统级电磁兼容试验中的风险控制[J]. 微波学报,2018,34(增刊):455 - 459.

[11] 赵晓凡,杜晓琳. 一种移动式强电磁脉冲干扰模拟试验系统的集成设计研究[J]. 装备环境工程, 2017,14(4):45 - 50.

[12] 赵晓凡. 坦克装甲车辆接地技术研究[J]. 车辆与动力技术,2005(3):32 - 35.

[13] 张世巍,赵晓凡. 军用车辆外部射频干扰试验测试技术[J]. 宇航计测技术,2016,15(1):7 - 13.

[14] 赵晓凡. 基于功能安全的电磁兼容及防护技术[J]. 微波学报,2018,34(增刊):406 - 409.

[15] 聂秀丽,赵晓凡. 车辆强电磁脉冲条件下的分层防护及验证方法探讨[J]. 装备环境工程,2017,14(4):36 - 42.

[16] HILL D A. Current induced on multi - conductor transmission lines by radiation and injection[J]. IEEE Transactions on Electromagnetic Compatibility, 1992,34:445 - 450.

[17] ADAMS J W, CRUZ J, MELQUIST D. Comparison measurements of currents induced by radiation and injection[J]. IEEE Transactions on Electromagnetic Compatibility, 1992, 34:360 - 362.

[18] PIGNARI S, CANAVERO F G. On the equivalence between radiation and injection in BCI testing[C]. Proceedings of IEEE International Symposium on Electromagnetic Compatibility, 1997: 179 - 182.

[19] MCQUILTON D, OAKLEY J M, BUDD C. A computational assessment of direct and indirect current injection techniques for missile EMC testing[C]. Ninth International Conference on Electromagnetic Compatibility, 1994: 331 - 337.

[20] 谭伟,高本庆,刘波. EMC 测试中的电流注入技术[J]. 安全与电磁兼容,2003(4):19 - 22.

[21] 宋文武. 电流探头注入替代辐射场的电磁敏感度自动测试技术[J]. 安全与电磁兼容,2001(4): 14 - 17.

[22] 魏光辉, 卢新福, 潘晓东. 强场电磁辐射效应测试方法研究进展与发展趋势[J]. 高电压技术, 2016, 42(5): 1347 - 1355.

[23] 魏光辉, 潘晓东, 卢新福. 注入与辐照相结合的电磁辐射安全裕度试验方法[J]. 高电压技术, 2012, 38(9): 2213 - 2220.

[24] PAN X D, WEI G H, LU X F, et al. Research on wideband differential - mode current injection testing technique based on directional coupling device [J]. International Journal of Antennas and Propagation, Volume 2014, Article ID: 143068.

[25] LU X F, WEI G H, PAN X D, et al. A pulsed differential - mode current injection method for high intensity electromagnetic pulse filed susceptibility assessment of antenna systems [J]. IEEE Transactions on Electromagnetic Compatibility, 2015, 57(6): 1435 - 1446.

[26] 潘晓东, 魏光辉, 卢新福, 等. 差模定向注入等效替代强电磁脉冲辐射效应试验方法[J]. 电波科学学报, 2017, 32(2): 151 - 160.

[27] LU X F, WEI G H, PAN X D, et al. A directional - coupler - based injection device aimed at radiated susceptibility verification of antenna systems against HIRF [J]. Journal of Electromagnetic Waves and Applications, 2013, 27(11): 1351 - 1364.

[28] 潘晓东, 魏光辉, 卢新福, 等. 电磁注入等效替代辐照理论模型及实现技术[J]. 高电压技术, 2012, 38(9): 2293 - 2301.

[29] 卢新福, 魏光辉, 潘晓东, 等. 基于定向耦合网络的强电磁场辐照等效试验方法[J]. 电波科学学报, 2013, 28(5): 877 - 882.

[30] LU X F, WEI G H, PAN X D. A double differential - mode current injection method based on directional couplers for HIRF verification testing of interconnected systems [J]. Journal of Electromagnetic Waves and Applications, 2014, 28(3): 346 - 359.

[31] 卢新福, 魏光辉, 潘晓东, 等. 端口非线性条件下双端差模注入方法的可行性研究[J]. 高电压技术, 2015, 41(12): 4213 - 4219.

[32] SERRA R, MARVIN A C, MOGLIE F, et al. Reverberation Chambers à La Carte: An Overview of the Different Mode - Stirring Techniques[J]. IEEE Electromagnetic Compatibility Magazine,2017, V6(1): 63 - 78.

[33] FREYER G J, HATFIELD M O, SLOCUM M B. Characterization of the electromagnetic environment in aircraft cavities excited by internal and external sources[C]. 15th AIAA/IEEE Digital Avionics Systems Conference, 1996:327 - 332.

[34] LIU B, CHANG D, MA M. Design consideration of reverberation chambers for electromagnetic interference measurements [C]. Proceedings of IEEE International Symposium on Electromagnetic Compatibility (Arlington,VA), 1983:508 - 512.

[35] JOSEPH G K,BILL B. Statistical model for a mode - stirred chamber[J]. IEEE Transactions on Electromagnetic Compatibility, 1991,33 (4): 366 - 370 .

[36] 周香,蒋全兴,王文进. 天线口径大小对混波室测试的影响[J]. 东南大学学报, 2005,35(4): 538 - 540.

[37] FISHER F A, PLUMER J A , PERALA R A. Lightning Protection of Aircraft [R]. Lightning Technologies Inc. Pittsfield, MA, 2004.

[38] 付尚琛,周颖慧,石立华,等. CFRP 雷击损伤实验及电 - 热耦合效应仿真[J]. 复合材料学报, 2015,32(1):250 - 259.

[39] 周璧华, 陈彬, 石立华. 电磁脉冲及其工程防护[M]. 北京:国防工业出版社,2003.

[40] WHITSON L. Engineering techniques for electromagnetic pulse hardness testing[R]. AD - 786722, 1974.

[41] TOP -01 -2 -620, High - altitude electromagnetic pulse (HEMP) testing[R]:ADA619610,2015.

[42] TOP - 01 - 2 - 511A, Electromagnetic Environmental Effects System Testing[R]. ADA594352, 2013.
[43] North Atlantic Treaty Organization Allied Engineering Publication. Protection of aircraft crew and sub - systems in flight against electrostatic charges: NATO - AEP - 29 [S]. NATO Standardization Agency, 1999 - 2 - 1.
[44] AE - 2 Lightning Committee. SAE aerospace recommended practices, aircraft precipitation static certification: SAE ARP 5672[S]. SAE International, 2009 - 12.
[45] 魏光辉,国海广,孙永卫. 电火工品静电安全性评价方法研究[J]. 火工品,2005(2):21 - 24.
[46] TANG S P, CAI M J, LI J X. Research on strong pulsed electromagnetic field test method by time - frequency combination[J]. High Voltage Engineering, 2013, 39(10): 2471 - 2476.
[47] PARIS D T, LEACH W M, JOY E B. Basic theory of probe - compensated near field measurement[J]. IEEE Transactions on Antennas and Propagation, 1978, 26(3):373 - 379.
[48] RANDA J, KANDA M, ORR R D. Thermooptic designs for electromagnetic - field probes for microwaves and millimeter waves[J]. IEEE Transactions on Electromagnetic Compatibility, 1991, 33(3):205 - 214.
[49] 汤仕平, 王征, 成伟兰. 舰船电磁辐射危害及防护[J]. 船舶工程, 2006(2):55 - 58.
[50] 成伟兰, 汤仕平, 曹兵, 等. 军械电磁辐射危害试验方法[J]. 船舶工程, 2007(6):92 - 95.
[51] 周忠元,陈贝贝. 脉冲调制辐射场的场强测量[J]. 东南大学学报(自然科学版), 2016, 46(6): 1186 - 1191.
[52] JOFFE E B, LOCK K S. Grounds for grounding a circuit - to - system handbook[M]. New York: IEEE Press, 2010.
[53] 刘泰康,等. 电磁信息泄漏及防护技术[M]. 北京: 国防工业出版社,2015.
[54] 姚富强,张余,赵杭生, 等. 电磁频谱可支持性及其评估问题探讨[J]. 现代军事通信,2013(3):1 - 5.
[55] 刘国治. 高功率微波效应\大气传输名词解释[J]. 试验与研究, 2000, 23(1):1 - 4.
[56] BARKER R J, SCHAMILOGLU E. 高功率微波源与技术[M]. 周传明, 刘国治,等,译. 北京: 清华大学出版社, 2005.
[57] TAYLOR C D, GIRI D V. 高功率微波系统和效应[M]. 杨德秀,等,译. 中国工程物理研究院科技信息中心, 1995.
[58] 张华,等. 航天器电磁兼容性技术[M]. 北京:北京理工大学出版社,2018.
[59] Electromagnetic compatibility requirements for space equipment and systems: AIAA - S - 121A[S]. Sponsored and Published by American Institute of Aeronautics and Astronautics, 2017.
[60] European cooperation for space standardization. Space engineering. Multipaction design and test: ECSS - E - 20 - 01A[S]. Published by ESA requirements and standards division, 2013.